STUD BOOK FRANÇAIS

REGISTRE

DES

CHEVAUX DE DEMI-SANG

NÉS ET IMPORTÉS EN FRANCE

Publié par ordre de M. le Ministre de l'Agriculture

SECTION NORMANDE

TOME II — POULINIÈRES

Prix : 15 Francs

PARIS

IMPRIMERIE TYPOGRAPHIQUE J. KUGELMANN

12, rue de la Grange-Batelière, 12

1893

STUD BOOK FRANÇAIS

REGISTRE

DES

CHEVAUX DE DEMI-SANG

NÉS ET IMPORTÉS EN FRANCE

SECTION NORMANDE

TOME II — POULINIÈRES

STUD BOOK FRANÇAIS

REGISTRE

DES

CHEVAUX DE DEMI-SANG

NÉS ET IMPORTÉS EN FRANCE

Publié par ordre de M. le Ministre de l'Agriculture

SECTION NORMANDE

TOME II — POULINIÈRES

Prix : 15 Francs

PARIS

IMPRIMERIE TYPOGRAPHIQUE J. KUGELMANN

12, rue de la Grange-Batelière, 12

1893

RÉPUBLIQUE FRANÇAISE

Paris, le 30 avril 1887.

RAPPORT

A MONSIEUR LE MINISTRE DE L'AGRICULTURE

Monsieur le Ministre,

L'Administration des Haras a reconnu de tout temps la nécessité de tenir grand compte, dans les accouplements, de l'origine et de la généalogie des étalons et des juments livrés à la reproduction. Elle a toujours considéré que l'adoption de ce principe était la base la plus sûre pour poursuivre utilement l'amélioration des races chevalines.

Dès 1833, elle provoquait une ordonnance « portant établissement d'un registre matricule pour l'inscription des chevaux de race pure existant en France *(Stud Book français)* et institution d'une Commission spéciale pour la tenue de ce registre ».

Cette publication a été continuée, sans interruption, depuis cette époque, et la Commission instituée par l'ordonnance précitée fonctionne chaque année pour l'examen des titres produits à l'appui des demandes d'inscription. Aucune inscription n'est faite si elle n'a été pro posée à M. le Ministre de l'Agriculture par cette Commission.

Parmi les dispositions arrêtées par le Ministre du Commerce (qui avait alors le service des Haras dans ses attributions), sur la proposition de la Commission du registre matricule, pour l'exécution de l'ordonnance du 3 mars 1833, figurait le paragraphe suivant : « Un registre matricule pourra être établi, à l'avenir, pour l'inscription des chevaux provenant du croisement des races pures avec d'autres races, lorsque ce croisement sera parvenu à un degré qui sera ultérieurement déterminé. »

En 1850, la Direction du service fut d'avis que le moment était venu de donner suite à cette disposition spéciale. Des instructions ministérielles en date du 15 juillet de la même année prescrivirent l'ouverture, au dépôt d'étalons de Tarbes, par les soins du personnel de cet établissement, d'un registre matricule pour l'inscription des poulinières d'élite du département des Hautes-Pyrénées et plus particulièrement encore celles de la plaine de Tarbes, siège de la race bigourdane améliorée.

Ce registre, destiné à constater l'importance de la nouvelle famille, devait en former les archives sommaires et authentiques, et offrir plus tard des matériaux pleins d'intérêt à l'histoire physiologique de la production du cheval dans cette partie de la France.

Les éleveurs informés du désir qu'avait l'Administration de constater, dans un livre officiel, l'existence des juments de choix, reconnurent l'utilité de ce travail et fournirent, avec empressement, des renseignements pour l'inscription d'un grand nombre d'animaux.

Le travail, complétement terminé dans le courant de 1851, fut livré à l'impression par ordre du Ministre de l'Agriculture et du Commerce à la fin de la même année, sous le titre suivant : *État civil de la race bigourdane améliorée.*

Le 15 juillet 1850, le Directeur du haras du Pin recevait, comme son collègue du dépôt de Tarbes, des instructions ministérielles relativement à la rédaction d'un

Stud Book spécial de la race chevaline normande améliorée. En exécution de ces ordres, des recherches furent faites sans interruption, à partir de cette époque, afin de recueillir tous les documents nécessaires pour mener à bonne fin cette délicate et très difficile mission.

Les renseignements fournis par les éleveurs de la circonscription ont été rapprochés des documents consignés dans les archives du dépôt du Pin et contrôlés avec le plus grand soin. Le travail préparatoire a été terminé le 22 mars 1853, et une décision ministérielle du 19 avril suivant a approuvé les bases adoptées pour sa rédaction.

Le *Stud Book normand,* définitivement clos le 25 juin 1853, contenait 1,196 noms, savoir : 260 étalons, 411 poulinières et 525 produits de divers âges. Il fut adressé à M. le Ministre de l'Agriculture et du Commerce, qui voulut bien faire connaître sa satisfaction au sujet de ce travail.

L'impression de ce document important était admise en principe et annoncée aux éleveurs. Divers motifs en retardèrent la publication, qui fut définitivement ajournée : elle n'a pas été faite au grand regret des intéressés, qui ont été unanimes à reconnaître que cette mesure était très préjudiciable au progrès de l'amélioration de la race chevaline anglo-normande.

Une étude spéciale des origines de la famille chevaline vendéenne a été faite en 1868 et 1869, avec l'autorisation du Ministre, par l'inspecteur général qui était chargé à cette époque de l'arrondissement de l'Ouest.

Ce travail devait se diviser en deux parties : la première contenant le recueil généalogique des étalons employés à la reproduction dans les départements de la Vendée et de la Loire-Inférieure depuis 1839; la seconde était destinée aux poulinières de la même région et à leurs produits. Il était terminé en avril 1869 et soumis à l'Administration supérieure, qui voulut bien l'approuver et en décider la publication.

Le premier volume de l'ouvrage, qui reçut le titre de « chevaux vendéens », a été imprimé dans le cours de cette même année : il contenait l'origine de 369 étalons. Ce livre, tiré à plusieurs centaines d'exemplaires, a été distribué à tous les éleveurs de la région.

Les événements de 1870 ont arrêté la publication du recueil généalogique des poulinières, qui renfermait 257 juments et 158 produits.

L'essor de la production et de l'amélioration des diverses familles de demi-sang, amené par le fonctionnement de la loi organique de 1874 sur les Haras, rend nécessaire la reprise et la continuation de ces registres généalogiques.

Leur établissement a fait l'objet d'un vœu du Conseil supérieur des Haras ; les éleveurs attendent avec impatience cette nouvelle consécration de leurs efforts, et l'Administration des remontes militaires attache à cette œuvre la plus haute importance. Elle a la ferme conviction qu'elle y puisera des renseignements précieux, au point de vue de la production du cheval de guerre, sur les ressources hippiques des grands centres d'élevage de la France.

Les nations voisines se sont depuis longtemps préoccupées de cette question : c'est ainsi que la Prusse a établi un *Stud Book* très intéressant de la race Trakehnen ; que l'Autriche a fondé celui des chevaux de Lippiza ; qu'aux États-Unis la liste complète et spéciale des trotteurs joue un rôle des plus importants, et, enfin, qu'en Angleterre et en Belgique, on a jugé indispensable d'ouvrir des registres pour l'inscription des sujets de races de trait.

Pour maintenir la France à la hauteur de sa prospérité chevaline, j'ai l'honneur de vous prier de vouloir bien décider que les travaux antérieurs seront repris et arrêter que des *Stud Book* spéciaux pour les familles de demi-sang de races améliorées seront établis et continués par les soins de l'Administration des Haras, qui demeurera chargée de les publier, pour les diverses régions, dans des conditions analogues au *Stud Book* des races pures.

Afin d'étudier les meilleures mesures à prendre pour la rédaction de ce travail et dans le but de lui donner une base régulière et uniforme, j'ai l'honneur de vous proposer de former une Commission composée de membres dont les connaissances spéciales permettraient de fixer les diverses conditions à adopter comme point de départ.

Si vous voulez bien approuver le présent rapport, je vous serai obligé de le revêtir de votre signature, ainsi que l'arrêté ci-joint portant formation de la Commission.

Veuillez agréer, Monsieur le Ministre, l'hommage de mon respectueux dévouement.

Le Directeur des Haras,

H. DE CORMETTE.

Approuvé :

Le Ministre,

J. DEVELLE.

———

ARRÊTÉ

Le Ministre de l'Agriculture,

Vu l'ordonnance du 3 mars 1833, portant établissement d'un registre matricule pour l'inscription des chevaux de race pure ;

Vu le dernier paragraphe de l'arrêté pris par le Ministre du Commerce, en exécution de ladite ordonnance ;

Considérant qu'il y a lieu, par suite, d'ouvrir, pour la conservation des races améliorées de demi-sang dans les centres les plus importants d'élevage, un registre généalogique qui établisse leur confirmation,

Arrête :

Article premier.

L'Administration des Haras est chargée d'établir, de continuer et de publier des *Stud Book* spéciaux pour les familles de demi-sang.

Art. 2.

(Suit la désignation des membres composant la Commission.)

Paris, le 30 avril 1887.

J. Develle.

DÉCISIONS DE LA COMMISSION

La Commission du *Stud Book* de demi-sang s'est réunie les 27 mai 1887, 13 juin 1890 et 21 avril 1891. Elle a émis les vœux suivants qui ont été adoptés par M. le Ministre, et à la suite desquels des instructions ont été données à MM. les Directeurs des dépôts d'étalons pour l'établissement des inscriptions :

« Il ne sera ouvert qu'un seul *Stud Book* des chevaux de demi-sang. »

« Le *Stud Book* sera divisé en six sections, savoir :
« Section normande.
« Section bretonne.
« Section vendéenne et charentaise.
« Section du Midi.
« Section du Centre.
« Section du Nord et de l'Est. »

« Seront inscrits aux diverses sections du *Stud Book* des chevaux de demi-sang :
« 1° Les animaux qui, nés avant 1882, auront du côté paternel et du côté maternel un ascendant de pur sang ou de demi-sang ;
« 2° Les animaux qui, nés depuis 1882, auront du côté paternel et du côté maternel deux ascendants de pur sang ou de demi-sang. »

« Seront inscrits d'office tous les étalons de demi-sang qui appartiennent ou qui ont appartenu à l'État et les étalons approuvés de même catégorie, lors même qu'ils ne rempliraient pas les conditions ci-dessus. »

« Les étalons et les juments seront inscrits dans la section du pays où ils produisent.

« Les produits seront inscrits dans la section du pays où ils sont nés. »

« Aucun animal ne pourra être inscrit s'il ne porte un nom. »

« Les étalons de pur sang qui ont concouru à la formation de la famille seront rappelés dans un appendice placé à la fin du volume.

« Seront également inscrits dans un appendice spécial, les étalons de demi-sang qui ont marqué, avant 1840, dans les fastes de la production chevaline. »

COMMISSION

STUD BOOK DES CHEVAUX DE DEMI-SANG

———

Président :

M. LE MINISTRE DE L'AGRICULTURE.

Vice-Président :

M. LE DIRECTEUR DES HARAS.

Membres :

MM. AUGÉRE, ancien Député ;

BAILLOD (le général) ;

BASLY (de), Propriétaire-éleveur à Saint-Contest (Calvados);

BASTID, Député ;

BÉNARDEAU, Chef du 2e Bureau de la Direction des Haras ;

BOUCARD (Max), Propriétaire ;

CORMETTE (de), Directeur honoraire de l'Administration des Haras ;

CUGNAC (de), Directeur de l'École de dressage de Rochefort ;

DELANNEY, Inspecteur général des Haras ;

GANAY (de), Inspecteur général honoraire des Haras ;

MM. Gévelot, Député ;

    Henry, ancien Député, Membre du Conseil supérieur des Haras ;

    La Fargue Tauzia (de), Inspecteur général des Haras ;

    Legoux-Longpré, Secrétaire général de la Société d'Encouragement pour l'amélioration du cheval français de demi-sang ;

    Lindet, Propriétaire-éleveur à Saint-Léger-sur-Sarthe (Orne) ;

    Papon, ancien Député, Membre du Conseil supérieur des Haras ;

    Portalès, Inspecteur général des Haras ;

    Sempé, Propriétaire-éleveur, Membre du Conseil supérieur des Haras.

Secrétaire :

M. Collin, Sous-Chef du 2ᵉ Bureau de la Direction des Haras.

Secrétaires-adjoints :

MM. Dubezin, Surveillant des Haras.

    Guillemot, Surveillant des Haras.

ABRÉVIATIONS

H. N. . . . . Haras nationaux.
Al. . . . . Alezan.
Aub. . . . . Aubère.
B. . . . . Bai.
Bb. . . . . Bai brun.
Bl. . . . . Blanc.
C. L. . . . . Café au lait.
F. P. . . . . Fleur de pêcher.
Gr. . . . . Gris.
Is. . . . . Isabelle.
N. . . . . Noir.
P. . . . . Pie.
Ro. . . . . Rouan.
P. S. A. . . . . Pur-sang anglais.
P. S. Ar. . . . . —   arabe.
P. S. A. A. . . . . —   anglo-arabe.
1/2 s. . . . . Demi-sang.
1/2 s. A. . . . . —   anglais.
1/2 s. Al. . . . . —   allemand.
1/2 s. Am. . . . . —   américain.
1/2 s. Ar. . . . . —   arabe.
1/2 s. A. A. . . . . —   anglo-arabe.
1/2 s. A. N. . . . . —   anglo-normand.
1/2 s. N. . . . . —   normand.
1/2 s. B. . . . . —   breton.
1/2 s. Big. . . . . —   bigourdan.
1/2 s. Char. . . . . —   charentais.
1/2 s. V. . . . . —   vendéen.
1/2 s. L. . . . . —   limousin.
1/2 s. Norf. . . . . —   norfolk.
1/2 s. Norf.-B. . . . . —   norfolk-breton.
1/2 s. R. . . . . —   russe.
1/2 s. Orl. . . . . —   orloff.
1/2 s. Meck. . . . . —   mecklembourgeois.
1/2 s. Carr. . . . . —   carrossier.
S. B. F., t.   , p. .. Stud-Book français, tome   , page ..
S. B. A., t.   , p. .. Stud-Book anglais, tome   , page ..
S. R. . . . . Sans renseignements.

Nota. — *Le nom qui est inscrit après la date de naissance indique le pays, la région ou le département où est née la jument.*

Le nom qui est porté entre parenthèses indique la circonscription à laquelle appartient la poulinière.

SECTION NORMANDE

POULINIÈRES

*Circonscriptions des Dépôts d'Étalons du Pin
et de Saint-Lô.*

DÉPARTEMENTS :

EURE, ORNE, SEINE, SEINE-ET-OISE, SEINE-INFÉRIEURE,
SARTHE (cantons de la Fresnaye et de Saint-Paterne), CALVADOS,
MANCHE.

2

POULINIÈRES

Circonscriptions des Dépôts d'Étalons du Pin et de Saint-Lô.

3289. **ABRANTINE**, 1/2 s. N. — M. Croisé.
B. 1876. — Orne (Le Pin).
Par *Abrantès* et *Lisa,* par Utrecht.
Sa grand'mère : par Trouville, P. S. A.

1880 m. b.   , par Oméga.
1881 vide.
1882 f. b. *Bluette,* par Usquebac.
1883 f. al. *Fantine,* par Caterer, P. S. A.
1884 f. b. *Diane,* par Usquebac.
1885 m. b. *Hastinys,* par Usquebac.
1886 vide.
1887 m. al. *Jaguar,* par Usquebac.
1888 vide.
1889 m. al. *Liverpool,* par Étudiant.
1890 m. b. *Messidor,* par Boissy, P. S. A.
1891 vide.
1892 f. b. *Odette,* par Étudiant.

3298. **ADALOUSE**, 1/2 s. N.
M. de la Bretonnière.
Bb. 1889. — Manche (Saint-Lô).
Par *Utrecht,* P. S. A. et *Parfaite,* par Ignoré.

Sa grand'mère : par Sampson, P. S. A.
Sa bisaïeule, par Sycomore, P. S A.

3299. **ADOLPHUS**, 1/2 s. N. — M. Sablé.
Al. 1868. — Normandie (Le Pin).
Par *Urus* et une fille d'Adolphus, P. S. A.

S. r. jusqu'en 1880.
1881 m. al.   , par Vichnou, P. S. A.

1882 m. b.   , par Uriel.
1883 vide.
1884 m. al.   par Sir Quid-Pigtail, P. S. A.
1885 f. al. *Violette*, par Un.
1886 f. b. *Danseuse*, par Un.
1887 f. al.   , par Fataliste, P. S. A.
1888 m. al. *Khédive*, par Fataliste, P. S. A.
1889 f. al. *Lumineuse*, par Fataliste, P. S. A.
1890 f. b. *Minutieuse*, par Cicéron II.
1891 m. b.   , par Beaumesnil, P. S. A.
1892 f. al. *Orange*, par Hérode.

3325.   **AEIDALIE**, 1/2 s. N. — M. Balmont.
              B. 1881. — Normandie (Saint-Lô).
        Par *Sidi*, P. S. Ar. et une fille d'El-Ghor, P. S. Ar.
              Sa grand'mère : par Arnold.

S. r. jusqu'en 1891.
1892 m. b. *Othon*, par Valentino.

3310.   **AGILE**, 1/2 s. N. — M. Thibault.
              B. 1875. — Orne (Le Pin).
        Par *Inkermann* et *Tontine*, par Eclipse
              Sa grand'mère : par Noteur.

S. r. jusqu'en 1882.
1883 m. al. *Fribourg*, par Phaéton.
1884 f. b. *Glaisière*, par Quiclet.
1885 f. b. *Hysope*, par Beaugé.
1886 f. al. *Isabelle*, par Uriel.
1887 m. b. *Jasmin*, par Edimbourg.
1888 f. b. *Khiva*, par Elan.
1889 vide.
1890 f. b. *Mouvance*, par Cherbourg.
1891 m. b. *Nougat*, par Phaéton.
1892 f. b. *Ouvrière*, par Edimbourg.

3327.   **AGNADEL**, 1/2 s. N. — M. Rabé.
              B. 1886. — Normandie (Saint-Lô).
        Par *Agnadel* et une fille d'Agenda.
        Sa grand'mère : par Ugolin.
        Sa bisaïeule : par Electeur.

1890 et 1891 s. r.
1892 m. al. *Œil-de-Chat*, par Jolibois.

3328. **AGRICOLE**, 1/2 s. N. — M. A. Cardine.
B. 1878. — Calvados (Saint-Lô).
Par *Quiévrain* et une fille de Vice-Roi.

S. r. jusqu'en 1891.
1892 f. b. *Agricole*, par Cafarelli.

3329. **AIRELLE II**, 1/2 s. N. — M. Douesnel.
B. 1877. — Normandie (Le Pin).
Par *Conquérant* et *Airelle*, par The Norfolk-Phœnomenon, 1/2 s. A.
Sa grand'mère : *Miss-Pierce*, par Succès, 1/2 s. A., et Lady-Pierce
(Américaine).

S. r. jusqu'en 1889.
1890 m. al. *Marly*, par Étendard.
1891 vide.

3330. **ALBA**, 1/2 s. N. — M. V. Gillain.
Bb. 1886. — Manche (Saint-Lô).
Par *Upas* et *Zélée*, par Ugolin et La Zélée, P. S. A.,
par Allez-y-Gaiement et Démonstration.

1890 m. b.   , par Tempête.
1891 f. b. *Northonia*, par Tempête.

3331. **ALBERTINE**, 1/2 s. N. — M. E. Lassaussaye.
B. 1879. — Orne (Le Pin).
Par *Norfolk-Trotter* et *La Rosière*, par Valdemar.
Sa grand'mère : *Corysandre*, par Kramer.
Sa bisaïeule : *Lanterne*, par Hospodar.
Sa trisaïeule : par Québec.

S. r. jusqu'en 1884.
1885 m. b.   , par Barrabas.
1886 f. b.   , par Barrabas.
1887 m. b.   , par Barrabas.
1888 vide.
1889 m. al.   , par Gérardmer.
1890 m. al.   , par Gérardmer.
1891 f. al.   , par Gérardmer.
1892 f. b.   , par Havas.

3332. **ALBINA**, 1/2 s. N. — M. C. Hervieu.
B. 1888. — Calvados (Le Pin).
Par *Ediger* et une fille de Strélitz, P. S. A.
Sa grand'mère : *Futina*, par Ignace.

Sa bisaïeule : par Dorus.
Sa trisaïeule : par Imcomparable.
Sa quadrisaïeule : par Royal-George, P. S. A.
1892 f. b. *Offerte*, par Jeumont.

3333.   **ALERTE**, 1/2 s. N. — M. Duvivier.
Al. 1871. — Seine-Inférieure (Le Pin).
Par *Trotten-Rattler* et une fille de Professeur.

1875 s. r.
1876 f. al.   , par Original.
1877 f. al.   , par Sir Quid-Pigtail, P. S. A.
1878 f. al.   , par Sir Quid-Pigtail, P. S. A.
1879 f. al.   , par Montfort, P. S. A.
1880 m. al.   , par Disciple. Mort.
1881 vide.
1882 et 1883 Produits morts.
1884 m. b.   , par Serviteur.
1885 m. b.   , par Serviteur.
1886 m. b. *Jeannot*, par Serviteur.
1887 f. b. *Joyeuse*, par Serviteur.
1888 m. b. *Kléber*, par Serviteur.
1889 a avorté.
1890 f. morte.
1891 a avorté.

3334.   **ALERTE**, 1/2 s. N. — M. Eudeline.
Al. 1874. — Seine-Inférieure (Le Pin).
Par *Lilas* et *Fanchonnette*, par Professeur.
Sa grand'mère : par Répartiteur, P. S. A.

S. r. jusqu'en 1882.
1883 f. al. *Franco-Américaine*, par Général-Grant.
1884-1885-1886 vide.
1887 m. n. *Joyau*, par Noville.
1888 vide.
1889 f. al. *Mademoiselle-du-Tilleul*, par Phaéton,
1890-1891 vide.

3335.   **ALICE**, 1/2 s. N. — M. Leduc.
B. 1878. — Manche (Saint-Lô).
Par *Quarteron* et une fille de Forey.

S. r. jusqu'en 1891.
1892 m. b. *Ovide-Soliveau*, par Alsacien.

3336.   **ALISTE**, 1/2 s. N. — M. C. Forcinal.
Bb. 1876. — Orne (Le Pin).
Par *Niger* et *Eglantine*, par Taconnet.

Sa grand'mère : par Wildfire, 1/2 s. A.

S. r. jusqu'en 1886.
1887 m. b. b.   , par Fataliste. P. S. A. (Amérique).
1888 f. b. *Kermès*, par Jadis (Belgique).
1889 m. al. *Le Don*, par Phaéton.
1890 m. b. *Mahomet*, par Fuschia.
1891 f. al. *Noble-Etrangère*, par Phaéton.

3337.   **ALLUMETTE**, 1/2 s. N.
M. Yver de la Vigne-Bernard.
B. 1872. — Manche (Saint-Lô).
Par *The Heir-of-Linne*, P. S. A, et *Kindler*, par Eylau, P. S. A. A.
Sa grand'mère : *Kindler*.
Sa bisaïeule : Jument-d'Allure.

S. r. jusqu'en 1878.
1879 f. b. b. *Bravade*, par Lavater.
1880 m. b. b. *Coq-à-l'Ane*, par Lavater.
1881-1882 vide.
1883 f. b. b. *Flamme*, par Lavater.
1884 vide.
1885 m. b. *Hallali*, par Lavater.
1886 m. b. *Inspecteur*, par Lavater. Mort.
1887 m. b. *Jacquet*, par Lavater.
1888 f. b. *Kindler II*, par Lavater.
1889 m. b. *Loup-Garou*, par Fontenay.
1890 f. b. *Médine*, par Fontenay.
1891 m. b. *Nizam*, par Fontenay.
1892 m. b. *Ouf*, par Fred-Archer.

3338.   **ALMA**, 1/2 s. N. — M. Fleury.
B. 1876. — Orne (Le Pin).
Par *Parthénon* et *Bijou*, par Général.
Sa grand'mère : par Y. Superior.

S. r. jusqu'en 1882.
1883 m. b. *Francœur*, par Quiclet.
1884 vide.
1885 m. b. *Haleteur*, par Carnaval.
1886 f. b. *Impétueuse*, par Carnaval.
1887-1888-1889 s. r.
1890 m al.   , par Boissy, P. S. A.
1891 m. b.   , par Boissy, P. S. A.

3339.   **ALMA**, 1/2 s. N. — M. F. Masson.
B. 1872. — Normandie (Saint-Lô).
Par *Dimanche* (approuvé) et une fille de Séduisant.

S. r. jusqu'en 1891.
1892 f. b. *Alma*, par Café.

3340.   **ALMA**, 1/2 s. N. — M. J. Lemoine.
B. 1872. — Sarthe (Le Pin).
Par *Condé* et *Solidité*, par Solide.
Sa grand'mère : par Tipple-Cider, P. S. A.

1876 m. b.   , par Hannon.
1877 vide.
1878 m. al.   , par Koping.
1879 vide.
1880 m. b.   , par Koping.
1881 f. al. *Jeanne-d'Arc*, par Vichnou, P. S. A.
1882 vide.
1883 f. al. *Fusée*, par Vichnou, P. S. A.
1884 vide.
1885 f. b. *Héroïne*, par Vichnou, P. S. A.
1886-1887 vide.
1888 m. b.   , par Coq-du-Village, P. S. A.

3341.   **ALMANDINE**, 1/2 s. N. — M. C. Castillon.
B. 1878. — Normandie (Le Pin).
Par *Hick* et une fille d'Irlandais ou Noteur.

S. r. jusqu'en 1883.
1884 f. b. *Gabrielle*, par Niger (Canada 1891).
1885 vide.
1886 m. b.   , par Valparaiso (Amérique).
1887 m. b.   , par Valparaiso (Amérique).
1888 m. al.   , par Stade (Amérique).
1889 f. b. *Lidda*, par Acquila.
1890 vide.
1891 a avorté.

3342.   **ALSACIENNE**, 1/2 s. N. — M. G. Bonfils.
B. 1885. — Manche (Saint-Lô).
Par *Alsacien* et *Miss-Lozenge*, P. S. A., par Lozenge et Miss-Bird.

1889 f. b. *Aventure*, par Esbly.
1890 m. b. *Y. Esbly*, par Esbly.

3343.   **ALSACIENNE**, 1/2 s. N. — M. J. Farcy.
Bb. 1885. — Manche (Saint-Lô).
Par *Alsacien* et une fille d'*Auguste*, P. S. A.
Sa grand'mère : par Koulikan (approuvé).

1889 m. b. b. *Quintus*, par Quintus.
1890 Vide.

3344. **ALSACIENNE**, 1/2 s. N. — M. F. Lecœur.
Al. 1888. — Manche (Saint-Lô).
Par *Mine-d'Or* et *Espérance*, par Ulysse II ou Pétrarque.
Sa grand'mère : fille d'Aster, P. S. A.
Sa bisaïeule : par Félibien.

1892 f. b. *Océanide*, par Loyal.

3345. **ALSACIENNE**, 1/2 s. N. — M. Doucet.
Bb. 1888. — Normandie (Saint-Lô).
Par *Alsacien* et une fille de *Laboureur*.
Sa grand'mère : par Bravo, P. S. A.

1892 f. b. *Folette*, par Follet.

3346. **ALZINA**, 1/2 s. N. — M. V. Roussel.
Al. 1887. — Manche (Saint-Lô).
Par *Daniel* et une fille de *Saint-Pois*.
Sa grand'mère : par Solférino.

1891 m. b. *Mirliton*, par Impétueux.

3347. **AMARANTHE**, 1/2 s. N. — M. C. Forcinal.
N. 1878. — Orne (Le Pin).
Par *Niger* et *Fleurette*, par Serenader.
Sa grand'mère : par *Tipple-Cider*, P. S. A.

S. r. jusqu'en 1884.
1885 f. b. *Grisette*, par Uriel.
1886 f. n. *Isaure-Clémence*, par Cherbourg.
1887 f. n. *Jenny-l'Ouvrière*, par Phaéton.
1888 f. b. *Kirielle*, par Phaéton.
1889 f. n. *La Vallière*, par Phaéton.
1890 vide.
1891 m. b. b. *Nougat*, par Elan.
1892 m. b. *Orville*, par Elan.

3348. **AMBITIEUSE**, 1/2 s. N. — M. d'Herbecourt.
Al. 1875. — Normandie (Le Pin).
Par *Ambition* et une fille de *Conquérant*.
Sa grand'mère : par Lucain.

S. r. jusqu'en 1890.
1891 f. b. *Niobé*, par Etendard.
1892 f. b. *Odette*, par Express.

3349.   **AMÉTHYSTE**, 1/2 s. N.

Cte Dauger, en 1883. — M. Gost, en 1884. — Cte Potocki, en 1885.

B. 1878. — Normandie (Le Pin).

Par *Gall* et *Bonne-Aventure*, par Plutus, P. S. A.

Sa grand'mère : par Bayard.

1883 f. b. *Fraise*, par Ultimatum.

3350.   **AMITIÉ**, 1/2 s. N. — M. Debois.

Bb. 1888. — Calvados (Le Pin).

Par *Baptiste-Lemore* et une fille de *Renémesnil*.

Sa grand'mère : par Français.
Sa bisaïeule : par Arno.

1892 m. b. b. *Fumeur*, par Fumet.

3351.   **ANÉMONE**, 1/2 s. N. — M. Tessier.

Al. 1883. — Orne (Le Pin).

Par *Parthénon* et *Céline*, par Séducteur.

Sa grand'mère : par Tipple-Cider, P. S. A.
Sa bisaïeule : par Sylvio, P. S. A.

1887 f. al.   , par Beaugé.
1888 m. al. *Kével*, par Beaugé.
1889 m. b. *Luther*, par Etudiant.
1890 a avorté.
1891 m. al. *Nénuphar*, par Intrigant ou Cambronne.
1892 m. al. *Oasis*, par Qu'y-Met-On.

3352.   **ANÉMONE**, 1/2 s. N. — M. Lemonnier.

B. 1884. — Normandie (Le Pin).

Par *Rivoli* et *Diane*, P. S. A., par Drummond et Vestment.

S. r. jusqu'en 1890.
1891 f. al. *Herminie*, par Valencourt.
1892 f. n. *Illusion*, par Valencourt.

3353.   **ANETTE**, 1/2 s. N. — M. C. Castillon.

B. 1878. — Normandie (Le Pin).

Par *Normand* et *Hermine*, par Buci et Violette.

1882 s. r.
1883 m. b. *Figaro*, par Niger.
1884 f. b.   , par Niger.
1885 s. r.
1886 f. b. *Iris*, par Acquila.
1887 m. b.   , par Acquila. Mort.

3354.   **ANGELINE**, 1/2 s. N. — M. Sonnet.
B. 1878. — Normandie (Le Pin).
Par *Gaulois* et *Livadie*, par Taconnet et une fille de Vladimir.

S. r. jusqu'en 1887.
1888 f. al. *Nysa*, par Barrabas.
1889 vide.
1890 m. b.   , par Galant II.
1891 f. b. *Neigeuse*, par Beaumesnil, P. S. A.

3355.   **ANGLOTE**, 1/2 s. N. — M. Deschamps.
B. 1879. — Normandie (Saint-Lô).
Par *Renold* (approuvé) et une fille de *Josaphat*.

S. r. jusqu'en 1891.
1892 f. al. *Normande*, par Gamélia.

3356.   **ANNA**, 1/2 s. N. — M. L. Dubreuil.
Bb. 1873. — Normandie (Le Pin).
Par *Centaure* et *Mika*, par Brocardo, P. S. A.
Sa grand'mère : par Merlerault, P. S. A.

S. r. jusqu'en 1885.
1886 f. b.   , par Quiclet.
1887 vide.
1888 m. b.   , par Valdempierre.
1889 produit mort-né.
1890 m. b.   , par Valdempierre.
1891 s. r.

3357.   **ANTIGONE**, P. S. A. — M. le duc de Vicence.
Al. 1878. — France (Saint-Lô).
Par *Don Carlos* et *Aptitude*, par Chevalier-d'Industrie.

S. r. jusqu'en 1891.
1892 f. al.   , par Dux.

3358.   **ANTOINETTE**, 1/2 s. N. — M. Thibault.
Al. 1876. — Normandie (Le Pin).
Par *Parthénon* et *Azurine*, par Séducteur.
Sa grand'mère : par Aï.

S. r. jusqu'en 1884.
1885 m. b. *Hebdomadaire*, ex-*Heros*, par Calchas.
1886 et 1887 s. r.
1888 f. b. b.   , par Edimbourg.
1889 m. b.   , par Edimbourg. Mort.

1890 f. b. *Mauviette*, par Elan.
1891 m. b..b. *Nanteuil*, par Elan.
1892 m. b. *Odéon*, par Édimbourg.

3359. **AOUDA**, 1/2 s. N. — M. Saint-Requier.
Ro. 1885. — Seine-Inférieure (Le Pin).
Par *Serviteur* et *Éclipse*, par Tardif.
Sa grand'mère : Créole, par Ouvrier.

1889 s. r.
1890 m. b. *Mirliton*, par Niger ou Jadis.
1891 m. ro. *Narr-Havas*, par Hardy.
1892 m. b. *Opéra*, par Hardy.

3360. **ARABELLA**, 1/2 s. N. — M. J. Chéradame.
B. 1878. — Orne (Le Pin).
Par *Phaéton* ou *Koping* et *Carlotta*, par Condé.
Sa grand'mère : Hélène, par Élu.
Sa bisaïeule : par Brocardo, P. S. A.
Sa trisaïeule : par William, P. S. A.

1882 f. b. *Rosabelle*, par Jactator ou Élu.
1883 m. b. *Franc-Normand*, par Normand.
1884 vide.
1885 f. b. b. *Hortensia*, par Dictateur (approuvé).
1886 vide.
1887 f b. *Jongleuse II*, par Cherbourg.
1888 f. b. *Kine-C.*, par Cherbourg.
1889 f. al.   , par Écho. Morte.
1890 f. b. *Noisette*, par Hécla.

3361. **ARBALÈTE**, 1/2 s. N. — M. Delaunay.
Gr. 1879. — Seine-Inférieure (Le Pin).
Par *Le Veinard*, P. S. A. et *Julie*, par Performer, 1/2 s. A.

S. r. jusqu'en 1888.
1889 f. gr. *Lutine*, par Endormi.
1890 m. al. *Moral*, par Camembert.
1891 f. b. *Noisette*, par Camembert.
1892 m. b. *Octave*, par Camembert.

3362. **ARGENCES**, 1/2 s. N. — M. Castillon.
B. 1878. — Normandie (Le Pin).
Par *Élu* et une fille de *Nécy* ou *Irlandais*.
Sa grand'mère : par Jéricko.

1882 et 1883 s. r.
1884 f. al. *Gertrude*, par Oriental.

1885 et 1886 vide.
1887 f. b. *Jeanne*, par Acquila.
1888 f. b.   , par Acquila.
1889 vide.
1890 m. b. *Moscou*, par Harold.
1891 vide.
1892 m. n.   , par Acquila.

3363.   **ARICIE**, 1/2 s. N. — M. Masson.
B. 1883. — Orne (Le Pin).
Par *Wellingtonia*, P. S. A., et *Baccara*, par Gaulois.
Sa grand'mère : par Taconnet.

S. r. jusqu'en 1889.
1890 vide.
1891 m. b. b. *Hérode II*, par Hérode.
1892 m. b. b. *Sultan*, par Hérode.

3364.   **ARLETTE**, 1/2 s. N. — M. E. Valdampierre.
B. 1879. — Normandie (Le Pin).
Par *Normand* et *Rosière*, par Conquérant.
Sa grand'mère : par Perruquier.
Sa bisaïeule : par Succès.
Sa trisaïeule : jument anglaise.

1883 m. n. *Fier-à-Bras*, par Niger.
1884 f. al. *Galka*, par Niger.
1885 m. n. *Hetman*, par Niger.
1886 f. b. *Italienne*, par Acquila.
1887 vide.
1888 m. b.   , par Étendard.
1889 m. b. *Le Courrier*, par Tigris.
1890 vide.
1891 f. b. *Navarre*, par Tigris.
1892 f. b.   , par Tigris.

3365.   **ASPASIE**, 1/2 s. N. — M. Lemonnier.
B. 1884. — Normandie (Le Pin).
Par *Valencourt* et *Urbaine*, par Noville.
Sa grand'mère : Orange, par Conquérant.
Sa bisaïeule : par The Nemrod, 1/2 s. A.
1888 s. r.
1889 m. b. *Fiasco*, par Cherbourg.

3366.   **AULIDE**, 1/2 s. N. — M. Henry Sasles.
B. 1878. — Seine-Inférieure (Le Pin).
Par *Rémouleur* et *Mignonne*, par Libérator et Rapide.
S. r. jusqu'en 1885.

1886 m. al. *Interprète*, par Arlequin.
1887 vide.
1888 f. ro. *Kermesse*, par Serpolet-Rouan.
1889 f. b. *Laïs*, par Serpolet-Rouan.
1890 m. b. *Midi*, par Arlequin.

3367.   AURÉOLE, 1/2 s. N. — M. Henry Ygouf.
Al. 1885. — Calvados (Saint-Lô).
Par *Reynolds* et *Mademoiselle-de-Champigny*, P. S. A., par
Faugh-a-Ballah et Bathilde.

1889 et 1890 s. r.
1891 vide.
1892 m. b.   , par Fontenay.

3368.   AURORE, 1/2 s. N. — M. Villaux.
Al. 1878. — Normandie (Le Pin).
Par *Centaure* et *Alice*, P. S. A., par Atlas et Esmeralda.

S. r. jusqu'en 1885.
1886 f. al.   , par Réussi P. S. A.
1887 m. al.   , par Réussi, P. S. A.
1888 vide.
1889 f. al. *La Dorée*, par Stade.
1890 vide.
1891 morte.

3369.   AURORE, 1/2 s. N. — M. Ygouf.
B. 1886. — Calvados (Saint-Lô).
Par *Lavater* et *Bérénice*, P. S. A., par Vermouth.
Sa grand'mère : Bianca, P. S. A., par Consul et Belle-Étoile.

1890 m. b. *Macaron*, par Grand-Maître.
1891 m. b. *Narcisse*, par Calas.
1892 à la Remonte.

3370.   AURORE, 1/2 s. N. — M. L. Milet.
Bb. 1884. — Manche (Saint-Lô).
Par *Lavater* et *Miss-The-Heir-of-Linne*, par The Heir-of-Linne,
P. S. A.
Sa grand'mère : La Kapirat, par Kapirat.
Sa bisaïeule : par Adolphus, P. S. A.
Sa trisaïeule : par Lionceau.

1888 s. r.
1889 m. b. b.   , par Colporteur.
1890 f. b. b. *Gazelle*, par Colporteur.
1891 m. b.   , par Colporteur.

3371. **BACCHANTE**, 1/2 s. N. — M. Lemonnier.

B. 1879. — Normandie (Le Pin).

Par *Niger* et *Orange*, par Conquérant.

Sa grand'mère : par The Nemrod.

1883 s. r.
1884 f. b. *Anisette*, par Hippomène.
1885 f. b. *Bouquetière*, par Hippomène.
1886 f. al. *Cabriole*, par Hippomène.
1887 vide.
1888 f. b. *Endiablée*, par Cherbourg.
1889 f. b. *Folie*, par Cherbourg.
1890 m. b. *Glaneur*, par Cherbourg.
1891 m. b. *Hospodar*, par Aramis.
1892 f. b. b. *Inès*, par Cherbourg.

3372. **BAGATELLE**, 1/2 s. N. — M. A. Legallois.

Al. 1888. — Calvados (Saint-Lô).

Par *Eperlan* et une fille de Léotard.

Sa grand'mère : par Essence.

3373. **BAILLETTE**, 1/2 s. N. — M. J. Fautrat.

N. 1879. — Normandie (Saint-Lô).

Par *Quotient* et une fille de Tapageur.

S. r. jusqu'en 1891.
1892 f. b. b. *Sans-Tache*, par Magician, P. S. A.

3374. **BALACLAWA**, P. S. A. — M. de Foucault.

B. 1875. — Calvados (Le Pin).

Par *Le Major* et *Babiole*, par Fitz-Gladiator.

1879 et 1880 s. r.
1881 m. b. *Médiocre*, par Quadruple.
1882 m. b. *Etançon*, par Quadruple.
1883 produit mort.
1884 f. b. *Gratitude*, par Acquila.
1885 f. b. *Hyacinthe*, par Niger.
1886 produit mort.
1887 f. al. *Gaillardise*, par Niger.
1888 f. b. *Bonne*, par Étendard.
1889 f. b. *Belle*, par Ultimatum.
1890 f. b.   , par Cambacérès.

3375. BALADINE, 1/2 s. N. — M. L. Desgenetais.
B. 1885. — Calvados (Le Pin).
Par *Tigris* et *Alice*, P. S. A., par Atlas et Esméralda.

S. r. jusqu'en 1890.
1891 m. al.   , par Aramis.
1892 m. al. *Pas-du-Tout*, par Aramis.

3376.   BALDA, 1/2 s. N. — B^{on} Le Couteulx.
Bb. 1880. — Eure (Le Pin).
Par *The Miller* et *Vigilante*, par The Norfolk-Phœnomenon, 1/2 s. A.

1884 f. b. *Etincelle*, par Brandon.
1885-1886-1887-1888-1889 s. r.
1890-1891 vide.
1892 m. b. *Périgord*, par Talleyrand.

3377.   BALLADE, 1/2 s. N. — M. Baudouin.
Al. 1879. — Eure (Le Pin).
Par *Buci* et *Renommée*, par Carrouges, P. S. A.
Sa grand'mère : *Fanny*, par The Norfolk-Phœnomenon, 1/2 s. A.
Sa bisaïeule : par Turk, 1/2 s. A.

1883 m. b. *Fanfaron*, par Unyok.
1884 à la Remonte.

3378. BALSAMINE, 1/2 s. N. — M. de Foucault.
B. 1880. — Calvados (Le Pin).
Par *Conquérant* et *Jonquette*, par Irlandais.
Sa grand'mère : par Abrantès.

1884 vide.
1885 f. b. *Gaillarde*, par Niger.
1886 m. al. *Gréviste*, par Niger.
1887 à 1889 vide.

3379.   BALZAC, 1/2 s. N. — M. Huet.
Al. 1877. — Orne (Le Pin).
Par *Norfolk-Trotter*, 1/2 s. A., et *Juliette*, par Centaure.
Sa grand'mère : *Lisa*, par Idalis ou Thorigny.
Sa bisaïeule : *Danaé*, jument anglaise.

1880 m. al. *Courtisan*, par Oméga.
1881 m. al. *Delaware*, par Urimesnil.
1882 vide.
1883 f. al. *Frayola*, par Sir Quid-Pigtail, P. S. A.

3380. **BALZAMINE**, 1/2 s. N. — M. Moreuil.
Al. 1879. — Normandie (Le Pin).
Par *Saint-Rigomer et Clarinette*, par Héliotrope.

Sa grand'mère : par Elu.
Sa bisaïeule : par Séducteur.
Sa trisaïeule : par Prince.
Sa quadrisaïeule : par Mastrillo, P. S. A.

1883 s. r.
1884 m. b. *Glorieux*, par Dictateur.
1885 m. b.   , par Dictateur.
1886 m. al.   , par Beaugé.
1887 s. r.
1888 f. al. *Kamala*, par Beaugé.
1889 m. b.   , par Fier-à-Bras.
1890 f. b.   , par Etudiant.
1891 m. al.   , par Phaéton.
1892 f. al. *Observatrice*, par Etudiant.

3381. **BAMBOULA**, 1/2 s. N. — Ctesse P. Le Marois.
Al. 1879. — Normandie (Saint-Lô).
Par *Kabin* et une fille de The Heir-of-Linne, P. S. A.

S. r. jusqu'en 1891.
1892 f. b. *Fœdora*, par Domino-Noir.

3382. **BANDIE**, 1/2 s. N. — M. Bricquebec.
Al. 1880. — Normandie (Saint-Lô).
Par *Bandit* et une fille de Perfection.

S. r. jusqu'en 1891.
1892 f. al. *Onésime*, par Canut.

3383. **BANK-NOTE**, 1/2 s. N. — M. du Rozier.
N. 1879. — Calvados (Saint-Lô).
Par *Normand* et *Débutante*, P. S. A., par Pretty-Boy et Ioness,
par Ion.

1883 s. r.
1884 f. n. *Française*, par Niger.
1885 m. n. *Gargantua*, par Niger.
1886 f. n. *Hébé II*, par Niger.
1887 vide.
1888 m. b. b. *Kalmia*, par Tigris.
1889 f. n. *Léda*, par Tigris.
1890 m. n. *Montjoie*, par Tigris.
1891 vide.
1892 produit mort.

3384. **BARCAROLE**, 1/2 s. N. — M. Lemonnier.
B. 1885. — Normandie (Le Pin).
Par *Hippomène* et *Vesta*, par Affidavit, P. S. A.
Sa grand'mère : par Coleraine, 1/2 s. **A.**

1889 m. b. *Favori*, par Valencourt.
1890 m. b. *Gamin*, par Valencourt.
1891 f. b. *Hélène*, par Valencourt.

3385. **BAS-BLANCS**, 1/2 s. N. — M. E. Gautier.
Al. 1885. — Manche (Saint-Lô).
Par *Trajan* et une fille de Shamrock, 1/2 s. A.
Sa grand'mère : par Marengo, P. S. A. A.

1889 f. b. *Mousseuse*, par Descartes.
1890 f. b. *Frileuse*, par Dacapo.
1891 m. b.   , par Dacapo.

3386. **BASQUINE**, 1/2 s. N. — M. J. Ricard.
B. 1877. — Calvados (Le Pin).
Par *Palm* et *Juliette*, par Mazeppa.
Sa grand'mère : par Oribe.

1881 à 1885 s. r.
1886 m. b.   , par Bonnaire (États-Unis).
1887 vide.
1888 m. b. *Koran*, par Écho (États-Unis).
1889 m. b. *Libertin*, par Favori.
1890 vide.
1891 m. b. *Narquois*, par Homard.

3387. **BAVAROISE**, 1/2 s. N. — M. Lemonnier.
Al. 1879. — Normandie (Le Pin).
Par *Niger* et *Sylvia*, par Schamyl, P. S. A., et Marquise.

1883-1884 vide.
1885 f. b. *Bruyère*, par Hippomène.
1886 f. al. *Camée*, par Hippomène.
1887 m. b. *Décidé*, par Hippomène.
1888 m. b. *Émir*, par Cherbourg.
1889 m. b. *Frondeur*, par Cherbourg.
1890 f. b. *Giselle*, par Cherbourg.
1891 m. b. *Horace*, par Cherbourg.

3388. BAYADÈRE, 1/2 s. N. — M. Desmannetaux.
B. 1885. — Manche (Saint-Lô).
Par *Lavater* et une fille d'Orphée.
Sa grand'mère : par Quid-Juris.
Sa bisaïeule : par Navigateur.
Sa trisaïeule : par Karbout.

1889 s. r.
1890 m. b. *Mercure*, par Reynolds.
1891 m. al. *Nelson*, par Reynolds.

3389. BAYARDE, 1/2 s. N. — M. Cagel.
B. 1878. — Calvados (Le Pin).
Par *Patrice*, *Irlandais* ou *Raifort* et *Fleur-de-Mai*,
par Introuvable.
Sa grand'mère : par Ramsay, P. S. A.

S. r. jusqu'en 1884.
1885 produit mort.
1886 f. b. *Vengeresse*, par Vengeur.
1887 s. r.
1888 f. b. *Kaïte*, par Vougeot.
1889 m. b.   , par Un.

3390. BAYETTE, 1/2 s. N. — M. Dumesnil-Drieu.
Al. 1874. — Normandie (Saint-Lô).
Par *Va-de-Bon-Cœur* et une fille de Sinope.
Sa grand'mère : par Nemrod.

S. r. jusqu'en 1891.
1892 m. b. *Opaque*, par Fred-Archer.

3391. BAYETTE, 1/2 s. N. — M. Gosselin.
Bb. 1885. — Normandie (Saint-Lô).
Par *Aristocrate* et une fille d'Uzerche.
Sa grand'mère : par Va-de-Bon-Cœur.

S. r. jusqu'en 1891.
1892 f. b. *Follette*, par Follet.

3392. BAYEUX, 1/2 s. N. — M. Vautier.
B. 1870. — Normandie (Saint-Lô).
Par *Ugolin* et une fille de Lothaire.

S. r. jusqu'en 1888.
1889 f. b. *Tricoteuse*, par Tempête.
1890 vide.
1891 vide.

3393.   **BÉATRIX**, 1/2 s. N. — M. G. Buisson.
Bb. 1883. — Normandie (Le Pin).
Par *Niger* et *Drôlesse*, par Pledge.

Sa grand'mère : par Dupleix.
Sa bisaïeule : par Pilote.
Sa trisaïeule : par Bacha, P. S. Ar.
Sa quadrisaïeule : par Glorieux et une fille de King-Pepin, P. S. A.

1887 m. b.   , par Phaéton.
1888 vide.
1889 m. b. b.   , par Cherbourg.
1890 vide.
1891 a avorté.

3394.   **BÉCASSINE**, 1/2 s. N. — M. Capelle.
B. 1868. — Calvados (Le Pin).
Par *Conquérant* et *Blonde*, par Sultan.

S. r. jusqu'en 1875.
1876 f. b.   , par Normand.
1877 f. b. *Virago*, par Normand.
1878 f. b.   , par Normand.
1879 vide.
1880 m. b. *Charlatan*, par Interprète.
1881 f. b. *Virago II*, par Normand.
1882 f. b. *Exilée*, par Normand.
1883-1884-1885 vide.
1886 m. b. b.   , par Tigris.
1887-1888-1889 vide.
1890 f. b. *Mireille*, par Hardy.

3395.   **BÉCASSINE**, 1/2 s. N. — M. Olry.
B. 1879. — Normandie (Le Pin).
Par *Niger* et *Belle-de-Jour*, par Centaure.

Sa grand'mère : par Pledge.
Sa bisaïeule : par Wanderer, 1/2 s. A.
Sa trisaïeule, par Brocardo, P. S. A.
Sa quadrisaïeule : par Voltaire.
5e degré : fille de Glocester.
6e degré : fille de Jaggar.

S. r. jusqu'en 1885.
1886 vide.
1887-1888 s. r.
1889 f. al. *Libertine*, par Phaéton.
1890 vide.
1891 m. n. *Narcisse*, par Phaéton.

3396. **BELLE-CHARLOTTE,** 1/2 s. N.

M. Touchard.

B. 1881. — Normandie (Le Pin).

Par *Phaéton* et *Harmonie*, par Abrantès.

Sa grand'mère : par Séducteur.
Sa bisaïeule : par Eylau, P. S. A. A.
Sa trisaïeule : par Napoléon, P. S. A. A.

S. r. jusqu'en 1886.
1887 m. b. *Jaynard*, par Beaugé.
1888 f. b. *Kaoline*, par Cicéron II.
1889 f. b. *Lina*, par Fier-à-Bras.
1890 f. b. *Mademoiselle-de-Saint-Paul*, par Cicéron II.
1891 m. b.   , par Fuschia.
1892 f. al. *Occasion*, par Fuschia.

3397. **BELLE-DE-JOUR,** 1/2 s. N. — M. L. Fleury.

Al. 1871. — Sarthe (Le Pin).

Par *Inkermann* et *Fatemay*, par Tipple-Cider, P. S. A.

Sa grand'mère : par Eylau, P. S. A. A.

1874 f. al. *Fleur-de-Genêts*, par Gall. Morte.
1875 vide.
1876 f. al. *Voltigeuse*, par Gall ou Parthénon.
1877 vide.
1878 f. b. *Junon*, par Niger.
1879 f. al. *La Sarthoise*, par Phaéton.
1880 vide.
1881 f. al. *Capucine*, par Phaéton. Morte.
1882-1883 vide.
1884 m. al. *Grenadier*, par Un.
1885 f. al. *Harmonie*, par Beaugé.
1886 m. al. *Intendant*, par Beaugé.
1387 m. al. *Jason*, par Beaugé.
1888 vide.
1889 f. b.   , par Cherbourg.
1890 m. b. *Magenta*, par Cherbourg.
1891 s. r.
1892 f. b. *Olivette*, par Cherbourg.

3398. **BELLE-DE-JOUR,** 1/2 s. N.

M. Desrochers.

Al. 1879. — Sarthe (Le Pin).

Par *Koping* et *Hélène*, par Elu.

Sa grand'mère : par Centaure.
Sa bisaïeule : par Tipple-Cider, P. S. A.
Sa trisaïeule : par Eylau, P. S. A. A.

1883 m. al. *Fabert*, par Vichnou, P. S. A.

1884 m. al. *Galbrun*, par Alaric.
1885 m. al.   , par Beaugé.
1886 f. al.   , par Beaugé.
1887 f. al. *Irma*, par Beaugé.
1888 s. r.
1889 f. b. *Lyonnaise*, par Edimbourg.
1890 f. b. *Maïna*, par Edimbourg.
1891 m. al. *Nola*, par Phaéton.

3399.   **BELLE-DE-JOUR**, 1/2 s. N.
Ve Godichon-Forcinal.
Bb. 1889. — Orne (Le Pin).
Par *Edimbourg* et *Corentine*, par Quiclet.
Sa grand'mère : *Cora*, par Inkermann.
Sa bisaïeule : par Montaigne.
Sa trisaïeule : par Merlerault, P. S. A.
Sa quadrisaïeule : par Courtisan.

1892 m. b. *Orléans*, par Iambe.

3400.   **BELLE-DE-NUIT**, 1/2 s. N. — M. Gohier.
B. 1872. — Normandie (Le Pin).
Par *Ventre-Saint-Gris*, P. S. A., et *Biche*, 1/2 s. N., par Schamyl,
P. S. A.

S. r. jusqu'en 1885.
1886 m. b.   , par Cicéron II.
1887 f. b. *Mademoiselle-de-Fresnes*, par Cicéron II.
1888 f. n. *Ténébreuse*, par Cicéron II.
1889 m. b.   , par Cicéron II. Mort.
1890 f. b.   , par Cicéron II.
1891 f. b.   , par Cicéron II.
1892 m. b.   , par Juin.

3401. **BELLE-DE-NUIT**, 1/2 s. N. — M. E. Richer.
Bb. 1875. — Orne (Le Pin).
Par *Niger* et *Amanda*, par Centaure.
Sa grand'mère : par Stoker, P. S. A.

S. r. jusqu'en 1886.
1887 m. b. b. *Jonas II*, par Edimbourg.
1888 m. b. b. *Kadi*, par Edimbourg.
1889 m. b. b. *Lac*, par Edimbourg.
1890 f. n. *Mirabelle*, par Edimbourg.
1891 vide.
1892 f. b. *Orchidée*, par Edimbourg.

3402. BELLE-DE-NUIT, 1/2 s. N. — M. A. Burin.

B. 1875. — Orne (Le Pin).

Par *Conquérant* et *Décidée*, par Othon.

Sa grand'mère : par Envié.

S. r. jusqu'en 1883.
1884 f. b.   , par Phaéton
1885-1886-1887-1888-1889 s. r.
1890 f. n. *Ma Belle*, par Echo.
1891 vide.
1892 f. b. *Olivette*, par Jouffroy.

3403.   **BELLE-ENFANT**, 1/2 s. N.

M. Céran-Maillard.

Al. 1877. — Manche (Saint-Lô).

Par *Losenge*, P. S. A., et *Réfléchie*, par Dictateur.

Sa grand'mère : par Corsair, 1/2 s. A.
Sa bisaïeule : par Labéon.

1881 et 1882 s. r.
1883 f. al.   , par Oriental.
1884 m. b. *Genôt*, par Aristocrate.
1885-1886 vide.
1887 m. b.   , par Idoménée.
1888-1889 vide.
1890 f. al. *Ma Mie*, par Fontenay.
1891 m. b.   , par Colporteur. Mort.

3404.   **BELLE-ET-BONNE**, 1/2 s. N.

M. A. Bézière.

B. 1888. — Normandie (Le Pin).

Par *Acquila* et une fille d'Irlandais.

Sa grand'mère : par Carignan et une jument anglaise.

3405. BELLE-GARDE, 1/2 s. N. — M. Lecorroyeur.

B. 1878. — Sarthe (Le Pin).

Par *Koping* ou *Abrantès* et *Conquête*, par Général.

Sa grand'mère : *Fatemay*, par Tipple-Cider, P. S. A.
Sa bisaïeule : par Eylau, P. S. A. A.

1882 f. b. *Epine-Noire*, par Serpolet-Bai.
1883 f. b. *Lutine*, par Serpolet-Bai.
1884 m. al. *Hamlet*, par Beaugé.
1885 m. al.   , par Beaugé.
1886 m. al.   , par Beaugé.
1887 f. al. *Iva II*, par Beaugé.
1888 f. al. *Julia*, par Beaugé.
1889 vide.
1890 f. b. *Fresnaye*, par Etudiant.
1891 f. b. *Nanette*, par Coq-du-Village, P. S. A.

3406. BELLE-FACE, 1/2 s. N. — M. H.-R. de Vains.
B. 1880. — Manche (Saint-Lô).
Par *Wild-Bird*, P. S. A., et une fille de Lahore.

S. r. jusqu'en 1888.
1889 m. al. *Liban*, par Éole.
1890 f. al. *Dolly*, par Éole.
1891 vide.
1892 f. b.   , par Honfleur.

3407. BELLE-IDÉE, 1/2 s. N. — Mme Ve Ch. Blaizot.
Al. 1879. — Manche (Saint-Lô).
Par *Ignoré* et *Sophie*, par Fire-Away, 1/2 s. A.

S. r. jusqu'en 1886.
1887 f. al. *Belle-Idée*, par Café.
1888 m. al. *Café*, par Café.
1889 m. al. *Gibraltar*, par Gibraltar.
1890 vide.
1891 f. b. b. *Négresse*, par Colporteur.
1892 m. al. *Ombrageux*, par Jolibois.

3408. BELLE-IDÉE, 1/2 s. N. — Mme Ve Blaizot.
Al. 1886. — Manche (Saint-Lô).
Par *Café* et une fille d'Ignoré.
Sa grand'mère : par Fire-Away, 1/2 s. A.

S. r. jusqu'en 1891.
1892 f. b. *Olympe*, par Fournichon.

3409. BEL-ŒIL, 1/2 s. N. — M. Leloup.
B. 1871. — Manche (Saint-Lô).
Par *Hussein* et une fille de Beaumarchais.

S. r. jusqu'en 1891.
1892 f. b. *Orma*, par Follet.

3410. BELLE-PETITE, 1/2 s. N. — Bon de Schickler.
B. 1879. — Manche (Saint-Lô).
Par *Trompe-la-Mort*, 1/2 s. Big., et une fille de Victorieux.

S. r. jusqu'en 1891.
1892 m. b. *Orénoque*, par Esbly.

3278.   **BELZA**, 1/2 s. N. — M. E. Sohier.
Al. 1875. — Manche (Saint-Lô).
Par *Kabin* et une fille de Vandermulin, P. S. A.
Sa grand'mère : par Victorieux.
Sa bisaïeule : par Perfection.
Sa trisaïeule : par Paternel.

S. r. jusqu'en 1886.
1887 f. b. *Espérance*, par Domino-Noir.
1888 m. b. *Kindly*, par Domino-Noir (Amérique).
1889-1890 vide.
1891 Produit mort.
1892 vide.

3412.   **BE-QUICK**, 1/2 s. N. — M. Oury.
Bb. 1879. — Calvados (Saint-Lô).
Par *Conquérant* et *Invincible*, par Tamberlick, P. S. A.

1883 f. b. b. *Favorite II*, par Lavater.
1884 f. b. *Gitana*, par Ministère, P. S. A.
1885-1886-1887 vide.
1888 m. b. b. *Kaïd*, par Phaéton.
1889 f. b. *L.-M.*, par Phaéton.
1890 vide.
1891 f. b. b. *Naïade*, par Espadem.

3413.   **BERCA**, 1/2 s. N. — M. J. Surcouf.
B. 1886. — Normandie (Saint-Lô).
Par *Betting* et une fille de Surveillant.
Sa grand'mère : par Jambon.

1890-1891 s. r.
1892 f. b. *Cocote*, par Farnèse.

3414.   **BÉRÉNICE**, 1/2 s. N. — M. A. de Basly.
B. 1879. — Calvados (Le Pin).
Par *Kilomètre* et *Fortuna*, P. S. A., par Tonnerre-des-Indes.
Sa grand'mère : *Harriet*.

1883-1884 s. r.
1885 f. b. *Hétaïre*, par Tigris.
1886 m. b. b. *Intransigeant*, par Baptiste-Lemore.
1887 m. b. *Jacques*, par Coq-à-l'Ane.
1888 f. b. *Korrigane*, par Cherbourg.
1889 m. b. *Lancelot*, par Hardy.
1890-1891-1892 vide.

3415. **BÉRÉNICE,** 1/2 s. N. — M. Beaudouin.
N. 1879. — Eure (Le Pin).
Par *Noville* et *Candelaria*, par Lavater.
Sa grand'mère : *Fanny*, par The Norfolk-Phœnomenon, 1/2 s. A.
Sa bisaïeule : par Turk, 1/2 s. A.

1883 f. b. *Frileuse*, par Ultimatum.
1884 m. b. *Gabier*, par Adonias.
1885 f. b. *Hermosa*, par Valencourt.
1886 vide.
1887 f. n. *Jenny*, par Echo.
1888 vide.
1889 m. b. *Le Lieuvain*, par Mourle, P. S. A.

3416. **BERGÈRE,** 1/2 s. N. — M. Lelong.
B. 1875. — Normandie (Saint-Lô).
Par *Auguste*, P. S. A., et une fille de Guillaume-le-Conquérant.

S. r. jusqu'en 1891.
1892 m. b. *Ogilby*, par Jagellon.

3417. **BERGÈRE,** 1/2 s. N. — M. Lecanu.
B. 1875. — Normandie (Saint-Lô).
Par *Feu-de-Joie* et une fille de *Victorieux*.

S. r. jusqu'en 1891.
1892 m. b. *Octeville*, par Bataillon.

3418. **BERGÈRE,** 1/2 s. N. — M. F. Alexandre.
N. 1878. — Normandie (Saint-Lô).
Par *Sabre*, P. S. A., et une fille de *Beaumanoir*.
Sa grand'mère : par Kapirat.

S. r. jusqu'en 1891.
1892 f. b. *Octandrie*, par Extra.

3419. **BERGÈRE,** 1/2 s. N. — M. Lechevalier.
B. 1878. — Normandie (Saint-Lô).
Par *Invariable* et une fille de *Lothaire*.

S. r. jusqu'en 1891.
1892 f. b. *Valentine*, par Gibraltar.

3420. **BERGÈRE**, 1/2 s. N. — M. Roumy.
B. 1880. — Normandie (Saint-Lô).
Par *Ignoré* et une fille de *Riga*.
Sa grand'mère : par Électeur.

S. r. jusqu'en 1891.
1892 f. b. *Orageuse*, par Immortel.

3421. **BERGÈRE**, 1/2 s. N. — M. Loriot.
B. 1881. — Manche (Saint-Lô).
Par *Saint-Cloud* et une fille d'*Harmonieux*.

S. r. jusqu'en 1888.
1889 m. b. *Lauriston*, par Tourville.
1890 m. b. *Marius*, par Tourville.
1891 f. b. *Ilote*, par Ilot.

3422. **BERGÈRE**, 1/2 s. N. — M. Bazin.
Al. 1881. — Manche (Saint-Lô).
Par *Kabin* et une fille de *Volcan*.

S. r. jusqu'en 1891.
1892 f. b. *Mouvette*, par Jagellon.

3423. **BERGÈRE**, 1/2 s. N. — Mᵐᵉ Vᵉ Nivard.
B. 1884. — Manche (Saint-Lô).
Par *Piston*, P. S. A., et une fille de *Quimperlé* (approuvé).
Sa grand'mère : par Rossignol (approuvé).

3424. **BERGÈRE**, 1/2 s. N. — M. H. Noël, en 1891.
Al. 1885. — Manche (Saint-Lô).
Par *Royal*, P. S. A., et une fille de *Lucullus*.
Sa grand'mère : par Garibaldi.

1889 m. b.   , par Bataillon.
1890 f. b. *Normandie*, par Espadem.
1891 a avorté.

3425. **BERGÈRE**, 1/2 s. N. — M. P. Quentin.
B. 1885. — Manche (Saint-Lô).
Par *Vert-Galant* et une fille d'*Ujiji*.
Sa grand'mère : par Schamyl, P. S. A.
Sa bisaïeule : par Kabin.

Sa trisaïeule : par Vandermulin, P. S. A.
Sa quadrisaïeule : par Tamerlan.

1889 s. r.
1890 f. al. *Mignonne*, par Canut.
1891 m. b.   , par Canut.

3426.   **BERGÈRE**, 1/2 s. N. — M. L. Poulain.
Bb. 1885. — Normandie (Le Pin).
Par *Arpenteur* et *Lisette*, par Tug.
Sa grand'mère : par Loustic.
Sa bisaïeule : par Désiré.
Sa trisaïeule : par Pilote.

1889 m. b. *Kroumir*, par Dante.
1890 vide.

3427.   **BERGÈRE**, 1/2 s. N. — M. Lepeinteur.
B. 1886. — Normandie (Le Pin).
Par *Vougeot* et *Néluskote*, par Nélusko.
Sa grand'mère : Bichette, par Ulmaire.

1890 f. b. *Colinette*, par International.
1891 s. r.
1892 f. b. *Eveillée*, par International.

3428.   **BERGÈRE**, 1/2 s. N. — M. Belhache.
B. 1886. — Normandie (Saint-Lô).
Par *Platon* et une fille de *Quatre-Cents*.
Sa grand'mère : par Bravo, P. S. A.
Sa bisaïeule : par Volcan.

1890 et 1891 s. r.
1892 m. b. *Oranger*, par Caprara.

3429.   **BERGÈRE**, 1/2 s. N. — M. P. Hallais.
Al. 1886. — Manche (Saint-Lô).
Par *Shamrock*, 1/2 s. A., et *La Biche*, par Macouba.
Sa grand'mère : par Patrick.
Sa bisaïeule : par Quine.

1890 f. b. *Espérance*, par Franconi.
1891 m. al. *Naples*, par Electro.

3430.   **BERGÈRE**, 1/2 s. N. — M. J. Villard
Bb. 1886. — Manche (Saint-Lô).
Par *Utrecht* et une fille de *Regnard*.
Sa grand'mère : par Ignoré.
Sa bisaïeule : par Lothaire.
Sa trisaïeule : par Horatius.

1890 f. n. *Etincelle*, par Farnèse.
1891 f. b. *Coquette*, par Farnèse.
1892 m. b. *Orléans*, par Jaconas.

3431.   **BERGÈRE**, 1/2 s. N. — M. E. Quilbé.
B. 1887. — Manche (Saint-Lô).
Par *Vanikoro* et *Cocote*, par Vice-Président.
Sa grand'mère : par Stern.
Sa bisaïeule : Rosette, par Victorieux.
Sa trisaïeule : par Jay et une fille de Licteur.

1891 f. b. *Rosette*, par Canut.

3432.   **BERGÈRE**, 1/2 s. N. — M. J. Le Conte.
Bb. 1888. — Manche (Saint-Lô).
Par *Fontainebleau* et une fille d'*Androclès*
Sa grand'mère : par Quine.

3433.   **BERGÈRE**, 1/2 s. N. — M. A. Laborde.
B. 1888. — Normandie (Saint-Lô).
Par *Espadem* et une fille d'*Ujiji*.
Sa grand'mère : par Schamyl, P. S. A.

1892 m. b. b. *Oxus*, par Bataillon.

3434.   **BERGÈRE**, 1/2 s. N. — M. P. Manquest.
B. 1888. — Normandie (Saint-Lô).
Par *Qu'en-Pensez-Vous* et une fille de *Bravo*, P. S. A.
Sa grand'mère : par Kapirat.

1892 m. b. *Orosmane*, par Fulminant.

3435.   **BERJEOT**, 1/2 s. N. — M. Th. Samson.
N. 1872. — Normandie (Saint-Lô).
Par *Imposteur* et une fille d'*Ugolin*.

S. r. jusqu'en 1891.
1892 f. b. *Onglée*, par Sorcier.

3436. **BERTINE**, 1/2 s. N. — M. F. Charruel.
B. 1888. — Manche (Saint-Lô).
Par *Austral* et une fille de *Félibien*.

Sa grand'mère : par Ourson.
Sa bisaïeule : par Trip, 1/2 s. A.
Sa trisaïeule : par Camisard.

3437. **BICHE**, 1/2 s. N. — M. J. Chesnel.
B. 1874. — Normandie (Le Pin).
Par *Kilomètre* et *Coquette*, par Centaure.
Sa grand'mère : par Tipple-Cider, P. S. A.

1879 f. b. *Lisette*, par Parthénon. Morte.
1880 m. b.   , par Jactator.
1881 à 1887 vide.
1888 f. b.   , par Uriel.
1889 m. b. b.   , par Cicéron II.
1890 vide.
1891 f. b. *Espérance*, par Cherbourg.

3438. **BICHE**, 1/2 s. N. — M. A. Graffe.
B. 1883. — Normandie (Le Pin).
Par *Opium* et une fille de *Marceau*.
Sa grand'mère : par Législateur.

1886 m. b.   , par Unal.
1887 m. b.   , par Cambacérès.
1888 m. b.   , par Cambacérès.
1889 m. b.   , par Cambacérès.
1890 m. b.   , par Cambacérès.
1891 f. n.   , par Cambacérès.

3439. **BICHE**, 1/2 s. N. — M. E. Richer.
B. 1887. — Orne (Le Pin).
Par *Gabier*, P. S. A., et *Judith*, par Taconnet.
Sa grand'mère : Rachelle, par Esculape.
Sa bisaïeule : par Saklawi, P. S. Ar.

1891 m. al. *National*, par Iambe.
1892 f. b. *Opérette*, par Iambe.

3440. **BICHETTE**, 1/2 s. N. — Mme Ve Lefrançois.
B. 1877. — Manche (Saint-Lô).
Par *Solférino* et une fille de *Saint-Pois*.

S. r. jusqu'en 1891.
1892 m. b. *Normand*, par Agriculteur.

3442. **BICHETTE**, 1/2 s. N. — M. Bonami.

B. 1877. — Manche (Le Pin).

Par *Violent* et une fille d'*Élu*.

Sa grand'mère : par Danseur.

S. r. jusqu'en 1883.
1884 m. b.   , par Ulbach, 1/2 s. V.
1885 f. b.   , par Ulbach, 1/2 s. V. Morte.
1886 m. b.   , par Saint-Rigomer.
1887 m. b.   , par Saint-Rigomer.
1888 f. b. *Joyeuse*, par Faisan.
1889 f. b. *Capucine*, par Saint-Rigomer.
1890 m. b.   , par Don-Quichotte.
1891 m. b.   , par Don-Quichotte.
1892 f. b. *Juliette*, par Don-Quichotte.

3443. **BICHETTE**, 1/2 s. N. — M. Aumont.

Al. 1878. — Manche (Saint-Lô).

Par *Octavo* et une fille de *Quinola*.

1882 et 1883. s. r.
1884 f. b. b. *Volante*, par Montebello.
1885 vide.
1886 f. al. *Coquette*, par Delille.
1887 m. al. *Jason*, par Jason.
1888 m. b. *Don-Juan*, par Teinturier.
1889 vide.
1890 f. al. *Pâquerette*, par Gil-Blas.
1891 m. b. *Orion*, par Hunald.
1892 m. b. *Osmar*, par Gil-Blas.

3444. **BICHETTE**, 1/2 s. N. — M. Babeur.

B. 1880. — Normandie (Saint-Lô).

Par *Rostrum* et une fille de *Léotard*.

Sa grand'mère : par Perfection.
Sa bisaïeule : par Sir-Henry-Dimsdale, 1/2 s. A.

S. r. jusqu'en 1889.
1890 f. b. b. *Rosette*, par Graft.
1891 f. b. *Coquette*, par Ermite.

3445. **BICHETTE**, 1/2 s. N. — M. Ferrand.
Ro. 1880. — Seine-Inférieure (Le Pin).
Par *Quick-Sylver*, 1/2 s. A., et une fille de *Bayard*.

1884 et 1885 s. r.
1886 m. ro. *Ignoré*, par Serpolet, rouan.
1887 m. ro. *Jéricault*, par Montfort, P. S. A.
1888 vide.
1889 f. b. *Lorette*, par Montfort, P. S. A.
1890 vide.
1891 morte.

3446. **BICHETTE**, 1/2 s. N. — M. L. Divetain.
B. 1883. — Manche (Saint-Lô).
Par *Quintus* et une fille de Bravo, P. S. A.
Sa grand'mère : par Pont-d'Or.

1887 s. r.
1888 f. b. b. *Eclatante*, par Bataillon.
1889 vide.
1890 m. n. *Trop-Acheté*, par Bataillon.
1891 m. b. b. *Josué*, par Bataillon.

3447. **BICHETTE**, 1/2 s. N. — M. J. Caligny.
B. 1883. — Normandie (Le Pin).
Par *Tristan* et une fille d'Antinoüs.
Sa grand'mère : par Quality.

1887 f. al. *Victorieuse*, par Ebène III.
1888-1889-1890 s. r.
1891 f. n. *Cendrillon*, par Valdempierre.

3448. **BICHETTE**, 1/2 s. N. — M. E. Pagny.
B. 1885. — Calvados (Saint-Lô).
Par *Calambac* et *Ragot*, par Dragon, P. S. A.
Sa grand'mère : *Brebis*, par Navigateur.

1889 f. b. *Lisa*, par Grand-Maître.
1890 m. n. *Marc-Aurèle*, par Phare.
1891 f. b.   , par Phare.
1892 f. al. *Ouest*, par Ermite.

3449. **BICHETTE**, 1/2 s. N. — Mlle Eglé Le François.
B. 1886. — Manche (Saint-Lô).
Par *Cauchemar* et *Castille*, par Ulloa.
Sa grand'mère : par Daniel.

1890-1891 vide.

3450. **BICHETTE**, 1/2 s. N. — M. Coquelin.
Gr. 1886. — Normandie (Saint-Lô).
Par *Ussy* et une fille de Trésorier.
Sa grand'mère : par Sancho.
1890-1891 s. r.
1892 f. b. *Olive*, par Volte-Face.

3451. **BICHETTE**, 1/2 s. N. — M. Guillot.
B. 1888. — Calvados (Saint-Lô).
Par *Le Piégeur*, P. S. A., et une fille d'Uzel.
Sa grand'mère : par Deucalion.
Sa bisaïeule : par Urus.
1892 f. b. *Orpheline*, par Ibis.

3452. **BICHETTE**, 1/2 s. N. — M. F. Lottin.
Al. 1888. — Manche (Saint-Lô).
Par *Franconi* et *Coquette*, par Macouba.
Sa grand'mère : *Marinette*, par Ourson.
Sa bisaïeule : par Quasi.
1892 m. b. b. *Jean-Bart*, par Dacapo.

3478. BIENFAISANTE, ex-**MOUVETTE**, 1/2 s. N.
M. M. Anvray.
Bb. 1880. — Manche (Saint-Lô).
Par *Ugolin* et une fille d'*Auguste*, P. S. A.
Sa grand'mère : par Ravissant.
1884 s. r.
1885 m. n. *Regreté*, par Ray-Grass.
1886 m. b. *Brunet*, par Diavolo.
1887 f. b. *Défense*, par Défendu.
1888 m. b. b. *Léger*, par Diavolo.
1889 vide.
1890 m. n. *Brillant*, par Ray-Grass.
1891 m. b. *Normand*, par Ray-Grass.

3454. **BIJOU**, 1/2 s. N. — M. Féron.
B. 1864. — Calvados (Saint-Lô).
Par *Violent* et une fille de Dragon, P. S. A.
S. r. jusqu'en 1891.
1892 f. b. *Orange*, par Estèphe.

3455. **BIJOU**, 1/2 s. N. — M. Le Conte.
B. 1865. — Manche (Saint-Lô).
Par *Androclès* et une fille de Quine.
S. r. jusqu'en 1884.
1885 f. al. *Coquette*, par Ballon, P. S. A.

1886 f. al. *Mouvette*, par Ballon, P. S. A.
1887 vide.
1888 f. b. *Bergère*, par Fontainebleau.
1889-1890-1891 vide.
1892 morte.

3456.   **BIJOU**, 1/2 s. N. — M. Lechevalier.
Al. 1876. — Normandie (Saint-Lô).
Par *Feu-de-Joie* et une fille de Solvable.
Sa grand'mère : par Lahore.

S. r. jusqu'en 1891.
1892 m. b. *Oualo*, par Cafarelli.

3457.   **BIJOU**, 1/2 s. N. — M. E. Gamarre.
B. 1869. — Calvados (Le Pin).
Par *Umber* et une fille de Vladimir.

1873 et 1874 s. r.
1875 m. b.   , par Palm.
1876 m. b. *Vélociped*, par Palm.
1877 vide.
1878 m. b. *Bois-le-Duc*, par Blenheim, P. S. A.
1879-1880-1881-1882-1883 vide.
1884 f. b. *Victoria*, par Tigris.
1885 f. b. *Houlette*, par Tigris.
1886 vide.
1887 m. b.   , par Tigris.
1888 vide.
1889 m. b. b.   , par Hardy ou Galba.
1890 vide.
1891 m. b. *Gustave*, par Gallien (approuvé).
1892 f. b. *Grévotte*, par Gallien (approuvé).

3458.   **BIJOU**, 1/2 s. N. — M. B. Pagny.
N. 1870. — Manche (Saint-Lô).
Par *Ugolin* et une fille de Lagopède.

S. r. jusqu'en 1885.
1886 m. b. *Intrépide*, par Carnavalet.
1887 vide.
1888 f. al. *Voleuse*, par Milan II, P. S. A.
1889 vide.
1890 f. b. *Volante*, par Tempête.
1891 f. b. *Nerveuse*, par Tempête.
1892 f. n. *Orpheline*, par Harley.

3459.   **BIJOU**, 1/2 s. N. — M. A. Achard.
Par *Ugolin* et une fille de Tic-Tac.
Par *Ugolin* et une fille de Tic-Tac.

S. r. jusqu'en 1891.
1892 f. b. *Obstention*, par Espoir.

3460.   **BIJOU**, 1/2 s. N. — M. P. Gautier.
B. 1873. — Normandie (Saint-Lô).
Par *Sancho* et une fille d'Infatigable.

S. r. jusqu'en 1891.
1892 m. b. *Favori*, par Forbach.

3272.   **BIJOU**, 1/2 s. N. — M. A Delisle.
B. 1873. — Manche (Saint-Lô).
Par *Lucullus* et une fille de Furibond.
Sa grand'mère : par Caprice.
Sa bisaïeule : par Hugon (approuvé).

S. r. jusqu'en 1883.
1884 m. b. b. *Kabin*, par Kabin.
1885 m. b. b. *Kabin*, par Kabin.
1886 f. b. *Rosette*, par Kabin.
1887 f. b. b. *Margot*, par Vert-Galant.
1888 vide.
1889 m. b. b. *Le Volga*, par Ecueil (Amérique).
1890 m. b. *Pilote*, par Ecueil.

3462.   **BIJOU**, 1/2 s. N. — M. Boëtard.
B. 1874. — Manche (Saint-Lô).
Par *Josaphat* et *Pincharde*, par Lagopède.

S. r. jusqu'en 1887.
1888 m. b. b. *Colporteur*, par Colporteur.
1889 vide.
1890 f. b. *Etincelle*, par Gibraltar.
1891 f. n. *Négresse*, par Indo-Chine.

3463.   **BIJOU**, 1/2 s. N. — Mme Ve Le Monnier.
B. 1874. — Normandie (Saint-Lô).
Par *Lans-Born* et une fille de Germanicus.

S. r. jusqu'en 1891.
1892 m. b. *Or-Pur*, par Céladon.

3464.   **BIJOU**, 1/2 s. N. — M. L. Fardin.
Gr. truité 1874. — Normandie (Saint-Lô).
Par *Hunter* et une fille de Succès.

S. r. jusqu'en 1891.
1892 f. al. *Coquette*, par Volte-Face.

3465.   **BIJOU**, 1/2 s. N. — M. de Villiers.
Al. 1874. — Manche (Saint-Lô).
Par *Wild-Bird*, P. S. A., et une fille de *Y. Garibaldi*, 1/2 s. A.
Sa grand'mère : *Gothon*, par Black-Jack, 1/2 s. A.

S. r. jusqu'en 1888.
1889 m. al. *Dolloro*, par Dollar.
1890 f. al. *Dolente*, par Dollar.
1891 vide.
1892 m. al. *Polnotche*, par Eole.

3466.   **BIJOU**, 1/2 s. N. — M. J.-L. Marie.
B. 1875. — Normandie (Saint-Lô).
Par *Magicien* et une fille de *Qui-Perd-Gagne*.

S. r. jusqu'en 1891.
1892 f. b. *Occision*, par Tropique.

3467.   **BIJOU**, 1/2 s. N. — M. Noël.
B. 1875. — Normandie (Saint-Lô).
Par *Invariable* et une fille de *Tamerlan*.

S. r. jusqu'en 1891.
1892 f. b. *Omission*, par Jocrisse.

3468.   **BIJOU**, 1/2 s. N. — M. L. Boivin.
B. 1875. — Normandie (Saint-Lô).
Par *Séduisant* (approuvé) et une fille de *Forcy*.

S. r. jusqu'en 1891.
1892 m. b. *Osilo*, par Caprara.

3469.   **BIJOU**, 1/2 s. N. — M. E. Ledroit.
B. 1875. — Normandie (Saint-Lô).
Par *Enoch* et une fille d'*Inkermann*.

S. r. jusqu'en 1891.
1892 m. b. *Olot*, par Heaume.

3470.   **BIJOU**, 1/2 s. N. — M. P. Alexandre.
Bb. 1875. — Manche (Saint-Lô).
Par *Dimanche* et une fille de *Kapiral*.

S. r. jusqu'en 1891.
1892 m. b. *Orsoy*, par Baccarat.

3471.   **BIJOU**, 1/2 s. N. — M. E. Lerouge.
B. 1876. — Normandie (Saint-Lô).
Par *Joli-Cœur* et une fille de *Rivoli*.

S. r. jusqu'en 1891.
1892 m. b. *Favori*, par Forban.

3472.   **BIJOU**, 1/2 s. N. — M. Marquer.
Al. 1876. — Manche (Saint-Lô).
Par *Shamrock*, 1/2 s. A., et *Cocotte*, par Désiré.

S. r. jusqu'en 1891.
1892 m. b. *Original*, par Jeffreys.

3473.   **BIJOU**, 1/2 s. N. — M. Blier.
B. 1876. — Normandie (Saint-Lô).
Par *Lodi* et une fille de *Succès*.

S. r. jusqu'en 1891.
1892 f. al. *Olive*, par Shamrock, 1/2 s. A.

3474.   **BIJOU**, 1/2 s. N. — M. Pitel.
B. 1877. — Normandie (Saint-Lô).
Par *Mercure* et une fille d'*Hélios*.

S. r. jusqu'en 1891.
1892 m. b. *Dragon*, par Gil-Blas.

3475.   **BIJOU**, 1/2 s. N. — M. F. Roulland.
B. 1877. — Normandie (Saint-Lô).
Par *Dragon*, P. S. A., et une fille de *Fontenay*.
Sa grand'mère : par Colonel.

S. r. jusqu'en 1891.
1892 f. b. *Castille*, par Bataclan IV

3476.   **BIJOU**, 1/2 s. N. — M. Lesdos.
B. 1877. — Normandie (Saint-Lô).
Par *Guelfe* et une fille de *Bravo*, P. S. A.

S. r. jusqu'en 1891.
1892 m. b. b. *Orsi*, par Seymour.

3477. **BIJOU**, 1/2 s. N. — M. J. Scelle.
Al. 1877. — Normandie (Saint-Lô).
Par *Enau* et une fille de Pont-d'Or.

S. r. jusqu'en 1891.
1892 m. al. *Oirschoot*, par Vol-au-Vent.

3240. **BIJOU**, 1/2 s. N. — M. Herquin.
B. 1877. — Manche (Saint-Lô).
Par *Ménélas* et une fille de Laus-Born.

S. r. jusqu'en 1888.
1889 m. b. b. *Dumarest*, par Utrecht (Amérique).
1890 et 1891 s. r.
1892 m. b. *Opis*, par Calambac.

3479. **BIJOU**, 1/2 s. N. — M. Leveillé.
B. 1878. — Normandie (Saint-Lô).
Par *Dragon* et une fille de Fontenay.

S. r. jusqu'en 1891.
1892 f. b. b. *Ovesta*, par Bataclan IV.

3480. **BIJOU**, 1/2 s. N. — M. Gosselin.
B. 1878. — Normandie (Saint-Lô).
Par *Volant* et une fille de Qui-Perd-Gagne.

S. r. jusqu'en 1891.
1892 m. b. *Oratus*, par Jusant.

3481. **BIJOU**, 1/2 s. N. — M. D. Férey.
B. 1878. — Manche (Saint-Lô).
Par *Quickly* et une fille de Beaumanoir.
Sa grand'mère : par Voltaire.

S. r. jusqu'en 1887.
1888 m. al. *Kamisar*, par Surveillant.
1889 f. al. *Mine-Blanc*, par Gourmet.
1890 a avorté.
1891 f. b. *Nemours*, par Esbly.
1892 f. b. *Orientale*, par Esbly.

3482. **BIJOU**, 1/2 s. N. — M. A. Goupil.
B. 1878. — Normandie (Saint-Lô).
Par *Faucon* et une fille de Quasi.

S. r. jusqu'en 1891.
1892 f. al. *Orgueilleuse*, par Vert-Galant.

3483. **BIJOU**, 1/2 s. N. — M. Datin.
B 1879. — Normandie (Saint-Lô).
Par *Pradier* et une fille de *Quasi*.

S. r. jusqu'en 1891.
1892 f. b. *Sans-Gêne*, par Dacapo.

3484. **BIJOU**, 1/2 s. N. — M. G. Laurence.
B. 1879. — Normandie (Saint-Lô).
Par *Régnard* et une fille de Beaumanoir.

S. r. jusqu'en 1891.
1892 m. b. *Original*, par Quality.

3485. **BIJOU**, 1/2 s. N. — Mᵉ Vᵉ Doucet.
B. 1879. — Normandie (Saint-Lô).
Par *Victorieux* et une fille de Tamerlan.

S. r. jusqu'en 1891.
1892 m. b. *Ramès*, par Infidèle.

3486. **BIJOU**, 1/2 s. N. — M. F. Lebaron.
Bb. 1879. — Normandie (Saint-Lô).
Par *Lucullus* et une fille de Vandermulin, P. S. A.

S. r. jusqu'en 1891.
1892 f. b. *Orea*, par Fulminant.

3487. **BIJOU**, 1/2 s. N. — M. Lefèvre.
B. 1879. — Manche (Saint-Lô).
Par *Kilogramme* et une fille d'Hercule.

S. r. jusqu'en 1891.
1892 f. b. *Obdorie* par Vert-Luron.

3488. **BIJOU**, 1/2 s. N. — M. F. Lebreton.
Al. 1879. — Manche (Saint-Lô).
Par *Macouba* et une fille de Succès.

S. r. jusqu'en 1891.
1892 f. b. *Ondine*, par Favori.

3489. **BIJOU**, 1/2 s. N. — M. Gastelois.
B. 1879. — Normandie (Saint-Lô).
Par *Harmonieux IV* et une fille de Dictateur.

S. r. jusqu'en 1891.
1892 m. b. *Favori*, par Forgeur.

3490. **BIJOU**, 1/2 s. N. — M. Onfroy.
B. 1880. — Manche (Saint-Lô).
Par *Quitri* et une fille d'El-Ghor, P. S. Ar.

S. r. jusqu'en 1891.
1892 m. b. *Orateur*, par Usellas.

3491. **BIJOU**, 1/2 s. N. — M. Huet.
B. 1880. — Normandie (Saint-Lô).
Par *Noirmont* et une fille d'Egésippe.

S. r. jusqu'en 1891.
1892 m. b. *Orideus*, par Habéo

3492. **BIJOU**, 1/2 s. N. — M. A. Baudry.
Bb. 1880. — Normandie (Saint-Lô).
Par *Platon* et une fille d'Hippocrate.

S. r. jusqu'en 1891.
1892 f. b. b. *Offense*, par Betting.

3494. **BIJOU**, 1/2 s. N. — M. Leroy.
N. 1880. — Normandie (Saint-Lô).
Par *Sobriquet* et une fille de Jules-César.

S. r. jusqu'en 1891.
1892 f. b. *Ovale*, par Archibald.

3495. **BIJOU**, 1/2 s. N. — M. A. Estace.
B. 1880. — Normandie (Saint-Lô).
Par *Ménélas* et une fille de Talleyrand (approuvé).

S. r. jusqu'en 1891.
1892 f. b. *Odessa*, par Hot.

3496. **BIJOU**, 1/2 s. N. — M. Desdemaine.
B. 1880. — Normandie (Saint-Lô).
Par *Quinola* et une fille de Négro.

S. r. jusqu'en 1891.
1892 m. b. *Otage*, par Extra.

3497. **BIJOU**, 1/2 s. N. — M. P. James.
B. 1880. — Normandie (Saint-Lô).
Par *Quality* et une fille de Bravo, P. S. A.

S. r. jusqu'en 1891.
1892 m. b. *Odorat*, par Electro.

3498. **BIJOU**, 1/2 s. N. — M. Dhérouville.
Al. 1880. — Normandie (Saint-Lô).
Par *Garde-à-Vous* et une fille de Courcy.

S. r. jusqu'en 1891.
1892 m. b. *Olympien*, par Phare.

3499. **BIJOU**, 1/2 s. N. — M. de Marseu.
Al. 1880. — Manche (Saint-Lô).
Par *Silhouette* et une fille de Sancho.
Sa grand'mère : par Pimlico, 1/2 s. A.

1884 f. al. *Lisette*, par Trucheman.
1885 vide.
1886 m. b. *L'Ami*, par Santerre.
1887 f. b. *Bijou*, par Descartes.
1888-1889-1890 vide.
1891 a avorté.

3500. **BIJOU**, 1/2 s. N. — M. Lecomte.
B. 1881. — Normandie (Saint-Lô).
Par *Regret* et une fille d'Edgard.
Sa grand'mère : par Hautain.

S. r. jusqu'en 1891.
1892 f. b. *Opale*, par Ibis.

3501.   **BIJOU**, 1/2 s. N. — M. Ch. Mouton.
R. 1881. — Manche (Saint-Lô).
Par *Ignoré* et une fille de Lothaire.
Sa grand'mère : par Uroch.

1885 m. b. *Canut*, par Quality.
1886 vide.
1887 f. b. *Surprise*, par Agnadel.
1888 f. b. *Etoile*, par Agnadel.
1889 m. ro. *Romain*, par Quality.
1890 s. r.
1891 m. ro. *Sans-Nom*, par Domino-Noir.
1892 f. b. *Magicienne*, par Magicien.

3502.   **BIJOU**, 1/2 s. N. — M. Gäluski.
B. 1881. — Manche (Saint-Lô).
Par *Schah* et une 1/2 s. N., par Aster, P. S. A.
Sa grand'mère : par Daniél (autorisé), fils de Daniél.

1885 m. b.   , par Bégonia.
1886 f. b. *Poulette*, par Bégonia.
1887 f. b. *Cybèle*, par Manille, P. S. A.
1888 m. al. *Mignon*, par Richard.
1889 f. al. *Girofla*, par Manille, P. S. A.
1890 vide.
1891 m. b. *Villemer*, par Thabor.

3503.   **BIJOU**, 1/2 s. N. — M. Maurouard.
B. 1881. — Manche (Saint-Lô).
Par *Réservé* et une fille de Volant.

S. r. jusqu'en 1891.
1892 m. b. *Okhotsh*, par Esbly.

3504.   **BIJOU**, 1/2 s. N.— M. Lemaitre.
B. 1882. — Manche (Saint-Lô).
Par *Sir-Malero* et une fille de *Faucon*.
[Sa grand'mère : par Y. Phœnomenon, 1/2 s. A

1886 m. b. *Vermouth*, par Athos.
1887 m. b. *Robert*, par Vite.
1888 m. b. *Malbrou*, par Quatre-Cents.
1889 m. b. *Mercure*, par Quatre-Cents.
1890 f. b. *Elégante*, par Quatre-Cents.

3264.   **BIJOU**, 1/2 s. N. — M. Mabire.
B. 1882. — Normandie (Saint-Lô).
Par *Truphi* et *Luronne*, par Sauvageon.
Sa grand'mère : par Palm.
Sa bisaïeule : *Juliette*, par Ourson.

S. r. jusqu'en 1888.
1889 m. b. *Joyeux*, par Gardanne (Amérique).

3506.   **BIJOU**, 1/2 s. N. — M. F. Nouet.
Gr. 1883. — Manche (Saint-Lô).
Par *Mathurin* et une fille de *Bayard*.
Sa grand'mère : par Nelson.

1887 à 1892 vide.

3507.   **BIJOU**, 1/2 s. N. — M. F. Quesney.
B. 1884. — Normandie (Saint-Lô).
Par *Betting* et une fille de *Ménélas*.
Sa grand'mère : par D'Artagnan.

1888-1891 s. r.
1892 f. b. *Océanic*, par Juré.

3508.   **BIJOU**, 1/2 s. N. — M. J.-B. Desquesnes.
B. 1885. — Manche (Saint-Lô).
Par *Sénéchal* et une fille de *Nagel*.
Sa grand'mère : par Libérator.
Sa bisaïeule : par Séduisant (approuvé).

1889 m. b. *Inconnu*, par Virgile.
1890 produit mort.
1891 m. b. *Numitor*, par Virgile.

3509.   **BIJOU**, 1/2 s. N. — M. B. Hainneville.
B. 1886. — Manche (Saint-Lô).
Par *Dignitaire* et une fille de *Victorieux*.
Sa grand'mère : par Paternel.
Sa bisaïeule : par Boucanier.

1890 f. b. *Espérance*, par Espadem.
1891 m. b.   . par Espadem.

3510. **BIJOU**, 1/2 s. N. — M. D. Lainé.
B. 1887. — Calvados (Saint-Lô).
Par *Courtomer* et une fille d'*Essence*.
Sa grand'mère : par Ulysse.

1891 s. r.
1892 m. b. *Orphée*, par Archibald.

3511. **BIJOU**, 1/2 s. N. — M. G. Galais.
B. 1887. — Manche (Saint-Lô).
Par *Mercure* et une fille de *Quine*.
Sa grand'mère : par Roc.

1891 s. r.
1892 m. b. b. *Val-de-Sée*, par Val-de-Sée.

3512. **BIJOU**, 1/2 s. N. — M. E. Lecoq.
B. 1887. — Manche (Saint-Lô).
Par *Céladon* et *La Petite*, par Invariable.
Sa grand'mère : *Blanc-Pied*, par Magicien.

1891 f. al.   , par Infidèle.

3513. **BIJOU**, 1/2 s. N. — M. Truffert.
B. 1888. — Manche (Saint-Lô).
Par *Nagel* et une fille de *Quarteron*.
Sa grand'mère : par Qui-Perd-Gagne.

1892 m. b. *Octidi*, par Esbly.

3514. **BIJOU**, 1/2 s. N. — M. Etienne Modeste.
Bb. 1888. — Normandie (Saint-Lô).
Par *Vice-Président* et une fille de *Jackson*.
Sa grand'mère : par Dartos.

1892 f. b. *Coquette*, par Figurant.

3515. **BIJOU**, 1/2 s. N. — M. P. Desmares.
B. 1890. — Manche (Saint-Lô).
Par *Dominant* et *Lisette*, par Café.
Sa grand'mère : par Beaumarchais.

3516. **BIJOU**, 1/2 s. N. — M. A. Langlois.
B. 1891. — Manche (Saint-Lô).
Par *Calambac* et une fille de *Céladon*.
Sa grand'mère : par Violent.

3517. **BITHUME**, 1/2 s. N. — M. d'Aboville.
B. 1872. — Calvados (Le Pin).
Par *J'y-Songerai* et *Étincelle*, par Ukase (approuvé).
Sa grand'mère : *Cérito*, par Ramsay, P. S. A.
Sa bisaïeule : *L'Alezane*, par Urgent.
Sa trisaïeule : par Rainbow, P. S. A.

1876-1877 vide.
1878 m. b. b.   , par Conquérant.
1879 m. b.   , par Conquérant.
1880 m. b. *Volontaire*, par Normand.
1881 m. al.   , par Saturne. Mort.

3518 **BLANCHE MINE**, 1/2 s. N. — M. A. Prémont.
B. 1882. — Manche (Saint-Lô).
Par *Phosphore* et *Cascade*, par Lavater.
Sa grand'mère : par The Heir-of-Linne, P. s. A.
Sa bisaïeule : par Tarrare, P. S. A.
Sa trisaïeule : par Sauvage.
Sa quadrisaïeule : par Bob-Warwick, 1/2 s. A.

1886 f. al. *Iurna*, par Reynolds.
1887 m. al. *Jovial II*, par Reynolds.
1888 à 1891 vide.
1892 m. b. *Oublié*, par Reynolds.

3519. **BLANC-PIED**, 1/2 s. N. — M. Vasselin.
Bb. 1874. — Normandie (Saint-Lô).
Par *Mirliton* et une fille de *Jambon*.

S. r. jusqu'en 1891.
1892 m. b. *Oron*, par Sorcier.

3520. **BLANC-PIED**, 1/2 s. N. — M. Le Bourgeois.
B. 1875. — Manche (Saint-Lô).
Par *Mirliton* et une fille de *Risque-Tout* (approuvé).

S. r. jusqu'en 1891.
1892 f. b. *Bergère*, par Surveillant.

3521. **BLANC-PIED**, 1/2 s. N. — M. Gallis.
B. 1877. — Manche (Saint-Lô)
Par *Intact* et une fille d'*Isolier*, P. S. A.

S. r. jusqu'en 1891.
1892 m. b. *Occey*, par Bataillon.

3522. **BLANC-PIED**, 1/2 s. N. — M. A. Heleine
Al. 1878. — Manche (Saint-Lô).
Par *Gloire* et une fille de *Guelfe* (approuvé).

3523. **BLANC-PIED**, 1/2 s. N. — M. Laloy.
Al. 1881. — Manche (Saint-Lô).
Par *Lans-Born* et une fille de *Pont-à-Mousson*.
Sa grand'mère : par Égésippe.

S. r. jusqu'en 1890.
1891 f. b.   , par Figaier.

3276. **BLANC-PIED**, 1/2 s. N. — M. J. Côme.
B. 1881. — Normandie (Saint-Lô).
Par *Truplu* et une fille de *Bravo*, P. S. A.
Sa grand'mère : par Volant.
Sa bisaïeule : par Séduisant.
Sa trisaïeule : par Lagopède.

1885 f. b.   , par Gloire.
1886 m. b.   , par Sauvageon.
1887 m. b.   , par Sauvageon.
1888 vide.
1889 m. b. *Lorient*, par Alsacien (Amérique).
1890 f. b.   , par Alsacien.
1891-1892 vide.
1893 f. b. *Productrice*, par Képi.

3525. **BLANC-PIED**, 1/2 s. N. — M. E. Paris.
Gr. 1885. — Normandie (Saint-Lô).
Par *Surveillant* et une fille de *Bandit*.
Sa grand'mère : par Feu-de-Joie.

S. r. jusqu'en 1891.
1892 m. b. *Oulouk*, par Fabuleux.

3526. BLANC-PIED, 1/2 s. N. — M. N. Belliard.
B. 1887. — Normandie (Saint-Lô).
Par *Utrecht* et une fille de Quickly.
Sa grand'mère : par Kapirat.

1892 f. b. *Ohio*, par Betting.

3527. BLONDE, 1/2 s. N. — M. V. Lefranc.
Al. 1873. — Manche (Saint-Lô).
Par *Quine* (approuvé), et une fille de Gallois (approuvé).

S. r. jusqu'en 1886.
1887 f. al. *Fourmi*, par Tudieu.
1888-1889 s. r.
1890 f. b. *Perdrix*, par Tudieu.
1891 f. al. *Coquette*, par Tudieu.

3528. BLONDINE, 1/2 s. N. — M. Denis.
Al. 1879. — Manche (Le Pin).
Par *Lans-Born* et une fille de Ratapoil (approuvé).

S. r. jusqu'en 1891.
1892 m. b. b. *Voltaire*, par Jean-de-Nivelle II.

3529. BLONDINE, 1/2 s. N. — M. Gervais.
Al. 1885. — Calvados (Saint-Lô).
Par *Barberousse* et *La Blonde*, par Ménélas.
Sa grand'mère : *L'Etoile*, par Volant.
Sa bisaïeule : par Kapirat.

1889 m. al. , par Utique.
1890 m. al. , par Utique.
1891 m. b. , par Ibis.

3530. BLUETTE, 1/2 s. N. — M. Desgenetais.
B. 1872. — Orne (Le Pin).
Par *Patricien*, P. S. A., et *Espérance*, par Solide.
Sa grand'mère : *Mademoiselle-de-Cerisé*, par Utrecht.
Sa bisaïeule : *Unique*, ex-*Hermine*, par Schamyl, P. S. A.
Sa trisaïeule : *Californie*, ex-*Omphale*, par Hercule, P. S. A.
Sa quadrisaïeule : *La Ragonne*, par Railleur.

1876 f. b. b. *Froufrou*, par Niger. Morte en 1881.
1877 m. b. *Vendôme*, par Abrantès.
1878-1879-1880 vide.
1881 f. b. *Kotzby*, par Montfort, P. S. A.
1882 f. al. *Lutèce*, par Phaéton.
1883 f. b. *Myrtille*, par Phaéton (Belgique).
1884 f. b. *Nitouche*, par Phaéton.
1885 vide.
1886 f. b. *Pâquerette*, par Uriel (Belgique).
1887 m. b. *Quartier-Maître*, par Uriel.
1888 m. b. *Rob-Roy*, par Uriel.
1889 vide.
1890 m. b. *Tirailleur*, par Uriel.
1891 vide.
1892 f. b. *Fleur-de-Mai*, par Hippomène.

3531. **BLUETTE**, 1/2 s. N. — M. A. Benoist.
B. 1877. — Manche (Saint-Lô).
Par *Volant* et une fille de Jambon.
Sa grand'mère : par Bravo, P. S. A.

1881 s. r.
1882 f. al. *Volante*, par Viril.
1883-1884 vide.
1885 f. al. *Raquette*, par Viril.
1886 vide.
1887 f. al. *Jaseuse*, par Jason.
1888-1889 vide.
1890 f. b. *Sans-Tache*, par Florentino.
1891 s. r.
1892 f. b. *Jasseuse*, par Jaseur.

3532. **BLUETTE**, 1/2 s. N. — M. Fleury.
B. 1879. — Sarthe (Le Pin).
Par *Quiclet* et *Fleur-de-Genêt*, par Gall.
Sa grand'mère : par Inkermann.
Sa bisaïeule : par Tipple-Cider, P. S. A.
Sa trisaïeule : par Eylau, P. S. A. A.

1883 f. b. b. *Favorite*, par Phaéton.
1884 f. b. *Glorieuse*, par Phaéton.
1885 m. al. *Héros*, par Beaugé.
1886 vide.
1887 f. al. *Jongleuse*, par Beaugé.
1888 m. b. *Lionceau*, par Cherbourg.
1889 m. al. *Lieutenant*, par Boissy, P. S. A.
1890 vide.
1891 m. b. *National*, par Cherbourg.

3291. **BLUETTE**, 1/2 s. N. — M. Croisé.
B. 1882. — Orne (Le Pin).
Par *Usquebac* et *Abrantine*, par Abrantès.
Sa grand'mère : par Utrecht.
Sa bisaïeule : par Trouville, P. S. A.

1886 s. r.
1887 f. b. *Joyeuse*, par Edimbourg.
1888 vide.
1889 m. b. *Little-Rocz*, par Edimbourg.
1890–1891 vide.
1892 m. b. *Obusier*, par Edimbourg.

3524. **BLUETTE**, 1/2 s. N. — M. Serrey.
(Remonte en 1890.)
Bb. 1882. — Orne (Le Pin).
Par *Vichnou*, P. S. A., et *Dame-de-Pique*, par Elu.
Sa grand'mère : par Centaure,

1886 f. b.   , par Ximénès.
1887 f. n.   , par Etudiant. Morte.
1888 m. al.   , par Beaugé. Mort.
1889 f. b. b. *Léda*, par Etudiant.
1890 vide.

3962. **BOHÉMIENNE**, 1/2 s. N.
Mme la Cesse P. Le Marois.
B. 1879. — Normandie (Saint-Lô).
Par *Invariable* et *Petticoat*, P. S. A., par Gemma-di-Vergy.

S. r. jusqu'en 1891.
1892 m. b. *Orkhon*, par Espadem.

3963. **BON-ESPOIR**, 1/2 s. N. — M. Osmont.
Al. 1880. — Normandie (Saint-Lô).
Par *Pretty-Boy*, P. S. A., et une fille de Corsaire.

S. r. jusqu'en 1891.
1892 f. al. *Orpheline*, par Colporteur.

3964. **BON-ESPOIR**, 1/2 s. N. — M. Samson.
B. 1881. — Orne (Le Pin).
Par *Serpolet-Bai* et *Prétencieuse*, par Abrantès
Sa grand'mère : par Séducteur.
Sa bisaïeule : par Thésée.
Sa trisaïeule : par Tipple-Cider, P. S. A.

1884 et 1885 s. r.
1886 m. b.   , par Gabier, P. S. A.
1887 vide.
1888 m. b.   , par Beaugé.
1889 m. b.   , par Boissy, P. S. A.
1890 vide.
1891 m. b.   , par Iambe.

3533. **BON-ESPOIR**, 1/2 s. N. — M. Hubert.
Al. 1886. — Sarthe (Le Pin).
Par *Gabier*, P. S. A., et *Corisande*, par Elu.
Sa grand'mère : par Séducteur.

1890 m. al.   , par Himalaya.

3534. **BONNE-AVENTURE**, 1/2 s. N.
Cte Dauger. — M. Féray, en 1885.
Al. 1869. — Orne (Le Pin).
Par *Plutus*, P. S. A., et une fille de Bayard.

1873 m. ro.   , par Clear-the-Way, 1/2 s. A.
1874 vide.
1875 f. al.   , par Gall.
1876 vide.
1877 f. al. *Volte-Face*, par Ignace.
1878 f. b. *Améthyste*, par Gall.
1879 f. al. *Breloque*, par Gall.
1880 vide.
1881 f. b. *Dynamite*, par Gall.
1882 f. b. *Epaulette*, par Ultimatum.
1883 vide.
1884 m. b. *Galant*, par Ultimatum (Italie).
1885 à 1891 s. r.

3535. **BONNE-CHANCE**, 1/2 s. N. — M. P. Sauvage.
B. 1887. — Manche (Saint-Lô).
Par *Banyuls* et une fille de Kabin.
Sa grand'mère : par Garibaldi, 1/2 s. A.
Sa bisaïeule : par Perfection.

1891 vide.
1892 m. b. *Obéron*, par Tempête.

3536. **BOUQUETIÈRE**, 1/2 s. N. — M. Escoffier.
(Section de l'Est en 1890.)
B. 1885. — Normandie (Le Pin).
Par *Hippomène* et *Bacchante*, par Niger.
Sa grand'mère : *Orange*, par Conquérant.
Sa bisaïeule : par The Nemrod.

1889 m. b. b. *Francisco*, par Valencourt.

3537.   **BOUROT**, 1/2 s. N. — M. Deguette.
B. 1880. — Normandie (Saint-Lô).
Par *La Douceur* et une fille de Protestant.

S. r. jusqu'en 1891.
1892 m. b. *Ocearino*, par Dacapo.

3538.   **BOURREAU**, 1/2 s. N. — M. Brotelande.
B. 1876. — Normandie (Saint-Lô).
Par *Ugolin* et une fille de Félibien.

S. r. jusqu'en 1891.
1892 f. b. *Odontalogie*, par Fontainebleau.

3539.   **BRACONELLE**, P. S. A. — M. Langlois.
Al. 1880. — Orne (Le Pin).
Par *Braconnier* et *Sérénade*, par Festival.

1884 f. b. *Gabelle*, par Uriel.
1885 f. al. *Hermine*, par Beaugé.
1886 m. b. *Indus*, par Cherbourg.
1887 vide.
1888 m. b. *Kamichi*, par Cherbourg.
1889 f. b. *Lodève*, par Cherbourg.
1890 m. b. *Merlatti*, par Havas.
1891 vide.
1892 m. b. *Ovide*, par Havas.

3540.   **BRANCHE-D'OR**, 1/2 s. N.
M. Cotrel-Lassaussaye.
B. 1870. — Normandie (Le Pin).
Par *Telegraph*, 1/2 s. A., et *Pincette*, par The Norfolk-
Phœnomenon, 1/2 s. A.
Sa grand'mère : par Thésée.

1874. s. r.
1875 f. al. *Minerve*, par Niger.
1876 m. al. *Un*, par Niger.
1877 vide.
1878 f. n. *Brillante*, par Niger.
1879 m. b. *Cagliostro*, par Norfolk-Héro.
1880 f. al. *Elégante*, par Oriental.
1881 f. n. *Anémone*, par Sir Quid-Pigtail, P. S. A.
1882 m. al.   , par Sir Quid-Pigtail, P. S. A.
1883-1884 vide.
1885 f. b. b.   , par Dictateur.

1886 f. b. *Polka*, par Dictateur.
1887 f. al. *Jeanneton IV*, par Phaéton.
1888 f. b.   , par Fataliste, P. S. A.
1889 m. n.   , par Echo.
1890 m. b. *Diamant*, par Havas.
1891 f. b. *Nitouche*, par Cherbourg.

3541.   **BRAVADE**, 1/2 s. N.
M. Yver de la Vigne-Bernard.
Bb. 1879. — Manche (Saint-Lô).
Par *Lavater* et *Allumette*, par The Heir-of-Linne, P. S. A.
Sa grand'mère : *Kindler*, par Eylau, P. S. A. A.

1883 et 1884 s. r.
1885 f. b. *Houlette*, par Upas.
1886 f. b. *Inspectrice*, par Upas.
1887 vide.
1888 m. b. *Kirsch*, par Colporteur.
1889 vide.
1890 f. b. *Manchettes*, par Colporteur.
1891 vide.
1892 f. b. *Osmonde*, par Harley.

3542.   **BREBIS**, 1/2 s. N. — M. Leclerc.
B. 1869. — Normandie (Saint-Lô).
Par *Enoch* (approuvé), et une fille de Quinine.

S. r. jusqu'en 1891.
1892 f. b. *Octavie*, par Sérieux.

3543.   **BREBIS**, 1/2 s. N. — M. Navel.
B. 1871. — Normandie (Saint-Lô).
Par *Villiers* (approuvé), et une fille de Palatin, P. S. A.

S. r. jusqu'en 1891.
1892 m. b. *Orvai*, par Haïti.

3544.   **BREBIS**, 1/2 s. N. — M. E. Mouchel.
B. 1874. — Normandie (Saint-Lô).
Par *Beaumanoir* et une fille de Volcan.

S. r. jusqu'en 1891.
1892 m. b. *Ouglitch*, par Ilot.

3220.   **BREBIS**, 1/2 s. N. — M. Desmannetaux.
N. 1875. — Normandie (Saint-Lô).
Par *Ugolin* et une fille de Ravissant.
Sa grand'mère : par Courcy (approuvé).
Sa bisaïeule : par Uhlan.

S. r. jusqu'en 1890.
1891 f. n. *Nigra*, par Habeo (Amérique).

3545.   **BREBIS**, 1/2 s. N. — Me Ve Destrès.
B. 1876. — Normandie (Saint-Lô).
Par *Volant* et une fille de Bravo, P. S. A.

S. r. jusqu'en 1891.
1892 f. b. *Ottomane*, par Esbly.

3546.   **BREBIS**, 1/2 s. N. — M. Dauget.
B. 1876. — Normandie (Saint-Lô).
Par *Montebello* et une fille d'Hospodar (approuvé).

S. r. jusqu'en 1891.
1892 m. b. *Obi*, par Valentin.

3547.   **BREBIS**, 1/2 s. N. — M. A. Gervais.
B. 1878. — Normandie (Saint-Lô).
Par *Kabin* et une fille de Victorieux.

S. r. jusqu'en 1891.
1892 m. b. *Odoacre*, par Fulminant.

3548.   **BREBIS**, 1/2 s. N. — M. Lefauconnier.
Gr. 1879. — Normandie (Saint-Lô).
Par *Réservé* et une fille de Bienaimé.

S. r. jusqu'en 1891.
1892 m. n. *Oleg*, par Fanion.

3549.   **BREBIS**, 1/2 s. N. — M. G. Thibout.
B. 1879. — Normandie (Saint-Lô).
Par *Sir Edwin-Landsyer*, 1/2 s. A., et une fille de Navigateur.

S. r. jusqu'en 1891.
1892 f. b. b. *Onction*, par Graft.

3550. **BREBIS**, 1/2 s. N. — M. J.-P. Burnel.
N. 1881. — Manche (Saint-Lô).
Par *Prickwillow I* et une fille de Qui-Perd-Gagne.

S. r. jusqu'en 1891.
1892 f. b. *Olléria*, par Sérieux.

3551. **BREBIS**, 1/2 s. N. — M. A. Jean.
B. 1881. — Manche (Saint-Lô).
Par *Scapin* et *Rosette*, par Jocelyn (approuvé).
Sa grand'mère : par Kapirat.

S. r. jusqu'en 1887.
1888 m. b.   , par Excat.
1889-1890 vide.
1891 m. b. b.   , par Frondeur.

3552. **BREBIS**, 1/2 s. N. — M. C. Fernagu.
B. 1881. — Normandie (Saint-Lô).
Par *Pancrace* et une fille d'Harmonieux IV.

S. r. jusqu'en 1891.
1892 m. b. *Orphéon*, par Alsacien.

3553. **BREBIS**, 1/2 s. N. — M. E. Lecouflet.
Al. 1882. — Manche (Saint-Lô).
Par *Quickly* et *Brebis*, par Lothaire.
Sa grand'mère : *Parfaite*, par Perfection.

1886 s. r.
1887 m. b. *Josué*, par Domino-Noir.
1888 f. b. b. *Parfaite*, par Domino-Noir.
1889 vide.
1890 m. b. b. *Maltot*, par Colporteur.
1891 m. b. b. *Nanterre*, par Colporteur.
1892 f. b. *Olga*, par Colporteur.

3554. **BREBIS**, 1/2 s. N. — M. Rogier.
B. 1882. — Normandie (Saint-Lô).
Par *Quintus* et une fille d'Otage.
Sa grand'mère : par Plagiat.

S. r. jusqu'en 1891.
1892 f. b. *Normande*, par Hottentot.

3555.   **BREBIS**, 1/2 s. N. — M. F. Maine.
B. 1883. — Calvados (Saint-Lô).
Par *Valérien* et une fille de Rostrum.
Sa grand'mère : par Glorieux.
Sa bisaïeule : par Navigateur.
Sa trisaïeule : par Don Quichotte, P. S. A. A.
Sa quadrisaïeule : par Hœmus, P. S. A.

1887 f. al. *Rapide*, par Utique.
1888 f. al. *Réblot*, par Utique.
1889 m. al. *Léotard*, par Utique.
1890 f. al. *Mouton*, par Utique.
1891 vide.

3556.   **BREBIS**, 1/2 s. N. — M. H^te Coulomb.
Bm. 1884. — Manche (Saint-Lô).
Par *Bridaine* et *Brebis*, par Lagopède.
Sa grand'mère : *Mignonne*, par Hélios.
Sa bisaïeule : *Bijou*, par Historien.

1887 f. b. *Finette*, par Trente-Un.
1888 f. al. *Cocotte*, par Eguzon.
1889 vide.
1890 m. b. *La Copette*, par Despote.

3557.   **BREBIS**, 1/2 s. N. — M. Houlgate.
Bb. 1885. — Normandie (Saint-Lô).
Par *Canut* et une fille de Schamyl, P. S. A.
Sa grand'mère : par Lucullus.

S. r. jusqu'en 1891.
1892 m. b. b. *Olahus*, par Bataillon.

3558.   **BREBIS**, 1/2 s. N. — M. Butet.
B. 1888. — Calvados (Saint-Lô).
Par *Phare* et une fille d'Actéon (approuvé).
Sa grand'mère : par Léotard.
Sa bisaïeule : par Rudolphi.

1892 m. al. *Ortolan*, par Eperlan.

3559.   **BREBIS**, 1/2 s. N. — M. P. Quentin.
B. 1888. — Manche (Saint-Lô).
Par *Vanikoro* et *Rapide*, par Schamyl, P. S. A.
Sa grand'mère : *Brebis*, par Kabin.
Sa bisaïeule : *Rapide*, par Vandermulin, P. S. A.
Sa trisaïeule : *Phrasie*, par Tamerlan.
Sa quadrisaïeule : *La Brune*, par Robinson, P. S. A.

3560. **BRELOQUE**, 1/2 s. N. — Cte Dauger.
M. Castel en 1883.
Al. 1877. — Orne (Le Pin).
Par *Gall* et *Bonne-Aventure*, par Plutus, P. S. A.
Sa grand'mère : par Bayard.

1881 f. al. *Framboisé*, par Eole II, P. S. A.

3561. **BRIGANTINE**, 1/2 s. N. — M. Lebas.
Al. 1886. — Normandie (Saint-Lô).
Par *Rivoli* et *Gabarre*, P. S. A.

1890-1891 s. r.
1892 m. al.   , par Eole.

3562. **BRIGITE**, 1/2 s. N. — M. E. Gallet.
Al. 1870. — Manche (Le Pin).
Par *Agenda* et une fille de Lionceau.
Sa grand'mère : par Sauvage.
Sa bisaïeule : par Martagon.

S. r. jusqu'en 1884.
1885 f. b. *Formose*, par Ulrich II.
1886 m. b. *Iris*, par Vengeur.
1887-1888 s. r.
1889 f. al. *Lisette*, par Un.
1890 morte.

3563. **BRILLANTE**, 1/2 s. N. — M. D. Lindet
B. 1874. — Orne (Le Pin).
Par *Abrantès* et *Gazelle*, par Elu.
Sa grand'mère : *Pégriote*, par Eylau, P. S. A. A.
Sa bisaïeule : Jument arabe.

1878-1879 vide.
1880 s. r.
1881-1882 vide.
1883 produit mort.
1884 f. al. *Gitana*, par Phaéton.
1885 m. b.   , par Serpolet-Bai.
1886 vide.
1887 m. al. *Justinien*, par Phaéton.
1888 a avorté.
1889 m. b.   , par Edimbourg.
1890 vide.
1891 f. b.   , par Fuschia.

3564. **BRILLANTE**, 1/2 s. N. — M. Lelong.
Bb. 1874. — Normandie (Saint-Lô).
Par *Bravo*, P. S. A., et une fille de Dictateur.

S. r. jusqu'en 1891.
1892 m. b. *Onan*, par Alsacien.

3565. **BRILLANTE**, 1/2 s. N. — M. O. Lepailleur.
N. 1882. — Calvados (Saint-Lô).
Par *Volcan* (approuvé), et une fille de Washington, 1/2 s. Al.
Sa grand'mère : par Niger (approuvé).

1886 et 1887 s. r.
1888 f. b. *Brunette*, par Cordebugle.
1889 m. b. *Lamoureux*, par Estèphe.
1890 f. n. *Fringante*, par Estèphe.
1891 m. b. *Nemours*, par Harmonieux.

3566. **BRILLANTE**, 1/2 s. N. — M. Sérée.
Bb. 1883. — Calvados (Le Pin).
Par *J'y-Songerai* et *Vanoza*, par Affidavit, P. S. A.
Sa grand'mère : *Argine*, par Matchless II, 1/2 s. A., ou Y.
Sa bisaïeule : *Surprenante*, par Namur.

1887 f. b. *Lorette*, par Ulrich II.

3567. **BRILLANTE**, 1/2 s. N. — Cte de Bonvouloir.
Bb. 1886. — Manche (Saint-Lô).
Par *Nonant* (approuvé), et une fille de Producteur.
Sa grand'mère : par Ramsay, P. S. A.

1890 m. b. *Dandy*, par Ministère, P. S. A.

3568. **BRILLANTE**, 1/2 s. N. — M. L. Le Gallois.
Bb. 1887. — Calvados (Saint-Lô).
Par *Phare* et une fille de Glorieux.
Sa grand'mère : par Quintus.
Sa bisaïeule : par Y. Red-Deer, 1/2 s. Irl.

1891 m. b.   , par Phare.

3569. **BRITONNE**, 1/2 s. N. — M. F. Adam.
B. 1880. — Normandie (Saint-Lô).
Par *Mine-d'Or* et une fille de Uhlan.

S. r. jusqu'en 1891.
1892 f. b. *Orizo*, par Thabor.

3570. **BRUNETTE**, 1/2 s. N. — M. J. Lecomte.
N. 1871. — Orne (Saint-Lô).
Par *Centaure* et une fille de Thorigny
Sa grand'mère : par Thésée.

S. r. jusqu'en 1885.
1886 m. b.   , par Calas.
1887 vide.
1888 f. b. *Joyeuse*, par Calas.
1889 vide.
1890 f. b. b. *Merveille*, par Calas.
1891 f. b. *Néda*, par Calas.
1892 f. b. b. *Olinda*, par Dunois.

3571. **BRUNETTE**, 1/2 s. N. — M. Duchemin.
N. 1872. — Normandie (Saint-Lô).
Par *Ignoré* et une fille de Séduisant.

S. r. jusqu'en 1891.
1892 f. b. b. *Belle-de-Nuit*, par Colporteur.

3572. **BRUNETTE**, 1/2 s. N. — M. Sauvage.
Bb. 1873. — Normandie (Saint-Lô).
Par *Pâter* et une fille d'Isolier, P. S. A.

S. r. jusqu'en 1891.
1892 m. b. *Obélisque*, par Jouteur.

5373. **BRUNETTE**, 1/2 s. N. — M. Alph. Hays.
N. 1876. — Manche (Saint-Lô).
Par *Lavater* et une fille de Nanteuil.

S. r. jusqu'en 1889.
1890 f. b.   , par Reynolds. Morte.
1891 m. b.   , par Fred-Archer.

3574. **BRUNETTE**, 1/2 s. N. — M. E. Lecouflet.
Bb. 1877. — Manche (Saint-Lô).
Par *Ignoré* et *Parfaite*, par Isolier.
Sa grand'mère : *Parfaite*, par Boucanier.
Sa bisaïeule : par Pégase.

1881 s. r.
1882 m. b. b. *Eturville*, par Ministère, P. S. A.
1883 f. b. *Mon-Etoile*, par Ministère, P. S. A.
1884 f. b. b. *Gazelle*, par Ministère, P. S. A.
1885-1886 vide.

1887 f. b. *Sultane*, par Écarté.
1888 vide.
1889 m. b. b. *Levreau*, par Colporteur.
1890 m. b. b. *Midas*, par Colporteur.
1891 m. b. b. *Nubian*, par Colporteur.

3575. **BRUNETTE**, 1/2 s. N. — M. Leclerc.
Bb. 1879. — Normandie (Saint-Lô).
Par *Platon* et une fille d'Harmonieux IV.

S. r. jusqu'en 1891.
1892 f. b. *Ondulation*, par Jolibois.

3576. **BRUNETTE**, 1/2 s. N. — M. Alph. Hays.
Bb. 1880. — Manche (Saint-Lô).
Par *Lavater* et une fille de The Heir-of-Linne, P. S. A.
Sa grand'mère : par Ursin.

1884 s. r.
1885 f. b. *Houry*, par Upas.
1886-1887 vide.
1888 m. b.   , par Aristocrate.
1889 f. n. *Lucile*, par Colporteur.
1890 vide.
1891 m. b.   , par Magicien.

3577. **BRUNETTE**, 1/2 s. N. — M. Morisset.
Bb. 1881. — Manche (Saint-Lô).
Par *Vautrain* et une fille de Porthos.

S. r. jusqu'en 1891.
1892 m. b. *Obusier*, par Vif-Argent.

3283. **BRUNETTE**, 1/2 s. N. — M. F. Le Bouchez.
B. 1881. — Normandie (Le Pin).
Par *Ximénès* et *Lisette*, par Brochet.

S. r. jusqu'en 1888.
1889 pouliche morte.
1890 m. b. *Magnifique*, par Valdempierre.
1891 a avorté.
1892 m. bb. *Octogénaire*, par Fier-à-Bras.

3578. **BRUNETTE**, 1/2 s. N. — M. G. Gancel.
Bb. 1883. — Manche (Saint-Lô).
Par *Ray-Grass* et une fille de Pâter.
Sa grand'mère : par Isolier.
Sa bisaïeule : par Boucanier.

1887 f. b. *Espérance*, par Espoir.
1888 vide.
1889 m. b. b. *Tamerlan*, par Tempête.
1890 f. b. *Gazelle*, par Gasparin.
1891 vide.

3579. **BRUNETTE**, 1/2 s. N. — M. F. Marion.
Bb. 1888. — Manche (Saint-Lô).
Par *Panique* et *Marquise*, par Raming.
Sa grand'mère : *Princesse*, par Nicanor.
Sa bisaïeule : *Marquise*, par William, P. S. A.

1892 f. b. b. *Marquise*, par Grand-Maître.

3580. **BRUNETTE**, 1/2 s. N. — M. Th. Samson.
B. 1888. — Manche (Saint-Lo).
Par *Utrecht* et une fille de Quinola.
Sa grand'mère : par Négro.

1892 f. b. *Ondulation*, par Sorcier.

3581. **BRUNETTE**, 1/2 s. N. — M. Blier.
N. 1888. — Normandie (Saint-Lô).
Par *Shamrock*, 1/s. A., et une fille de Lodi.
Sa grand'mère : par Succès.

1892 m. b. *Oubli*, par Dacapo.

3582. **BRUNETTE**, 1/2 s. N. — M. Lenroully.
Bb. 1888. — Normandie (Saint-Lô).
Par *Agnadel* et une fille de Quality.
Sa grand'mère : par Ignoré.
Sa bisaïeule : par Pâter.
Sa trisaïeule : par Lagopède.

1892 f. al. *Noémi*, par Gibraltar.

3583. **BRUNETTE**, 1/2 s. N. — M. A. Langlois.
B. 1890. — Manche (Saint-Lô).
Par *Céladon* et une fille de Paladin, P. S. A.
Sa grand'mère : par Beaumanoir.

3584. **BUCHETTE**, 1/2 s. N. — M. C. Hervieu.
B. 1885. — Normandie (Le Pin).
Par *Niger* et *Marinette*, par Tamberlick, P. S. A.
Sa grand'mère : par Y. Phœnomenon, 1/2 s. A.
Sa bisaïeule : par Dorus.
Sa trisaïeule : par Introuvable.

1889 s. r.
1890 vide.
1891 m. b. b. *Néker*, par Trente-Un.
1892 m. al. *Othman*, par James-Watt.

3585. **BUNETTE**, 1/2 s. N. — M. D. Barbenchon.
B. 1877. — Normandie (Saint-Lô).
Par *Oranger* et une fille d'Arétin (approuvé).

S. r. jusqu'en 1891.
1892 f. b. *Objection*, par Sorcier.

3596. **CABALE**, P. S. A. — M. L. Tirard.
B. 1876. — France (Saint-Lô).
Par *Don Carlos* et *Mademoiselle-de-Saint-Igny*.

S. r. jusqu'en 1888.
1889 m. b.   , par Tigris.
1890-1891-1892 vide.

3597. **CABRIOLE**, P. S. A. — M. X. Buhot.
B. 1879. — Manche (Saint-Lô).
Par *Atlantic* et *France*, par The Nabob.

S. r. jusqu'en 1887.
1888 f. b.   , par Utrecht.
1889-1890-1891 vide.
1892 Deux produits morts.

3322. **CABRIOLE**, 1/2 s. N. — M. J. Lemonnier.
Al. 1886. — Calvados (Le Pin).
Par *Hippomène* et *Bacchante*, par Niger.
Sa grand'mère : *Orange*, par Conquérant.
Sa bisaïeule : par The Nemrod, 1/2 s. A.

1890 s. r.
1891 f. al. *Hécate*, par Valencourt.
1892 m. b. *Ibis*, par Qui-Vive.

3598.   **CADETTE**, 1/2 s. N. — M. E. Roumy.
Bb. 1880. — Normandie (Saint-Lô).
Par *Thym*, 1/2 s. V., et une fille de *Menant*.

S. r. jusqu'en 1891.
1892 f. b. *Coquette*, par Usnel.

3323.   **CADETTE**, 1/2 s. N. — M. G. Maheut.
B. 1881. — Manche (Saint-Lô).
Par *Pénitent* et une fille de *Buisson* (approuvé).

S. r. jusqu'en 1889.
1890 m. b. b. *Nestor*, par Censeur.
1891 vide.
1892 f. al. *Poulette*, par Jupiter III.

3599.   **CALINETTE**, P. S. A. A. — M. Lanfray.
G. 1869. — Seine-Inférieure (Le Pin).
Par *Ventre-Saint-Gris*, P. S. A., et une jument arabe.

S. r. jusqu'en 1881.
1882 f. gr. *Escapade*, par Réveillon.
1883-1884 vide.
1885 produit mort.
1886 m. gr. *Insistant*, par Général-Grant.
1887-1888-1889-1890 vide.
1891 f. gr. *Nonante I*, par Serpolet rouan.
1892 m. al. *Ondoyant*, par Galba.

3600.   **CALYPSO**, 1/2 s. N. — M. Legoupil.
B. 1879. — Normandie (Saint-Lô).
Par *Lozenge*, P. S. A., et une fille d'*Ignoré*.
Sa grand'mère : par Hussein.

S. r. jusqu'en 1891.
1892 f. b. *Oasis*, par Colporteur.

3324.   **CALYPSO**, 1/2 s. N. — M. E. Bertheaume.
B. 1887. — Normandie (Le Pin).
Par *Valdempierre* et *Fernande*, par Taconnet.
Sa grand'mère : par Centaure.
Sa bisaïeule : *Paquita*, par Junot.
Sa trisaïeule : *Orange*, par D. I. O., P. S. A.

1891 vide.
1892 f. al. *Orthésie*, par Phaéton.

3326. **CAMARGO**, 1/2 s. N. — M. Grégoire.
B. 1881. — Orne (Le Pin).
Par *Niger* et *Confiance*, par Gaulois.
Sa grand'mère : par Brocardo, P. S. A.
Sa bisaïeule : par Performer, 1/2 s. A.
Sa trisaïeule : par Massoud, P. S. Ar.

S. r. jusqu'en 1888.
1889 m. b.   , par Cicéron. Mort.
1890 f. b.   , par Cicéron.
1891 s. r.
1892 m. b. *Oural*, par Ilote.

3601. **CAMÉLIA**, 1/2 s. N. — M. L. Fontaine.
B. 1874. — Calvados (Le Pin).
Par *Normand* et *Vitesse*, par Vladimir.
Sa grand'mère : par Hospodar.

S. r. jusqu'en 1890.
1891 m. b. b. *Néron*, par Éclaireur.

3602. **CAMÉLIA**, 1/2 s. N. — M. G. Lassaussaye.
B. 1877. — Normandie (Le Pin).
Par *Norfolk-Trotter*, 1/2 s. A., et *Octavie*, par Taconnet.
Sa grand'mère : *Sauvayère*.

1881 s. r.
1882 f. b. b. *Cornix*, par Vouziers.
1883 s. r.
1884 m. al. *Farceur II*, par Un.
1885 m. b.   , par Un.
1886 s. r.
1887 f. al. *Fleur-de-Serpolet*, par Fataliste, P. S. A.
1888 m. al. *Radis*, par Barrabas.
1889 f. b.   , par Gérardmer. Morte.
1890 m. b.   , par Gérardmer.
1891 f. b. *Narva*, par Écho.

3603. **CAMÉLIA**, 1/2 s. N. — M. Gévéroin.
Al. 1880. — Orne (Le Pin).
Par *Vichnou*, P. S. A., et *Doyenne*, par Élu.
Sa grand'mère : par Doyen.

1884 et 1885 s. r.
1886 f. b. *Arthémise*, par Parthénon.
1887 m. al. *Joinville*, par Beaugé.
1888 m. al. *Kléber*, par Beaugé.
1889 f. al. *Fleurissante*, par Étudiant.

1890 m. b.   , par Cambronne.
1891 f. b. *Cantinière*, par Cambronne.
1892 a avorté.

3604.   **CAMÉLIA**, 1/2 s. N. — M. Valdampierre.
Al. 1880. — Normandie (Le Pin).
Par *Montfort*, P. S. A., et *Vaillante*, par Interprète.
Sa grand'mère : par Buci.
Sa bisaïeule : par Ramsay, P. S. A.
Sa trisaïeule : par Incomparable.

1884 et 1885 s. r.
1886 f. b. *Impétueuse*, par Acquila.
1887 s. r.
1888 f. al. *Kalouga*, par Étendard.
1889 m. b.   , par Étendard.
1890 f. al. *Manille*, par Étendard.
1891 vide.
1892 f. b.   , par Gérardmer.

3965.   **CAMÉLIA**, 1/2 s. N. — Mme veuve Féron.
Al. 1883. — Normandie (Le Pin).
Par *Tuy* et une fille de *Quotiès*.

S. r. jusqu'en 1891.
1892 m. al.   , par Tristan.

3605.   **CAMÉLIA**, 1/2 s. N. — M. Cœuret.
B. 1885. — Orne (Le Pin).
Par *Cambronne* et *Sérieuse*, par Marignan.
Sa grand'mère : *Cantatrice*, par Élu.
Sa bisaïeule : *Reine-des-Prés*, par Séducteur.
Sa trisaïeule : par Tipple-Cider, P. S A.

1889 m. b.   , par Étudiant.
1890 à la Remonte.

3606.   **CAMÉLIA**, 1/2 s. N. — M. Friquet.
Al. 1885. — Normandie (Le Pin).
Par *Sir Quid-Pigtail*, P. S. A., ou *Barrabas* et *Cérès*, par Urimesnil.
Sa grand'mère : par Palanquin.
Sa bisaïeule : par Centaure.
Sa trisaïeule : par Valdemar.
Sa quadrisaïeule : par Kramer.

1889 f. al. *Ergoline*, par Écho.
1890 f. b. *Clémentine*, par Havas.
1891 f. b. *Olga*, par Havas.
1892 f. al.   , par Phaéton.

3607. CAMÉLIA, 1/2 s. N — Mme Godichon Forcinal.
Al. 1886. — Normandie (Le Pin).
Par *Beaugé* et *Sibylle*, par Quiclet.
Sa grand'mère : par Gall.
Sa bisaïeule : par Inkermann.
Sa trisaïeule : par Tamberlick, P. S. A.

1889 m. b.   , par Edimbourg.
1890 m. b.   , par Edimbourg.
1891 m. b.   , par Edimbourg.
1892 m. b.   , par Edimbourg.

3608. CAMÉLIA, 1/2 s. N. — M. Legastelois.
N. 1888. — Calvados (Saint-Lô).
Par *Phare* et une fille de *Brindisi*, P. S. A.
Sa grand'mère : par Navigateur.

1892 f. b. *Oasis*, par Eperlan.

3609. CANDÉLARIA, 1/2 s. N. — M. Beaudouin.
B. 1873. — Eure (Le Pin).
Par *Lavater* et *Fanny*, par The Norfolk-Phœnomenon, 1/2 s. A.
Sa grand'mère : par Turk, 1/2 s. A.

1877 f. ro. *Puynenotte*, par Gall.
1878 s. r.
1879 f. n. *Bérénice*, par Noville.
1880 m. b. *Cartouche*, par Copenhagen, 1/2 s. A.
1881 f. b. *Dora*, par Blenheim, P. S. A.
1882 m. ro. *Figaro*, par Ultimatum.
1883 s. r.
1884 f. gr. *Glaneuse*, par Valencourt.
1885 s. r.
1886 m. b. *Indiscret*, par Vésuve.
1886 morte.

3610. CANTATRICE, 1/2 s. N. — M. Cœuret.
B. 1874. — Orne (Le Pin).
Par *Elu* et *Reine-des-Prés*, par Séducteur.
Sa grand'mère : par Tipple-Cider, P. S. A.

1878 m.   , par Abrantès.
1879 m.   , par Hannon.
1880 m.   , par Phaéton.
1881 f. b. *Sérieuse*, par Marignan.
1882 f. morte.
1883 f.   , par Marignan.

1884 m.   , par Vichnou, P. S. A.
1885 m.   , par Alaric.
1886 f.   , par Vernet, P. S. A.
1887 m.   , par Étudiant.
1888 vide.
1889 m. b. b.   , par Fier-à-Bras.
1890 m. b.   , par Cambronne.
1891 vide.
1892 f. b. b.   , par Qu'y-Met-On.
1893 f. al.   , par Qu'y-Met-On.

3611.   **CANTINIÈRE**, 1/2 s. N. — M. Falaize.
              Al. 1887. — Calvados (Le Pin).
         Par *Soldat* et une fille de *Jactator*.

Sa grand'mère : par Coleraine, 1/2 s. A.
Sa bisaïeule : par Voltigeur.
Sa trisaïeule : par The Cossack, P. S. A.

1891 m. b. *Troupier*, par Fier-à-Bras.
1892 f. b. *Joyeuse*, par Joyfull. Morte.

3612.   **CAPOTE**, 1/2 s. N. — M. F. Blier
              B. 1887. — Normandie (Saint-Lô).
      Par *Dacapo* et une fille de *Shamrock*, 1/2 s. A.
              Sa grand'mère : par Lodi.

1891 s. r.
1892 m. b. *Oleron*, par Santerre.

3613.   **CAPRICIEUSE**, 1/2 s. N. — M. Thézard.
              B. 1878. — Calvados (Saint-Lô).
   Par *Orphelin* (approuvé) et une fille de *Vice-Roi* (approuvé).

S. r. jusqu'en 1891.
1891 f. b. *Obscurité*, par Calas.

3614.   **CAPRICIEUSE**, 1/2 s. N. — M. Tastain.
              Bb. 1887. — Manche (Saint-Lô).
       Par *Vautrain* et une fille d'*Ignoré*.
           Sa grand'mère : par Perfection.

3615.   **CAPSULE**, 1/2 s. N. — M. Ecalard.
              B. 1882. — Eure (Le Pin).
   Par *Blenheim*, P. S. A., et *Cartouche*, par Ipsilanty.
           Sa grand'mère : par Lucifer.

1886 f. b. *Béatrice*, par Vésuve.
1887 m. n. *Le Terrible*, par Noville.

3616. **CAPUCINE**, 1/2 s. N. — M. Joim Lambert.
B. 1872. — Normandie (Le Pin).
Par *Lavater* et *Irma*, par Lucifer, fils de Performer.
Sa grand'mère : par Louvoyeur.

S. r. jusqu'en 1880.
1881 f. b. *Dosia*, par Phaéton.
1882 m. b. *Livet*, par Phaéton.
1883 s. r.
1884 m. b. *Nuits*, par Phaéton.
1885 m. b. *Orphée*, par Dictateur.
1886 s. r.
1887 f. b. b. *Joconde*, par Valdempierre.
1888 f. b. *Kalmia*, par Uriel.

3617. **CAPUCINE**, 1/2 s. N. — Mme Ve Godichon Forcinal.
B. 1884. — Normandie (Le Pin).
Par *Phaéton* et *Paquerette*, par Quiclet.
Sa grand'mère : par Noteur.
Sa bisaïeule : par Courtisan.
Sa trisaïeule : par Merlerault, P. S. A.
Sa quadrisaïeule : par Eylau, P. S. A. A.

1888 m. n.   , par Edimbourg.
1889 f. n.   , par Edimbourg. Morte.
1890 f. b.   par Edimbourg.
1891 f. b.   , par Gastadour.
1892 f. b.   , par Edimbourg.

3618. **CAPUCINE**, 1/2 s. N. — M. Beuzelin.
B. 1888. — Calvados (Le Pin).
Par *Stade* et une fille de *Raifort*.

Sa grand'mère : par Buci.
Sa bisaïeule : par Ramsay, P. S. A.

1892 m. b. *Ontario*, par Gérardmer.

3619. **CAPUCINE**, 1/2 s. N. — M. J. Chesnel.
Bb. 1888. — Normandie (Le Pin).
Par *Ximenès* et *Alma*, par Élu.
Sa grand'mère : par Sérenader, 1/2 s. A.

1892 m. b. b. *O'Ledars*, par Barrabas.

3620. CARENTONNE, 1/2 s. N. — M. le Cte Danger.
B. 1857. — Normandie (Le Pin).
Par *The Norfolk-Phœnomenon*, 1/2 s. A., et une fille de *L'Invincible*,
P. S. A.

S. r. jusqu'en 1876.
1877 f. ro.   , par Clear-The-Way, 1/2 s. A.
1878 f. b.   , par Copenhagen, 1/2 s. A.
1878 morte.

3621.   CARILLON, 1/2 s. N. — MM. Noël frères.
B. 1888. — Normandie (Saint-Lô).
Par *Bataillon* et une fille de *Producteur*.
Sa grand'mère : par Bandit.

1892 f. b. *Ogresse*, par Jusant.

3622.   CARMÉLITE, 1/2 s. N. — M. V. Gillain.
Bb. 1888. — Manche (Saint-Lô).
Par *Carnavalet* et *Madeleine*, par Lavater.
Sa grand'mère : *Zélée*, par Ugolin.
Sa bisaïeule : *La Zélée*, P. S. A., par Allez-y-Gaîment.
Sa trisaïeule : *Démonstration*.

3623. CARMEN, 1/2 s. N. — M. Dupray-Beuzeville.
B. 1883. — Manche (Saint-Lô).
Par *Ministère*, P. S. A., et une fille de *Va-de-Bon-Cœur*.
Sa grand'mère : par Félibien.

1887 m. al.   , par Exeat.
1888 s. r.
1889 f. b. *Julia*, par Richard.
1890 m. al. *Madère*, par Richard.
1891 vide.

3624.   CARMEN, 1/2 s. N. — M. J. Lecrivain.
B. 1887. — Manche (Saint-Lô).
Par *Bataillon* et *Fleur-de-Mai*, par Ivanhoff, P. S. A.
Sa grand'mère : *Fleur*, par Paternel.
Sa bisaïeule : *Henriette*, par Sir Henry-Dimsdale, 1/2 s. A.
Sa trisaïeule : *Brebis*, par Boucanier.
Sa quadrisaïeule : par Pégase.

1891 vide.
1892 m. b. b. *Orateur*, par Canut.

3625.   **CARMEN**, 1/2 s. N. — M. Gillain.
Ro. 1888. — Normandie (Saint-Lô).
Par *Frisson* et une fille d'*Ugolin*.

Sa grand'mère : par Pretender, 1/2 s. A.

1892 f. aub. *Oubliette*, par Ray-Grass.

3626. CARNAVALETTE, 1/2 s. N. — M. J.-B. Lenrouilly.
Bb. 1885. — Manche (Saint-Lô).
Par *Carnavalet* et une fille de *Quality*.

Sa grand'mère : par Ignoré.
Sa bisaïeule : par Pàter.
Sa trisaïeule : par Lagopède.

1889 m. b. b.   , par Domino-Noir. Mort.
1890 vide.
1891 m. b. b.   , par Indo-Chine.

3627.   **CAROLINE**, 1/2 s. N. — M. J. Lehartel.
N. 1875. — Manche (Saint-Lô).
Par *J'y-Songerai* et une fille de *Divus*.

1878 m. b. b.   , par Noirmont.
1879 m. n.   , par Noirmont.
1880 s. r.
1881 f. b. *Rigolette*, par Quality.
1882 f. b. b.   , par Quality.
1883 s. r.
1884 m. n.   , par Reynolds.
1885 et 1886 s. r.
1887 m. n. *Jarnac*, par Colporteur.
1888 m. n. *Lincoln*, par Colporteur.
1889 s. r.
1890 m. n. *Malpiaquet*, par Colporteur.
1891 vide.

3628.   **CARTOUCHE**, 1/2 s. N. — M. du Douet.
B. 1888. — Seine-Inférieure (Le Pin).
Par *Hippomène* et une fille de *Quolibet*.

Sa grand'mère : *Isabelle*, P. S. A. A., par The Flying-Dutchman,
P. S. A., et Aella.

1892 m. b. *Carnaval*, par Gérardmer.

3629. **CASBAH**, 1/2 s. N. — M. Duhomme.

B. 1888. — Calvados (Le Pin).

Par *Dandolo* et *Impétueuse*, par Libérator.

Sa grand'mère : *Jeanne-d'Arc*, par Conquérant.
Sa bisaïeule : *Olga*, par Abrantès.
Sa trisaïeule : par Écuyer.

1892 m. b. *Oracle*, par Express.

3630. **CASCADE**, 1/2 s. N. — M. A. Prémont.

B. 1875. — Manche (Saint-Lô).

Par *Lavater* et une fille de *The Heir-of-Linne*, P. S. A.

Sa grand'mère : par Lagopède.
Sa bisaïeule : par Tarrare, P. S. A.
Sa trisaïeule: par Sauvage et une fille de Bob-Warwick, 1/2 s. A.
Sa quadrisaïeule : par Bob-Warwick, 1/2 s. A.

S. r. jusqu'en 1881.
1882 f. b. *Blanche-Mine*, par Phosphore.
1883 et 1884 s. r.
1885 f. b. *Hervine*, par Upas.
1886 f. b. *Impasse*, par Upas.
1887 f. b. *Jonquille*, par Ministère, P. S. A.
1888 m. b. *King*, par Frondeur.
1889 s. r.
1890 m. b. *Mineur*, par Reynolds.
1891 m. b. *Ney*, par Reynolds ou Fontenay.
1892 m. b. *Ouvrier*, par Reynolds.

3631. **CASCADE**, 1/2 s. N. — M. A. Viel.

Al. 1880. — Normandie (Le Pin).

Par *Kilt*, P. S. A., et une fille de *Dragon*.

Sa grand'mère : par Fontenay.

1883 f. b. *Fileuse*, par Acquila.
1884 f. b. *Gardenia*, par Acquila.
1885 s. r.
1886 f. b. *Iris*, par Acquila.
1887 m. b. *Jasmin*, par Acquila.
1888 f. b. *Kermesse*, par Éclaireur.
1889 m. al.   , par Eclaireur.

3632. **CASCADE**, 1/2 s. N. — M. L. Trainel.

Al. 1885. — Manche (Saint-Lô).

Par *Reynolds* et une fille d'*Orphée*.

Sa grand'mère : par Radical.
Sa bisaïeule : par V. Defense, 1/2 s. A.

1889 s. r.
1890 f. b. *Marmotte*, par Domino-Noir.

3633. CASQUETTE, 1/2 s. N. — M. P. Lemeteyer.
B. 1882. — Manche (Saint-Lô).
Par *Éloi* et une fille de *Wild-Bird*, P. S. A.

Sa grand'mère : par Idoménée.
Sa bisaïeule : par The Heir-of-Linne, P. S. A.

1886 s. r.
1887 f. b. *Jubine*, par Épicurien.
1888 s. r.
1889 m. b. *Lacustre*, par Fripon.
1890 f. al. *Magicienne*, par Financier.
1891 f. b. *Noisette*, par Financier.
1892 m. b.   , par Favori.

3634. CASTILLE. 1/2 s. N. — M. J. Lecaudey.
B. 1869. — Manche (Saint-Lô).
Par *Bravo*, P. S. A., et une fille de *Rivoli*.

S. r. jusqu'en 1891.
1892. m. b. *Oiselier*, par Follet.

3635. CASTILLE, 1/2 s. N. — Ctesse de Valori.
B. 1873. — Normandie (Saint-Lô).
Par *Victorieux* et une fille de *Tamerlan*.

Sa grand'mère : par Jay.

S. r. jusqu'en 1891.
1892 f. b. *Ovale*, par Diplomate.

3636. CASTILLE, 1/2 s. N. — M. B. Noël.
B. 1873. — Normandie (Saint-Lô).
Par *Napier*, 1/2 s. A., et une fille de *Beaumanoir*.

S. r. jusqu'en 1891.
1892 f. b. *Olivarette*, par Fred-Archer.

3637. CASTILLE, 1/2 s. N. — M. Lecerf.
B. 1875. — Normandie (Saint-Lô).
Par *Volant* et une fille de *Castor*.

S. r. jusqu'en 1891.
1892 m. b. *Oral*, par Esbly.

3638. **CASTILLE**, 1/2 s. N. — M. L. Dufresne.
B. 1875. — Normandie (Saint-Lô).
Par *Ignoré* et une fille de *Daniel*.

S. r. jusqu'en 1891.
1892 f. b. *Ortie*, par Jolibois.

3639. **CASTILLE**, 1/2 s. N. — M. L. Yver.
Al. 1878. — Manche (Saint-Lô).
Par *Wild-Bird*, P. S. A., et *Clotilde*, par Ugolin.
Sa grand'mère : par The Heir-of-Linne, P. S. A.
Sa bisaïeule : par Paternel.

1882 s. r.
1883 m. al.   , père inconnu.
1884 m. b.   , par Lavater.
1885 m. b. *Géranium*, par Lavater.
1886 f. al. *Miss-Magdeleine*, par Washington, 1/2 s. All.
1887 vide.
1888 m. b. *Kaperdu-la-Boule*, par Washington, 1/2 s. All.
1889 vide.
1890 f. al. *Clara*, par Hottentot.
1891 vide.
1892 m. b. *Old England*, par Jarnac.

3640. **CASTILLE**, 1/2 s. N. — M. A. Robine.
B. 1878. — Normandie (Saint-Lô).
Par *Newton* et une fille d'*Électeur*.

S. r. jusqu'en 1891.
1892 m. b. *Oirschoot*, par Fulminant.

3641. **CASTILLE**, 1/2 s. N. — M. Nicolle.
B. 1879. — Manche (Saint-Lô).
Par *Quality* et *Mignonne*, par Ignoré.
Sa grand'mère : *Mignonne*, par Giboyer.

S. r. jusqu'en 1887.
1888 f. b. *Normande*, par Colporteur.
1889 s. r.
1890 m. b. *Agnadel*, par Agnadel.
1891 m. b. *Gibraltar*, par Gibraltar.

3642. **CASTILLE**, 1/2 s. N. — M. Noyer.
B. 1879. — Normandie (Le Pin).
Par *Quiclet* et une fille de *Koping*.
Sa grand'mère : par The Norf-Phœnomenon, 1/2 s. A.
Sa bisaïeule : par Voltaire.

1883 s. r.
1884 m. al. *Florian*, par Phaéton ou Usquebac.
1885 f. b.   , par Phaéton.
1886 m. b.   , par Usquebac.
1887 m. b. *Bluette*, par Édimbourg.
1888 m. b.   , par Édimbourg.
1889 m. b. *Luxembourg*, par Édimbourg.
1890 f. b. *Bluette*, par Édimbourg.
1891 m. b. *Nain-Jaune*, par Édimbourg.

3643.　**CASTILLE**, 1/2 s. N. — M. A. Gervais.
B. 1879. — Manche (Saint-Lô).
Par *Quickly* et une fille d'*Harmonieux*.
Sa grand'mère : par Bravo, P. S. A.

S. r. jusqu'en 1891.
1892 f. b. *Odette*, par Fournichon.

3644.　**CASTILLE**, 1/2 s. N. — M. Simon.
Al. 1880. — Manche (Saint-Lô).
Par *Quatre-Cents* et une fille de *Volant*.

S. r. jusqu'en 1891.
1892 m. b. *Oui-Dà*, par Coq-à-l'Ane.

3645.　**CASTILLE**, 1/2 s. N. — M. Desvergez.
Al. 1880. — Manche (Saint-Lô).
Par *Quinte-Curce* et une fille de *Séduisant*.

S. r. jusqu'en 1891.
1892 f. b. *Hirondelle*, par Farnèse.

3646.　**CASTILLE**, 1/2 s. N. — M. Ch. Lerouge.
B. 1881. — Normandie (Saint-Lô).
Par *Sacrobosco* et une fille de *Dragon*, P. S. A.

S. r. jusqu'en 1891.
1892 f. b. *Octavie*, par Haïti.

3647.　**CASTILLE**, 1/2 s. N. — M. Macé.
Al. 1881. — Normandie (Saint-Lô).
Par *Brodick*, P. S. A., et une fille d'*Ignoré*.

S. r. jusqu'en 1891.
1892 f. b. *Ombrageuse*, par Fournichon.

3648. **CASTILLE,** 1/2 s. N. — M. Fichet.
B. 1881. — Normandie (Saint-Lô).
Par *Toul* et une fille d'*Hippocrate*.

S. r. jusqu'en 1891.
1892 f. b. *Obette*, par Hysope.

3649. **CASTILLE,** 1/2 s. N. — M. Bricquebec.
Al. 1881. — Normandie (Saint-Lô).
Par *Kabin* et une fille de *Victorieux*.

S. r. jusqu'en 1891.
1892 m. b. *Obligeant*, par Espadem.

3650. **CASTILLE,** 1/2 s. N. — M. N. Giffard.
Al. 1882. — Normandie (Saint-Lô).
Par *Mine-d'Or* et une fille de *Richard*.
Sa grand'mère : par Turcaret.

S. r. jusqu'en 1891.
1892 f. b. *Outrageuse*, par Jet.

3651. **CASTILLE,** 1/2 s. N. — M. Ledouet.
B. 1882. — Normandie (Saint-Lô).
Par *Régnard* et une fille d'Argonaut, P. S. A.
Sa grand'mère : par Rivoli.

S. r. jusqu'en 1891.
1892 m. b. *Olivet*, par Vol-au-Vent.

3652. **CASTILLE,** 1/2 s. N. — M. A. Duchemin.
Bb. 1883. — Manche (Saint-Lô).
Par *Idoménée* et une fille de Kabin.
Sa grand'mère : par Séduisant.
Sa bisaïeule : par Riga.

1887 m. b. *Puissante*, par Ecarté.
1888 vide.
1889 f. b. *Corvette*, par Frondeur.
1890 vide.

3653. **CASTILLE,** 1/2 s. N. — M. Drouin.
B. 1884. — Normandie (Saint-Lô).
Par *Quality* et une fille d'Ignoré.
Sa grand'mère : par Carnassier.

S. r. jusqu'en 1891.
1892 m. b. *Orphée*, par Gibraltar.

3654.   **CASTILLE**, 1/2 s. N. — M. J. Lenoürry.
Bb. 1884. — Normandie (Saint-Lô).
Par *Vautrain* et une fille d'Ursin.

Sa grand'mère : par Kapirat.

S. r. jusqu'en 1891.
1892 m. b. b. *Olma-Vivi*, par Café.

3655.   **CASTILLE**, 1/2 s. N. — M. Lenepveu.
Bb. 1885. — Normandie (Saint-Lô).
Par *Utrecht* et une fille de Paladin, P. S. A.

Sa grand'mère : par Beaumanoir.

S. r. jusqu'en 1891.
1892 f. b. b. *Coquette*, par Jarnac.

3656.   **CASTILLE**, 1/2 s. N. — Mme Ve Lechevallier.
Bb. 1886. — Normandie (Saint-Lô).
Par *Agnadel* et une fille de Germanicus (approuvé).

Sa grand'mère : par Harmonieux IV.

1890-1891 s. r.
1892 m. b. b. *O'Connor*, par Jacques.

3657.   **CASTILLE**, 1/2 s. N.
MM. J. et F. Lecaudey.
Al. 1886. — Manche (Saint-Lô).
Par *Agnadel* et une fille d'Egésippe.

Sa grand'mère : par Pûter.

1890 f. b. *Nic-Nac*, par Follet.
1891 f. b. *Normande*, par Follet.

3658.   **CASTILLE**, 1/2 s. N. — M. Marie.
B. 1886. — Normandie (Saint-Lô).
Par *Saint-Cloud* et une fille de Sabre.

Sa grand'mère : par Lothaire.

1890-1891 s. r.
1892 f. b. *Jusante*, par Jusant.

3659. **CASTILLE**, 1/2 s. N. — M. Al. Carré.
B. 1887. — Normandie (Saint-Lô).
Par *Regret* et une fille de Robinson.
Sa grand'mère : par Bravo, P. S. A.

1891 s. r.
1892 m. al. *Ossau*, par Electro.

3660. **CASTILLE**, 1/2 s. N. — M. J. Villard.
Bb. 1887. — Manche (Saint-Lô).
Par *Dignitaire* et une fille d'Oranger.
Sa grand'mère : par Questionneur.

Vendue à la Remonte en 1891.

3661. **CASTILLE**, 1/2 s. N. — M. A. Jeanne.
B. 1887. — Manche (Saint-Lô).
Par *Palatin*, P. S. A., et *Mouvette*, par Quinte-Curce.
Sa grand'mère : par Harmonieux.
Sa bisaïeule : par Camisard.

1891 f. b. *Fleur-de-Mai*, par Gardanne.

3662. **CASTILLE**, 1/2 s. N. — M. Alcindor Brohier.
B. 1887. — Manche (Saint-Lô).
Par *Agnadel* et une fille de Quality.
Sa grand'mère : par Egésippe.

1891 produit mort.

3663. **CASTILLE**, 1/2 s. N. — M. B. Pagny.
B. 1887. — Manche (Saint-Lô).
Par *Ray-Grass* et une fille de Jarnac.
Sa grand'mère : par Ugolin.
Sa bisaïeule : par Essence.

Vendue à la Remonte sans avoir produit.

3664. **CASTILLE**, 1/2 s. N. — Mme Ve Hamel.
B. 1887. — Normandie (Saint-Lô).
Par *Alsacien* et une fille de Dictateur.
Sa grand'mère : par Volant.

1891 s. r.
1892 m. b. *Organo*, par Intrépide.

3665. **CASTILLE**, 1/2 s. N. — M. A. Bienvenu.
B. 1888. — Manche (Saint-Lô).
Par *Alsacien* et *Sophie*, par Mirliton.
Sa grand'mère : *La Petite*, par Bravo, P. S. A.
Sa bisaïeule : par Camisard.

3666. **CASTILLE**, 1/2 s. N. — M. P. Desmares.
Bb. 1888. — Manche (Saint-Lô).
Par *Bataillon* et *Cocotte*, par Invariable.
Sa grand'mère : par Intact.

3667. **CASTILLE**, 1/2 s. N. — M. Foulon.
B. 1888. — Normandie (Saint-Lô).
Par *Sauvageon* et une fille de Rivoli.
Sa grand'mère : par Camisard.

1892 m. b: *Japhet II*, par Japhet.

3668. **CATAPULTUEUSE**, 1/2 s. N.
M. E. Basire.
B. 1880. — Manche (Saint-Lô).
Par *Shamrock* 1/2 s. A., et une fille de Garibaldi.

1884-1885 s. r.
1886 m. b. *Italien*, par Qui-Vive.
1887 s. r.
1888 m. b. *Jasmin*, par Qui-Vive.
1889 f. b. *La Lionne*, par Dacapo.
1890 m. b. *Mandarin*, par Dacapo.
1891 m. b. *Néron*, par Vert-Galant.
1892 f. b. *Old-Stick*, par Saint-Melaine.

3669. **CATHERINE**, 1/2 s. N. — M. E. Castillon.
Al. 1880. — Normandie (Le Pin).
Par *Elu* et *Sirène*, par Tamberlick, P. S. A.
Sa grand'mère : par Rapid, 1/2 s. A.

1884 produit exporté en Amérique.
1885 produit vendu à la Remonte.
1886 f. b. *Isabelle*, par Acquila.
1887 f. b. *Jeannette*, par Acquila.
1888 m. b.   , par Acquila.
1889 m. b.   , par Favori.
1890 f. b. *Melba*, par Harold.
1891 m. b.   , par Etendard.

3670.   **CATIN**, 1/2 s. N. — M. A. Couppey.
B. 1880. — Normandie (Saint-Lô).
Par *Questionneur* et une fille de Dragon, P. S. A.

S. r. jusqu'en 1891.
1892 f. b. *Ondine*, par Filateur.

3671.   **CATIN**, 1/2 s. N. — M. Besnard.
Al. 1880. — Normandie (Saint-Lô).
Par *Producteur* et une fille de Diomède.

S. r. jusqu'en 1891.
1892 m. al. *Ombrage*, par Sorcier.

3586.   **CATIN**, 1/2 s. N. — M. Noël.
B. 1882. — Manche (Saint-Lô).
Par *Ujiji* et une fille de Napier, 1/2 s. A.
Sa grand'mère : par Beaumanoir.
Sa bisaïeule : par Talleyrand.

S. r. jusqu'en 1887.
1888 m. b. b. *Kasbath*, par Domino-Noir (Amérique).

3672.   **CÉLIMÈNE**, P. S. A. — M. Margrin.
B. 1873. — Normandie (Le Pin).
Par *Ruy-Blas* et *Mademoiselle-de-la-Seiglière*.

S. r. jusqu'en 1884.
1885 f. b. *Fleurette*, par Rivoli.
1886 f. b. b. *Hora*, par Amen.
1887 m. b. *Jet-d'Eau*, par Don-Quichotte. Mort.
1888 f. b. *Pâquerette*, par Acquila.
1889 vide.
1890 m. b.   , par Acquila. Mort.
1891 m. b. b. *Nicnaque*, par Hercule-Normand.

3673.   **CÉLIMÈNE**, 1/2 s. N. — M. Grégoire.
N. 1876. — Normandie (Le Pin).
Par *Niger* et *Céline*, par Brocardo, P. S. A.
Sa grand'mère : par Performer, 1/2 s. A.
Sa bisaïeule : par Massoud, P. S. Ar.

S. r. jusqu'en 1891.
1892 m. n.   , par Cherbourg.

3674. **CÉLINA**, 1/2 s. N. — M. E. Marie.
Bb. 1880. — Normandie. (Le Pin).
Par *Hannon* et *Scorie*, par Hercule, P. S. A.

1884 s. r.
1885 f. al. *Hersilia*, par Vésuve.
1886 m. al. *Ipsilanty II*, par Vésuve.
1887 vide.
1888 m. n. *Kébir*, par Mourle, P. S. A.
1889 vide.
1890 f. b. b. *Melila*, par Renaissant.
1891 vide.

3675. **CÉLINE**, 1/2 s. N. — M. Téssier.
B. 1871. — Orne (Le Pin).
Par *Séducteur* et *Anna*, par Tipple-Cider, P. S. A.
Sa grand'mère : par Sylvio, P. S. A.

S. r. jusqu'en 1881.
1882 f. b. *Ella*, par Quiclet.
1883 f. al. *Anémone*, par Parthénon.
1884 f. b. *Glaneuse*, par Parthénon.
1885 s. r.
1886 m. b.   , par Ximenès.
1887-1888 s. r.
1889 f. n. *Liane*, par Fier-à-Bras.
1890 f. b. *Manille*, par Cambronne.
1891 m. b. *Nabab*, par Intriguant.

3676. **CELUNE**, 1/2 s. N. — M. L. Delaunay.
Al. 1881. — Manche (Saint-Lô).
Par *Truchemann* et une fille de Lodi.
Sa grand'mère : par Garibaldi II, 1/2 s. A.
Sa bisaïeule : par Orgueilleux.

S. r. jusqu'en 1887.
1888 m. b. *Vigilant*, par Ussy.
1889 m. b. *Saumon*, par Ussy.
1890 s. r.
1891 m. al. *Lodi*, par Indigo.

3677. **CENDRILLON**, 1/2 s. N. — M. Lemonnier.
B. 1886. — Normandie (Le Pin).
Par *Rivoli* et *Diane*, P. S. A., par Drummond.

1891 m. b.   , par Valencourt. Mort.

3678.   **CENDRILLON**, 1/2 s. N.
M. Céran-Maillard.
B. 1887. — Manche (Saint-Lô).
Par *Carnavalet* et *Miss-London*, par Lavater.

Sa grand'mère : *Cendrillon*, par The Heir-of-Linne, P. S. A.
Sa bisaïeule : par Corsair, 1/2 s. A.
Sa trisaïeule, par Labéon.

1891 produit mort.
1892 m. b. *Osiris*, par Frondeur ou Follet.

3679.   **CENTAURÉE**. 1/2 s. N. — M. le Cte Danger.
B. 1870. — Orne (Le Pin).
Par *Centaure* et une fille de Tipple-Cider, P. S. A.

S. r. jusqu'en 1881.
1882 f. b. *Ecouché*, par Gall.

3680.   **CENTAURÉE**, 1/2 s. N. — M. Bertheaume.
B. 1874. — Orne (Le Pin).
Par *Centaure* et *Brocardine*, par Brocardo, P. S. A.

Sa grand'mère : *Nicotine*, par Impérieux.
Sa bisaïeule : *Pénélope*, par Glandier.
Sa trisaïeule : *La Marquise*, par Y. Rattler.
Sa quadrisaïeule : par Hylactor.

1878-1879 s. r.
1880 m. b. *Dandola*, par Sir Quid-Pigtail, P. S. A.
1881 s. r.
1882 m. b.   , par Sir Quid-Pigtail, P. S. A.
1883-1884 s. r.
1885 f. b. b. *Mademoiselle-de-Talonnay*, par Valdempierre.
1886-1887 s. r.
1888 f. b. b. *Andrinette*, par Phaéton.
1889 s. r.
1890 m. b. *Molus*, par Phaéton.
1891 m. b. b. *Néphalion*, par Echo.

3681.   **CÉRÉMONIEUSE**, 1/2 s. N. — M. Osmont.
B. 1883. — Manche (Saint-Lô).
Par *Uzerche* et une fille de *Pretty-Boy*, P. S. A.

Sa grand'mère : par Victorieux.
Sa bisaïeule : par Paternel.

S. r. jusqu'en 1888.
1889 m. b. *Matador*, par Domino-Noir.
1891 f. b. *Tapageuse*, par Colporteur.

3682. **CÉRÈS**, 1/2 s. N. — M. Gamarre.
B. 1868. — Normandie (Le Pin).
Par *Affidavit*, P. S. A., et *Espérance*, par Unau.
Sa grand'mère : *Cybèle*, 1/2 s N., par Royal-Oak, P. S. A.

1872 s. r.
1873 m. b. *Régent*, par Conquérant.
1874 s. r.
1875 m. b. *Télémaque*, par Noville.
1876 s. r.
1877 m. b. *Valparaiso*, par Noville.
1878 f. b. *Agathe*, par Quinola.
1879 f. b. *Bérénice*, par Noville.
1880 f. b. *Cerisette*, par Noville.
1881 s. r.
1882 f. b. *Ecosse*, par Noville.
1883 s. r.
1884 m. b. b.   , par Tigris.
1885 m. al. *Hymalaya*, par Phaéton.
1886 s. r.
1887 f. b. *Jouvence*, par Tigris.

3683. **CÉRÈS**, 1/2 s. N. — M. G. Buisson.
B. 1888. — Normandie (Le Pin).
Par *The Norfolk-Phœnomenon*, 1/2 s. A., et *Drôlesse*, par Pledge.
Sa grand'mère : par Dupleix.
Sa bisaïeule : par Pilote.
Sa trisaïeule : par Bacha, P. S. Ar.
Sa quadrisaïeule : par Glocester, 1/2 s. A.
5e degré : par King-Pepin.

S. r. jusqu'en 1885.
1886 m. b.   , par Valdempierre.
1887 m. b.   , par Phaéton.
1888 f. al.   , par Fataliste, P. S. A.
1889 vide.
1890 a avorté.
1891 vide.

3684. **CÉRÈS**, 1/2 s. N. — M. Delacour.
B. 1881. — Orne (Le Pin).
Par *Oméga* et *Baccara*, par Gaulois.
Sa grand'mère : par Taconnet.

1885 s. r.
1886 f. b. b. *Iris*, par Cherbourg.
1887 f. b. *Jessica*, par Cherbourg.
1888 f. al. *Ketty*, par Phaéton.
1889 f. b. b. *Limonade*, par Valdempierre.
1890 a avorté.

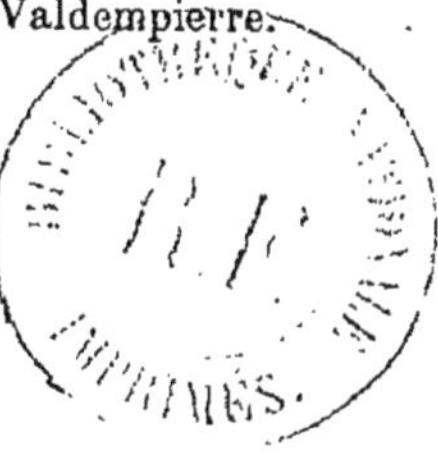

7

3685. **CERISETTE,** 1/2 s. N. — M. F. Richer.
B. 1877. — Orne (Le Pin).
Par *Hidalgo* et *Espérance*, par Lucain.
Sa grand'mère : *Delphine*, par William, P. S. A.
Sa bisaïeule : par Héraclius.

S. r. jusqu'en 1886.
1887 f. b. *Julia*, par Usquebac.
1888 et 1889 s. r.
1890 f. al.   , par Gastadour.
1891 f. b.   , par Gastadour.
1892 f. b. *Olympe*, par Cicéron II.

3686. **CÉSARINE,** 1/2 s. N. — M. J. Lécrivain.
Bb. 1886. — Manche (Saint-Lô).
Par *Bataillon* et *Fanny,* par Sans-Gêne.
Sa grand'mère : *Fleur*, par Paternel.
Sa bisaïeule : *Henriette*, par Sir Henry-Dimsdale, 1/2 s. A.
Sa trisaïeule : *Brebis*, par Boucanier.
Sa quadrisaïeule : par Pégase.

1890 vide.
1891 f. b. *Florissante*, par Fulminant.

3687. **CHAMPAGNE,** 1/2 s. N. — M. Nicard.
B. 1875. — Manche (Le Pin).
Par *Lavater* et *The Heir-of-Linne*, 1/2 s. N., par The Heir-of-Linne, P. S. A.
Sa grand'mère : *Bailliette*, par Hautain (approuvé).
Sa bisaïeule : par Lahore.
Sa trisaïeule : par Ledstone, P. S. A.

S. r. jusqu'en 1882.
1883 f. b. *Champagne II*, par Rivoli.
1884 f. b. *Champagne III*, par Rivoli.
1885 m. b. b. *Harcourt*, par Upas.
1886 f. b. *Isabelle*, par Cherbourg.
Passée dans la Région du Centre, en 1886.

3688. **CHAMPAGNE III,** 1/2 s. N. — M. E. Marie.
Bb. 1884. — Orne (Le Pin).
Par *Rivoli* et *Champagne,* par Lavater.
Sa grand'mère : par The Heir-of-Linne, P. S. A.
Sa bisaïeule : *Bailliette*, par Hautain.
Sa trisaïeule : par Lahore.
Sa quadrisaïeule : par Ledstone, P. S. A.

S. r. jusqu'en 1891.
1892 produit mort.

3689. **CHAMPÊTRE**, 1/2 s. N. — M. J. Ricard.
B. 1878. — Manche (Le Pin).
Par *Lavater* et *The Heir-of-Linne*, 1/2 s. N., par The Heir-of-Linne
P. S. A.

Sa grand'mère : *Bailliette*, par Hautain.
Sa bisaïeule : par Lahore.
Sa trisaïeule : par Ledstone, P. S. A.

1882 s. r.
1883 m. b. b. *Favori*, par Acquila.
1884-1885-1886-1887 s. r.
1888 m. b. b. *Kalender*, par Dictateur (approuvé).
1889-1890 s. r.
1891 f. b. b. *Natalie*, par Homard.

3690. **CHARLOTTE**, 1/2 s. N. — M. Saint.
B. 1874. — Normandie (Saint-Lô).
Par *Jarnac* et une fille de Lahore.

S. r. jusqu'en 1891.
1892 f. b. b. *Odena*, par Incandescent.

3691. **CHARLOTTE**, 1/2 s. N. — M. J. Lecaudey.
Bb. 1876. — Normandie (Saint-Lô).
Par *Magicien* et une fille d'Intact.

S. r. jusqu'en 1891.
1892 m. b. *Oaracta*, par Frondeur.

3692. **CHARLOTTE**, 1/2 s. N. — M. A. Blin.
B. 1878. — Manche (Saint-Lô).
Par *Kapirat* et une fille de Georgey.

S. r. jusqu'en 1891.
1892 f. b. *Perdrix*, par Harfleur.

3693. **CHARLOTTE**, 1/2 s. N. — M. Pagny.
B. 1879. — Normandie (Saint-Lô).
Par *Rémus* et une fille de Pont-d'Or.

Sa grand'mère : par Lionceau.

S. r. jusqu'en 1891.
1892 m. al. *Ormus*, par Ray-Grass.

3694. CHARLOTTE, 1/2 s. N. — M. J.-B. Romain.
B. 1879. — Normandie (Saint-Lô).
Par Newton et une fille de Diégo.

S. r. jusqu'en 1891.
1892 m. n. *Ouistity*, par Fournichon.

3695. CHARLOTTE, 1/2 s. N. — M. J. Leclerc.
B. 1880. — Normandie (Saint-Lô).
Par *Sanguin* et une fille d'Orme.

S. r. jusqu'en 1891.
1892 f. al. *Onde*, par Jupiter III.

3696. CHARLOTTE, 1/2 s. N. — M. P. Ferrey.
B. 1880. — Normandie (Saint-Lô).
Par *Réveillon* et une fille d'O'Connel.

S. r. jusqu'en 1891.
1892 m. al. *Over-Yssel*, par Café.

3697. CHARLOTTE, 1/2 s. N. — M. Gervais.
B. 1880. — Normandie (Saint-Lô).
Par *Laboureur* et une fille de Bravo, P. S. A.

S. r. jusqu'en 1891.
1892 f. b. *Océania*, par Espadem.

3698. CHARLOTTE, 1/2 s. N. — Mme Ve Angot.
B. 1880. — Normandie (Saint-Lô).
Par *Mine-d'Or* et une fille de Félibien.

S. r. jusqu'en 1891.
1892 m. al. *Olargues*, par Gasparin.

3699. CHARLOTTE, 1/2 s. N. — M. E. Guesnon.
B. 1880. — Normandie (Saint-Lô).
Par *Qui-Vive* et une fille de Sir Edwin-Landseer, 1/2 s. A.
Sa grand'mère : par Négro.

S. r. jusqu'en 1891.
1892 m. b. b. *Olos*, par Loyal.

3700.   **CHARLOTTE**, 1/2 s. N. — M. F. Noël.
B. 1881. — Manche (Saint-Lô).
Par *Tancrède* et une fille de Beaumanoir.
Sa grand'mère : par Talleyrand.

1885-1886 s. r.
1887 m. b. b.   , par Bataillon.
1888 f. b. *Rose*, par Frondeur.
1889-1890-1891 s. r.
1892 f. b. b. *Oubliée*, par Jagellon.

3701.   **CHARLOTTE**, 1/2 s. N. — M. P. Coquère.
Al. 1885. — Manche (Saint-Lô).
Par *Mine-d'Or* et *Garde-à-Vous*.

Sa grand'mère : par Gloire.
Sa bisaïeule : par Uhlan.

1889-1890 s. r.
1891 f. b.   , par *Pétrarque*.

3702.   **CHARLOTTE**, 1/2 s. N. — M. L. Gosselin.
Al. 1887. — Manche (Saint-Lô).
Par *Dollar* et une fille d'Ugolin.

Sa grand'mère : par Quaker, P. S. A.
Sa bisaïeule : par Navigateur.

1891 f. al.   , par *Franconi*.

3703.   **CHARLOTTE**, 1/2 s. N. — M. Duchemin.
B. 1888. — Normandie (Saint-Lô).
Par *Calambac* et une fille de Villiers.
Sa grand'mère : par Daniel.

1892 m. b. b. *Oppède*, par Ministère, P. S. A.

3704.   **CHARLOTTE**, 1/2 s. N. — M. J. Couëtil.
B. 1888. — Normandie (Saint-Lô).
Par *Adonias* et une fille de Malandrin.
Sa grand'mère : par Hunter.

1892 m. b. *Origène*, par Shamrock, 1/2 s. A.

3505. CHARLOTTE, ex-**RÉCLAMÉE**, 1/2 s. N.
M. J.-B. Lecaudey.
Al. 1886. — Manche (Saint-Lô).
Par *Reynolds* et une fille de Sidi, P. S. Ar.
Sa grand'mère : par Lavater.
Sa bisaïeule : par Lagopède.
Sa trisaïeule : par Lahore.

1890 f. b. b. *Récompense*, par Domino-Noir.
1891 m. b.   , par Frondeur.
1892 f. b. *Frondeuse*, par Frondeur.

3705. CHARMANTE, 1/2 s. N. — M. J. Gervais.
B. 1871. — Normandie (Saint-Lô).
Par *Fontenay* (approuvé), et une fille de Dictateur.

S. r. jusqu'en 1891.
1892 m. b.   , par Espadem.

3706. CHARMANTE, 1/2 s. N. — M. J. Leseigle.
B. 1874. — Normandie (Saint-Lô).
Par *Bandit* et une fille de Bravo, P. S. A.

S. r. jusqu'en 1891.
1892 m. b. *O'Brienn,* par Espadem.

3707. CHARMANTE, 1/2 s. N. — M. Hennequin.
B. 1875. — Normandie (Saint-Lô).
Par *Daniel* (approuvé), et une fille de Despote.

S. r. jusqu'en 1891.
1892 m. b. *Orénon,* par Haïn, P. S. A.

3708. CHARMANTE, 1/2 s. N.
Mme V^e Ch. Blaizot.
Bb. 1875. — Manche (Saint-Lô).
Par *Ignoré* et *Sophie*, par Fire-Away, 1/2 s. A.

S. r. jusqu'en 1886.
1887 f. b. b. *Charmante*, par Colporteur.
1888 f. b. b. *Eclatante*, par Colporteur.
1889 s. r.
1890 m. b. *Gibraltar*, par Gibraltar.
1891 vide.

3254. **CHARMANTE**, 1/2 s. N. — M. Y. Moulin.
Al. 1877. — Manche (Saint-Lô).
Par *Piston* et une fille de Guillaume-le-Conquérant.
Sa grand'mère : par Y. Reveller.
Sa bisaïeule : par Victorieux.
Sa trisaïeule : par Despote.

S. r. jusqu'en 1887.
1888 f. b. *Cocotte*, par Esbly.
1889 m. b. *Landau*, par Esbly (Amérique).
1890 m. b. *Monarque*, par Esbly.
1891 m. b.   , par Esbly.
1892 f. b. *Ombre*, par Esbly.
1893 f. b.   , par Esbly.

3709. **CHARMANTE**, 1/2 s. N. — M. A. Marie.
B. 1881. — Normandie (Saint-Lô).
Par *Brodick*, P. S. A., et une fille de Docteur.

S. r. jusqu'en 1891.
1892 m. al. *Orgueilloux*, par Fournichon.

3222. **CHARMANTE**, 1/2 s. N. — M. Villard.
B. 1882. — Manche (Saint-Lô).
Par *Regnard* et une fille d'Ignoré.
Sa grand'mère : par Lothaire (approuvé).
Sa bisaïeule : par Horatius.

1886 s. r.
1887 m. n. *Jet*, par Utrecht.
1888 f. b. *Bergère*, par Utrecht.
1889 m. b. *Carnot*, par Utrecht (Amérique).
1890 vide.
1891 f. b. *Parfaite*, par Farnèse.

3710. **CHARMANTE**, 1/2 s. N. — M. A. Navet.
B. 1888. — Normandie (Saint-Lô).
Par *Calambac* et une fille de Luther.
Sa grand'mère : par Edgard.

1892 f. n. *Ostentation*, par Gibraltar.

3711. **CHARMEUSE**, 1/2 s. N. — M. Brion.
B. 1883. — Normandie (Le Pin).
Par *Nomen* et *Judith*, par Oronte.
Sa grand'mère : par Usité (approuvé).

1887 s. r.
1888 f. b. *Taquini*, par Ullao.
1889 m. b. *Ullao*, par Ullao (Amérique).

3712. CHARMEUSE, 1/2 s. N. — M. L. Berthot.
B. 1886. — Manche (Saint-Lô).
Par *Montbarey*, P. S. A., et une fille de Qui-Vive.

Sa grand'mère : par J'y-Songerai.
Sa bisaïeule : par Kapirat.

1890 s. r.
1891 f. b.   , par Follet. Morte.

3722. CHATAINE, 1/2 s. N. — M. B. Osmont.
Bb. 1873. — Manche (Saint-Lô).
Par *Gouverneur* et une fille d'Isolier, P. S. A.

Sa grand'mère : par Tic-Tac.
Sa bisaïeule : par The Caster, P. S. A.
Sa trisaïeule : par Milton.

S. r. jusqu'en 1885.
1886 f. b. b. *Orageuse*, par Aristocrate.
1887 vide.
1888 f. b. b. *Brunette*, par Domino-Noir.
1889-1890-1891 vide.
1892 m. n. *Orbec*, par Colporteur.

3713. CHÉRIE, 1/2 s. N. — M. L. Laurent.
B. 1875. — Manche (Saint-Lô).
Par *Nectar* et une fille d'Usuel.

S. r. jusqu'en 1891.
1892 m. b. *Orageux*, par Tempête.

3714. CHÉRIE, 1/2 s. N. — M. Dumesnil-Drieu.
B. 1878. — Normandie (Saint-Lô).
Par *Jarnac* et une fille d'Ugolin.

Sa grand'mère : par Nemrod.

S. r. jusqu'en 1891.
1892 m. b. *Orphéli*, par Fred-Archer.

3715. **CHÉRIE**, 1/2 s. N. — M. Lecarbonnel.
Al. 1880. — Normandie (Saint-Lô).
Par *Mine-d'Or* et une fille de Pétrarque.

S. r. jusqu'en 1891.
1892 m. b. *Orus,* par Forgeur.

3716. **CHÉRIE**, 1/2 s. N. — Mᵐᵉ Ve Letréguilly.
Al. 1881. — Normandie (Saint-Lô).
Par *Richard* et une fille d'Ourson (approuvé).

S. r. jusqu en 1891.
1892 f. al. *Chérie,* par Forbach.

3717. **CHÉRIE**, 1/2 s. N. — M. A. Ballé.
N. 1884. — Normandie (Saint-Lô).
Par *Sobriquet* et une fille de Josaphat.
Sa grand'mère : par Riga.

S. r. jusqu'en 1891.
1892 f. b. *Sans-Tache,* par Galant I.

3718. **CHÉRIE**, 1/2 s. N. — M. Defaudais.
B. 1885. — Normandie (Saint-Lô).
Par *Patrice* et une fille de Mystérieux.
Sa grand'mère : par Eylau, P. S. A. A.
Sa bisaïeule : par Lahore.

S. r. jusqu'en 1891.
1892 f. b. *Occasion,* par Quintus.

3719. **CHÉRIE**, 1/2 s. N. — M. Dauvin.
B. 1886. — Normandie (Saint-Lô).
Par *Schah* et une fille de Madère.
Sa grand'mère : par Rivoli.

1890-1891 s. r.
1892 m. b. *Bayard,* par Pétrarque.

3720. **CHÉRIE**, 1/2 s. N. — M. Dupray-Beuzeville.
Al. 1888. — Manche (Saint-Lô).
Par *Bourgmestre* et *Minette,* par Mine-d'Or.
Sa grand'mère : par Turcaret.

3721. **CHÉRIE**, 1/2 s. N. — M. A. Lelandais.
B. 1888. — Normandie (Saint-Lô).
Par *Usellas* et une fille d'Alérion.
Sa grand'mère : par Daniel.

1892 m. b. b. *Olbers*, par Forban.

3723. **CHIFONNETTE**, 1/2 s. N. — M. D. Hue.
Al. 1882. — Normandie (Saint-Lô).
Par *Reynolds* et une fille de Sidi, P. S. Ar.
Sa grand'mère : par Ignoré.

S. r. jusqu'en 1891.
1892 f. b. *Ombrelle*, par Joinville.

3724. **CHIFFONNETTE**, 1/2 s. N. — M. A. Leguillon.
B. 1880. — Normandie (Le Pin).
Par *Noville* et *Royale-Topaze*, P. S. A., par Royal-Quand-Même.

1884 s. r.
1885 f. n.   , par Tigris.
1886 s. r.
1887 f. n. *Jahel*, par Tigris.
1888 f. b. *Kyrielle*, par Tigris.
1889 f. b. *Lavallière*, par Hardy.
1890 f. n. *Maythorn*, par Hardy.
1891 f. n. *Ned*, par Homard.

3725. **CHIMÈNE**, 1/2 s. N. — M. Belissent.
Al. 1877. — Orne (Saint-Lô).
Par *Jactator* et une fille de Ventre-Saint-Gris, P. S. A.
Sa grand'mère : par Schamyl, P. S. A.

S. r. jusqu'en 1886.
1887 m. b. b. *Fakir*, par Dollar.
1888 et 1889 vide.
1890 f. b. *Javotte*, par Tempête.
1891 f. b.   , par Estèphe.
1892 m. b. *Oriental*, par Estèphe.

3726. **CHIMÈRE**, 1/2 s. N. — M. Lemonnier.
B. 1880. — Normandie (Le Pin).
Par *Noville* et *Parfumeuse*, par Conquérant.
Sa grand'mère : par The Nemrod, 1/2 s. A.

1884 et 1885 s. r.
1886 f. b. *Créole*, par Hippomène.
1887 f. b. *Directrice*, par Valencourt.
1888 m. b. *Enchanteur*, par Valencourt.
1889 f. b. *Frivolité*, par Valencourt.
1890 f. b. *Grenade*, par Valencourt.
1891 m. n. *Hector*, par Valencourt.
1892 f. b. *Izaure*, par Valencourt.

3727.   **CHIMÈRE**, 1/2 s. N. — M. J. Millet.
Al. 1886. — Manche (Saint-Lô).
Par *Reynolds* et *Palatine*, par Palatin, P. S. A.

Sa grand'mère : par Lavater.
Sa bisaïeule : *The Heir-of-Linne*, 1/2 s. N., par The Heir-of-
Linne, P. S. A.
Sa trisaïeule : par Kapirat.
Sa quadrisaïeule : par Adolphus, P. S. A.

1890 et 1891 vide.

3728.   **CHRISTINE**, 1/2 s. N. — M. L. Artu.
Bb. 1883. — Manche (Saint-Lô).
Par *Lavater* et une fille de The Heir-of-Linne, P. S. A.

Sa grand'mère : par Carnassier.

S. r. jusqu'en 1889.
1890 f. b. b. *Manille*, par Colporteur.
1891 m. b.   , par Colporteur.

3729.   **CICÉRONNE**, 1/2 s. N. — M. Terrasson.
B. 1886. — Calvados (Saint-Lô).
Par *Cicéron* et une fille de Léotard.

Sa grand'mère : par Jean-Bart.
Sa bisaïeule : par Sancho.
Sa trisaïeule : par Hercule.
Sa quadrisaïeule : par Don-Quichotte.

3730.   **CICÉRONNE**, 1/2 s. N. — M. Gousset.
Bb. 1888. — Orne (Le Pin).
Par *Cicéron II* et *Pauline*, par Législateur.

Sa grand'mère : par Hidalgo.
Sa bisaïeule : par Héliotrope.
Sa trisaïeule : par Prince.

1892 f. b. b. *Oriflamme*, par Hérode.

3731. CIRCONSTANCE, 1/2 s. N. — M. Baudouin.
Al. 1876. — Normandie (Le Pin).
Par *Gabier*, P. S. A., et *Soumise*, par Estafette.
Sa grand'mère : par Regnier.

S. r. jusqu'en 1887.
1888 f. b. b. *Georgette*, par Apis.
1889 a avorté.
1890 m. b. *Nickel*, par Tigris.
1891 m. b. *Nénuphar*, par Tigris.

3732. CITOYENNE, 1/2 s. N. — M. A. Forcinal.
B. 1880. — Orne (Le Pin).
Par *Oriental* et *Echalotte*, par Wanderer.

Sa grand'mère : par Homère.

3733. CLAIR-DE-LUNE, 1/2 s. N. — M. Le Chevalier.
Gr. 1880. — Calvados (Le Pin).
Par *Norfolk-Trotter*, 1/2 s. A., et *Aïcha*, P. S. Ar., par Y. Karchane.

S. r. jusqu'en 1888.
1889 f. b. *Lady-Norfolk*, par Camembert.
1890 f. b. *Mon-Étoile*, par Étendard.
1891 f. gr. *Nadia*, par Etendard.
1892 vide.

3734. CLAIRVOYANTE, 1/2 s. N. — M. Céran-Maillard.
Al. 1873. — Manche (Saint-Lô).
Par *J'y-Songerai* et *Adèle*, par Kapirat.

Sa grand'mère : *Elisa*, par Corsair, 1/2 s. A.
Sa bisaïeule : *Elise*, par Marcellus. (V. t. I. Conquérant, p. 56.)

1877-1878 s. r.
1879 m. al.   , par Reynolds.
1880 f. b. *Peau-d'Ane*, par Reynolds.
1881-1882 s. r.
1883 f. al. *Polissonne*, par Reynolds.
1884 s. r.
1885 m. al.   , par Reynolds.
1886 f. b. *Dulcinée*, par Agnadel.
1887 s. r.
1888 f. b. *Ygnorée*, par Agnadel.
1889-1890 s. r.
1891 Morte.

3735. **CLARISSE**, 1/2 s. N. — M. E. Douchin.
B. 1883. — Manche (Saint-Lô).
Par *Touriste*, et une fille de Producteur.
Sa grand'mère : par Guelfe.

1892 m. b. *Original*, par Ceinturon.

3736. **CLÉMENCE-ISAURE**, 1/2 s. N. — M. J. Letellier.
B. 1890. — Manche (Saint-Lô).
Par *Nickel* et *Palatine*, par Idoménée.
Sa grand'mère : par Nonus.

3737. **CLÉMENCE-NAVET**, 1/2 s. N. — M. A. Houyvet.
B. 1885. — Normandie (Saint-Lô).
Par *Lavater* et une fille de Regnard.
Sa grand'mère : par The Heir-of-Linne, P. S. A.

S. r. jusqu'en 1891.
1892 m. b. *Alger*, par Jagellon.

3738. **CLÉMENTINE**, 1/2 s. N. — M. Descours-Desacres.
B. 1879. — Normandie (Le Pin).
Par *Gall* et *Violette*, par Organique (approuvé).

S. r. jusqu'en 1889.
1890 f. b. *Géraldine*, par Ximenès.

3739. **CLÉMENTINE**, 1/2 s. N. — M. Desrochers.
Al. 1880. — Sarthe (Le Pin).
Par *Phaéton* et *Centaurine*, par Élu.
Sa grand'mère : par Centaure.
Sa bisaïeule : par Tipple-Cider, P. S. A.
Sa trisaïeule : par Eylau, P. S. A. A.

1884 f. al. *Gaillarde*, par Un.
1885 f. al. *Hirondelle*, par Beaugé.
1886 m. al.   , par Beaugé.
1887 f. al. *Joyeuse*, par Beaugé.
1888 f. b. *Koléah*, par Élan.
1889 s. r.
1890 Produit mort.

3740. **CLÉMENTINE**, 1/2 s. N. — M. L. Yver.
B. 1885. — Manche (Saint-Lô).

Par *Washington*, 1/2 s. All., et *Florence*, par Wild-Bird, P. S. A.
Sa grand'mère : *Clotilde*, par Ugolin.
Sa bisaïeule : par The Heir-of-Linne, P. S. A.
Sa trisaïeule : par Paternel.

S. r. jusqu'en 1889.
1890 f. al. *Marotine*, par Hottentot.
1891 vide.
1892 m. n. *Ours-Noir*, par Jarnac.

3741. **COCARDE**, 1/2 s. N. — M. de Tesson.
B. 1888. — Manche (Saint-Lô).
Par *Dacapo* et *Cocotte*, par Félibien.
Sa grand'mère : par Vernix.

1892 f. n. *Gaillarde*, par Jefferson.

3742. **COCOTE**, 1/2 s. N. — M. V. Lécrivain.
B. 1880. — Manche (Saint-Lô).
Par *Saint-Cloud* et une fille d'Arétin.
Sa grand'mère : par Cultivateur.

S. r. jusqu'en 1886.
1887 m. b. *Darnétal*, par Darnétal.
1888 f. b. *Castille*, par Darnétal.
1889 m. b. *Livarot*, par Tourville.
1890 f. b. b. *Négro*, par Tourville.
1891 vide.

3743. **COCOTE**, 1/2 s. N. — M. Guillerme.
N. 1884. — Manche (Saint-Lô).
Par *Ulm* et une fille de Bérenger.
Sa grand'mère : par Quasi.

1888 s. r.
1889 f. b. *Linotte*, par Santerre.
1890 et 1891 vide.

3744. **COCOTE**, 1/2 s. N. — M. Ringlet.
N. 1885. — Orne (Le Pin).
Par *Noville* et une fille de Noteur.
Sa grand'mère : par The Norfolk-Phœnomenon, 1/2 s. A.

3745. **COCOTTE**, 1/2 s. N. — M. L. Fenard.
B. 1867. — Manche (Saint-Lô).
Par *Victorieux* et une fille d'Éclair, P. S. A.

S. r. jusqu'en 1891.
1892 f. b. *Oiseau*, par Céladon.

3746. **COCOTTE**, 1/2 s. N. — M. Grégoire.
B. 1869. — Normandie (Le Pin).
Par *Épervier*, P. S. A., et *Froufrou*, 1/2 s. N., par Zouave, P. S. A.

3747. **COCOTTE**, 1/2 s. N. — M. J. Pacault.
B. 1872. — Normandie (Saint-Lô).
Par *Jules-César* et une fille de Bisson.

S. r. jusqu'en 1891.
1892 f. b. *Cocote*, par Galant I.

3748. **COCOTTE**, 1/2 s. N. — M. Eugène Fontaine.
B. 1872. — Manche (Saint-Lô).
Par *Harmonieux IV* et une fille de Qui-Perd-Gagne.
Sa grand'mère : par Camisard.

S. r. jusqu'en 1887.
1888 f. b. *Fauvette*, par Caprara.
1889 f. b. *Rosette*, par Usuel.
1890 f. b. *Finette*, par Ebéniste.
1891 m. b. *Nelson*, par Ebéniste.

3260. **COCOTTE**, 1/2 s. N. — M. Gamache.
Al. 1873. — Manche (Saint-Lô).
Par *Castor* et une fille de Volant.
Sa grand'mère : par Beaumanoir.
Sa bisaïeule : par Arétin.
Sa trisaïeule : par Egésippe.

S. r. jusqu'en 1888.
1889 m. al. *Rivoli*, par Alsacien (Amérique).

3749. **COCOTTE**, 1/2 s. N. — M. Cassin.
B. 1874. — Normandie (Saint-Lô).
Par *Menant* et une fille d'Orgueilleux.

S. r. jusqu'en 1891.
1892 f. b. b. *Bagnolette*, par Shamrock, 1/2 s. A.

3750. **COCOTTE**, 1/2 s. N. — Mme Ve Lécrivain.
B. 1874. — Manche (Saint-Lô).
Par *Invariable* et une fille de Victorieux.

S. r. jusqu'en 1891.
1892 f. b. *Omniade*, par Espadem.

3751. **COCOTTE**, 1/2 s. N. — M. Roussel.
B. 1875. — Manche (Saint-Lô).
Par *Désiré* et une fille de Vermouth. (approuvé).

S. r. jusqu'en 1891.
1892. f. b. *Lisette*, par Fabricant.

3752. **COCOTTE**, 1/2 s. N. — M. Lemoussu.
B. 1875. — Normandie (Saint-Lô).
Par *Désiré* et une fille de Quasi.

S. r. jusqu'en 1891.
1892 m. b. b. *Othon*, par Hier.

3753. **COCOTTE**, 1/2 s. N. — M. A. Fichet.
B. 1875. — Normandie (Saint-Lô).
Par *D'Artagnan* et une fille de Volant.

S. r. jusqu'en 1891.
1892 f. b. *Lisette*, par Farnèse.

3754. **COCOTTE**, 1/2 s. N. — Mme Ve L. Noël.
Bb. 1875. — Manche (Saint-Lô).
Par *Séduisant* et une fille de Rivoli.

S. r. jusqu'en 1884.
1885 m. b. b. *Homère*, par Utrecht (Amérique).
1886 s. r.
1887 m. b. b *Josaphat*, par Utrecht.
1888 à 1891 vide.
1892 f. b. *Carillon*, par Hysope.

3755. **COCOTTE**, 1/2 s. N. — M. Ch. Birette.
B. 1876. — Normandie (Saint-Lô).
Par *Kabin* et une fille de Victorieux.

S. r. jusqu'en 1891.
1892 m. b. *Oak-Stick*, par Fulminant.

3756.   **COCOTTE**, 1/2 s. N. — M. Frigout.
B 1877. — Normandie (Saint-Lô).
Par *Porthos*, (approuvé) et une fille de Kapirat.

S. r. jusqu'en 1891.
1892 m. b. *Obséquens*, par Goudron.

3757.   **COCOTTE**, 1/2 s. N. — M. L. Hubert.
Al. 1878. — Normandie (Saint-Lô).
Par *Élu* et une fille d'Ourson.

S. r. jusqu'en 1891.
1892 { f. al. *Opanté*, par Shamrock, 1/2 s. A.
{ f. al. *Ontologie*, par Shamrock, 1/2 s. A.

3758.   **COCOTTE**, 1/2 s. N. — M. J. Allix.
Al. 1878. — Normandie (Saint-Lô).
Par *Sabre*, P. S. A., et une fille de Raglan.

S. r. jusqu'en 1891.
1892 m. al. *Ourique*, par Calambac.

3759.   **COCOTTE**, 1/2 s. N. — M. Lebouvier.
B. 1878. — Normandie (Saint-Lô).
Par *Percy* et une fille d'Adolpho, P. S. A.

S. r. jusqu'en 1891.
1892 m. b. *Otage*, par Usuel.

3760.   **COCOTTE**, 1/2 s. N. — M. Pierre Leroux.
Al. 1878. — Manche (Saint-Lô).
Par *Renommé* et une fille de Chauffeur (autorisé).

S. r. jusqu'en 1889.
1890 f. b. *Charmante*, par Vanikoro.
1891 m. b.   , par Vanikoro.
1892 m. b. *Octavo*, par Vanikoro.

3761.   **COCOTTE**, 1/2 s. N. — M. Hamel.
B. 1879. — Normandie (Saint-Lô).
Par *Quarteron* et une fille d'Hippocrate.
Sa grand'mère : par Rivoli.

S. r. jusqu'en 1891.
1892 m. b. *Patineur*, par Seymour.

3762.   **COCOTTE**, 1/2 s. N. — M. L. Collas.
B. 1879. — Normandie (Saint-Lô).
Par *Récif* et une fille de Pâter.
Sa grand'mère : par Ugolin.

S. r. jusqu'en 1891.
1892 m. b. *Orsini*, par Infidèle.

3763.   **COCOTTE**, 1/2 s. N. — Mme Ve Renouf.
B. 1879. — Normandie (Saint-Lô).
Par *Spectre* et une fille d'Ignoré.

S. r. jusqu'en 1891.
1892 f. b. *Ondée*, par Céladon.

3764.   **COCOTTE**, 1/2 s. N. — M. Delettrez.
Al. 1879. — Manche (Saint-Lô).
Par *Trompe-la-Mort* et une fille de Lans-Born.
Sa grand'mère : par Paddy.

S. r. jusqu'en 1891.
1892 m. al. *Chat-Botté*, par Canut.

3765.   **COCOTTE**, 1/2 s. N. — M. B. Osmont.
B. 1879. — Manche (Saint-Lô).
Par *Idoménée* et une fille d'Isolier, P. S. A.
Sa grand'mère : par Milton.
Sa bisaïeule : par The Caster, P. S. A.

3766.   **COCOTTE**, 1/2 s. N. — M. J. Fillâtre.
B. 1880. — Normandie (Saint-Lô).
Par *Dacapo* et une fille d'Orange.
Sa grand'mère : par Lodi.

S. r. jusqu'en 1891.
1892 f. b. *Marinette*, par Jubé.

3767.   **COCOTTE**, 1/2 s. N. — M. B.-A. Hamel.
B. 1880. — Normandie (Saint-Lô).
Par *Nagel* et une fille de Kabin.
Sa grand'mère : par Beaumarchais.
Sa bisaïeule : par Perfection.

S. r. jusqu'en 1891.
1892 f. b. *Ondine*, par Esbly.

3768.   **COCOTTE**, 1/2 s. N. — M. Malenfant.
B. 1880. — Normandie (Saint-Lô).
Par *Faucon* et une fille de Vermouth.

S. r. jusqu'en 1891.
1892 f. b. *Occitalie*, par Guerroyeur.

3769.   **COCOTTE**, 1/2 s. N. — M. Lelaidier.
B. 1880. — Normandie (Saint-Lô).
Par *Roncevaux* et une fille de Bravo, P. S. A.

S. r. jusqu'en 1891.
1892 f. b. *Oletta*, par Quality.

3770.   **COCOTTE**, 1/2 s. N. — M. Durand.
Al. 1880. — Normandie (Saint-Lô).
Par *Luther* et une fille de Garibaldi II.

S. r. jusqu'en 1891.
1892 f. b. *Œnotrie*, par Céladon.

3771.   **COCOTTE**, 1/2 s. N. — M. de Tesson.
B. 1880. — Manche (Saint-Lô).
Par *Félibien* et une fille de Vernix.

1884-1885 s. r.
1886 f. b. *Historiette*, par Fidèle-au-Malheur.
1887 f. b. *Infortune*, par Dacapo.
1888 f. b. *Cocarde*, par Dacapo.
1889 m. b. b. *Destrier*, par Gibert, P. S. A.
1890 f b. *Ega*, par Shamrock, 1/2 s. A.
1891 vide.
1892 m. b. *Géranium*, par Favori.

3772.   **COCOTTE**, 1/2 s. N. — M. F. Letripey.
B. 1881. — Normandie (Saint-Lô).
Par *Paxaretta* et une fille d'Harmonieux IV.

S. r. jusqu'en 1891.
1892 m. al. *Omar*, par Japhet.

3773.   **COCOTTE**, 1/2 s. N. — M. F. Couppey.
B. 1881. — Normandie (Saint-Lô).
Par *Harmonieux IV* et une fille de Volant.

S. r. jusqu'en 1891.
1892 f. b. b. *Orthopédie*, par Alsacien.

3774.   **COCOTTE**, 1/2 s. N. — M. Langlois.
Al. 1881. — Normandie (Saint-Lô).
Par *Saint-Cloud* et une fille de Guelfe.

S. r. jusqu'en 1891.
1892 m. b. *Oissel*, par Hysope.

3775.   **COCOTTE**, 1/2 s. N. — M. J. Lefaix.
B. 1881. — Normandie (Saint-Lô).
Par *Producteur* et une fille de Bien-Aimé

S. r. jusqu'en 1891.
1892 f. b. *Œil-de-Perdrix*, par Alsacien.

3256.   **COCOTTE**, 1/2 s. N. — M. L. Saillard.
B. 1883. — Manche (Saint-Lô).
Par *Bataillon* et une fille d'Utrecht.
Sa grand'mère : par Bravo, P. S. A.
Sa bisaïeule : par Victorieux.
Sa trisaïeule : par Vandermulin, P. S. A.

S. r. jusqu'en 1888.
1889 m. n. *Liban*, par Vital (Amérique).
1890 f. b. *La Petite*, par Vital.
1891 m. b. b.   , par Vital.

3776.   **COCOTTE**, 1/2 s. N. — M. P. Laisné.
B. 1884. — Manche (Saint-Lô).
Par *Schiller* et une fille d'Oranger.
Sa grand'mère : par Lucullus.

1888-1889 s. r.
1890 f. b. *Plaisante*, par Écran.
1891 vide.

3777.   **COCOTTE**, 1/2 s. N. — M. Louis Rihouet.
B. 1884. — Manche (Saint-Lô).
Par *Mine-d'Or* et une fille de Garde-à-Vous.
Sa grand'mère : par Gloire.
Sa bisaïeule : par Uhlan.

S. r. jusqu'en 1890.
1891 f. b. *Poulette*, par Hugues.

3224. **COCOTTE**, 1/2 s. N. — M. Germain.
B. 1885. — Normandie (Saint-Lô).
Par *Canut* et une fille de Stern.

Sa grand'mère : *Rosette,* par Fontenoy (approuvé).

1889 m. b. *Germain*, par Fulminant (Amérique).
1890 m. b.   , par Fulminant.
1891 f. b.   , par Espadem.

3778. **COCOTTE**, 1/2 s. N. — M. E. Lecoq.
B. 1885. — Manche (Saint-Lô).
Par *Utrecht* et *Brillante*, par Ménélas.

Sa grand'mère : par Sabre, P. S. A.
Sa bisaïeule : par Malakoff.

1889 vide.
1890 f. b. *Norma*, par Bataillon.
A la Remonte en 1890.

3779. **COCOTTE**, 1/2 s. N. — M. Damourette.
B. 1887. — Normandie (Saint-Lô).
Par *Diogène* et une fille de Gloire.

Sa grand'mère : par Priam.
Sa bisaïeule : par Gamin.

1891 s. r.
1892 m. al. *Omonville*, par Ébéniste.

3780. **COCOTTE**, 1/2 s. N. — M. Letellier.
N. 1887. — Normandie (Saint-Lô).
Par *Seigneur II*, P. S. A., et une fille d'Ignoré.

Sa grand'mère : par Robinson.

1891 s. r.
1892 m. n. *Ommerapoura*, par Dominant.

3781. **COCOTTE**, 1/2 s. N. — M. Paysant.
B. 1887. — Normandie (Saint-Lô).
Par *Virgile* et une fille d'Orphée.
Sa grand'mère : par Harmonieux IV.

1891 s. r.
1892 f. b. *Orthographe*, par Seymour.

3782.   **COCOTTE**, 1/2 s. N. — M. Fertel.
Al. 1887. — Normandie (Saint-Lô).
Par *Shamrock*, 1/2 s. A., et une fille de Richard.
Sa grand'mère : par Quasi.

1891 s. r.
1892 m. b. *Trompeur*, par Excat.

3783.   **COCOTTE**. 1/2 s. N. — M. L. Trochon.
B. 1887. — Manche (Saint-Lô).
Par *Trésorier* et une fille de Sauvageon.
Sa grand'mère : par Séduisant.

1891 f. b.   , par Glocester.

3784.   **COCOTTE**, 1/2 s. N. — M. G. Hostingue.
B. 1888. — Normandie (Saint-Lô).
Par *Ange* et une fille de Nopal.
Sa grand'mère : par Diégo.

1892 m. n. *Omar*, par Jet.

3785.   **COCOTTE**, 1/2 s. N. — M. P. Travert.
B. 1888. — Manche (Saint-Lô).
Par *Sorcier* et une fille de Ratapoil.
Sa grand'mère : par Lord.

3786.   **COCOTTE**, 1/2 s. N. — M. Le Bourgeois.
B. 1888. — Manche (Saint-Lô).
Par *Cadix* et une fille de Mirliton.
Sa grand'mère : par Risque-Tout.

1892 f. b. *Finette*, par Surveillant.

3787.   **COCOTTE**, 1/2 s. N. — M. Huet.
B. 1888. — Normandie (Saint-Lô).
Par *Vital* et une fille d'Unicorne.
Sa grand'mère : par Ménélas.

1892 m. b. *Obed*, par Betting.

3788. **COCOTTE**, 1/2 s. N. — M. A. Goupil.
Al. 1888. — Normandie (Saint-Lô).
Par *Funambule* et *Margot*, par Orange.
Sa grand'mère : par Orgueilleux.

1892 m. al. *Cocot*, par Qui-Vive.

3789. **COCOTTE**, 1/2 s. N. — M. Ch. Lerouge.
B. 1888. — Manche (Saint-Lô).
Par *Mirliton* et une fille de Sacrobosco.
Sa grand'mère : par Dragon, P. S. A.

1892 m. b. *Opéra*, par Goudron.

3790. **COCOTTE**, 1/2 s. N. — M. Letourneur.
B. 1889. — Manche (Saint-Lô).
Par *Virgile* et une fille de Nagel.
Sa grand'mère : par Bravo, P. S. A.

3791. **COCOTTE**, 1/2 s. N. — M. J. François.
Ro. 1889. — Normandie (Saint-Lô).
Par *Gourmet* et une fille de Jackson.
Sa grand'mère : par Ignoré.

1892 f. ro. *Odette*, par Gibraltar.

3792. **COCOTTE**, 1/2 s. N. — M. Desmares.
Bb. 1891. — Manche (Saint-Lô).
Par *Farnèse* et *Hirondelle*, par Jarnac.
Sa grand'mère : *Poulot*, par Dagobert.

3793. **COLÈRE**, 1/2 s. N. — M. Pallu.
Al. 1880. — Orne (Le Pin).
Par *Buci* et *Torpille*, par Kilomètre.
Sa grand'mère : *Tontine*, par Séducteur ou Cyclope.
Sa bisaïeule : *Mademoiselle-de-Viroflay*, P. S. A., par Brimstone.

1884 f. al. *Gaufrette*, par Drummond, P. S. A.

3966. **COLOMBINE**, 1/2 s. N. — M. Duval.
Bb. 1880. — Normandie (Le Pin).
Par *Niger* et *Rachel*, par Taconnet.
Sa grand'mère : par Esculape.
Sa bisaïeule : par Saklawi, P. S. Ar.

1884 f. b. *Girandole*, par Dictateur (approuvé).
1885 f. b. *Brigantine*, par Dictateur (approuvé).
1886 vide.
1887 m. b. *Jouteur*, par Dictateur (approuvé).
1888 f. b.   , par Dictateur (approuvé).
1889 f. b. *Lidia*, par Phaéton.
1890 m. b.   , par Phaéton.
1891 vide.
1892 f. b. *Osmonde*, par Phaéton.

3794. **COLPORTEUR**, 1/2 s. N. — M. L. Rabé.
B. 1888. — Normandie (Saint-Lô).
Par *Colporteur* et *Polka*, par Torticolis, P. S. A.
Sa grand'mère : par Dictateur.

1892 m. b. *Œil-de-Perdrix*, par Gibraltar.

3795. **COLPORTEUSE**, 1/2 s. N. — M. A. Lefèvre.
N. 1888. — Normandie (Saint-Lô).
Par *Colporteur* et une fille de Quality.
Sa grand'mère : par Josaphat.
Sa bisaïeule : par Kapirat.

1892 f. b. *Omega*, par Fontenay.

3796. **COMBOUR**, 1/2 s. N. — M. Marquer.
Bb. 1881. — Manche (Saint-Lô).
Par *Trésorier* et *Bijou*, par Shamrock, 1/2 s. A.

S. r. jusqu'en 1891.
1892 m. b. *Otage*, par Jeffreys.

3797. **COMTESSE**, 1/2 s. N. — M. Ballière.
B. 1880. — Orne (Le Pin).
Par *Gall* et *Tontine*, par Séducteur ou Cyclope.
Sa grand'mère : *Mademoiselle-de-Viroflay*, P. S. A., par Brimstone,

1884 f. b. *Gargousse*, par Talma.

3798. **CONFIANCE**, 1/2 s. N. — M. Grégoire.
B. 1875. — Orne (Le Pin).
Par *Gaulois* et *Céline*, par Brocardo, P. S. A.
Sa grand'mère : par Performer, 1/2 s. A.
Sa bisaïeule : par Massoud, P. S. Ar.

1879 s. r.
1880 f. b. *Formosa*, par Niger.

3799. **CONFIANCE**, 1/2 s. N. — M. Vasse.
B. 1883. — Normandie (Le Pin).
Par *Véra-Cruz* ou *Utilis* et une fille de Palm.
Sa grand'mère : par Umber.

1887 m. b.   , par Dampierre.
1888 vide.
1889 f. b. b. *Marquise*, par Gallien.
1890-1891 vide.
1892 m. b. *Ohio*, par Gallien.

3800. **CONFIANCE**, 1/2 s. N. — M. André François.
B. 1889. — Manche (Saint-Lô).
Par *Phare* et une fille de Pédagogue P. S. A..
Sa grand'mère : par Saillant.

3801. **CONQUÉRANTE**, 1/2 s. N.
M. O. Lepailleur.
N. 1885. — Calvados (Saint-Lô).
Par *Apis* et une fille de Conquérant.
Sa grand'mère : par J'y-Songerai.
Sa bisaïeule : par Y.

1889 m. b. *Lucifer*, par Express.
1890 f. b. *Conquérante*, par Express.
1891 vide.

3802. **CONQUÊTE**, 1/2 s. N. — M. Fleury.
B. 1878. — Orne (Le Pin).
Par *Palanquin* et *Malvina*, par Buci.
Sa grand'mère : par Aï.

S. r. jusqu'en 1884.
1885 m. b. *Honoré*, ex-*Harpagon*, par Valdempierre.
1886-1887-1888 s. r.

1889 f. b. *Conquête*, par Gérardmer.
1890 f. b. b.   , par Cherbourg.
1891 vide.
1892 m. b. *Odéon*, par Cherbourg.
1893 a avorté.

3803. **CONQUÈTE**, 1/2 s. N. — M. Lavignée.
B. 1880. — Orne (Le Pin).
Par *Conquérant* et une fille de Niger.

Sa grand'mère : par Centaure.
Sa bisaïeule : par Tipple-Cider, P. S. A.

1884 s. r.
1885 f. b. *Espérance*, par Quiciet.
1886 f. b. *Grippe-Sous*, par Cherbourg.
1887-1888 vide.
1889 f. b. *La Blague*, par Marignan.
1890 m. b. *Malaga*, par Cherbourg.
1891 m. b. *Neptune*, par Cherbourg.

3804. **CONQUÈTE**, 1/2 s. N. — M. G. d'Aboville.
Al. 1884. — Normandie (Le Pin).
Par *Acquila* et *Fulmen*, par Mercure.

Sa grand'mère : *Passante*, par Normand.
Sa bisaïeule : *Topaze*, par Vice-Roi.
Sa trisaïeule : par Ukase.

1888 f. b. b. *Hardie*, par Etendard.
1889 s. r.
1890 f. b. b. *Marine*, par Etendard.
1891 m. b. b. *Notable*, par Etendard.
1892 m. b. *Obstacle*, par Don-Quichotte.

3805. **CONQUÈTE**, 1/2 s. N. — M. Méry-Samson.
B. 1889. — Orne (Le Pin).
Par *Gérardmer* et une fille de Palanquin.

Sa grand'mère : par Buci.
Sa bisaïeule : par Aï.

3806. **CONQUISE**, 1/2 s. N. — M. d'Aboville.
Al. 1876. — Normandie (Le Pin).
Par *Conquérant* et *Etincelle*, par Ukase.

Sa grand'mère : *Cévito*, par Ramsay, P. S. A.
Sa bisaïeule : *L'Alezane*, par Urgent.
Sa trisaïeule : par Raimbow, P. S. A.

1880 s. r.
1881 m. b. *D'Artagnan*, par Utique.
1882 s. r.
1883 m. b. b. *Forgeron II*, par Acquila.
1884-1885 s. r.
1886 m. al. *Bourlon*, par Niger.
1887 s. r.
1888 f. b. *Hachette*, par Acquila.
1889 m. b. *Lycurgue*, par Étendard.
1890 m. b. *Marcheur*, par Étendard.
1891 m. b. *Nectar*, par Tigris.
1892 f. b. *Orange*, par Tigris.

3807. CONSTANCE, 1/2 s. N. — M. J. Chéradame.
Al. 1874. — Orne (Le Pin).
Par *Faust*, P. S. A., et *Valentine*, par Buci.
Sa grand'mère : *Marthe*, par Lucain.
Sa bisaïeule : par Impérieux.

S. r. jusqu'en 1880.
1881 m. al. *Damas*, par Niger.
1882 m. al. *Eboli*, par Niger.
1883 m. al. *Flic-Flac*, par Oriental.
1884 f. al. *Mademoiselle-de-Coulonces*, par Un.
1885 s. r.
1886 m. b. b., *I*, par Quiclet.
1887 à 1891 vide.

3808. CONSTANCE, 1/2 s. N. — M. Joseph Ricard.
B. 1881. — Calvados (Le Pin).
Par *Noville* et *Fortuna*, P. S. A., par Tonnerre-des-Indes.

1885 s. r.
1886 m. al. *Impartial*, par Valencourt.
1887 m. al. *Jourdan*, par Valencourt.
1888 f. b. *Karabé*, par Don-Quichotte. Morte.
1889 vide.
1890 deux produits morts.
1891 m. n. *Nancy*, par Valencourt.

3809. CONSTANTINE, 1/2 s. N. — M. E. Jouis.
Al. 1873. — Normandie (Le Pin).
Par *Buci* et *Fleurie*, par Vicomte.
Sa grand'mère : *Blonde*, par Képi.

1877 f. b. *Étincelle*, par Héliotrope.
1878 f. al. *Normande*, par Jactator.

1879 m. al. *Bonnaire*, par Jaclator.
1880 f. b. *Eglantine*, par Jaclator.
1881 vide.
1882 m. al.   , par Conquérant.
1883 m. b.   , par Uriel.
1884 f. b. *Epine-Vinette*, par Normand.
1885 f. b. *Fleur-d'Eté*, par Noville.
1886 f. b. *Islette*, par Beaujeu.
1887 m. b. *Argentine*, par Cherbourg.
1888 f. b. *Neva*, par Uriel ou Valdempierre.
1889 morte.

3810. **COPPELIA**, P. S. A. — M. V. Gillain.
Al. 1886. -- Orne (Saint-Lô).
Par *Le Destrier* et *Clémentine*, par Mortemer.

1889 f. b. *Clémentine*, par Frondeur.
1890 à 1892 vide.

3811. **COQUETTE**, 1/2 s. N. — M. Letreguilly.
B. 1869. — Normandie (Saint-Lô).
Par *Faucon* et une fille de Ventre-Saint-Gris, P. S. A.

S. r. jusqu'en 1891.
1892 m. b.   , par Ecran.

3812. **COQUETTE**, 1/2 s. N. — M. Letellier.
N. 1870. — Normandie (Saint-Lô).
Par *Ignoré* et une fille de Robinson.

S. r. jusqu'en 1891.
1892 f. b. b. *Odette*, par Dominant.

3813. **COQUETTE**, 1/2 s. N. — M. Lebreton.
Ro. 1870. — Normandie (Saint-Lô).
Par *Jackson* et une fille d Hippocrate.

S. r. jusqu'en 1891.
1892 f. ro. *Rosa*, par Gasparin.

3814. **COQUETTE**, 1/2 s. N. — M. Leclerc.
Al. 1873. — Normandie (Saint-Lô).
Par *Idoménée* et une fille de Sinope.

S. r. jusqu'en 1891.
1892 f. al. *Ondine*, par Dominant.

3815. **COQUETTE**, 1/2 s. N. — M. A. Legoubé.
B. 1873. — Normandie (Saint-Lô).
Par *La Douceur* et une fille de Roustan.

S. r. jusqu'en 1891.
1892 m. b. b. *Oak*, par Santerre.

3816. **COQUETTE**, 1/2 s. N. — M. Legoupil.
B. 1874. — Normandie (Saint-Lô).
Par *Argonaut*, P. S. A., et une fille de Lothaire.

S. r. jusqu'en 1891.
1892 f. b. *Coquette*, par Gibraltar.

3817. **COQUETTE**, 1/2 s. N. — M. G. Bonfils.
Bb. 1875. — Manche (Saint-Lô).
Par *Bravo*, P. S. A., et une fille de Rivoli.

3818. **COQUETTE**, 1/2 s. N. — M. Caillemer.
Al. 1876. — Normandie (Saint-Lô).
Par *Dimanche* (approuvé), et une fille de Lothaire.

S. r. jusqu'en 1891.
1892 f. b. *Orobe*, par Frondeur.

3819. **COQUETTE**, 1/2 s. N. — M. Graindorge.
B. 1877. — Normandie (Saint-Lô).
Par *Pont-à-Mousson* et une fille de Tallien.

S. r. jusqu'en 1891.
1892 m. h. b. *Obrecht*, par Céladon.

3820. **COQUETTE**, 1/2 s. N. — M. Jean Léon.
B. 1878. — Manche (Saint-Lô).
Par *Ray-Grass* et une fille de Jay.
Sa grand'mère : par Sir Henry-Dimsdale, 1/2 s. A.

S. r. jusqu'en 1886.
1887 f. b. *Ouvrière*, par Aristocrate.
1888-1889 s. r.
1890 f. b. *Vanille*, par Domino-Noir.
1891 m. b. *Nadar*, par Frondeur.
1892 f. b. *Oceana*, par Domino-Noir.

3268.   **COQUETTE**, 1/2 s. N. — M. Leclerc.
B. 1878. — (Saint-Lô).
Par *Rémus* et *Rosette*, par Lionceau.
Sa grand'mère : *Bergère*, par Bisson.
Sa bisaïeule : *Verveine*, par Agenda.

1889 m. b. *Détroit*, par Gibraltar (Amérique).

3821.   **COQUETTE**, 1/2 s. N. — M. R. Devaux.
Al. 1878. — Manche (Saint-Lô).
Par *Idoménée* et une fille de Bravo, P. S. A.

S. r. jusqu'en 1886.
1887 f. al. *Talma*, par Glorieux.
1888 f. al. *Rosette*, par Forestier.
1889 f. b. *L'Etoile*, par Valentino.
1890 vide.
1891 m. al. *Dollar*, par Dollar.

3822.   **COQUETTE**, 1/2 s. N. — M. Lechevalier.
Al. 1879. — Normandie (Saint-Lô).
Par *L'Incroyable*, P. S. A., et une fille de Lothaire.
Sa grand'mère : par Paladin, P. S A.

S. r. jusqu'en 1891.
1892 m. al. *Olaüs*, par Farnèse.

3275.   **COQUETTE**, 1/2 s. N. — M. P. Létot.
B. 1879. — Manche (Saint-Lô)
Par *Général* et une fille d'Ignoré.
Sa grand'mère : par Beaumanoir.
Sa bisaïeule : par Séduisant (approuvé).
Sa trisaïeule : par Ursin.

1883 s. r.
1884 a avorté.
1885 f. b. *Vigilante*, par Quiproquo.
1886 f. b. *Mignonne*, par Quiproquo.
1887 m. n. *Vigoureux*, par Prickwillow, 1/2 s. A.
1888 f. b. *Chérie*, par Fronsac.
1889 m. b. *Sérieux*, par Fronsac (Amérique).
1890 m. b. *Patrice*, par Fronsac.
1891 m. b. *Libérateur*, par Fronsac. Mort.
1892 a avorté.
1893 m. b. *Généreux*, par Archibald.

3823.   **COQUETTE**, 1/2 s. N. — M. Oury.
B. 1879. — Manche (Saint-Lô).
Par *Ignoré* et une fille de Guelfe.

3824.   **COQUETTE**, 1/2 s. N. — M. Défaudais.
B. 1879. — Calvados (Saint-Lô).
Par *Oglio* et une fille de Nicias.

S. r. jusqu'en 1891.
1892 f. b. *Bichette*, par Grec.

3825.   **COQUETTE**, 1/2 s. N. — M. Leclerc.
Al. 1879. — Normandie (Saint-Lô).
Par *Ray-Grass* et une fille d'Ignoré.

S. r. jusqu'en 1886.
1887 et 1888 a avorté.
1889 m. b.   , par Fournichon.
1890 m. b.   , par Gibraltar.
1891 vide.
1892 f. b. *Orpheline*, par Fournichon.

3826.   **COQUETTE**, 1/2 s. N. — M. Novet.
B. 1879. — Normandie (Saint-Lô).
Par *Socrate* et une fille de Ménant.

S. r. jusqu'en 1891.
1892 f. al. *Nigratte*, par Exéat.

3827.   **COQUETTE**, 1/2 s. N. — M. E. Désert.
B. 1879. — Normandie (Saint-Lô).
Par *Socrate* et une fille d'Ourson.
Sa grand'mère : par Mérino (autorisé).

S. r. jusqu'en 1891.
1892 f. b. *Orageuse*, par Archibald.

3828.   **COQUETTE**, 1/2 s. N. — M. Potier.
Al. 1879. — Normandie (Saint-Lô).
Par *Idoménée* et une fille de Bandit.
Sa grand'mère : par Perfection.

S. r. jusqu'en 1891.
1892 m. al. *Ravachol*, par Jusant.

3829.   **COQUETTE**, 1/2 s. N. — M. Jamard.
B. 1880. — Calvados (Saint-Lô).
Par *Oriental* et une fille d'Ugolin.

S. r. jusqu'en 1891.
1892 m. b. *Oberhausen*, par Estèphe.

3830.   **COQUETTE**, 1/2 s. N. — M. Ch Mouton.
B. 1880. — Manche (Saint-Lô).
Par *Brodick*, P. S. A., et une fille de Luther.

Sa grand'mère : par Josaphat.

1884 f. b. *Danseuse*, par Regnard.
1885 f. b. *Olympe*, par Regnard.
1886 m. b. *Portos*, par Colporteur.
1887 m. b. b. *Solide*, par Colporteur.
1888 m. b. b. *Géant*, par Colporteur.
1889 f. b. b. *Sans-Tache*, par Colporteur.
1890 f. b. *Bienvenue*, par Fournichon.
1891 f. n. *Eclair*, par Colporteur.
1892 m. b. b. *Vas-Partout*, par Colporteur.

3831.   **COQUETTE**, 1/2 s. N. — MM. Marie frères.
Al. 1880. — Calvados (Le Pin).
Par *Renémesnil* et *Fridoline*, par Libérator.

Sa grand'mère : jument de pur sang arabe.

1883 m. b. b. *Fontenay*, par Tigris.
1884-1885-1886 s. r.
1887 m. al.   , par Fitz-Revigny, P. S. A.
1888 s. r.
1889 m. b. b. *Lansquenet*, par Tigris.
1890 vide.
1891 a avorté.
1892 f. b. b. *Orientale*, par Tigris.

3832.   **COQUETTE**, 1/2 s. N. — M. A. Brouard.
B. 1880. — Normandie (Saint-Lô).
Par *Sobriquet* et une fille de Bisson.

S. r. jusqu'en 1891.
1892 f. b. *Olga*, par Galant I.

3833. **COQUETTE**, 1/2 s. N. — Mme Ve Becquet.
Al. 1880. — Normandie (Saint-Lô).
Par *Macouba* et une fille de Roustan.

S. r. jusqu'en 1891.
1892 f. b. *Ouate*, par Saint-Mélaine.

3834. **COQUETTE**, 1/2 s. N. — M. Bastard.
B. 1880. — Normandie (Saint-Lô).
Par *Raming* et une fille d'Oglio.

S. r. jusqu'en 1891.
1892 f. b. b. *Ombrelle*, par Dunois.

3835. **COQUETTE**, 1/2 s. N. — M. Legoupil.
B. 1881. — Normandie (Saint-Lô).
Par *Souvenir*, P. S. A., et une fille d'Ugolin.

S. r. jusqu'en 1891.
1892 m. b. *Domino*, par Domino-Noir.

3836. **COQUETTE**, 1/2 s. N. — M. F. Viard
Al. 1881. — Normandie (Saint-Lô).
Par *Rodon* et une fille de Courtois, P. S. A.

S. r. jusqu'en 1891.
1892 f. al. *Sultane*, par Despote.

3837. **COQUETTE**, 1/2 s. N. — M. L. Lesieur.
B. 1881. — Manche (Saint-Lô).
Par *Vignoble* et une fille d'Adolpho (approuvé).

S. r. jusqu'en 1891.
1892 f. b. *Olga*, par Figurant.

3838. **COQUETTE**, 1/2 s. N. — M. Vallerand.
B. 1881. — Calvados (Saint-Lô).
Par *Quinte-Curce* et une fille de Dragon, P. S. A.

S. r. jusqu'en 1891.
1892 m. b. *Osiris*, par Dollar.

3839. **COQUETTE**, 1/2 s. N. — M. J. Lahaye.
B. 1881. — Normandie (Saint-Lô).
Par *Santerre* et une fille de Succès.

S. r. jusqu'en 1891.
1892 f. b. *Berjot*, par Jaconas.

3840. **COQUETTE**, 1/2 s. N. — Mme Ve Villiers.
Bb. 1881. — Normandie (Saint-Lô).
Par *Léotard* et une fille de Torticolis, P. S. A.

S. r. jusqu'en 1891.
1892 m. n. *Obregon*, par Dollar.

3841. **COQUETTE**, 1/2 s. N. — M. Blier.
Al. 1882. — Manche (Saint-Lô).
Par *Shamrock*, 1/2 s. A., et une fille de Succès.
Sa grand'mère : par Urus.

S. r. jusqu'en 1891.
1892 m. b. *Oasis*, par Dacapo.

3842. **COQUETTE**, 1/2 s. N. — M. J.-L. Chitel.
Al. 1882. — Manche (Saint-Lô).
Par *Ulysse III* et une fille d'Egésippe.
Sa grand'mère : par Ignoré.

S. r. jusqu'en 1889.
1890 m. b. *Mon-d'Or*, par Hysope.
1891 vide.

3843. **COQUETTE**, 1/2 s. N. — M. J. Eude.
B. 1882. — Normandie (Saint-Lô).
Par *Scapin* et une fille de Lionceau.
Sa grand'mère : par Kapirat.

S. r. jusqu'en 1891.
1892 f. al. *Eugénie*, par Gasparin.

3844. **COQUETTE**, 1/2 s. N. — M. J. Hardel.
Al. 1883. — Manche (Saint-Lô).
Par *Ministère*, P. S. A., et une fille de Garde-à-Vous.
Sa grand'mère : par Plutus, P. S. A.
Sa bisaïeule : par Honorius.

```
1887 m. al.          , par Exeat.
1888 m. al.          , par Mine-d'Or.
1889 vide.
1890 m. b.           , par Colporteur.
1891 m. b.           , par Franconi.
1892 vide.
```

3845. **COQUETTE**, 1/2 s. N. — M. F. Lottin.
Al. 1883. — Manche (Saint-Lô).
Par *Macouba* et *Marinette*, par Ourson.
Sa grand'mère : par Quasi.

```
1887 f. al. Lisette, par Shamrock, 1/2 s. A.
1888 f. al. Bichette, par Franconi.
1889 m. b. Mirendo, par Franconi.
1890 vide.
1891 f. b. Menante, par Dacapo.
1892 f. al. Plaisante, par Dacapo.
```

3846. **COQUETTE**, 1/2 s. N. — M. F. Faucon.
Al. 1884. — Manche (Saint-Lô).
Par *Teinturier* et une fille d'Harmonieux.
Sa grand'mère : par Bravo, P. S. A.

```
1887 et 1888 s. r.
1889 m. b. b.        , par Rapide.
1890 vide.
1891 m. b.           par Frontignan.
```

3847. **COQUETTE**, 1/2 s. N. — M. J. Martinée.
B. 1884. — Normandie (Saint-Lô).
Par *Orfila* et une fille de Caraffa.
Sa grand'mère : par Ratapoil.

```
S. r. jusqu'en 1891.
1892 m. b. Ombrageux, par Josué.
```

3848. **COQUETTE**, 1/2 s. N. — M. Dehacquebey
B. 1884. — Manche (Saint-Lô).
Par *Garde-à-Vous* et une fille de Quinola.
Sa grand'mère : par Ombrage.
Sa bisaïeule : par Ratapoil.

```
1887 m. b.           , par Fanfan.
1888 f. b.           , par Pétrarque.
```

1889 f. b.   , par Pétrarque.
1890 f. b.   , par Pétrarque.
1891 m. b.   , par Inaudi-Jacques.

3849.   **COQUETTE**, 1/2 s. N. — M. Balmont.
        B. 1884. — Calvados (Saint-Lô).
        Par *Léotard* et une fille de Riga.

        Sa grand'mère : par Don-Quichotte.

1888-1889 s. r.
1890 f. b. *Brillante*, par Hexamètre.
1891 f. b. *Coquette*, par Hexamètre.
1892 f. b. *Océanie*, par Graft.

3226.   **COQUETTE**, 1/2 s. N. — M. Brohier.
        B. 1884. — Normandie (Saint-Lô).
        Par *Spectre* et une fille d'El-Ghor, P. S. Ar.

    Sa grand'mère : par Agenda.
    Sa bisaïeule : par Victorieux.

1887 m. b.   , par Carnavalet.
1888 m. n. *Carnaval*, par Carnavalet (Amérique).
1889 s. r.
1890 m. al.   , par Quality.
1891 f. b.   , par Follet.

3850.   **COQUETTE**, 1/2 s. N. — M. P. Fillâtre.
        Al. 1884. — Normandie (Saint-Lô).
        Par *Aventin* et une fille de Faucon.

        Sa grand'mère : par Garibaldi.

S. r. jusqu'en 1891.
1892 m. b. *Oisif*, par Dacapo.

3851.   **COQUETTE**, 1/2 s. N. — M. A. Jehanne.
        Bb. 1885. — Normandie (Saint-Lô).
        Par *Washington*, 1/2 s. All., et une fille d'Otage.

        Sa grand'mère : par Hélios.

S. r. jusqu'en 1891.
1892 m. b. *Ouloug*, par Gasparin.

3852.   **COQUETTE**, 1/2 s. N. — M. L. Datin.
B. 1885. — Normandie (Saint-Lô).
Par *Ulm* et une fille de Shamrock, 1/2 s. A.
Sa grand'mère : par Géant-des-Batailles, P. S. A.

1889-1890-1891 s. r.
1892 m. b. *Fleurissant*, par Dacapo.

3853.   **COQUETTE**, 1/2 s. N. — M. P. Aubin.
B. 1885. — Normandie (Saint-Lô).
Par *Romano* et une fille de Quickly.
Sa grand'mère : par Cancale.

S. r. jusqu'en 1891.
1892 m. b. b. *Othello*, par Grand-Maître.

3854.   **COQUETTE**, 1/2 s. N. — M. Jannet.
B. 1885. — Calvados (Saint-Lô).
Par *Calambac* et une fille de Dragon, P. S. A.
·Sa grand'mère : par Impérial.

S. r. jusqu'en 1891.
1892 m. al. *Oranger*, par Ermite.

3855.   **COQUETTE**, 1/2 s. N. — M. E. Lecoq.
B. 1885. — Manche (Saint-Lô).
Par *Cauchemar* et *Coquette*, par Quickly.
Sa grand'mère : par Sabre, P. S. A.
Sa bisaïeule : par Bravo, P. S. A.

1889 m. b.   , par Utrecht.
1890 f. b.   , par Utrecht.
1891 produit mort.

3856.   **COQUETTE**, 1/2 s. N. — M. A. Lebreton.
B. 1885. — Manche (Saint-Lô).
Par *Qui-Vive* et une fille de Récif.
Sa grand'mère : par Macouba.
Sa bisaïeule : par Hélios.
Sa trisaïeule : par Succès.

1889 { f. al. *Trajanne*, par Trajan.
1890 { f. al. *Vigilante*, par Trajan.
1891 m. b. *Madère*, par Trajan.
1892 f. al. *Trajane*, par Trajan.
1892 f. b. *Raquette*, par Jean-Huss.

3857.   **COQUETTE**, 1/2 s. N. — M. Letreguilly.
B. 1885. — Manche (Saint-Lô).
Par *Delille* et une fille de Solférino (approuvé).
Sa grand'mère : par Vernix (approuvé).

1889 s. r.
1890 f. al. *Élégante*, par Teinturier.
1891 vide.

3858.   **COQUETTE**, 1/2 s. N. — M. Ambroise Deguette.
Al. 1885. — Manche (Saint-Lô).
Par *Shamrock*, 1/2 s. A., et une fille de Nethou, P. S. A.
Sa grand'mère : par Elu.
Sa bisaïeule : par Hunter.

S. r. jusqu'en 1891.
1892 m. al.   , par Hallali.

3859.   **COQUETTE**, 1/2 s. N. — M. Roy.
Al. 1885. — Normandie (Le Pin).
Par *Opium* et *Coquette*, par Million.
Sa grand'mère : par Regnier.
Sa bisaïeule : par Cormoran.
Sa trisaïeule : par Quia.

1889 s. r.
1890 f. al. *Régine*, par Cambacérès.
1891 produit mort.

3320.   **COQUETTE**, 1/2 s. N. — M. Verdelet-Lamare.
Al. 1886. — Normandie (Saint-Lô).
Par *Amour* et une fille de Kent.
Sa grand'mère : par Tremplin.
Sa bisaïeule : par Trouville.
Sa trisaïeule : par The Norfolk-Star, 1/2 s. A.

1890 m. b. *Machiavel*, par Calas (Amérique).

3860.   **COQUETTE**, 1/2 s. N. — M. E. Marie.
Al. 1886. — Manche (Saint-Lô).
Par *Saint-Cloud* et une fille de Quatre-Cents.
Sa grand'mère : par Hippocrate.

1890 et 1891 s. r.
1892 f. b. *Olva*, par Écarté.

3861.   **COQUETTE**, 1/2 s. N. — M. Aumont.
Al. 1886. — Manche (Saint-Lô).
Par *Delille* et *Bichette*, par Octavo.
Sa grand'mère : par Quinola.

1890 f. al, *Stella*, par Gil-Blas.
1891 vide.

3862.   **COQUETTE**, 1/2 s. N. — M. Lebas.
B. 1886. — Manche (Saint-Lô).
Par *Néthou*, P. S. A., et une fille d'Otage,
Sa grand'mère : par Lahore,

1890-1891 vide.

3863.   **COQUETTE**, 1/2 s. N. — M. Lebreton
Al. 1886. — Normandie (Saint-Lô).
Par *Shamrock*, 1/2 s. A., et une fille de Lodi,
Sa grand'mère : par Urus.

1890-1891 s. r.
1892 f. b. *Ode*, par Santerre.

3864.   **COQUETTE**, 1/2 s. N. — M. Fortin.
B. 1887. — Seine-Inférieure (Le Pin)
Par *Calchas* et *Ardente*, par Voyageur.
Sa grand'mère : *Julie*, par Ornement.

1891 f. b. b. *Ardente*, par Carnaval.
1892 m. b. *Bijou*, par Urson.

3865.   **COQUETTE**, 1/2 s. N. — M. P. André.
B. 1887. — Manche (Saint-Lô).
Par *Patrice* et une fille d'Idoménée.
Sa grand'mère : par Lahore.

1889 s. r.
1892 f. b.   , par Josué.

3866.   **COQUETTE**, 1/2 s. N. — M. B. Pagny.
B. 1887. — Manche (Saint-Lô).
Par *Banyuls* et une fille de Jarnac.
Sa grand'mère : par Ugolin.
Sa bisaïeule : par Essence.

1891 f. n. *Néva*, par Gasparin.
1892 m. b. *Oui-Cousin*, par Gasparin.

3867. **COQUETTE**, 1/2 s. N. — M. Guillaumet.
B. 1887. — Orne (Le Pin).
Par *Quiclet* et *Vénitienne*, par Uriel.
Sa grand'mère : par Vicomte ou Clear-The-Way, 1/2 s. A.
Sa bisaïeule : par Buci.

1891 m. b.   , par Valdempierre.
1892 m. b. *Œdipe*, par Valdempierre.

3868. **COQUETTE**, 1/2 s. N. — M. Pichon.
B. 1887. — Normandie (Saint-Lô).
Par *Santerre* et une fille de Lodi.
Sa grand'mère : par Quasi.

1891 s. r.
1892 m. b. *Oleron*, par Excat.

3869. **COQUETTE**, 1/2 s. N. — M. V. Lebreton.
B. 1888. — Normandie (Saint-Lô).
Par *Shamrock*, 1/2 s. A., et une fille de Santerre.
Sa grand'mère : par Lodi.

1892 m. b. *Oisif*, par Jubé.

3870. **COQUETTE**, 1/2 s. N. — M. C. Fleury.
Al. 1888. — Normandie (Saint-Lô).
Par *Trajan* et une fille de Macouba.
Sa grand'mère : par Shamrock, 1/2 s. A.

1892 f. b. b. *Lida*, par Jasmin IV.

3871. **COQUETTE**, 1/2 s. N. — M. Desprès.
Bb. 1888. — Normandie (Saint-Lô).
Par *Phare* et une fille de Léotard.
Sa grand'mère : par Tremplin.

1892 f. b. *Reblot*, par Graft.

3872. **COQUETTE**, 1/2 s. N. — M. Barbot.
N. 1888. — Normandie (Saint-Lô).
Par *Union-Jack* et une fille de Bisson.
Sa grand'mère : par Cotret.

1892 f. b. b. *Sornette*, par Archibald.

3873. **COQUETTE**, 1/2 s. N. — M. V. Lainé.
B. 1888. — Normandie (Saint-Lô).
Par *Denain* et une fille de Josaphat.
Sa grand'mère : par Dragon, P. S. A.

1892 m. b. b. *Ouragan*, par Galant I.

3874. **COQUETTE**, 1/2 s. N. — M. Alexandre.
B. 1888. — Normandie (Saint-Lô).
Par *Filateur* et une fille de Théophile.
Sa grand'mère : par Sabre, P. S. A.

1892 m. b. *Odomètre*, par Juré.

3875. **COQUETTE**, 1/2 s. N. — M. Ch. Lerouge.
Al. 1888. — Normandie (Saint-Lô).
Par *Farnborough* et une fille de Sacrobosco.
Sa grand'mère : par Dragon, P. S. A.

1892 f. al. *Oise*, par Electro.

3876. **COQUETTE**, 1/2 s. N. — M. L. Huault.
Al. 1888. — Manche (Saint-Lô).
Par *Avignon* et une fille de Macouba.
Sa grand'mère : par Roustan.

1892 f. b. *Océanie*, par Jean-Huss.

3877. **COQUETTE**, 1/2 s. N. — M. A. Rands.
Al. 1888. — Calvados (Saint-Lô).
Par *Cavalieri* et une fille de Seymour.
Sa grand'mère : par Dartos.

1892 m. b. *Orémus*, par Judas.

3878. **COQUETTE**, 1/2 s. N. — M. Ch. Leduc.
B. 1889. — Manche (Saint-Lô).
Par *Virgile* et *Cocotte*, par Attrayant.
Sa grand'mère : par Bravo, P. S. A.

3879. **COQUETTE**, 1/2 s. N. — M. Galuski.
B. 1889. — Manche (Saint-Lô).
Par *Carrier* et *Poulette*, par Bégonia.
Sa grand'mère : *Bijou*, par Schah.
Sa bisaïeule : par Aster, P. S. A.
Sa trisaïeule : par Daniel, fils de Daniel.

3880. **COQUETTE**, 1/2 s. N. — M. L. Samson.
B. 1891. — Manche (Saint-Lô).
Par *Illinois* et *Parfaite*, par Sérieux.
Sa grand'mère : *Hirondelle*, par Lavater.

3881. **COQUETTE**, 1/2 s. N. — M. A. Langlois.
Bb. 1891. — Manche (Saint-Lô).
Par *Céladon* et une fille de Paladin, P. S. A.
Sa grand'mère : par Beaumanoir.

3882. **CORA**, 1/2 s. N. — Mme Ve Godichon-Forcinal.
B. 1870. — Normandie (Le Pin).
Par *Inkermann* et une fille de Montaigne.
Sa grand'mère : par Merlerault, P. S. A.
Sa bisaïeule : par Eylau, P. S. A. A.

1874 f. b.   , par Trouville.
1875 s. r.
1876 m. b.   , par Elu.
1877 s. r.
1878 m. b.   , par Quiclet.
1879 f. b. *Coranthine*, par Quiclet.
1880-1881-1882-1883 s. r.
1884 f. b.   , par Carnaval.
1885-1886-1887 s. r.
1888 m. b.   , par Gabier, P. S. A.
1889 m. b.   , par Boissy, P. S. A.
1890 m. b.   , par Boissy, P. S. A.
1891 a avorté.

3883. **CORA**, 1/2 s. N. — M. d'Herbecourt.
B. 1873. — Manche (Le Pin).
Par *Quasi* et *Cocotte*, par Pimlico, 1/2 s. A.

S. r. jusqu'en 1883.
1884 m. b. *Gaspard*, par Arlequin.
1885 s. r.
1886 f. b. *Hélène*, par Vidi.
1887 f. b. *Joyeuse*, par Express.

3884. **CORANTHINE**, 1/2 s. N.
Mme Ve Godichon-Forcinal.
B. 1879. — Orne (Le Pin).
Par *Quiclet* et *Cora*, par Inkermann.

Sa grand'mère : par Montaigne.
Sa bisaïeule : par Merlerault, P. S. A.
Sa trisaïeule : par Eylau, P. S. A. A.

1883 m. b. *Gastadour*, par Phaéton.
1884-1885-1886 s. r.
1887 f. b.   , par Edimbourg.
1888 m. b.   , par Usquebac.
1889 f. b. *Belle-de-Jour*, par Edimbourg.
1890 f. b.   , par Edimbourg.
1891 a avorté.
1892 m. b.   , par Edimbourg.

3885. **CORBEILLE**, 1/2 s. N. — M. le Cte Danger.
B. 1871. — Eure (Le Pin).
Par *Matchless*, 1/2 s. A., et une fille de The Norfolk-Phœnomenon,
1/2 s . A.

Sa grand'mère : par l'Invincible, P. S. A.

1875 f. b. *Tomate*, par Organique.
1876 f. ro. *Ultima*, par Clear-The-Way, 1/2 s. A.
1877-1878-1879-1880-1881 s. r.
1882 f. b. *Eure*, par Gall.
1883 à 1891 vide.

3886. **CORINE**, 1/2 s. N. — M. A. Joret.
B. 1875. — Manche (Saint-Lô).
Par *Roustan* (approuvé), et une fille de Gallois (approuvé).

1879 m. al. *Raistan*, par Président.
1880 s. r.
1881 m. al. *Plaisant*, par Président.
1882 s. r.
1883 m. b. *Vermouth*, par Tudieu.
1884 m. b. *Rapide*, par Tudieu.
1885 s. r.
1886 m. b. *Intrépide*, par Verni.
1887 m. b. *L'Ami*, par Tudieu.
1888 s. r.
1889 m. al. *Bijou*, par Shamrock, 1/2 s. A.
1890 m. al. *Bas-Blanc*, par Serviteur.
1891 f. b. *Chérie*, par Impétueux.

3887. **CORINE**, 1/2 s. N. — M. Lemasle.
B. 1880. — Manche (Saint-Lô).
Par *Macouba* et une fille de Nemrod.

S. r. jusqu'en 1891.
1892 f. b. *Menante*, par Excat.

3888. **CORINNE**, 1/2 s. N. — M. Leloutre.
B. 1886. — Normandie (Saint-Lô).
Par *Ministère*, P. S. A., et une fille de Newton.
Sa grand'mère : par Ballinkeele, P. S. A.

1890-1891 s. r.
1892 m. n. *Orvieto*, par Frondeur.

3889. **CORISANDE**, 1/2 s. N. — M. E. Hubert.
Al. 1874. — Orne (Le Pin).
Par *Élu* et *Conquérante*, par Séducteur.

1878 f. b. *Sultane*, par Quiclet ou Hidalgo.
1879 vide.
1880 f. b. *Eclipse*, par Quiclet.
1881 a avorté.
1882 f. al. *Cigarette*, par Drummond, P. S. A.
1883 f. al. *Germaine*, par Phaéton.
1884 m. b.   , par Calchas.
1885 f. al.   , par Usquebac. Morte.
1886 f. al. *Bon-Espoir*, par Gabier, P. S. A.
1887 f. al. *Espérance*, par Gabier, P. S. A.
1888 m. al.   , par Gabier, P. S. A.
1889 m. n.   , par Edimbourg.
1890-1891 s. r.
1892 f. b. b. *Orfa*, par Cicéron II.

3890. **CORNEILLE**, 1/2 s. N. — M. le Cte Danger.
N..1858. — Eure (Le Pin).
Par *The Norfolk-Phœnomenon*, 1/2 s. A., et une fille de l'Invincible
P. S. A.

S. r. jusqu'en 1869.
1870 m. n. *Orthez*, par Matchless, 1/2 s. A.
1871 f. b. *Corbeille*, par Matchless, 1/2 s. A.
1872 f. b. b. *Cravache*, par Carrouges, P. S. A.
1873 s. r.
1874 m. b. *S'Il-vous-Plaît*, par Narval.
1875 m. n. *Tender*, par Organique.
1876-1877 s. r.
1878 Morte.

3891.   **CORNÉLIE**, 1/2 s. N. — M. G. Buisson.
B. 1877. — Normandie (Le Pin).
Par *Niger* et *Drôlesse*, par Pledge.

Sa grand'mère : par Dupleix.
Sa bisaïeule : par Pilote.
Sa trisaïeule : par Bacha, P. S. Ar.

1880 m. b. *Cambronne*, par Oriental.
1881 à 1888 s. r.
1889 m. b.   , par Élan.
1890 f. b. *Gabrielle*, par Phaéton.
1891 vide.

3892. **CORNETTE**, 1/2 s. N. — M. Mariette-Boisville.
B. 1884. — Normandie (Saint-Lô).
Par *Utrecht* et une fille de Romano.
Sa grand'mère : par Malakoff.

S. r. jusqu'en 1891.
1892 f. b. *Odette*, par Colporteur.

3893.   **CORSAIRE**, 1/2 s. N. — Mme Ve Gaté.
B. 1881. — Normandie (Saint-Lô).
Par *Trajan* et une fille de Julien.

S. r. jusqu'en 1891.
1892 f. b. *Odette*, par Jasmin IV.

3894.   **CORVETTE**, 1/2 s. N. — M. Lebourg.
Bb. 1880. — Calvados (Le Pin).
Par *Tigris* et *Alice*, P. S. A., par Atlas.

S. r. jusqu'en 1888.
1889 f. b. *La Guigne*, par Hardy.
1890 s. r.
1891 f. b. *Nice*, par Valencourt.

3895.   **CORVETTE**, 1/2 s. N. — M. H. Rocques.
N. 1887. — Calvados (Le Pin).
Par *Baptiste-Lemore* et *Favorite*, par Tigris.

Sa grand'mère : par Radeau.
Sa bisaïeule : par Irlandais.

1891 f. b.   , par Saint-Rigomer.
1892 f. al. *Dulcinée*, par Joyfull.

**3896.	CORVETTE II**, 1/2 s. N. — M. J. Ricard.
B. 1880. — Calvados (Le Pin).
Par *Normand* et *Juliette*, par Ignace.

Sa grand'mère : par Umber.
Sa bisaïeule : par Kléber.
Sa trisaïeule : par Highlander, 1/2 s. A.
Sa quadrisaïeule : par Eastham, P. S. A.

S. r. jusqu'en 1887.
1888 m. b. *Kina*, par Eclaireur.
1889 vide.
1890-1891 a avorté.

**3897.	CORVETTE III**, 1/2 s. N. — M. Elie Furon.
Bb. 1880. — Manche (Saint-Lô).
Par *Lavater* et une fille de Hussein.

S. r. jusqu'en 1888.
1889 m. b. b. *Languemare*, par Grand-Maître.
1890 m. b. b. *Minuit*, par Grand-Maître.
1891 f. b. *Néva*, par Eperlan.

**3898.	COURTISANE**, 1/2 s. N. — M. P. Mandeloude.
B. 1876. — Normandie (Le Pin).
Par *Patrick* et une fille de Vice-Roi.

1879 m. b.   , par Camembert.
1880 s. r.
1881 produit mort.
1882 f. b. b.   , par Utilis.
1883 s. r.
1884 m. b.   , par Utilis.
1885 s. r.
1886 f. b. b. *Destinée*, par Bonnaire.
1887 s. r.
1888 m. al.   , par Bonnaire.
1889 m. b.   , par Gallien.
1890 m. b.   , par Gallien. Mort.

**3899.	COURTISANE**, 1/2 s. N. — M. Lesueur.
B. 1880. — Calvados (Le Pin).
Par *Tigris* et une fille d'Estafette.
Sa grand'mère : par Libérator.

S. r. jusqu'en 1890.
1891 m. b.   , par Fumet.
1892 m. b.   , par Fumet.

3900. **COURTISANE**, 1/2 s. N. — M. J. Lemonnier.
B. 1886. — Calvados (Le Pin).
Par *Rivoli* et *Alfane*, par The Heir-of-Linne, P. S. A.
Sa grand'mère : par Lagopède.

1890 s. r.
1891 m. b. *Hamlet*, par Valencourt.
1892 f. b. *Indiana*, par Valencourt.

3901. **CRAVACHE**, 1/2 s. N. — M. le Cte Dauger.
Bb. 1872. — Eure (Le Pin).
Par *Carrouges*, P. S. A., et *Corneille*, par The Norfolk-Phœnomenon,
1/2 s. A.

Sa grand'mère : par L'Invincible, P. S. A.

1876 f. al. *Uniforme*, par Séducteur ou Buci.
1877 à 1883 s. r.
1884 f. al. *Grenade*, par Talma.
1885 à 1889 s. r.
1890 m. b. b. *Menneral*, par Renaissant.

3411. **CUPIDONNE**, 1/2 s. N. — M. Lindet.
Ro. 1880. — Orne (Le Pin).
Par *Rutabaga* et *Rigolette*, par Marignan.

Sa grand'mère : par Kramer.

S. r. jusqu'en 1887.
1888 f. n. *Kermès*, par Coq-du-Village, P. S. A.
1889-1890 vide.
1891 m. b.   , par Coq-du-Village, P. S. A.

3441. **CYGONNE**, 1/2 s. N. — M. L. Doucet.
B. 1880. — Normandie (Saint-Lô).
Par *Nadar* et une fille d'Oiseau.

Sa grand'mère : par Gouverneur.

S. r. jusqu'en 1891.
1892 m. b. *Oost*, par Ham, P. S. A.

3453. **CYTHÈRE**, 1/2 s. N. — M. O. de la Bretonnière.
Bb. 1888. — Manche (Saint-Lô).
Par *Colporteur* et une fille d'Ignoré.
Sa grand'mère : par Perfection.

3912. DAME-BLANCHE. 1/2 s. N. — M. L. Fontaine.
B. 1881. — Normandie (Le Pin).
Par *Normand* et *Églantine*, par Interprète.
Sa grand'mère : par Wanderer, 1/2 s. A.
Sa bisaïeule : par Lucain.

1885 s. r.
1886 f. b. b. *Impétueuse II*, par Niger.
1887 s. r.
1888 m. b. b. *Koubo*, par Tigris.
1889 f. b. *La Patti*, par Acquila.
1890 m. b. b.   , par Tigris.
1891 f. b. b. *Nubienne*, par Tigris.
1892 m. b. b. *Orléans*, par Tigris.

3913.   DAME-DE-CARREAU, 1/2 s. N.
M. A. Le Granché.
B. 1886. — Manche (Saint-Lô).
Par *Dixi* et une fille de Virgile.
Sa grand'mère : par Lucullus.
Sa bisaïeule : par Kabin.
Sa trisaïeule : par Vandermulin, P. S. A.
Sa quadrisaïeule : par Sir-Henry-Dimsdale, 1/2 s. A.

1890 m. n. *Martial*, par Domino-Noir.
1891 m. b.   , par Esbly.

3914. DAME-DE-PIQUE, 1/2 s. N. — M. A. Leguillon.
B. 1882. — Normandie (Le Pin).
Par *Qui-Vive* et *Pomme-d'Api*, par Conquérant ou Illico.
Sa grand'mère : *Cendrillon*, par Conquérant.
Sa bisaïeule : Jument américaine.

1886 m. b. *Ivan*, par Tigris.
1887 et 1888 s. r.
1889 m. b.   , par Galba.
1890 f. b. *Méluzine*, par Galba.
1891 f. b. *Nantaize*, par Galba.

3915. DAME-DE-PIQUE, 1/2 s. N. — M. A. Le Granché.
Bb. 1886. — Manche (Saint-Lô).
Par *Bosphore* et une fille de Quarteron
Sa grand'mère : par Séduisant.

1890 f. n. *Négresse*, par Fred-Archer ou Domino-Noir.
1891 m. b.   , par Esbly.

3916. DAME-DE-TRÈFLE, 1/2 s. N. — M. Le Granché ainé.
B. 1886. — Orne (Saint-Lô).
Par *Beaujeu* et une fille de Lavater.
Sa grand'mère : par Quaker.
Sa bisaïeule : par Succès.
Sa trisaïeule : par Corsair, 1/2 s. A.
Sa quadrisaïeule : par Marcellus, P. S. A.

1890 vide.
1891 m. b. b. *Négrier*, par Espoir.

3917. DAME-D'HONNEUR, 1/2 s. N. — M. C. Forcinal.
Al. 1881. — Orne (Le Pin).
Par *Vichnou*, P. S. A., et *Mademoiselle-de-Neuville*, par Élu.
Sa grand'mère : par Gaulois ou Inkermann.
Sa bisaïeule : par Noteur.
Sa trisaïeule : par Hercule, P. S. A.

1885 s. r.
1886 f. al. *Isabelle II*, par Barrabas.
1887 m. al. *James-Wath*, par Phaéton.
1888 vide.
1889 f. al.   , par Barrabas.
1890 vide.
1891 produit mort.

3918. DARDARE, 1/2 s. N. — Ctesse P. Le Marois.
B. 1881. — Normandie (Saint-Lô).
Par *Bataillon* et une fille d'Invariable.
S. r. jusqu'en 1891.
1892 f. b. *Orientale*, par Echec.

3919. DAUPHINE, 1/2 s. N. — M. J. Lemoine.
B. 1881. — Sarthe (Le Pin).
Par *Vichnou*, P. S. A., et *Centaurine*, par Élu.
Sa grand'mère : par Centaure.
Sa bisaïeule : par Tipple-Cider, P. S. A.
Sa trisaïeule : par Eylau, P. S. A. A.

1885 s. r.
1886 f. al. *Ida*, par Beangé.
1887 s. r.
1888 m. al. *Lingot-d'Or*, par Phaéton.
1889 f. b. *Lutine*, par Fier-à-Bras.
1890 s. r.
1891 m. al. *Nancy*, par Fuschia.
1892 f. al. *Ophélie*, par Fuschia.

3920.   **DÉBORAH**, 1/2 s. N. — Duc de Narbonne.
B. 1878. — Orne (Le Pin).

Par *Conquérant* et *Zélie*, par Centaure.

Sa grand'mère : *Julia*, par Virgile.
Sa bisaïeule : *Fleurette*, par Lully, P. S. A.
Sa trisaïeule : *La Cochère*, par Impérieux.
Sa quadrisaïeule : *Zaïre*, par Napoléon, P. S. A. A.

1882 f. b. *Hermione*, par Phaéton.
1883 a avorté.
1884 f. b. *Jacinthe*, par Dictateur.
1885 m. b. *Kangiar*, par Dictateur.
1886 f. b. *Livie*, par Dictateur.
1887 m. b. *Mic-Mac*, par Valencourt.
1888-1889-1890 s. r.
1891 f. n. *Quêteuse*, par Cicéron II.

3921.   **DÉCEPTION**, 1/2 s. N. — M. Leguillon.
B. 1878. — Normandie (Le Pin).

Par *Normand* et *Bécassine*, par Conquérant.

Sa grand'mère : par Sultan.

1882-1883 s. r.
1884 f. b. *Golconde*, par Hippomène, 1/2 s. Big.
1885 et 1886 s. r.
1887 f. n. *Jaseuse*, par Coq-à-l'Ane.
1888 s. r.
1889 f. b. *La Mère-Angot*, par Galba.
1890 f. b. *Matraque*, par Coq-à-l'Ane.
1891 f. b. *Nouvelle-Lune*, par Valencourt.
1892 m. b. *Osmont*, par Juvigny.

3922.   **DÉESSE**, 1/2 s. N. — M. le Cte Danger.
B. 1881. — Orne (Le Pin).

Par *Hannon* ou *Gall* et *Volte-Face*, par Ignace.

Sa grand'mère : *Bonne-Aventure*, par Plutus, P. S. A.
Sa bisaïeule : par Bayard.

1885 m. al. *Haricot*, par Talma.
1886 s. r.
1887 à la Remonte.

3923.   **DÉESSE**, 1/2 s. N. — M. J. Lemonnier.
Al. 1887. — Calvados (Le Pin).

Par *Valencourt* et *Ève*, par Hippomène, 1/2 s. Big.

Sa grand'mère : *Orange*, par Conquérant.
Sa bisaïeule : par The Nemrod, 1/2 s. A.

1891 produit mort.
1892 f. b. *Idylle* par Qui-Vive.

3924. **DÉFENSE**, 1/2 s. N. — M. Michel Auvray.
B. 1887. — Manche (Saint-Lô).
Par *Défendu* et une fille d'Ugolin.
Sa grand'mère : par Auguste, P. S. A.
Sa bisaïeule : par Ravissant.

1891 m. b. *Nemours*, par Ray-Grass.
1892 f. b. *Ovation*, par Ray-Grass.

3925. **DÉLURÉE**, 1/2 s. N. — Mis de Triquerville.
Ro. 1876. — Seine-Inférieure (Le Pin).
Par *Quick-Sylver*, 1/2 s. A., et *Victorieuse*, par Bayard.
Sa grand'mère : Jument anglaise.

S. r. jusqu'en 1887.
1888 m. ro. *Kisber*, par Apis.
1889 f. n. *Léona*, par Verdun.
1890 vide.
1891 f. b. *Nathalie*, par Aramis (approuvé).
1892 f. b. *Opérette*, par Aramis (approuvé).

3926. **DÉMISSION**, 1/2 s. N. — M. J. Leblond.
B. 1887. — Manche (Saint-Lô).
Par *Espadem* et *Liane*, ex-*Fée-aux-Miettes*, P. S. A.,
par Le Mandarin.

1891 vide.
1892 f. b. *Odessa*, par Jolibois.

3927. **DÉSIRÉE**, 1/2 s. N. — M. V. Lebreton.
B. 1878. — Manche (Saint-Lô).
Par *Peuplier* et une fille de Julien.
Sa grand'mère : par Quasi.

1882 s. r.
1883 f. al. *Corine*, par Avignon.
1884 f. b. *Coquette*, par Avignon.
1885 vide.
1886 f. al. *Elégante*, par Qui-Vive.
1887 f. b. *Corine*, par Avignon.
1888 f. al. *Belle-Etoile*, par Avignon.
1889 f. al. *Bas-Blanc*, par Avignon.
1890 f. al. *Glorieuse*, par Avignon.
1891 f. al. *Norma*, par Trajan.
1892 f. al. *Orfélinie*, par Avignon.

3928.   **DÉSIRÉE,** 1/2 s. N. — M. Rowcliffe.
B. 1881. — Calvados (Le Pin).
Par *Noville* et une fille de Normand.

Sa grand'mère : par Umber.

S. r. jusqu'en 1889.
1890 m. b. *Matho*, par Cabanis.
1891 vide.
1892 m. b. *Oursin*, par Julien ou Galant II.

3929.   **DEUIL,** 1/2 s. N. — M. A. du Rozier.
N. 1881. — Calvados (Saint-Lô).
Par *Normand* et *Harriet*, P. S. A., par Charlatan.

1885 s. r.
1886 m. b. b. *Ibis*, par Lavater.
1887 f. n. *Jouvence*, par Lavater.
1888 f. n. *Kalmie*, par Lavater.
1889 m. b. b. *Loriot*, par Tigris.
1890 m. b. *Mange-Tout*, par Fuschia.
1891 f. b. *Nitouche*, par Fuschia.
1892 vide.

3293.   **DIANE,** 1/2 s. N. — M. L. Croisé.
B. 1884. — Orne (Le Pin).
Par *Usquebac* et *Abrantine*, par Abrantès.

Sa grand'mère : par Utrecht.
Sa bisaïeule : par Trouville, P. S. A.

1888 m. al. *Kaolin*, par Étudiant.
1889 m. b. b. *Lincoln*, par Étudiant.
1890 m. b. *Martial*, par Édimbourg.
1891 f. n.   , par Édimbourg.
1892 f. b. *Ondulée*, par Édimbourg.

3931.   **DIAVOLINE,** 1/2 s. N. — M. Auvray.
B. 1888. — Normandie (Saint-Lô).
Par *Diavolo* et une fille d'Orphée.

Sa grand'mère : par Lagopède.

1892 m. al. *Origeneste*, par Jouteur.

3932. **DIJONNAISE**. 1/2 s. N. — M. Galan.
Al. 1880. — Normandie (Le Pin).
Par *Niger* et *La Grisière*, par Séducteur.

Sa grand'mère : *Héroïne*, P. S. A.

S. r. jusqu'en 1888.
1889 vide.
1890 f. al.   , par Gérardmer.

3933. **DIRECTRICE**. 1/2 s. N. — M. J. Lemonnier.
B. 1887. — Calvados (Le Pin).
Par *Valencourt* et *Chimère*, par Noville.

Sa grand'mère : *Parfumeuse*, par Conquérant.
Sa bisaïeule : par The Nemrod, 1/2 s. A.

1891 s. r.
1892 f. b. *Indice*, par Aramis.

3934. **DIVA**, 1/2 s. N. — M. A. Millot.
B. 1876. — Calvados (Le Pin).
Par *Normand* et *Miss-Mowbray*, P. S. A.

1880 s. r.
1881 f. b. *Ida*, par Noville.
1882 produit mort.
1883 m. b. *Farfadet*, par Uriel.
1884 m. b. b.   , par Tigris.
1885 m. b. b. *Homard*, par Tigris.
1886 f. b. b. *Nina*, par Tigris.
1887 m. b. b. *Jovial*, par Tigris.
1888 m. b. *Kali*, par Bonnaire. Mort.
1889 m. b. b. *Lanturlu*, par Gallien.
1890 m. b. *Matadore*, par Gallien.
1891 f. b. *Sirène*, par Tigris.
1892 f. b. b. *Thétis*, par Tigris.

3935. **DIVA**, 1/2 s. N. — M. Beaudouin.
B. 1881. — Eure (Le Pin).
Par *Gall* et *Renommée*, par Carrouges, P. S. A.

Sa grand'mère : *Fanny*, par The Norfolk-Phœnomenon, 1/2 s. A.
Sa bisaïeule : par Turk, 1/2 s. A.

1885 f. b. *Hugoline*, par Vésuve.

3936.   **DIVETTE**, 1/2 s. N. — M. C. Hervieu.
B. 1878. — Calvados (Le Pin).
Par *Normand* et *Peschiera*, par Extase.
Sa grand'mère : par Conquérant.
Sa bisaïeule : par Usager.
Sa trisaïeule : par Dorus.

1882 s. r.
1883 f. b. *Frisette*, par Suffolk, P. S. A.
1884 m. b. *Grosville*, par Hippomène, 1/2 s. Big.
1885 m. b. *Halbran*, par Hippomène, 1/2 s. Big.
1886 f. b. *Incartade*, par Phaéton.
1887 f. b. *Jaseuse*, par Phaéton.
1888 vide.
1889 f. b. *Libertine*, par Camembert.
1890 m. b. *Meyerbeer*, par Phaéton.
1891 vide.
1892 f. b. *Olivette*, par Phaéton.

3937.   **DIVORCÉE**, 1/2 s. N. — M. Quéret.
Al. 1881. — Orne (Le Pin).
Par *Niger* et *Mazurka*, par Inkermann.
Sa grand'mère : *Cocotte*, par Noteur.
Sa bisaïeule : *Cocotte*, par Rémus.

1885 s. r.
1886 f. b. b. *Isabelle*, par Valdempierre.
1887 s. r.
1888 f. al. *Aiglonne*, par Phaéton.
1889 m. al. *Loch*, par Phaéton.
1890 vide.
1891 m. b. *Nonant-le-Pin*, par Cherbourg.

3938.   **DJEMMA**, 1/2 s. N. — M. Lecourt.
B. 1883. — Calvados (Le Pin).
Par *Rigolo* et *Uranie*, par Noville.
Sa grand'mère : *Verveine*, par Valdemar.

S. r. jusqu'en 1890.
1891 f. b. *Conquise*, par Saint-Luc, P. S A.
1892 f. b. *Olympe*, par Hercule-Normand.

3939.   **DOLOR**, 1/2 s. N. — Mme Ve Ygouf.
B. 1887. — Normandie (Saint-Lô).
Par *Dollar* et une fille d'Ugolin.
Sa grand'mère : par Sinope.

1891 s. r.
1892 m. b. *Ouah*, par Phare.

3940. **DOMINANTE**, 1/2 s. N. — M. Louis Milet.
Bb. 1886. — Manche (Saint-Lô).
Par *Domino-Noir* et *Miss-Boy*, par Pretty-Boy, P. S. A.
Sa grand'mère : *La Kapirat*, par Kapirat.
Sa bisaïeule : par Adolphus, P. S. A.
Sa trisaïeule : par Lionceau.

1890 f. al. *Vaveline*, par Reynolds.
1891 vide.

3941. **DOMINANTE**, 1/2 s. N. — M. L. Marie,
Bb. 1888. — Normandie (Saint-Lô).
Par *Dominant* et une fille de Sublime.
Sa grand'mère ; par Riga.

1892 m. b. *Oasis*, par Gibraltar.

3594. **DOMINANTE**, 1/2 s. N. — M. Guillot.
Bb. 1889. — Manche (Saint-Lô).
Par *Dominant* et *Coquette*, par Talma.
Sa grand'mère : par Invariable.

1893 en Amérique.

3942. **DOMINÉE**, 1/2 s. N. — M. Céran-Maillard.
Bb. 1886. — Manche (Saint-Lô).
Par *Domino-Noir* et *Sympathie*, par Ignoré.
Sa grand'mère : par Kapirat.

1890 s. r.
1891 { f. b. b. *Nic*, par Frondeur.
{ f. b. b. *Nac*, par Frondeur.

3943. **DORA**, 1/2 s. N. — M. Lallouet.
Al. 1881. — Normandie (Le Pin).
Par *Niger* et *Écolière*, par Extase.
Sa grand'mère : *Thérésa*, par Destin.
Sa bisaïeule : *Brillante*, par Jéricko.
Sa trisaïeule : par Basly.
Sa quadrisaïeule : par Impérieux.

1885-1886 s. r.
1887 m. b. *Jolibois*, par Cherbourg.
1888 m. b. b. *Kiosque*, par Elan. Mort.
1889 m. b. *Lord-Chancelor*, par Elan. Mort.
1890 f. b. b. *Maïda*, par Elan. Morte.
1891 m. b. *Navarin*, par Elan.
1892 f. b. *Olga*, par Elan.

3944.   **DORA**, 1/2 s. N. — M. Beaudouin.
B. 1881. — Eure (Le Pin).
Par *Blenheim*, P. S. A., et *Candelaria*, par Lavater.
Sa grand'mère : *Fanny*, par The Norfolk-Phœnomenon, 1/2 s. A.
Sa bisaïeule : par Turk, 1/2 s. A.

1885 f. ro. *Hirondelle*, par Gall.

3945.   **DORA**, 1/2 s. N. — M. Durand.
N. 1881. — Normandie (Saint-Lô).
Par *Josaphat* et une fille de Bisson.

S. r. jusqu'en 1891.
1892 m. b. b. *Ordelaffi*, par Archibald.

3946. DORA, 1/2 s. N. — M. C. Cotrel-Lassaussaye.
Al. 1882. — Normandie (Le Pin).
Par *Oriental* et *Minerve*, par Niger.
Sa grand'mère : par Telegraph, 1/2 s. A.
Sa bisaïeule : par The Norfolk-Phœnomenon, 1/2 s. A.
Sa trisaïeule : par Thésée.

1886 f. al. *Fleur-d'Epine*, par Fataliste, P. S. A.
1887 f. b. *Cérès*, par Beaujeu.
1888 vide.
1889 f. b. *Lutèce*, par Cherbourg.
1890 m. b.   , par Cherbourg.
1891 s. r.
1892 m. b. b.   , par Cherbourg.

3947.   **DORA**, 1/2 s. N. — M. Sérée.
Bb. 1884. — Orne (Le Pin).
Par *Courtois*, P. S. A., et *Espérance*, par Jactator.
Sa grand'mère : par Centaure.
Sa bisaïeule : par Régnier.
Sa trisaïeule : Jument anglaise.

1888 f. b. *Miss-Belle*, par Tristan.
1889 f. b. *Brunette*, par Tristan.
1890 f. b. *Pâquerette*, par Tristan.
1891 m. b. *Nuage*, par Hécla, fils de Valdempierre.

3948.   **DORLOTTE**, 1/2 s. N. — M. L. Letourneur.
B. 1885. — Manche (Saint-Lô).
Par *Verdun* et une fille de Shamrock, 1/2 s. A.
Sa grand'mère : par Quasi.
Sa bisaïeule : par Y. Gaberlunzie, 1/2 s. A.

1889 f. al. *Lavande*, par Trajan.
1890 vide.
1891 f. b. *Nivelette*, par Trajan.
1892 f. n. *Odette*, par Jean-Huss.

3949. **DOSIA**, 1/2 s. N. — M. Join-Lambert.
B. 1881. — Normandie (Le Pin).
Par *Phaéton* et *Capucine*, par Lavater.
Sa grand'mère : *Irma*, par Lucifer, fils de Performer.
Sa bisaïeule : par Louvoyeur.

S. r. jusqu'en 1886.
1887 f. b. *Jonquille*, par Valdempierre.
1888 m. b. *Kermès*, par Edimbourg.
1889 vide.
1890 m. b.   , par Edimbourg. Mort.
1891 f. b. *Nacelle*, par Hardy.
1892 m. b. *Ondin*, par Juvigny.

3950. **DOUCEUR**, 1/2 s. N. — M. Resteux.
B. 1888. — Normandie (Saint-Lô).
Par *Electro* et une fille de Madère.
Sa grand'mère : par Quasi.

1892 m. al. *O'Brien*, par Shamrock, 1, 2 s. A.

3951. **DRAGONNE**, 1/2 s. N. — M. C. Vasnier.
Bb. 1888. — Normandie (Saint-Lô).
Par *Denain* et une fille d'Union-Jack.
Sa grand'mère : par Baron-Knight, 1/2 s. A.

1892 m. b. b. *Orphée*, par Archibald ou Carnavalet.

3952. **DRUIDESSE**, 1/2 s. N. — M. Catherine.
Al. 1869. — Manche (Saint-Lô).
Par *Agenda* et une fille de Kapirat.
Sa grand'mère : par Corsair, 1/2 s. A.

S. r. jusqu'en 1880.
1881 m. n. *Dollar*, par Lavater.
1882 à 1887 s. r.
1888 m. b.   , par Domino-Noir.
1889 vide.
1890 f. n.   , par Domino-Noir.
1891 vide.

3953. **DUCHESSE**, 1/2 s. N. — M. C. Ragaine.
B. 1869. — Normandie (Le Pin).
Par *Inkermann* et une fille de Séducteur.

Sa grand'mère : par Jéricko.
Sa bisaïeule : par Prince-Colibri, P. S. A.
Sa trisaïeule : par Pick-Pocket, P. S. A.

1873 f. al.   , par Patricien.
1874 m. al. *Satin*, par Patricien.
1875 f. b. *Fleurière*, par Trouville, P. S. A.
1876 m. b. *Uniforme*, par Vermouth.
1877-1878 vide.
1879 m. b. *Bégonia*, par Vermouth.
1880 vide.
1881 m. b.   , par Quiclet.
1882 m. b.   , par Quiclet.
1883 f. b. *Flore*, par Quiclet.
1884 f. b. *Irma*, par Quiclet.
1885 f. b. *Elvetia*, par Usquebac.
1886 m. b. *Intérim*, par Usquebac.
1887 f. al. *Joyeuse*, par Gabier, P. S. A.
1888 produit mort.
1889 f. b. *Lady*, par Edimbourg.
1890 m. al.   , par Boissy, P. S. A.
1890 morte.

3954. **DUCHESSE**, 1/2 s. N. — M. E. Anquetil.
Al. 1879. — Seine-Inférieure (Le Pin).
Par *Ornement* et *Elisa*, par Y. Georges.

1883 m. b. b. *Franconi*, par Serviteur. Mort.
1884 s. r.
1885 f. aub. *Ida*, par Eclaireur.
1886 s. r.
1887 f. al. *Fanchette*, par Hippomène, 1/2 s. Big.
1888 s. r.
1889 f. aub. *Folie*, par Yacoub.
1890 m. aub. *Mustapha*, par Eclaireur.
1891 f. aub. *Nisquette*, par Yacoub.

3955. **DUCHESSE**, 1/2 s. N. — M. le Cte Dauger.
Al. 1881. — Orne (Le Pin).
Par *Buci* et *Tontine*, par Séducteur ou Cyclope.

Sa grand'mère : *Mademoiselle-de-Viroflay*, P. S. A.

1885 f. b. L. *Hussarde*, par Vésuve.
1886 à la Remonte.

3956.   **DUCHESSE**, 1/2 s. N. — M. Bonnefont.
B. 1881. — Normandie (Le Pin).
Par *Tigris* et *Fadette*, par Normand.

S. r. jusqu'en 1889.
1890 m. b. *Montlignon*, par Hardy.
1891 f. b. *Suzon*, par Hardy.
1892 morte.

3957.   **DUCHESSE**, 1/2 s. N. — M. C. Forcinal.
B. 1881. — Orne (Le Pin).
Par *Braconnier*, P. S. A., et *Gazelle*, par The Norfolk-Phœnomenon
1/2 s. A.
Sa grand'mère : *Herminie*, par Wild-Fire, 1/2 s. A.
Sa bisaïeule : par Massoud, P. S. Ar.

1885 s. r.
1886 m. b.   , par Cherbourg.
1887 m. b.   , par Cherbourg.
1888 vide.
1889 a avorté.
1890 f. al. *Marie-Stuart*, par Glaneur.
1891 m. b. *Neuville*, par Glaneur.
1892 f. b. *Olivette*, par Glaneur.

3958.   **DUÈGNE**, 1/2 s. N. — M. du Rozier.
Bb. 1881. — Calvados (Saint-Lô).
Par *Lavater* et *Harriet*, P. S. A., par Charlatan.

S. r. jusqu'en 1888.
1889 f. b. *Lumière*, par Reynolds.
1890 f. b. *Mira*, par Cherbourg.
1891 f. b. *Noblesse*, par Cherbourg.
1892 vide.

3959.   **DULCINÉE**, 1/2 s. N. — M. Desrochers.
B. 1881. — Sarthe (Le Pin).
Par *Phaéton* et *Brillante*, par Abrantès.
Sa grand'mère : par Centaure.
Sa bisaïeule : par Tipple-Cider, P. S. A.
Sa trisaïeule : par Eylau, P. S. A. A.

S. r. jusqu'en 1887.
1888 m. al. *Kléber*, par Uriel.
1889 f. b. b. *La Fresnaye*, par Fier-à-Bras.
1890 f. al. *Messagère*, par Fuschia.
1891 m. b. *Niagara*, par Fuschia.

3228. DULCINÉE, 1/2 s. N. — M. Céran-Maillard.

B. 1886. — Manche (Saint-Lô).

Par *Agnadel* et *Clairvoyante*, par J'y-Songerai.

Sa grand'mère : *Adèle*, par Kapirat.
Sa bisaïeule : *Elise*, par Succès.
Sa trisaïeule : *Elisa*, par Corsair, 1/2 s. A.

1890 m. b. *Maraudeur*, par Fred-Archer (Amérique).
1891 f. b. *Nubienne*, par Fred-Archer.
1892 m. b. *Oreste*, par Fred-Archer.

3960. DWINA, 1/2 s. N. — M. Lallouet.

Bb. 1881. — Normandie (Le Pin).

Par *Serpolet-Bai* et *Kitty*, par Kaolin, P. S. A.

Sa grand'mère : *Ida*, par William, P. S. A.
Sa bisaïeule : *Ida*, par Basly.
Sa trisaïeule : par Impérieux. (V. *Hallencourt*, t. 1.)

S. r. jusqu'en 1887.
1888 m. b. b. *Kœnigsberg*, par Cherbourg.
1889 f. b. *Laforce*, par Cherbourg.
1890 m. b. b.   , par Cherbourg.
1891 m. b. b. *Nonancourt*, par Cherbourg.
1892 m. b. b. *Opéra*, par Fuschia.

3961. DYNAMITE, 1/2 s. N. — M. L. Fontaine.

B. 1881. — Normandie (Le Pin).

Par *Montfort*, P. S. A., et une fille d'Interprète.

Sa grand'mère : par Français.
Sa bisaïeule : par Lucain.

S. r. jusqu'en 1888.
1889 f. b. *La Comète*, par Tigris.
1890 vide.
1891 m. b.   , par Etendard.

3317. DZINGARIE, 1/2 s. Ar. — M. de Fallières.

Gr. 1889. — Orne (Le Pin).

Par *Hadjy*, 1/2 s. Ar., et *Caravane*, 1/2 s. Ar.

1893 m. b. *Point-du-Jour*, par Apis.

3967. **ÉBÈNE**, 1/2 s. N. — M. F. Petit.
N. 1882 — Normandie (Le Pin).
Par *Niger* et *Mademoiselle-de-Neuville*, par Élu.

Sa grand'mère : *Impatiente*, par Gaulois.
Sa bisaïeule : par Noteur.
Sa trisaïeule : par Hercule.

1886 m. b. b. *Indo-Chine*, par Cherbourg.
1887 f. b. b.   , par Cherbourg.
1888 m. b. b. *Kabyle*, par Cherbourg.
1889 f. n.   , par Echo.
1890 m. b. *Muscadet*, par Cherbourg.
1891 m. al. *Noble-Cœur*, par Faisan.
1892 m. n. *Océan*, par Qui-Vive.

3968. **ÉCAUSSEVILLE**, 1/2 s. N. — M. Ch. Picot.
B. 1886. — Manche (Saint-Lô).
Par *Carnavalet* et *Pompéral*, par Lavater.
Sa grand'mère : *L'Aigle*, par Vandermulin, P. S. A.
Sa bisaïeule : *Espérance*, par Sir Henry-Dimsdale, 1/2 s. A.
Sa trisaïeule : par Boucanier.

1890 s. r.
1891 m. b. *Marques*, par Colporteur.

3969. **ÉCLAIR**, 1/2 s. N. — M. Lemaine.
B. 1877. — Calvados (Le Pin).
Par *Conquérant* et *Esméralda*, P. S. A., par Cobnut.

1881 s. r.
1882 m. b.   , par Tigris.
1883 m. b.   , par Tigris. Mort.
1884-1885 s. r.
1886 f. b. b. *Georgette*, par Acquila.
1887 s. r.
1888 m. b.   , par Acquila.
1889 f. b. *Judith*, par Tigris.
1890 vide.
1891 m. b.   , par Express.

3970. **ÉCLATANTE**, ex-**FOLETTE**, 1/2 s. N.
M. E. Furon.
B. 1870. — Manche (Saint-Lô).
Par *Agenda* et une fille d'Eylau, P. S. A. A.

Sa grand'mère : par Quandros.

S. r. jusqu'en 1877.
1878 m. n. *Apis*, par Lavater.
1879 à 1887 s. r.
1888 f. b.   , par Domino-Noir. Morte.
1889 f. b. *Linotte*, par Dunois.
1890 vide.
1891 m. b. *Navarin*, par Ibis.

3971.   **ÉCLATANTE**, 1/2 s. N. — M. Lepailleur.
N. 1878. — Calvados (Saint-Lô).
Par *Washington*, 1/2 s. All., et une fille de Niger.

1882 f. n. *Brillante*, par Volcan.
1883 m. b. *Farnèse*, par Archiduc (approuvé).
1884 m. n. *Violent*, par Tourville.
1885 à 1888 s. r.
1889 f. b. *Bouteille-à-l'Encre*, par Seymour.
1890 vide.
1891 f. b. *Gazelle*, par Harmonieux.

3972.   **ÉCLATANTE**, 1/2 s. N. — M. L. Legallois.
B. 1888. — Manche (Saint-Lô).
Par *Utrecht* et une fille de Quickly.

Sa grand'mère : par Feu-de-Joie.
Sa bisaïeule : par Triolet.

3973.   **ÉCLATANTE**, 1/2 s. N. — M. P. Jean.
Bb. 1888. — Manche (Saint-Lô).
Par *Bataillon* et une fille de Quintus.

Sa grand'mère : par Bravo, P. S. A.

1892 m. b. b. *Othoniel*, par Colporteur.

3974.   **ÉCLIPSE**, 1/2 s. N. — M. P. Vendel.
B. 1884. — Normandie (Le Pin).
Par *Uriel* et *Sophie*, par Centaure ou Séducteur.

Sa grand'mère : par Vicomte.
Sa bisaïeule : par Idalis.

1888 f. b. *Krelda*, par Renémesnil.
1889 m. b. *Lucain*, par Valdempierre.
1890 m. b. *Mérovée*, par Hospodar (approuvé).
1891 à la Remonte.

3975. **ÉCLIPSE**, 1/2 s. N. — M. C. Duchemin.
B. 1888. — Normandie (Saint-Lô).
Par *Colporteur* et une fille de Pâter.
Sa grand'mère : par Sir Henry-Dimsdale, 1/2 s. A.
Sa bisaïeule : par Boucanier.

1892 f. b. *Ouvreuse*, par Fontenay.

3976. **ÉCOLIÈRE**, 1/2 s. N. — M. Fleury.
Al. 1882. — Sarthe (Le Pin).
Par *Phaéton* et *Fleur-de-Genest*, par Gall.

Sa grand'mère : par Inkermann.
Sa bisaïeule : par Tipple-Cider, P. S. A.
Sa trisaïeule : par Eylau, P. S. A. A.

S. r. jusqu'en 1888.
1889 m. b. *Lancelot*, par Édimbourg.
1890 f. n. *Mancelle*, par Édimbourg.
1891 m. b. *Nageur*, par Édimbourg.
1892 m. b. *Officier*, par Édimbourg.

3977. **ÉCOSSAISE**, 1/2 s. N. — M. Thibault.
Bb. 1882. — Normandie (Le Pin).
Par *Ulrich II* et *Paméla*, P. S. A., par Tonnerre-des-Indes.

1886-1887 s. r.
1888 f. b. b. *Kermesse*, par Cherbourg.
1889 m. b. b. *Légionnaire*, par Elan.
1890 m. b. b. *Milan*, par Cherbourg.
1891 m. b. b. *National*, par Cherbourg.
1892 m. b. b. *Œillet*, par Cherbourg.

3978. **ÉCOSSAISE**, 1/2 s. N. — M. Lebourg.
Ro. 1882. — Normandie (Le Pin).
Par *Normand* et *Pichenette*, par Conquérant.

Sa grand'mère : Jument anglaise importée.

1886 s. r.
1887 f. ro. *Jenny*, par Tigris.
1888 s. r.
1889 f. b. *La Veine*, par Coq-à-l'Ane.
1890 vide.
1891 m. b. , par Homard.

3979. **ÉCOSSAISE**, 1/2 s. N. — M. E. Panier.
B. 1883. — Normandie (Le Pin).
Par *Hippomène*, 1/2 s. Big., et une fille de Conquérant.
Sa grand'mère : par Brocardo, P. S. A.

1887 m. al.   . par Véra-Cruz.
1888-1889 vide.
1890 f. n. *Mutine*, par Coq-à-l'Ane.
1891 vide.

3980. **ÉCOUCHÉ**, 1/2 s. N. — M. le Cte Dauger.
B. 1882. — Orne (Le Pin).
Par *Gall* et *Centaurée*, par Centaure.
Sa grand'mère : par Tipple-Cider, P. S. A.

1885 m. b. b. *Hussard*, par Verdun, P. S. A.
1886 s. r.
1887 à la Remonte.

3981. **ÉDILSONNE**, 1/2 s. N. — M. Lenrouilly.
B. 1889. — Manche (Saint-Lô).
Par *Fred-Archer* et *Quality*, par Quality.

Sa grand'mère : *Coquette*, par Ignoré.
Sa bisaïeule : *Bijou*, par Pâter.
Sa trisaïeule : par Lagopède.

3982. **ÉGLANTINE**, 1/2 s. N. — M. L. Fontaine.
B. 1872. — Calvados (Le Pin).
Par *Interprète* et une fille de Wanderer, 1/2 s. A.
Sa grand'mère : par Lucain.

1876 s. r.
1877 m. b. *Vegès*, par Quadruple.
1878-1879-1880 s. r.
1881 f. b. *Dame-Blanche*, par Normand.
1882 à 1885 s. r.
1886 f. b. *Impérieuse*, par Phaéton.
1887 à 1891 vide.

3983. **ÉGLANTINE**, 1/2 s. N. — M. E. Bourienne.
B. 1881. — Calvados (Le Pin).
Par *Racoleur* ou *Soldat* et *Volante*, par Centaure.
Sa grand'mère : par Longpré.

3984. **ÉGLANTINE**, 1/2 s. N. — M. A. Bézière.
B. 1881. — Normandie (Le Pin).
Par *Irlandais* et une fille de Carignan.

Sa grand'mère : jument anglaise importée.

1885-1886 s. r.
1887 f. b. *Sans-Tache*, par Acquila.
1888 f. b. *Belle-Lune*, par Acquila.
1889 f. b. *Impétueuse*, par Tigris.
1890 f. b. *Espérance*, par Acquila.
1891 m. b.　　　　, par Acquila ou Tigris.
1892 m. b. *Orion*, par Tigris.

3985. **ÉGLANTINE**, 1/2 s. N. — M. J. Lecomte.
B. 1882. — Normandie (Saint-Lô).
Par *Grant* et une fille de Washington, 1/2 s. All.

Sa grand'mère : par Pékin.

S. r. jusqu'en 1891.
1892 m. b. *Orbite*, par Dunois.

3986. **ÉGLANTINE**, 1/2 s. N. — M. Lallouet.
B. 1882. — Normandie (Le Pin).
Par *Serpolet-Bai* et *Florence*, par Gaulois.

Sa grand'mère : *Impérieuse*, par Utrecht.
Sa bisaïeule : *Impérieuse*, par Pledge.

1886 s. r.
1887 m. b. *Java*, par Phaéton.
1888 s. r.
1889 f. b. *Lérida*, par Cherbourg. Morte.
1890 f. b. *Mandarine*, par Cicéron II.
1891 f. b. *Nubienne*, par Cherbourg.
1892 m. b. *Oracle*, par Fuschia.

3987. **ÉGLANTINE**, 1/2 s. N. — M. A. Forcinal.
Al. 1882. — Orne (Le Pin).
Par *Phaéton* et *Queen*, par Éclipse.

Sa grand'mère : *Miss-Belle*. (Jument américaine importée.)

1886-1887 s. r.
1888 m. n.　　　　, par Jadis.
1889 vide.
1890 m. b.　　　　, par Havas.

11

3988. **ÉGLANTINE II**, 1/2 s. N. — M. Locard.
Al. 1882. — Orne (Le Pin).
Par *Niger* et *Clémentine*, par Merlerault, P. S. A.
Sa grand'mère : par William, P. S. A.
Sa bisaïeule : par Stoker, P. S. A.

1886-1887 vide.
1888 f. al. *Néva*, par Phaéton.
1889 f. al. *Larille*, par Echo.
1890 m. n.   , par Phaéton.
1891 vide.
1892 f. b. *Onéga*, par Cherbourg.

3989. **ÉGLANTINE**, 1/2 s. N. — M. P. Bertot.
Al. 1887. — Manche (Saint-Lô).
Par *Ecarté* et *Fillette*, par Hussein.
Sa grand'mère : par Sir Henry-Dimsdale, 1/2 s. A.
Sa bisaïeule : par Paternel.
Sa trisaïeule : par Pégase.

1891 vide.

3990. **ÉLÉGANTE**, 1/2 s. N. — M. Godard.
Al. 1879. — Manche (Saint-Lô).
Par *Nethou*, P. S. A., et une fille de Faucon.
Sa grand'mère : par Borisow.

S. r. jusqu'en 1888.
1889 f. al. *Framboise*, par Franconi.
1890 m. b. *Moldave*, par Franconi.
1891 a avorté.
1892 f. al. *Rancune*, par Exéat.

3991. **ÉLÉGANTE**, 1/2 s. N. — Mme Ve Gombert.
Al. 1883. — Normandie (Saint-Lô).
Par *Shamrock*, 1/2 s. A., et une fille d'Urus.
Sa grand'mère : par Borisow.
S. r. jusqu'en 1891.
1892 f. al. *Orgueilleuse*, par Santerre.

3992. **ÉLÉGANTE**, 1/2 s. N. — M. Bouteloup.
Al. 1888. — Normandie (Saint-Lô).
Par *Santerre* et une fille de Lionceau.
Sa grand'mère : par Quasi.

1892 f. b. *Gaselle*, par Gitano ou Durham.

3993. **ÉLÉGANTE**, 1/2 s. N. — M. Méritte.
Al. 1888. — Normandie (Saint-Lô).
Par *Utique* et une fille de Ministère, P. S. A.
Sa grand'mère : par Nadar.

1892 m. b. *Offu*, par Dunois.

3994. **ÉLÉGANTE**, 1/2 s. N. — M. L. Datin.
Gr. 1888. — Normandie (Saint-Lô).
Par *Santerre* et une fille de Shamrock, 1/2 s. A.
Sa grand'mère : par Macouba.

1892 f. b. *Roulette*, par Dacapo.

3995. **ÉLÉGANTE**, 1/2 s. N. — M. E. Rubé.
Bb. 1889. — Manche (Saint-Lô).
Par *Glocester* et une fille de Tabac.
Sa grand'mère : par Essence.

3996. **ÉLÉGANTINE**, 1/2 s. N. — M. P. Herbert.
Al. 1883. — Manche (Saint-Lô).
Par *Shamrock*, 1/2 s. A., et une fille de Silhouette.
Sa grand'mère : par Macouba.
Sa bisaïeule : par Succès.

1887 f. b. *La Biche*, par Santerre.
1888 produit mort.
1889 f. al. *Cocotte*, par Électro.
1890 vide.
1891 f. al. *Bas-Blancs*, par Exéat.
1892 m. al. *Outrage*, par Exéat.

3997. **ÉLIDE**, 1/2 s. N. — M. Lallouet.
B. 1882. — Normandie (Le Pin).
Par *Serpolet-Bai* et *Indépendante*, par Trouville, P. S. A.
Sa grand'mère : *Alphérie*, par Fitz-Fantaloon, P. S. A.
Sa bisaïeule : *Ida II*, par William, P. S. A.
Sa trisaïeule : *Ida*, par Basly.
Sa quadrisaïeule : par Impérieux. (V. *Hallencourt*, t. 1.)

1886 f. b. *Isseria*, par Cicéron II.
1887-1888 s. r.
1889 f. b. b. *Levantine*, par Cicéron II.
1890 f. b. b. *Médine*, par Cicéron II.
1891 s. r.
1892 f. b. b. *Ondine*, par Cicéron II.

3998.   **ÉLISA**, 1/2 s. N. — M. Oury.
B. 1882. — Eure (Saint-Lô).
Par *Blenheim*, P. S. A., et une fille de Lavater.
Sa grand'mère : par Matchless, 1/2 s. A.

S. r. jusqu'en 1890.
1891 f. b. *Norma*, par Hysope.

3999.   **ÉLISA**, 1/2 s. N. — M. Legoupil.
B. 1888. — Normandie (Saint-Lô).
Par *Agnadel* et une fille de Lozenge, P. S. A.
Sa grand'mère : par Ignoré.

1892 m. b. *Oumi*, par Follet.

4000.   **ÉLISABETH**, P. S. A. — M. Valluet.
B. 1884. — Orne (Le Pin).
Par *Courtois* et *Eolienne*, par Brindisi.

1888 à 1890 vide.
1891 suitée d'un produit de P. S.
1892 f. b. b.   , par Qu'y-Met-on.

4001.   **ÉLIZA**, 1/2 s. N. — M. J. Eude.
B. 1886. — Manche (Saint-Lô).
Par *Dollar* et *l'Etoile*, par Orphée.
Sa grand'mère : par Auguste, P. S. A.
Sa bisaïeule : par Léotard.

1890 f. b. *Follette*, par Follet.
1891 vide.

4002.   **ELLA**, 1/2 s. N. — M. A. Tessier.
B. 1882. — Normandie (Le Pin).
Par *Quiclet* et *Céline*, par Séducteur.
Sa grand'mère : par Tipple-Cider, P. S. A.
Sa bisaïeule : par Sylvio, P. S. A.

1886 f. b. *Iris*, par Parthénon.
1887 m. b.   , par Cambronne.
1888 m. b   , par Beaugé.
1889 m. b.   , par Cambronne.
1890 m. b.   , par Cambronne.
1891 m. b.   , par Cambronne.
1892 f. b. *Ondulation*, par Cambronne.

4003. **ELLA**, 1/2 s. N. — M. de Parfouru.
N. 1885. — Manche (Saint-Lô).
Par *Qu'en-Pensez-Vous* et *Parfaite*, par Bravo, P. S. A.
Sa grand'mère : par Kapirat.

1889 à 1891 vide.
1892 produit mort.

4004. **ELLORA**, 1/2 s. N. — M. Lallouet.
B. 1882. — Normandie (Le Pin).
Par *Phaéton* et *Juliana*, par Élu.
Sa grand'mère : *Voyageuse*, par Gaulois.
Sa bisaïeule : *Brillante*, par Jéricko.
Sa trisaïeule : *Ida*, par Basly.
Sa quadrisaïeule : par Impérieux. (V. Hallencourt, t. I.)

S. r. jusqu'en 1889.
1890 m. b. *Montrésor*, par Élan.
1891 s. r.
1892 f. b. b. *Orangère*, par Élan.

4005. **ÉLOISE**, 1/2 s. N. — M. Josseaume.
B. 1880. — Normandie (Saint-Lô).
Par *Nethou*, P. S. A., et une fille d'Élu.

S. r. jusqu'en 1891.
1892 f. b. *Opale*, par Dacapo.

4006. **ELVÉTIA**, 1/2 s. N. — M. Ragaine.
B. 1885. — Orne (Le Pin).
Par *Usquebac* et *Duchesse*, par Inkermann.
Sa grand'mère : par Séducteur.
Sa bisaïeule : par Jéricko.
Sa trisaïeule : par Prince-Colibri, P. S. A.
Sa quadrisaïeule : par Pick-Pocket, P. S. A.

1889 s. r.
1890 f. b. *Malvina*, par Edimbourg.
1891 s. r.
1892 f. b. *Ombrette*, par Iambe.

4007. **ÉMERAUDE**, 1/2 s. N. — M. Julliot.
B. 1882. — Normandie (Le Pin).
Par *Rivoli* et *Sister*, ex-*Fleur-d'Été*, P. S. A., par Ceylon.

1886 m. b. *Calvados*, par Valencourt.
1887 m. b. *Diamant*, par Valencourt.
1888 m. b. *Élu*, par Valencourt.
1889 f. b. *Floride*, par Valencourt.

4008. **ÉMERAUDE**. 1/2 s. N. — M. Castillon.
B. 1882. — Normandie (Le Pin).
Par *Normand* et *Préférence*, par Y.
Sa grand'mère : *Gertrude*, par Bassompierre.

1886 m. b. *Ino*, par Phaéton. Mort.
1887 vide.
1888 m. b. *Kant*, par Acquila (Canada).
1889 m. b. *Louvois*, par Tigris.
1890 m. b. *Manerbe*, par Tigris.
1891 vide.
1892 m. b.   , par Tigris.

4009. **ÉMIGRÉE**, 1/2 s. N. — M. L. Legret.
N. 1887. — Manche (Saint-Lô).
Par *Colporteur* et *Surprise*, par Florestan.
Sa grand'mère : par Incomparable.

1891 m. b. b. *Nominateur*, par Domino-Noir.
1892 m. b. *Olivarès*, par Jusant.

4010. **ÉMIGRÉE**, 1/2 s. N. — M. Desmannetaux.
N. 1888. — Calvados (Saint-Lô).
Par *Acquila* et une fille d'Apis.
Sa grand'mère : par Bassompierre.
Sa bisaïeule : jument de P. S. A.

1892 m. b. b. *Orphelin*, par Jusant.

4011. **EMMA,** 1/2 s. N. — M. Bonnefont.
B. 1885. — Normandie (Le Pin).
Par *Niger* et *Rigolette II*, par Abrantès.
Sa grand'mère : par Coleraine, 1/2 s. A.

1889 f. b. *Lumière*, par Etendard.
1890-1891 vide.

4012. **ENTREPRISE,** 1/2 s. N. — M. L. Trainel.
B. 1885. — Manche (Saint-Lô).
Par *Reynolds* et une fille d'Orphée.
Sa grand'mère : par Docteur.

1889 s. r.
1890 f. b. *Minette*, par Fred-Archer.
1891 à la Remonte.

4013.   ÉPAULETTE, 1/2 s. N. — Cte Danger.
B. 1882. — Orne (Le Pin).
Par *Ultimatum* et *Bonne-Aventure*, 1/2 s. N., par Plutus, P. S. A.

Sa grand'mère : par Bayard.

1885 f. b. b. *Idéale*, par Verdun, P. S. A.
1886 s. r.
1887 m. b. b. *Jeudi*, par Renaissant.
1888 s. r.
1889 exportée en Angleterre.

4014.   ÉPAVE, 1/2 s. N. — M. E. Leguillon.
Bb. 1882. — Normandie (Le Pin).
Par *Noville* et une fille de Conquérant.

Sa grand'mère : par Jéricko.

1886 f. b. *Ingénieuse*, par Valencourt.
1887 f. b. *Judic*, par Réussi, P. S. A.
1888 f. b. *Kiel*, par Réussi, P. S. A.
1889 f. b. *La Mère-Godichon*, par Galba.
1890 m. b. *Mikaël*, par Hardy.
1891 f. n. *Négriote*, par Homard.

4015.   ESBLY, 1/2 s. N. — M. Ch. Leduc.
Bb. 1888. — Manche (Saint-Lô).
Par *Esbly* et *Poulo*, par Virgile.

Sa grand'mère : par Bravo, P. S. A.

1892 f. b. *Orientale*, par Japhet.

4016.   ESCAPADE, 1/2 s. N. — M. Y. de la Vigne-Bernard.
B. 1882. — Manche (Saint-Lô).
Par *Qui-Vive* et *Kindler*, par Eylau, P. S. A. A.

Sa grand'mère : par Kindler.

S. r. jusqu'en 1889.
1890 m. al. *Malepeste*, par Fontenay.
1891 m. b. *Non*, par Fontenay.

4017.   **ESCAPADE**, 1/2 s. N. — M. Lallouet.
Al. 1882. — Normandie (Le Pin).
Par *Phaéton* et *Glorieuse*, par Séducteur.
Sa grand'mère : *Ecolière*, par Extase.
Sa bisaïeule : *Thérésa*, par Destin.
Sa trisaïeule : *Brillante*, par Jéricko.
Sa quadrisaïeule : *Ida*, par Basly. (V. Hallencourt, t. I.)

1886-1887 s. r.
1888 m. al.   , par Cherbourg. Mort.
1889 m. b. *Logronu*, par Edimbourg.
1890 vide.
1891 f. b. *Névada*, par Cherbourg.
1892 f. b. *Osmonde*, par Fuschia.

4018.   **ESCAPADE**, P. S. A. — M. Fouard.
Al. 1882. — Eure (Le Pin).
Par *Consul* et *Esther*, par West-Australian.

S. r. jusqu'en 1888.
1889 m. b. *Libéral*, par Hardy.
1890 f. b. *Mademoiselle-la-Braise*, par Hardy.
1891 f. b. *Nounou*, par Homard.
1892 vide.

4019.   **ESCAPADE**, 1/2 s. N. — M. Collet.
B. 1882. — Orne (Le Pin).
Par *Quiclet* et *Vedette*, par Koping.
Sa grand'mère : par Thésée.
Sa bisaïeule : par William, P.S. A.
Sa trisaïeule : par Héraclius.
Sa quadrisaïeule : par Sylvio, P. S. A.

1886 vide.
1887 f. b. *Jocaste*, par Edimbourg.
1888 m. b.   , par Edimbourg.
1889 f. b. *Laure*, par Edimbourg.
1890 f. b. *Minerve*, par Edimbourg.
1891 vide.

4020.   **ESMÉRALDA**, 1/2 s. N. — M. Lallouet.
B. 1875. — Normandie (Le Pin).
Par *Élu* et *Alphéric*, par Fitz-Pantaloon, P. S. A.
Sa grand'mère : *Ida II*, par William.
Sa bisaïeule : *Ida*, par Basly. (V. Hallencourt, t. I.)

1879 f. b. b. *Ida*, par Niger.
1880 m. b. *Dax*, par Phaéton. Mort.

1881 m. b. *Epinal*, par Phaéton.
1882 et 1883 vide.
1884 f. b. *Havane*, par Beaugé.
1885 f. b. *Jénidjé-Vardar*, par Beaugé.
1886-1887 vide.
1888 m. b. *Kellermann*, par Elan.
1889 vide.
1890 m. b. b. *Magenta*, par Edimbourg.
1891 m. b. *Nantes*, par Edimbourg.

4021. **ESMÉRALDA**, 1/2 s. N. — M. Mann.
Gr. 1880. — Normandie (Le Pin).
Par *Noville* et *Frisquette*, par Y.
Sa grand'mère : *Vesta*.
Sa bisaïeule : *Esméralda*.
Sa trisaïeule : *Mélanie*, jument anglaise.

1884 et 1885 s. r.
1886 f. b. b. *Duchesse*, par Hippomène, 1/2 s. Big.
1887 m. b. b. *Jamais*, par Tigris.
1888 f. b. b. *Gratitude*, par Tigris.
1889 vide.
1890 f. b. b. *Mélanie*, par Hercule-Normand.

4022. **ESMÉRALDA**, 1/2 s. N. — M. Galuski.
B. 1886. — Manche (Saint-Lô).
Par *Manille*, P. S. A., et une fille de Schah.
Sa grand'mère : par Aster, P. S. A.
Sa bisaïeule : par Garde-à-Vous.

1890 s. r.
1891 f. al. *Atalante*, par Dard, P. S. A.

4023. **ESMÉRALDA**, 1/2 s. N. — M. J. Leblond.
Bb. 1886. — Manche (Saint-Lô).
Par *Lavater* et *Cent-Sous*, P. S. A., par Ruy-Blas.

1890 s. r.
1891 m. b. b. *Novateur*, par Colporteur.

4024. **ESPÉRANCE**, 1/2 s. N. — M. Lecomte.
B. 1863. — Orne (Le Pin).
Par *Solide* et *Mademoiselle-de-Cerisé*, par Utrecht.
Sa grand'mère : *Unique*, ex-*Hermine*, par Schamyl, P. S. A.
Sa bisaïeule : *Californie*, ex-*Omphale*, par Hercule, P. S. A.
Sa trisaïeule : *La Ragonne*, par Railleur.
Sa quadrisaïeule : *Ourika*.

S. r. jusqu'en 1870.
1871 m. b. *Alpha*, par Patricien, P. S. A.
1872 f. b. *Bluette*, par Patricien, P. S. A.
1873 m. b. *Caprice*, par Séducteur.
1874 m. b. *Siroc*, ex-*Domino*, par Gall.
1875 vide.
1876 f. b. b. *Fauvette*, par Niger.
1877 m. b. *Giboyer*, par Kaolin, P. S. A.
1878-1879 vide.
1880 f. b. *Judith*, par Montfort, P. S. A.
1881 m. al. *Képi*, par Montfort, P. S. A.
1882 produit mort.
1883 vide.
1884 f. b. *Noisette*, par Quiclet.
1885 f. al. *Omphale*, par Cambronne.
1886 et 1887 vide.
1888 f. b. *Ravenelle*, par Gabier, P. S, A.
1889 et 1890 vide.

4025.   ESPÉRANCE, 1/2 s. N. — M. Hays.

B. 1872. — Manche (Saint-Lô).

Par *The Heir-of-Linne*, P. S. A., et une fille d'Urs

S. r. jusqu'en 1881.
1882 m. b. *Etendard*, par Lavater.
1883 à 1886 s. r.
1887 a avorté.
1888 f. b. *Korriganne*, par Lavater.
1889 m. al. *Lion-d'Or*, par Fontenay.
1890 a avorté.
1891. m. b. *Nicanor*, par Reynolds,

4026.   ESPÉRANCE, 1/2 s. N. — M. Bricquebec.

B. 1873. — Normandie (Saint-Lô).

Par *Feu-de-Joie* et une fille de Tamerlan.

S. r. jusqu'en 1891.
1892 f. b. b. *Oisive*, par Espadem.

4027.   ESPÉRANCE, 1/2 s. N. — M. Bonfils.

Al. 1876. — Manche (Saint-Lô).

Par *Volant* et une fille de Rivoli.

S, r. jusqu'en 1891.
1892 m. b. *Orglandes*, par Vanikoro.

4028.   ESPÉRANCE, 1/2 s. N. — M. Marchand.

B. 1877. — Sarthe (Le Pin).

Par *Abrantès* et *Brillante*, par Destin.

Sa grand'mère : par Tipple-Cider, P. S. A.
Sa bisaïeule : par Xerxès.

1881 m. b.   , par Phaéton.
1882 m. al.   , par Phaéton.
1883 f. b. *Favorite*, ex-*Mademoiselle-de-Brustel*, par Phaéton.
1884 f. b. *Malvina*, par Quiclet.
1885 f. b. *Hippone*, par Vichnou, P. S. A.
1886 m. b.   , par Beaugé.
1887 f. al. *Janthine*, par Beaugé.
1888 a avorté.
1889 m. b.   , par Fier-à-Bras.
1890 f. al. *Merise*, par Boissy, P. S. A.
1891 m. al.   , par Fuschia.

4029.   ESPÉRANCE, 1/2 s. N. — M. Beaudouin.

N. 1877. — Eure (Le Pin).

Par *Gall* ou *Clear-The-Way*, 1/2 s. A., et *Grisette*, par Lavater.

Sa grand'mère : *Fanny*, par The Norfolk-Phœnomenon, 1/2 s. A.
Sa bisaïeule : par Turk, 1/2 s. A.

S. r. jusqu'en 1886.
1887 f. n. *Joliette*, par Noville.

4030.   ESPÉRANCE, 1/2 s. N. — M. Richard.

Al. 1877. — Normandie (Saint-Lô).

Par *Shamrock*, 1/2 s. A., et une fille de Géant-des-Batailles, P. S. A.

S. r. jusqu'en 1891.
1892 f. b. *Orphée*, par Santerre.

4031.   ESPÉRANCE I, 1/2 s. N. — M. Hue.

Bb. 1877. — Normandie (Saint-Lô).

Par *Léotard* et une fille de Jean-Bart.

Sa grand'mère : par Sancho.

S. r. jusqu'en 1891.
1892 m. b. *Ottoman*, par Graft.

4032.   ESPÉRANCE, 1/2 s. N. — M. F. Lecœur.
Al. 1884. — Manche (Saint-Lô).
Par *Ulysse II* ou *Pétrarque* et une fille d'Aster, P. S. A.
Sa grand'mère : par Félibien.

1888 f. al. *Alsacienne*, par Mine-d'Or.
1889 à la Remonte.

4033.   ESPÉRANCE, 1/2 s. N. — M. Octave Perrin.
Al. 1884. — Normandie (Le Pin).
Par *Sir-Quid-Pigtail*, P. S. A., et *Princesse*, par Niger.
Sa grand'mère : par Centaure.

1888 s. r.
1889 m. b.   , par Valdempierre.
1890 f. b.   , par Valdempierre.
1891 f. b. b.   , par Valdempierre.
1892 m. b. *Occagnes*, par Cherbourg.

4034.   ESPÉRANCE, 1/2 s. N. — M. L. Moget.
Bb. 1884. — Orne (Le Pin).
Par *Marignan* ou *Pompon* et une fille de Phaéton.
Sa grand'mère : par Montaigne.

1888 f. b. b. *Kilda*, par Valdempierre.
1889 f. b. b. *Loyale*, par Valdempierre.
1890 à la Remonte.

4035.   ESPÉRANCE, 1/2 s. N. — M. Maine.
B. 1885. — Orne (Le Pin).
Par *Valdempierre* et *Mademoiselle-de-Mahéru*, par Phaéton.

Sa grand'mère : *Jeanne-Hachette*, P. S. A., par Tambour-Battant.
S. r. jusqu'en 1890.
1891 m. b.   , par Gastadour.
1892 f. b. *Limonade*, par Edimbourg.

4036.   ESPÉRANCE, 1/2 s. N. — M. Lavignée.
B. 1885. — Orne (Le Pin).
Par *Quiclet* et *Conquête*, par Conquérant.
Sa grand'mère : par Niger.
Sa bisaïeule : par Centaure.
Sa trisaïeule : par Tipple-Cider, P. S. A.

1889 f. b. b. *Lahmé*, par Valdempierre.

4037. **ESPÉRANCE**, 1/2 s. N. — M. H. Rocques.
Bb. 1886. — Calvados (Le Pin).
Par *Baptiste-Lemore* et *Favorite*, par Tigris.

Sa grand'mère : par Radeau.

1890 m b.   , par Frein.
1891 m. b.   , par Frein.
1892 m. b. *Orénoque*, par Frein.

4038. **ESPÉRANCE**, 1/2 s. N. — M. A. Auvray.
B. 1887. — Manche (Saint-Lô).
Par *Espoir*, et une fille de Vautour.

Sa grand'mère : par Ray-Grass.
Sa bisaïeule : par Jarnac.
Sa trisaïeule : par Karbout.

1891 vide.
1892 m. al. *Omnibus*, par Jouteur.

4039. **ESPÉRANCE**, 1/2 s. N. — M. E. Hubert.
Al. 1887. — Sarthe (Le Pin).
Par *Gabier*, P. S. A., et *Corisandre*, par Éla.

Sa grand'mère : *Conquérante*, par Séducteur.

1891 f. b. *Nacelle*, par Iambe.
1892 vide.

4040. **ESPÉRANCE**, 1/2 s. N. — M. Emile Sohier.
B. 1887. — Manche (Saint-Lô).
Par *Domino-Noir* et une fille de Kabin.

Sa grand'mère : par Vandermulin, P. S. A.
Sa bisaïeule : par Inkermann.

1891 m. b. *Naturel*, par Fred-Archer.
1892 m. al. *Olano*, par Ministère, P. S. A.

4041. **ESPÉRANCE**, 1/2 s. N. — M. Souef.
B. 1888. — Eure (Le Pin).
Par *Renaissant* et *Rigolette*, par Régénérateur.

Sa grand'mère : *Rose-de-Mai*, par Nomen.

1892 f. b. *Candelaria*, par Apis.

4042. **ESPÉRANCE**, 1/2 s. N. — M. Samson.
N. 1888. — Normandie (Le Pin).
Par *Jadis* et *Rouda*, 1/2 s. R. (importée).

1892 f. b. *Odette*, par Havas.

4043. **ESPÉRANCE**, 1/2 s. N. — M. E. Serrey.
B. 1888. — Sarthe (Le Pin).
Par *Beaugé* et *Serpoïette*, par Serpolet-Bai.
Sa grand'mère : par The Norfolk-Phœnomenon, P. S. A.
Sa bisaïeule : par Prince.

4044. **ESPÉRANCE**, 1/2 s. N. — M. V. Balmont.
Bb. 1888. — Calvados (Saint-Lô).
Par *Dollar* et une fille de Léotard.
Sa grand'mère : par Grandiose.
Sa bisaïeule : par Riga.
Sa trisaïeule : par Don-Quichotte.

4045. **ESPÉRANCE**, 1/2 s. N. — M. Ch. Gamos.
B. 1888. — Manche (Saint-Lô).
Par *Lavater* et une fille de The Heir-of-Linne, P. S. A.
Sa grand'mère : par Bamboula.

4046. **ESPÉRANCE**, 1/2 s. N. — M. Brohier.
Bb. 1889. — Manche (Saint-Lô).
Par *Carnavalet* et *Lady-Quid-Juris*, 1/2 s. N. par Quid-Juris, P. S. A.
Sa grand'mère : par Lionceau.
Sa bisaïeule : par Marengo, P. S. A. A.

4047. **ESPOIR**, 1/2 s. N. — M. V. Lemazurier.
Bb. 1888. — Normandie (Saint-Lô).
Par *Caprara* et une fille d'Harmonieux IV.
Sa grand'mère : par Guelfe.

1892 f. n. *Minuit*, par Loyal.

4048. **ESPOIR**, 1/2 s. N. — M. L. Segret.
Bb. 1888. — Manche (Saint-Lô).
Par *Colporteur* et *Surprise*, par Florestan.
Sa grand'mère : par Incomparable.

4049.   **ESPIÈGLE**, 1/2 s. N. — M. H. Ygouf.
B. 1874. — Calvados (Saint-Lô).
Par *Uzel* et une fille de Carrossier.

Sa grand'mère : par Historien.
Sa bisaïeule : par Espiègle.

S. r. jusqu'en 1890.
1891 m. b.   , par Grand-Maître.

4050.   **ESTAFETTE**, 1/2 s. N. — M. Duprey.
B. 1882. — Normandie (Le Pin).
Par *Ultimatum* et *Amanda*, par Gall.
Sa grand'mère : par Redoutable.

1886 f. b. *Italienne*, par Vésuve.
1887-1888-1889 s. r.
1890 m. n. *Mac-Farlanne*, par Apis.
1891 m. b. *Norbert*, par Apis.
1892 m. n. *Ouragan*, par Apis.

4051.   **ESTAFINE**, 1/2 s. N. — M. Valette.
B. 1875. — Calvados (Le Pin).
Par *Estafette* et une fille de Quia.

1879 m. al.   , par Libérator.
1880 s. r.
1881 m. b.   , par Renaissant.
1882 m. al.   , par Libérator.
1883 f. al. *Quia*, par Libérator.
1884 m. al.   , par Un.
1885 f. al.   , par Renémesnil.
1886 f. b.   , par Pompon.
1887 m. b.   , par Noville.
1888 f. b. *Verdure*, par Verdun, P. S. A.
1889 m. al.   , par Verdun, P. S. A.
1890 m. b.   , par Livet.
1891 f. b.   , par Saint-Rigomer.
1892 m. al. *Olive*, par Saint-Rigomer.

4052.   **ESTELLA**, 1/2 s. N. — M. E. Sohier.
B. 1886. — Manche (Saint-Lô).
Par *Ministère*, P. S. A., et une fille de Vert-Galant.
Sa grand'mère : par Paternel.

1890 f. b. *Attentive*, par Fred-Archer.

4053.   **ESTHER**, 1/2 s. N. — M. Leguillon.

B. 1882. — Normandie (Le Pin).

Par *Ricoli* et *Royale-Topaze*, P. S. A., par Royal-Quand-Même.

1886-1887 s. r.
1888 f. b. *Kaderchap*, par Tigris.
1889 f. b. *La Mère-Michel*, par Hardy.
1890 m. b. *Masséna*, par Hardy.
1891 m. al. *Nicolas*, par Etendard.
1892 f. b. *Osmonde*, par Qui-Vive.

4054.   **ÉTAMINE**, 1/2 s. N. — M. Deprépetit.

B. 1882. — Normandie (Le Pin).

Par *Niger* et *La Fanchonnette*, ex-*Ma Folie*, P. S. A.
par Faugh-a-Ballah.

1886 m. b.   , par Vadempierre.
1887 f. b. *Jenny V*, par Valdempierre.
1888 m. b.   , par Jadis.
1889 m. b. *Lama*, par Echo.

4055.   **ÉTAMINE**, 1/2 s. N. — M. Léon Jean.

B. 1888. — Manche (Saint-Lô).

Par *Domino-Noir* et *Manche*, par Regnard.

Sa grand'mère : par The Heir-of-Linne, P. S. A.
Sa bisaïeule : par Etendard.
Sa trisaïeule : par Diomède.

1892 m. n. *Othman*, par Fontenay.

4056.   **ÉTINCELLE**, 1/2 s. N. — M. C. Castillon.

Bb. 1881. — Normandie (Le Pin).

Par *Normand* et *Séduisante*, par Abrantès.

1885 s. r.
1886 f. n.   , par Acquila.
1887 m. n.   , par Acquila.
1888 m. n. *Kara*, par Acquila.
1889 m. b. *Lysias*, par Etendard.
1890 f. b.   , par Acquila.
1891 f. b. *Nébuleuse*, par Tigris.

4057. **ÉTINCELLE**, 1/2 s. N. — M. Busnel.
B. 1881. — Calvados (Le Pin).
Par *Trouble* et une fille de Régnier.
Sa grand'mère : par Coleraine, 1/2 s. A.

1885 f. al.   , par Pompon.
1886 vide.
1887 m. b. b.   , par Cabanis.
1888 m. b.   , par Cabanis.
1889 m. b.   , par Cabanis.
1890 m. b.   , par Cabanis.
1891 m. b.   , par Cabanis.
1892 m. b.   , par Cabanis.

4058. **ÉTINCELLE**, 1/2 s. N. — M. Th. Guibout.
B. 1882. — Calvados (Le Pin).
Par *Kaolin*, P. S. A., et une fille d'Irlandais.
Sa grand'mère : par Faust, P. S. A.

S. r. jusqu'en 1890.
1891 f. b.   , par Saint-Rigomer.
1892 m. b.   , par Saint-Rigomer.

4059. **ÉTINCELLE**, 1/2 s. N. — M. Olry.
Al. 1883. — Orne (Le Pin).
Par *Phaéton* et *Belle-de-Jour*, par Centaure.
Sa grand'mère : *Belle-de-Jour*, par Pledge.
Sa bisaïeule : *Balbinie*, par Wanderer, 1/2 s. A.
Sa trisaïeule : *Dame-Charlotte*, par Brocardo, P. S. A.
Sa quadrisaïeule : par Voltaire.
5e degré : par Glocester.
6e degré : par Jaggar.
7e degré : *Diane*, par Gallipoly, P. S. Ar.

S. r. jusqu'en 1890.
1891 m. b. *Nautilus*, par Élan (approuvé).

4060. **ÉTOILE**, 1/2 s. N.— M. le Cte de Gauville.
Al. 1866. — Orne (Le Pin).
Par *Tonnerre-des-Indes* P. S. A., et une 1/2 s. N., par Chacias,
P. S. A.

S. r. jusqu'en 1879.
1880 m. al. *Colonel*, par Buci.
1881 m. al. *Damier*, par Gall.
1882 morte.

12

4061.   **ÉTOILE,** 1/2 s. N. — M. Lallouet.
Al. 1882. — Normandie (Le Pin).
Par *Phaéton* et *Impérieuse*, par Utrecht.
Sa grand'mère : *Impérieuse,* par Pledge.

1886 f. b. *Indiana,* par Uriel.
1887 s. r.
1888 m. b. b. *Herman,* par Élan.
1889 m. b. *Liancourt,* par Élan.
1890 f. b. b. *Mica,* par Élan.
1891 f. b. *Normandelle,* par Élan.
1892 m. b. *Ohio,* par Élan.

4062.   **ÉTOILE-FILANTE,** 1/2 s. N.
M. du Rozier.
N. 1882. — Calvados (Saint-Lô).
Par *Lavater* et *Harriet,* P. S. A., par Charlatan.

1886 s. r.
1887 f. n. *Judic,* par Cherbourg.
1888 f. n. *Kalenda,* par Cherbourg.
1889 m. al. *Lièvre,* par Reynolds.
1890 f. b. *Marjolaine,* par Reynolds.
1891 m. b. *Normand,* par Cherbourg.
1892 vide.

4063.   **ÉTOILE-FILANTE,** 1/2 s. N. — M. Olry.
B. 1882. — Orne (Le Pin).
Par *Niger* et *La Mazurka,* par Inkermann.
Sa grand'mère : par Noteur.
Sa bisaïeule : par Rémus.

1886-1887 vide.
1888 f. b. *Karthoumm,* par Phaéton.
1889 a avorté.
1890 vide.
1891 f. b. *Nébuleuse,* par Phaéton ou Cherbourg.
1892 m. b. *Orne,* par Krakatoa, P. S. A.

4064.   **ÉTOURDIE,** 1/2 s. N. — M. Cagniard.
B. 1883. — Calvados (Le Pin).
Par *Raifort* et une fille d'Elu.
Sa grand'mère : par Homère.

1887-1888 s. r.
1889 m. b. b. *Luthérien,* ex-*Lumino,* par Étendard.

1890 m. al.   , par Étendard.
1891 f. al. *Nina*, par Étendard.
1892 m. b. *Octidi*, par Homard.

4065. EUTERPE, 1/2 s. N. — M. le duc de Narbonne.
Al. 1879. — Orne (Le Pin).
Par *Jactator* et *Séduisante*, par Tonnerre-des-Indes, P. S. A.

Sa grand'mère : *Pomponia*, par Sylvio, P. S. A.
Sa bisaïeule : *Fiction*, par Aï.
Sa trisaïeule : *Paméla*, par D. I. O., P. S. A.
Sa quadrisaïeule : *La Bachate*, par Bacha, P. S. Ar.
5e degré : une jument orientale du Haras de Deux-Ponts.

1883 s. r.
1884 f. al. *Junon*, par Edhen, P. S. Ar.
1885 à 1889 s. r.
1890 f. b. *Pivoine*, par Élan.
1891 f. b. *Quand-Même*, par Élan.
1892 f. al. *Raquette*, par Dégagé.

4066.   **ÉVA**, 1/2 s. N. — M. D. Lindet.
B. 1880. — Orne (Le Pin).
Par *Phaéton* et *Pégriote*, par Elu.

Sa grand'mère : par Solide.
Sa bisaïeule : *Pégriote*, par Eylau, P. S. A. A.
Sa trisaïeule : jument arabe (mère de Buci et de Jactator).

1884 s. r.
1885 m. b.   , par Alaric.
1886 m. al. *Ilote*, par Beaugé.
1887 vide.
1888 m. b. b. *Kaviar*, par Cherbourg.
1889 m. b.   , par Edimbourg.
1890 vide.
1891 f. b.   , par Fuschia.
1892 f. al. *Obole*, par Fuschia.

4067.   **ÉVA**, 1/2 s. N. — M. Renault.
Al. 1882. — Normandie (Le Pin).
Par *Niger* et *Thérence*, par Kilomètre.

Sa grand'mère : *Gaselle*, par Bayard ou Bassompierre.
Sa bisaïeule : Y. *Baronness*, par The Baron, P. S. A.
Sa trisaïeule : *Isole*, par Prince-Caradoc, P. S. A.
Sa quadrisaïeule : *Corysandre* (jumenterie du Pin).

1886 f. b. *Ida*, par Camembert.

4068.   **ÉVA**, 1/2 s. N. — M. C. Castillon.
B. 1882. — Normandie (Le Pin).
Par *Ulrich II, Interprète* ou *Valère* et *Junon*, par Écuyer.
Sa grand'mère : par Virgile.

1886 s. r.
1887 f. b. b. *Juliette*, par Apis.
1888 vide.
1889 f. b. *Louise-Bonne*, par Acquila.
1890 morte.

4069.   **ÉVA II**, 1/2 s. N. — M. Foulon.
B. 1882. — Orne (Le Pin).
Par *Uriel* et *Clémence-Isaure*, P. S. A., par Aviceps.

1886-1887-1888 s. r.
1889 m. b. *Liseron*, par Cherbourg.
1890 s. r.
1891 f. b. *New-Eva*, par Phaéton.

3493.   **ÈVE**, 1/2 s. N. — M. Laborde.
B. 1882. — Normandie (Le Pin).
Par *Hippomène*, 1/2 s. Big., et une fille de Conquérant.
Sa grand'mère : par The Nemrod, 1/2 s. A.

1886 m. b. *Caen*, par Rivoli.
1887 f. al. *Déesse*, par Valencourt.
1888 s. r.
1889 f. b. b. *Florès*, par Valencourt.
1890 f. b. *Gitana*, par Valencourt.

4070.   **EVENING-STAR**, P. S. A. — M. Hatin.
Al. 1871. — Manche (Saint-Lô).
Par *Dollar* et *Constellation*.

S. r. jusqu'en 1891.
1892 m. b. b. *Oracle*, par Colporteur.

4071.   **EXÉAT**, 1/2 s. N. — M. Doucet.
Al. 1888. — Normandie (Saint-Lô).
Par *Exéat* et une fille d'Unicorne.
Sa grand'mère : par Paddy.

1892 m. b. *Osero*, par Follet.

3902. **FADETTE**, 1/2 s. N. — M. H. de Vains.
Al. 1887. — Manche (Saint-Lô).
Par *Amiral* et une fille de Prickwillow I, 1/2 s. A.

Sa grand'mère : par Labore.

3903. **FALAFATTE**, 1/2 s. N. — M. A. Burin.
B. 1883. — Normandie (Le Pin).
Par *Apis* et *Mademoiselle-de-Claire-Feuille*, par Gaulois.

Sa grand'mère : *Félicia*, par Inkermann.
Sa bisaïeule : par Castor.
Sa trisaïeule : par Railleur.

1887 m. b. b.   , par Fataliste, P. S. A.
1888 m. b. b.   , par Fataliste, P. S. A.
1889 f. b. *La Veine*, par Echo.
1890 vide.

3904. **FALBALAS**, 1/2 s. N. — M. L. Grégoire.
B. 1880. — Normandie (Le Pin).
Par *Gall* ou *Hannon* et *Yvonne*, par Faust, P. S. A.

Sa grand'mère : par Noteur.

S. r. jusqu'en 1890.
1891 m. al   , par Echo.

3905. **FANCHETTE**, 1/2 s. N. — M. L. Grégoire.
B. 1873. — Normandie (Le Pin).
Par *Galba* et *Elvire*, par Esculape.

Sa grand'mère : par Tipple-Cider, P. S. A.
Sa bisaïeule : Jument anglaise.

1877 s. r.
1878 m. b. *Athos*, par Conquérant.
1879 à 1888 s. r.
1889 f. b. *Lachmé*, par Echo.

3906. **FANCHETTE**, 1/2 s. N. — M. Lebreton.
B. 1875. — Manche (Saint-Lô).
Par *Hunter* et une fille de Quinine.

S. r. jusqu'en 1891.
1892 f. ro. *Olivença*, par Saint-Mélaine.

3907.   **FANCHETTE**, 1/2 s. N. — M. P. Guillot.
B. 1883. — Manche (Saint-Lô).
Par *Utrecht* et une fille de L'Incroyable, P. S. A.
Sa grand'mère : par Luther.

1887 m. b. *Jasmin*, par Dunois.
1888 f. b. *Gysèle*, par Dunois.
1889 m. b. *Léonidas*, par Dunois.
1890 m. b. *Marceau*, par Dunois.
1891 vide.
1892 m. b. *Oudinot*, par Ibis.

3908.   **FANEUSE**, 1/2 s. N. — M. R. Buhot.
Al. 1879. — Manche (Saint-Lô).
Par *L'Incroyable*, P. S. A., et une 1/2 s. N., par The Heir-of-Linne,
P. S. A.

S. r. jusqu'en 1891.
1892 f. al.   , par Reynolds.

3909.   **FANFARE**, 1/2 s. N. — M. Denouette.
B. 1873. — Normandie (Le Pin).
Par *Orloff*, 1/2 s. R., et *Rougette*, par Ouvrier.

S. r. jusqu'en 1885.
1886 m. ro. *Souvenir*, par Serpolet-Rouan.
1887 s. r.
1888 f. b. *Pentecôte*, par Camembert.
1889 m. b. *Lancier*, par Beaugé.
1890 m. b. *Hanteur*, par Camembert.
1891 a avorté.

3910.   **FANFARE**, 1/2 s. N. — M. Ozouf David.
Bb. 1877. — Calvados (Le Pin).
Par *Noville* et *Fanfare*, P. S. A., par West-Australian.

1881 m. b.   , par Reynolds.
1882 produit mort.
1883 vide.
1884 m. b.   , par Attila.
1885-1886 vide.
1887 m. b.   , par Lavater.
1888 f. b. *Jongleuse*, par Espoir.
1889 m. b.   , par Espoir. Mort.
1890 m. b.   , par Fontenay.
1891 m. b. b. *Normand-Jeune*, par Espoir.

3911. FANFARONNE, 1/2 s. N. — M. G. Guény.

B. 1883. — Orne (Le Pin).

Par *Valdempierre* et *Pastourelle*, par Esculape.

Sa grand'mère : par Noteur.
Sa bisaïeule : par Sylvio, P. S. A.

1887 et 1888 s. r.
1889 f. b. *Lutine*, par Elan (approuvé).
1890 f. b. *Merlcrautine*, par Elan (approuvé).
1891 f. b. *Navette*, par Elan (approuvé).
(Passée dans la région du Centre en 1891, pleine de Cherbourg.)

4072. FANFRELUCHE, 1/2 s. N. — M. A. Lebas.

B. 1884. — Manche (Saint-Lô).

Par *Attila* et *Perce-Neige*, par Lavater.

Sa grand'mère : par The Heir-of-Linne, P. S. A.
Sa bisaïeule : *Elisa*, par Corsair, 1/2 s. A.
Sa trisaïeule : *Elise*, par Marcellus, P. S. A.

1888 s. r.
1889 m. b. *Lucas*, par Eole.
1890 f. b. *Méduse*, par Eole.
1891 produit mort.
1892. f. b. *Omelette*, par Eole.

4073. FANIE, 1/2 s. N. — M. L. Samson.

N. 1881. — Manche (Saint-Lô).

Par *Montebello* et une fille de Lavater.

S. r. jusqu'en 1889.
1890 f. b. b. *Sérieuse*, par Varennes.

4074. FANIE, 1/2 s. N. — M. M. Noël.

Bb. 1882. — Normandie (Saint-Lô).

Par *Bataillon* et une fille de Divus.

Sa grand'mère : par Lagopède.

S. r. jusqu'en 1891.
1892 f. b. b. *Odyssée*, par Espadem.

4075. FANNY, 1/2 s. N. — M. Beaudouin.

Gr. 1859. — Eure (Le Pin).

Par *The Norfolk-Phœnomenon*, 1/2 s. A., et une fille de Turk,
1/2 s. A.

S. r. jusqu'en 1868.
1869 m. ro. *Crocus*, par Crocus ou Y.

1870-1871 s. r.
1872 f. gr. *Grisette*, par Lavater.
1873 f. b. *Candélaria*, par Lavater.
1874 f. al. *Renommée*, par Carrouges, P. S. A.

4076.   **FANNY**, 1/2 s. N. — M. P. Simon.
B. 1879. — Manche (Saint-Lô).
Par *Peuplier* et une fille de Hambourg (approuvé)

1883 f. al. *Cocotte*, par Urdos.
1884 m. b. *Vieux*, par Vieillot.
1885 m. al.   , par Athos.
1886 f. b. *Doucette*, par Athos.
1887 m. b. *Bijou*, par Editeur.
1888 m. al.   , par Elbourg.
1889 f. b.   , par Genêt.
1890 m. b. *Mutin*, par Genêt.

4077.   **FANNY**, 1/2 s. N. — M. Noël.
B. 1885. — Manche (Saint-Lô).
Par *Etain* et une fille de Quotient,
Sa grand'mère : par Dagobert.

1889 m. b.   , par Diplomate.
1890 m. b.   , par Espadem.
1891 vide et à la Remonte.

4078.   **FARANDOLE**, 1/2 s. N. — M. Ch. Cavey
Al. 1883. — Orne (Le Pin).
Par *Phaéton* et *Conquête*, par Conquérant.
Sa grand'mère : *Mazurka*, par Inkermann.
Sa bisaïeule : *Cocotte*, par Noteur.
Sa trisaïeule : *Cocotte*, par Rémus.

1887 s. r.
1888 f. b. *Kina*, par Elan.
1889 m. b. *Miracle*, par Cherbourg.
1890 m. b. *Marcelet*, par Cherbourg.
1891 vide.
1892 f. b. b. *Orfa*, par Cherbourg.

4079.   **FARCEUSE**, 1/2 s. N. — M. Cl. Bérot.
B. 1883. — Manche (Saint-Lô).
Par *Lavater* et *Augustine*, P. S. A., par Auguste.

1887 et 1888 s. r.
1889 f. al. *Levrette*, par Reynolds.
1890 m. b. *Mistral*, par Reynolds.
1891 vide.

4080. **FARIBOLE**, 1/2 s. N. — Duc de Narbonne.
B. 1880. — Orne (Le Pin).
Par *Conquérant* et *Parisienne*, par Vladimir.
Sa grand'mère : *La Rose*, par Idalis.
Sa bisaïeule : *Céline*, par Brocardo, P. S. A.
Sa trisaïeule : *Tamisienne*, par Performer, 1/2 s. A.
Sa quadrisaïeule : *Zaïre*, par Napoléon, P. S. A. A.

1884-1885 s. r.
1886 f. n. *Lavandière*, par Polkantchick.
1887 f. b. *Matelote*, par Harpon.
1888 f. b. *Nanine*, par Dictateur.
1889 m. b. *Ophite*, par Elan.
1890-1891 vide.

4081. **FARNÈSE**. 1/2 s. N. — M. Flaux.
B. 1888. — Normandie (Saint-Lô).
Par *Farnèse* et une fille de Sauvageon.
Sa grand'mère : par Gloire.

1892 f. b. *Outrecuidance*, par Frondeur.

4082. **FATHMA**, 1/2 s. N. — M. L. Artu.
B. 1885. — Manche (Saint-Lô).
Par *Lavater* et une fille de The Heir-of-Linne, P. S. A.
Sa grand'mère : par Carnassier.

1889 f. b. *Lutine*, par Colporteur.
1890 m. b. , par Frondeur.
1891 vide.
1892 f. b. *Odette*, par Colporteur.

4083. **FATINIZA**, 1/2 s. N. — M. P. Castel.
B. 1883. — Normandie (Le Pin).
Par *Rivoli* et *Jarnicoton*, par The Norfolk-Phœnomenon, 1/2 s. A.
Sa grand'mère : par Schamyl, P. S. A.
Sa bisaïeule : par Condé.

1887 s. r.
1888 deux produits morts.
1889 s. r.

1890 f. al. *Surprise*, par Barrabas.
1891 m. n. *Niger*, par Hercule-Normand.
1892 m. b. *Ouragan*, par Juvigny.

4084.   **FATMA**, 1/2 s. N. — M. Clry.
Gr. 1875. — Normandie (Le Pin).
Par *Niger* et *Zama*, P. S. Ar.

S. r. jusqu'en 1885.
1886 m. al. *Viveur*, par Fataliste, P. S. A.
1887 f. al. *Joyeuse*, par Phaéton.
1888 m. b.   , par Élan.
1889 f. gr.   , par Élan.
1890 vide.
1891 passée dans la région de l'Est.

4085.   **FATMA**, 1/2 s. N. — M. Tesnière.
Gr. 1883. — Seine-Inférieure (Le Pin).
Par *Ornement* (approuvé), et *Fleur-de-Mai*, par Performer, 1/2 s. A.
Sa grand'mère : jument de P. S. Ar.

1887 f. b. *Jenny*, par Upas, 1/2 s. N.
1888 f. b. *Ketty*, par Upas, 1/2 s. N.
1889 m. gr. *Nello*, par Jadis.
1890-1891 vide.
1892 f. b. *Ondine*, par Hardy.

4086.   **FATMA**, 1/2 s. N. — M. Le Corroyeur.
B. 1883. — Orne (Le Pin).
Par *Serpolet-Bai* et *Camélia*, par Élu.
Sa grand'mère : *Crinoline*, par Séducteur.
Sa bisaïeule : *Orpheline*, P. S. A., par Fitz-Gladiator.

1887 s. r.
1888 m. b. *Kirsch*, par Étudiant.
1889 vide.
1890 f. b. *Mérisse*, par Fuschia.
1891 f. b. *Nubienne*, par Fuschia.
1892 m. al. *Oran*, par Fuschia.

4087.   **FATMA**, 1/2 s. N. — M. Bénard.
B. 1885. — Calvados (Le Pin).
Par *Uriel* et *Tontine*, P. S. A., par Brindisi.

1889 f. b. *Fille-de-l'Air*, par Fumet.
1890 f. b. *Miranda*, par Étendard.
1891 m. b. *Nélaton*, par Étendard.

4088.   **FATOU-GAI**, 1/2 s. N. — M. Beaudouin.

Aub. 1885. — Seine-Inférieure (Le Pin).

Par *Serpolet-Rouan* et *Confidence*, P. S. A., par West-Australian.

1889-1890-1891 s. r.
1892 m. ro. *Oiseleur*, par Hardy.

4089.   **FAUSTINA**, 1/2 s. N. — M. L. Yver.

B. 1887. — Manche (Saint-Lô).

Par *Washington*, 1/2 s. All., et *Faustine*, par Faust. 1/2 s. R.

Sa grand'mère : *Pintade*, par D'jar, P. S. Ar.
Sa bisaïeule : *Carabine*.

4090.   **FAUSTINE**, 1/2 s. N. — M. L. Yver.

B. 1873. — Manche (Saint-Lô).

Par *Faust*, 1/2 s. R., et *Pintade*, par D'jar, P. S. Ar.

Sa grand'mère : *Carabine*.

1877 à 1881 s. r.
1882 m. b. *Dur-à-Cuire*, par Président.
1883-1884 vide.
1885 m. b. *Grand-Veau*, par Président.
1886 vide.
1887 f. b. *Faustina*, par Washington, 1/2 s. All.
1888 vide.
1889 m. b. *L'As-tu-Vu*, par Sérieux.
1890-1891-1892 vide.

4091.   **FAUSTINE**, 1/2 s. N. — M. J. Drouin.

B. 1873. — Orne (Le Pin).

Par *Faust*, P. S. A., et *Mahina*, par Esculape.

Sa grand'mère : par Valdemar.

S. r. jusqu'en 1888.
1889 m. b.   , par Cambronne.
1890 m. b.   , par Cambronne.
1891 f. b.   , par Cambronne.

4092.   **FAUSTINE**, 1/2 s. N. — M. Lallouet.

B. 1883. — Normandie (Le Pin).

Par *Serpolet-Bai* et *Ran-ja-i-mé*, par Kaolin, P. S. A.

Sa grand'mère : par Gaulois.

1887-1888 s. r.
1889 f. b. *La Grasse*, par Valencourt.

1890 m. b. b. *Marengo*, par Fuschia.
1891 f. b. *Numance*, par Fuschia.
1892 m. al. *Oranger*, par Fuschia.

4093.   FAUVETTE, 1/2 s. N. — M. Leclerc.
B. 1873. — Manche (Saint-Lô).
Par *Josaphat* et une fille de Kapirat.

S. r. jusqu'en 1891.
1892 m. b. *Orage*, par Colporteur.

4094.   FAUVETTE, 1/2 s. N. — M. Ygouf.
B. 1879. — Calvados (Saint-Lô).
Par *Ribaud* et une fille d'Historien.
Sa grand'mère : par Espiègle.

S. r. jusqu'en 1886.
1887 m. n. *Jacet*, par Phare.
1888 f. b. *Olympe*, par Espoir.
1889 f. n. *Pallas*, par Phare.
1890 m. n. *Macaroni*, par Phare.
1891 m. b. *Noé*, par Phare.
1892 f. b. *Sara*, par Phare.

4095.   FAUVETTE, 1/2 s. N. — M. Lindet.
Bb. 1881. — Orne (Le Pin).
Par *Serpolet-Bai* et *Diane*, par Koping.
Sa grand'mère : *Frétillon*, par Solide.
Sa bisaïeule : *Pégriote*, par Eylau, P. S. A. A.
Sa trisaïeule : jument arabe (mère de Buci et de Jactator).

S. r. jusqu'en 1886.
1887 m. al.   , par Cambronne.
1888 m. al.   , par Beaugé.
1889 vide.
1890 produit mort.
1891 f. b.   , par Cambronne.
1892 f. al. *Oréade*, par Hote.

4096.   FAUVETTE, 1/2 s. N. — M. Cl. Bérot.
Al. 1880. — Manche (Saint-Lô).
Par *Sidi*, P. S. Ar., et une fille d'Egésippe.
Sa grand'mère : par Lagopède.

1884 s. r.
1885 f. b. *Graziella*, par Upas (Amérique).
1886 m. b. *Indus*, par Domino-Noir.

1887-1888 vide.
1889 f. b. *Levantine*, par Domino-Noir.
1890 s. r.
1891 f. b. b. *Muzette*, par Fontenay.
1892 f. al. *Olive*, par Fontenay.

4097. FAUVETTE, 1/2 s. N. — MM. J. et F. Lecaudey.
B. 1885. — Manche (Saint-Lô).
Par *Lavater* et une fille de The Heir-of-Linne, P. S. A.
Sa grand'mère : par Sinope.

1889 s. r.
1890 f. al. *Norice*, par Géranium.
1891 vide.

4098. FAUVETTE, 1/2 s. N. — M. E. Belleux.
B. 1887. — Normandie (Saint-Lô).
Par *Tempête* et une fille d'Ugolin.
Sa grand'mère : par Lothaire.

1891 s. r.
1892 f. b. *Orientale*, par Gasparin.

4099. FAUVETTE, 1/2 s. N. — M. E. Régnault.
B. 1888. — Manche (Saint-Lô).
Par *Carnavalet* et *Brunette*, par Aristocrate.
Sa grand'mère : *Coquette*, par Newton.
Sa bisaïeule : *Rapide*, par Pretty-Boy, P. S. A.
Sa trisaïeule : *Victorieuse*, par Nemrod.
Sa quadrisaïeule : par Lionceau.

4100. FAUVETTE, 1/2 s. N. — M. Méry Samson.
B. 1889. — Calvados (Le Pin).
Par *Réussi*, P. S. A., et une fille de Palm.
Sa grand'mère : par Printemps.

4101. FAUVETTE II, 1/2 s. N. — M. Lallouet.
B. 1883. — Normandie (Le Pin).
Par *Phaéton* et *Juliana*, par Élu.
Sa grand'mère : *Voyageuse*, par Gaulois.
Sa bisaïeule : *Brillante*, par Jéricko.
Sa trisaïeule : *Ida*, par Basly. (V. *Hallencourt*, t. 1.)

S. r. jusqu'en 1889.
1890 f. b. *Myosotis*, par Cherbourg.
1891 f. b. *Narcisse*, par Cherbourg.

4102. FAUVETTE V, 1/2 s. N. — M. C. Hervieu.
Al. 1883. — Calvados (Le Pin).
Par *Niger* et *Marinette*, par Tamberlick, P. S. A.
Sa grand'mère : par Y. Phœnomenon, 1/2 s. A.
Sa bisaïeule : par Dorus.
Sa trisaïeule : par Introuvable.

S. r. jusqu'en 1888.
1889 m. b. *Lansquenet*, par Etendard.
1890 f. al. *Mandoline*, par Etendard.
1891 f. b. *Navarette*, par Etendard.

4103. FAVORITE, 1/2 s. N. — M. Drouin.
Bb. 1871. — Orne (Le Pin).
Par *Elu* et *Miss-Carlotta*, par Séducteur.
Sa grand'mère : par Kœnigsberg.
Sa bisaïeule : par Glocester.
Sa trisaïeule : par Sylvio, P. S. A.

1875 et 1876 s. r.
1877 m. al. *Viveur*, par Hannon.
1878 à 1881 s. r.
1882 f. b. *Olga*, par Quiclet.
1883 vide.
1884 f. b.   , par Beaugé.
1885 à 1887 vide.
1888 f. al. *Kalouga*, par Cambronne.
1889-1890 vide.
1891 m. b.   , par Edimbourg.

4104. FAVORITE, 1/2 s. N. — M. Ozouf David.
Bb. 1880. — Seine-Inférieure (Le Pin).
Par *Sarcus* et une fille de Bayard.

S. r. jusqu'en 1889.
1890 a avorté.

4105. FAVORITE, 1/2 s. N. — M. J. Lemelletier.
Al. 1881. — Manche (Saint-Lô).
Par *Idoménée* et une fille de Quality.
Sa grand'mère : par The Heir-of-Linne, P. S. A.
Sa bisaïeule : par Giboyer.

1885 s. r.
1886 m. al. *Vertueux*, par Druidique.
1887 vide.
1888 f. al. *Lisa*, par Défendu.

1889 vide.
1890 m. al. *Robert*, par Pétrarque.
1891 vide.
1892 f. b. *Vertueuse*, par Loyal.

4106. **FAVORITE**, 1/2 s. N. — M. H. Planquette.

Al. 1881. — Calvados (Saint-Lô).

Par *Ribaud* et *Lisa*, par Sancho.

1885 f. b *Minerve*, par Ministère, P. S. A.
1886 f. al. *Mirabelle*, par Ministère, P. S. A.
1887 vide.
1888 m. al.   , par Écarté (Belgique).
1889 vide.
1890 produit mort.
1891 m. b.   , par Fred-Archer.
1892 m. al. *Ophinchas*, par Fred-Archer.

4107. **FAVORITE**, 1/2 s. N. — M. H. Rocques.

Bb. 1882. — Calvados (Le Pin).

Par *Tigris* et une fille de Radeau.

Sa grand'mère : par Irlandais.

1886 f. b. b. *Espérance*, par Baptiste-Lemore.
1887 f. n. *Corvette*, par Baptiste-Lemore.
1888 m. b. b.   , par Baptiste-Lemore.
1889 vide.
1890 f. b. b. *Galantine*, par Galant II.
1891 f. b. b.   , par Fumet ou Galant II.
1892 m. b. b. *Orsini*, par Fumet.

4108. **FAVORITE**, 1/2 s. N. — M. Maurice Rose.

N. 1883. — Manche (Saint-Lô).

Par *Lavater* et *Mon-Etoile*, par Lozenge, P. S. A.

Sa grand'mère : par Giboyer.
Sa bisaïeule : par J'y-Songerai.
Sa trisaïeule : par Kapirat.
Sa quadrisaïeule : par Usel.
5e degré : par Gaberlunzie.

S. r. jusqu'en 1890.
1891 m. b. b. *Narghilé*, par Fred-Archer.
1892 vide.

4109. **FAVORITE**, 1/2 s. N. — M. P. Anfray.
B. 1883. — Manche (Saint-Lô).
Par *Quintus* et *Fidèle*, par Fidèle-au-Malheur.
Sa grand'mère : *Poulotte*, par Ourson.
Sa bisaïeule : *Rosette*, par Camisard.

S. r. jusqu'en 1889.
1890 m. b. *Mirliton*, par Austral.
1891 f. b. *Neulic*, par Austral.
1892 m. b. *Och*, par Favori (approuvé).

4110. **FAVORITE**, 1/2 s. N. — M. Lallouet.
B. 1883. — Normandie (Le Pin).
Par *Quiclet* et *Sultane*, par Tamberlick, P. S. A.
Sa grand'mère : par The Norfolk-Phœnomenon, 1/2 s. A.
Sa bisaïeule : par Voltaire.
Sa trisaïeule : par Xerxès.
Sa quadrisaïeule : par Hamilton.

1887 m. n.   , par Usquebac. Mort.
1888 f. b. *Hélice*, par Edimbourg.
1889 f. b. *Lutine*, par Edimbourg.
1890 f. b. *Mirabelle*, par Edimbourg.
1891 m. n.   , par Edimbourg.

4111. **FAVORITE**, 1/2 s. N. — M. Fleury.
Bb. 1883. — Sarthe (Le Pin).
Par *Phaéton* et *Bluette*, par Quiclet.
Sa grand'mère : par Gall.
Sa bisaïeule : par Inkermann.
Sa trisaïeule : par Tipple-Cider, P. S. A.
Sa quadrisaïeule : par Eylau, P. S. A. A.

1887 f. n. *Jonquille*, par Edimbourg.
1888 vide.
1889 m. b. *Louveteau*, par Elan (approuvé).
1890 m. b. *Mamertin*, par Elan (approuvé).
1891 s. r.
1892 f. n. *Odorante*, par Edimbourg.

4112. **FAVORITE**, 1/2 s. N. — M. Monnier-Cénéri.
Al. 1883. — Normandie (Le Pin).
Par *Oriental* et *Séduisante*, par Taconnet.

Sa grand'mère : par Séducteur.
Sa bisaïeule : par Voltaire.
Sa trisaïeule : par Décember.

1887 m. b.   , par Valdempierre.
1888 f. b.   , par Vampire.
1889 f. b.   , par Gérardmer. Morte.
1890 f. al.   , par Gérardmer. (Belgique.)
1891 f. al.   , par Gérardmer.

4113.   **FAVORITE**, 1/2 s. N. — M. A. Prémont.

Al. 1883. — Manche (Saint-Lô).

Par *Sidi*, P. S. Ar., et une fille de Jackson.

Sa grand'mère : par Lagopède.
Sa bisaïeule : par Tarrare, P. S. A.
Sa trisaïeule : par Sauvage.
Sa quadrisaïeule : par Bob-Warwick, 1/2 s. A.

1887 f. b. *Jarretière*, par Lavater.
1888 s. r.
1889 f. b. *Linotte*, par Frondeur.
1890 m. b. *Mai*, par Frondeur.
1891 m. b.   , par Frondeur.

4114.   **FAVORITE**, 1/2 s. N. — M. O. Lepailleur.

B. 1884. — Calvados (Saint-Lô).

Par *Agenda* et une fille de Seymour.

Sa grand'mère : par Vladimir.
Sa bisaïeule : par Taconnet.
Sa trisaïeule : par Glocester.

1888 m. b. b. *Zéphir*, par Cordebugle.
1889 f. b. *Pomponnette*, par Forban.
1890 vide.
1891 m. b. *Nabuchos*, par Harmonieux.

4115.   **FAVORITE**, 1/2 s. N. — M. Duchemin.

B. 1885. — Manche (Saint-Lô).

Par *Attila* et une fille de Spectre.

Sa grand'mère : par Kapirat.
Sa bisaïeule : par Lionceau.

1889 produit mort.
1890 vide.
1891 s. r.
1892 f. al. *Nip*, par Gibraltar.

4116.   **FAVORITE**, 1/2 s. N. — M. Trinité.
Al. 1885. — Normandie (Le Pin).
Par *Régénérateur* et *Olga*, par Nomen.

Sa grand'mère : *Judith*, par Oronte.
Sa bisaïeule : *Georgette*, par Tambour.
Sa trisaïeule : par Usité.

1888 m. b. *Romulus*, par Y. Kapirat (Amérique).
1889 m. al. *Sultan*, par Y. Kapirat.
1890 m. al. *Bayard*, par Y. Kapirat.
1891 a avorté de deux poulains.
1892 m. al. *Oronte*, par Dante.

4117.   **FAVORITE**, 1/2 s. N. — Ctesse de Valori.
B. 1888. — Normandie (Saint-Lô).
Par *Renaissant* et une fille de Trocadéro.

Sa grand'mère : par Séducteur.

1892 m. b. *Orville*, par Jocrisse.

4118.   **FAVORITE**, 1/2 s. N. — M. T. Derrey.
B. 1890. — Seine-Inférieure (Le Pin).
Par *Alaric* et *Cora*, par Réveillon.
Sa grand'mère : *Corina*, par Quolibet.

4119.   **FÉE**, 1/2 s. N. — M. Le Bourg.
B. 1883. — Calvados (Le Pin).
Par *Tigris* et *Alice*, P. S. A., par Atlas.

1887 s. r.
1888 f. al. *Katharina*, par Echo.
1889 m. b.   , par Hardy.
1890 vide.
1891 f. b. *Norma*, par Favori.

4120.   **FÉGONDE**, 1/2 s. N. — M. L. Letourneur.
B. 1884. — Normandie (Saint-Lô).
Par *Ussy* et une fille d'Hélios.

Sa grand'mère : par Garus (approuvé).

S. r. jusqu'en 1891.
1892 m. b. *O'Brien*, par Vert-Galant.

4121. FEINLANDE, 1/2 s. N. — Mme Ve Engehard.
B. 1887. — Normandie (Saint-Lô).
Par *Sobriquet* et une fille de Médicis, P. S. A.

Sa grand'mère : par Jules-César.

1891 s. r.
1892 f. b. b. *Oriette*, par Galant I.

4122. FERNANDE, 1/2 s. N. — M. Bertheaume.
Al. 1870. — Normandie (Le Pin).
Par *Taconnet* et *Fernande*, par Centaure.

Sa grand'mère : *Paquita*, par Junot.
Sa bisaïeule : *Orange*, par D. I. O., P. S. A.

S. r. jusqu'en 1880.
1881 f. al. *Pigtaline*, par Sir Quid-Pigtail, P. S. A.
1882 s. r.
1883 f. b. b. *Flanelle*, par Valdempierre.
1884 s. r.
1885 m. al.   , par Un (Amérique).
1886 s. r.
1887 f. b. *Calypso*, par Valdempierre.
1888 m. b. b.   , par Jadis.
1889 s. r.
1890 m. al. *Mérops*, par Écho ou Havas.
1891 f. al. *Némée*, par Écho.

4123. FERRONNIÈRE, 1/2 s. N. — M. Leguillon.
B. 1882. — Normandie (Le Pin).
Par *Polkantchick*, 1/2 s. R., et une fille de Conquérant.

Sa grand'mère : par Illico.

1886-1887 s. r.
1888 m. n. *Khan*, par Tigris.
1889 vide.
1890 m. n. *Marceau*, par Hardy.
1891 s. r.
1892 f. b. *Octavia*, par Juvigny.

4124. FÉTICHE, 1/2 s. N. — M. Leguillon.
B. 1883. — Normandie (Le Pin).
Par *Rivoli* et *Royale-Normande*, par Normand.

Sa grand'mère : *Royale-Topaze*, P. S. A.

1887 f. b. *Jane-Gray*, par Coq-à-l'Ane. Morte.
1888 s. r.
1889 m. b.   , par Galba. Mort.
1890 m. b. *Mac-Grégor*, par Hardy.
1891 m. b. *Nicot*, par Homard.
A la Remonte en 1891.

4125.   **FEUILLE-DE-LIERRE**, 1/2 s. N.
M. Allix Courboy.
Al. 1882. — Manche (Saint-Lô).
Par *Reynolds* et *Modestie*, par The Heir-of-Linne, P. S. A.
Sa grand'mère : par Ugolin.
Sa bisaïeule : par Lahore.
Sa trisaïeule : par Eastham, P. S. A.

S. r. jusqu'en 1891.
1892 m. al. *Oxford*, par Valencourt.

4126.   **FIDA**, 1/2 s. N. — M. Verdery.
B. 1881. — Calvados (Le Pin).
Par *Nécy* et une fille de Quiproquo.

S. r. jusqu'en 1886.
1887 f. b. *Hirondelle*, par Uriel.
1888 m. b. *Vigoureux*, par Uriel. Mort.
1889 vide.
1890 m. b. *Mouton*, par Glaneur.
1891 vide.
1892 m. b. *Oméga*, par Usquebac.

4127.   **FIDA**, 1/2 s. B. — M. Degournay.
Al. 1888. — Bretagne (Saint-Lô).
Par *Rémus*, 1/2 s. B., et une fille de Veneur, 1/2 s. B.
Sa grand'mère : par Fire-King, 1/2 s. B.

1892 f. al. *Kabille*, par Archibald.

4128.   **FIDÈLE**, 1/2 s. N. — M. P. Anffray.
B. 1880. — Manche (Saint-Lô).
Par *Fidèle-au-Malheur* et *Poulotte*, par Ourson.
Sa grand'mère : *Rosette*, par Camisard.

1883 f. b. *Favorite*, par Quintus.
1884 à 1888 s. r.
1889 f. b. *Marinette*, par Bâtonnier.
1890 m. b.   , par Elbourg.
1891 f. b. *Natte*, par Elbourg.

4129.

FIDÈLE, 1/2 s. N. — M. L. Bailleul.
Gr. 1886. — Manche (Saint-Lô).
Par *Ussy* et une fille de Quaffé (approuvé).
Sa grand'mère : par Juvigny.

1890 s. r.
1891 m. b. *Macouba*, par Indigo.

4130.

FIDÈLE, 1/2 s. N. — M. Blier.
B. 1888. — Normandie (Saint-Lô).
Par *Dacapo* et une fille de Shamrock, 1/2 s. A.
Sa grand'mère : par Lodi.

1892 m. al. *Olivier*, par Exeat.

4131.

FIDÈLE-AU-MALHEUR, 1/2 s. N.
M. Lavignée.
B. 1883. — Orne (Le Pin).
Par *Normand* et une fille de Kilomètre.
Sa grand'mère : par Noteur.
Sa bisaïeule : par Stoker, P. S. A.
Sa trisaïeule : par Aï.

1887 f. b. *Jarnicoton*, par Uriel. Morte.
1888 f. b. *Kokiha*, par Uriel.
1889 f. b. *Lobelia*, par Bruce, P. S. A.
1890 à la Remonte.

4132.

FIGURANTE, 1/2 s. N. — M. E. Hermerdinger.
Al. 1882. — Orne (Le Pin).
Par *Phaéton* et *Fleur-de-Lys*, P. S. A., par Carrouges.

1886-1887 s. r.
1888 f. b. *Messaline*, par Cicéron II.
1889 m. b. *Lascar*, par Cicéron II.
1890 f. b. *Farandole*, par Cicéron II.
1891 f. al. *Néva*, par Camaldule.
1892 f. b. *Omelette*, par Camaldule.

4133.

FIL-D'OR, 1/2 s. N. — M. J. Lecomte.
Al. 1883. — Manche (Saint-Lô).
Par *Palatin*, P. S. A., et *L'Aérienne*, par Ignoré.
Sa grand'mère : par Victorieux.
Sa bisaïeule : par Perfection.

1887 s. r.
1888 f. b. *Jeanne-d'Arc*, par Calas.
1889 vide.
1890 m. al.   , par Utique.
1891 vide.

3230.   **FILEUSE**, 1/2 s. N. — M. Castel.
          B. 1883. — Normandie (Saint-Lô).
     Par *Le Dard*, P. S. A., et une fille de Muphti.
Sa grand'mère : par Bravo, P. S. A.
Sa bisaïeule : par Corsair, 1/2 s. A.

1887 m. b. *Jenner*, par Dunois (Amérique).

4134.   **FILLE-DE-CŒUR**, 1/2 s. N. — M. C. Drieu.
          B. 1882. — Normandie (Saint-Lô).
     Par *Lavater* et une fille de Pretty-Boy, P. S. A.
          Sa grand'mère : par Giboyer.

S. r. jusqu'en 1891.
1892 m. b. b. *Libas*, par Espoir.

4135.   **FILLE-DE-NUIT**, 1/2 s. N. — M. Drevet.
          Gr. 1878. — Seine-Inférieure (Le Pin).
  Par *Quirinus* et *Breteline*, par Ventre-Saint-Gris, P. S. A.
          Sa grand'mère : *Lesbie*, par Eylau, P. S. A. A.

S. r. jusqu'en 1890.
1891 m. gr. *Coco*, par Althorp-Wonder.
1892 f. al. *Rosette*, par Hippomène, 1/2 s. Big.

4136.   **FILLE-NORMANDE**, 1/2 s. N.
                    M. Deprépetit.
          B. 1883. — Normandie (Le Pin).
     Par *Normand* et *Théréza*, par Hannon.

Sa grand'mère : par Elu.
Sa bisaïeule : *Péyriote*, par Eylau, P. S. A. A.
Sa trisaïeule : jument arabe.

1887 s. r.
1888 m. n. *Kaschmyr*, par Phaéton.
1889 s. r.
1890 m. b. *Mistral*, par Cicéron II.
1891 m. n. *Nérée*, par Cherbourg.

4137.   **FILLETTE**, 1/2 s. N. — M. L. Berthot.
Bb. 1870. — Manche (Saint-Lô).
Par *Hussein* et une fille de Sir Henry-Dimsdale, 1/2 s. A.

Sa grand'mère : par Pégase.
Sa bisaïeule : par Paternel.

1874-1875 s. r.
1876 m. b. b. *Intrépide*, par Souvenir.
1877 s. r.
1878 f. al. *Elgorée*, par El-Gohr, P. S. Ar.
1879 f. al. *Charmante*, par El-Gohr, P. S. Ar.
1880 s. r.
1881 m. b. *Regretté*, par Ministère, P. S. A.
1882 s. r.
1883 f. b. *Mon-Etoile*, par Ministère, P. S. A. (Amérique).
1884 à 1886 s. r.
1887 f. al. *Eglantine*, par Écarté.
1888-1889 s. r.
1890 m. n. *Agile*, par Habéo.
1891 Morte.

4138.   **FILLETTE**, 1/2 s. N. — M. de Villiers.
Bb. 1876. — Manche (Saint-Lô).
Par *Wild-Bird*, P. S. A., et une fille de Y. Garibaldi, 1/2 s. A.

Sa grand'mère : *Gothon*, par Black-Jack, 1/2 s. A.

S. r. jusqu'en 1888.
1889 m. b. b. *Florido*, par Floridor.
1890 m. b. b. *Floréal*, par Floridor.
1891 f. b. b. *Nickelette*, par Nickel, P. S. A.
1892 f. b. b. *Black-Jacka*, par Nickel, P. S. A.

4139.   **FILLETTE**, 1/2 s. N. — M. Delauney.
Bb. 1877. — Normandie (Saint-Lô).
Par *Prickwillow I*, 1/2 s. A., et une fille de Quine.

S. r. jusqu'en 1891.
1892 f. b. b. *Ondée*, par Hottentot.

4140.   **FILLETTE**, 1/2 s. N. — M. Jeanne.
B. 1879. — Normandie (Saint-Lô).
Par *Impérial* et une fille de Nicias.

S. r. jusqu'en 1891.
1892 m. b. *Ouralsk*, par Baladeur.

4141.   **FILLETTE**, 1/2 s. N. — Mme Vᵉ Roublot.
N. 1879. — Manche (Saint-Lô).
Par *Saphir* et une fille d'Ugolin.

S. r. jusqu'en 1891.
1892 f. b. *Odalisque*, par Gasparin.

4142.   **FILLETTE**, 1/2 s. N. — M. Aug. Duval.
B. 1880. — Orne (Le Pin).
Par *Quiclet* et *Belle-Face*, par Gall.

S. r. jusqu'en 1887.
1888 m. al. *Kabyle*, par Gabier, P. S. A.
1889 m. b.   , par Cicéron II.
1890 m. b.   , par Cicéron II.
1891 f. b.   , par Cicéron II.
1892 f. b. *Odette*, par Hérode.

4143.   **FILLETTE**, 1/2 s. N. — M. Leconte.
B. 1880. — Normandie (Saint-Lô).
Par *Idoménée* et une fille de Bisson.

S. r. jusqu'en 1891.
1892 m. al.   , par Sérieux.

4144.   **FILLETTE**, 1/2 s. N. — M. P. Pàris.
B. 1881. — Manche (Saint-Lô).
Par *Mirliton* et une fille d'Otage.
Sa grand'mère : par Kahel.
Sa bisaïeule : par Garibaldi.

1885 f. b. *Georgette*, par Vagabond.
1886 m. b. *Jacques*, par Vagabond.
1887 vide.
1888 m. b. *Michel*, par Vagabond.
1889 m. b. *Baptiste*, par Serviteur.
1890 f. b. *Lisa*, par Vagabond.
1891 s. r.
1892 m. b. *Ouel*, par Sérieux.

4145.   **FILLETTE**, 1/2 s. N. — M. F. Leguédois.
Al. 1883. — Manche (Saint-Lô).
Par *Président* et une fille de Wild-Bird, P. S. A.
Sa grand'mère : par Idoménée.

1887 f. b. *Poulot*, par Sérieux.
1888-1889 s. r.
1890 f. al. *Badine*, par Volte-Face.
1891 vide.
1892 m. al. *Orville*, par Hottentot.

4146. **FILLETTE**, 1/2 s. N. — M. H. de Vains.
B. 1887. — Manche (Saint-Lô).
Par *Mathurin* et une fille de Thabor.

Sa grand'mère : par Sackos.

1891 m. al.   , par Eole.
1892 m. al.   , par Honfleur.

4147. **FILLIETTE**, 1/2 s. N. — M. Audouard.
B. 1880. — Normandie (Saint-Lô).
Par *Théophile* et une fille de Nicanor.

S. r. jusqu'en 1891.
1892 f. b. *Fannette*, par Cadran.

4148. **FINANCE**, 1/2 s. N. — M. Douesnel.
Al. 1883. — Normandie (Le Pin).
Par *Niger* et *Miss-Pierce*, par Succès.

Sa grand'mère : *Lady-Pierce* (jument américaine).

1887 à 1889 vide.
1890 f. al. *Marie-Jeanne*, par Echo.
1891 m. b. *Nostradamus*, par Cherbourg.
1892 f. n. *Onglette*, par Cherbourg.

4149. **FINE-FLEUR**, 1/2 s. N. — M. Reinicke.
Aub. 1876. — Normandie (Le Pin).
Par *Clear-the-Way*, 1/2 s. A., et une fille de Lavater.

Sa grand'mère : par Brocardo, P. S. A.
Sa bisaïeule : par Lagopède.

1880 f. al.   , par Buci.
1881 à 1886 s. r.
1887 f. gr. *Fine-Fleur II*, par Noville.
1888 s. r.
1889 m. gr. *Indifférent*, par Renaissant.
1890 f. gr. *Pâquerette*, par Renaissant.

4150. FINE-FLEUR, 1/2 s. N. — M. Desmannetaux.
AI. 1883. — Manche (Saint-Lô).
Par *Sidi*, P. S. Ar., et une fille d'Egésippe.

Sa grand'mère : par Sir-Henry-Dimsdale, 1/2 s. A.
Sa bisaïeule : par Pégase.
Sa trisaïeule : par Boucanier.

1887 f. al.   , par Exéat. Morte.
1888 m. al.   , par Exéat. Mort.
1889 m. b. *Léotard*, par Frondeur.
1890 f. b. *Muscade*, par Frondeur.
1891 m. b. *Nougat*, par Frondeur.

4151. FINE-FLEUR II, 1/2 s. N. — M. Reinicke.
Gr. 1887. — Normandie (Le Pin).
Par *Noville* et *Fine-Fleur*, par Clear-The-Way, 1/2 s. A.

Sa grand'mère : par Lavater.
Sa bisaïeule : par Brocardo, P. S. A.
Sa trisaïeule : par Lagopède.

1891 m. n.   , par Apis.
1892 f. n. *Espérance*, par Apis.

4152.   FINETTE, 1/2 s. N. — M. F. Lefèvre.
B. 1875. — Manche (Saint-Lô).
Par *Locke* et une fille d'Urus.

S. r. jusqu'en 1884.
1885 f. b. *Leste*, par Athos.
1886 s. r.
1887 m. b. *Mouton*, par Editeur.
1888 s. r.
1889 m. al. *Georges*, par Genêt.
1890-1891 vide.

4153.   FINETTE, 1/2 s. N. — M. Leroy.
AI. 1878. — Normandie (Saint-Lô).
Par *Nagel* et une fille de Forey.

Sa grand'mère : par Pont-d'Or.

S. r. jusqu'en 1891.
1892 m. b. *Ouragan*, par Esbly.

4154. **FINETTE,** 1/2 s. N. — M. C. Mourocq.
B. 1878. — Normandie (Saint-Lô).
Par *Macouba* et une fille d'Élu (approuvé).

S. r. jusqu'en 1891.
1892 m. b. *Télescope*, par Censeur.

4155. **FINETTE,** 1/2 s. N. — M. Perrouault.
B. 1878. — Normandie (Saint-Lô).
Par *Lodi* et une fille de Macouba.

S. r. jusqu'en 1891.
1892 f. b. *Mignonne*, par Josselyn.

4156. **FINETTE,** 1/2 s. N. — M. Nicollet.
B. 1879. — Normandie (Saint-Lô).
Par *Mirliton* et une fille de Volant.

S. r. jusqu'en 1891.
1892 f. b. *Orvaire*, par Alsacien.

3252. **FINETTE,** 1/2 s. N. — M. Jearme.
B. 1883. — Manche (Saint-Lô).
Par *Quintus* et une fille de Gloire.

Sa grand'mère : par Virgile.
Sa bisaïeule : par Bravo, P. S. A.
Sa trisaïeule : par Lionceau.

1887-1888 s. r.
1889 m. b. *Lièvre*, par Gardanne (Amérique).
1890 m. b.   , par Gardanne.
1891 vide.
1892 f. b. b.   , par Joyau.
1893 m. b. b.   , par Joyau.

4157. **FINETTE,** 1/2 s. N. — M. E. Pâris.
N. 1883. — Manche (Saint-Lô).
Par *Surveillant* et une fille de Bandit.

Sa grand'mère : par Feu-de-Joie.

S. r. jusqu'en 1891.
1892 f. n. *Octofesa*, par Gourmet.

4158.   **FINETTE**, 1/2 s. N. — M. Letenneur.
B. 1885. — Manche (Saint-Lô).
Par *Teinturier* et une fille de Shamrock, 1/2 s. A.
Sa grand'mère : par Hélios.

S. r. jusqu'en 1891.
1892 m. b. *Oronte*, par Vert-Galant.

4159.   **FINETTE**, 1/2 s. N. — M. F. Lecadet.
B. 1885. — Manche (Saint-Lô).
Par *Mirliton* et une fille de Pont-d'Or.
Sa grand'mère : par Matchless, 1/2 s. A.
Sa bisaïeule : par Kapirat.

1889 f. b. *Cocotte*, par Quinte-Curce.
1890 f. b. *Fleurette*, par Quinte-Curce.

4160.   **FINETTE**, 1/2 s. N. — M. Aug. Lecerf.
Bb. 1885. — Manche (Saint-Lô).
Par *Courtomer* et *Lentille*, par Quatre-Cents.
Sa grand'mère : *Cocotte*, par Harmonieux.

1889 m. b.,   , par Fabius, mort.
1890 f. b.   , par Sénéchal.
1891 f. b.   , par Ebéniste.

4161.   **FINETTE**, 1/2 s. N. — M. A. Lemière.
B. 1886. — Manche (Saint-Lô).
Par *Alsacien* et une fille de Nagel.
Sa grand'mère : par Rivoli.

1890 m. b. *Jactator*, par Hidalgo.
1891 et 1892 vide.

4162.   **FINETTE**, 1/2 s. N. — M. Desquesnes.
Bb. 1886. — Manche (Saint-Lô).
Par *Virgile* et une fille d'Egésippe.
Sa grand'mère : par Volcan.
Sa bisaïeule : par Priam.

1890 vide.
1891 m. b. b. *Numa*, par Alsacien.
1892 vide.

4163.   **FINETTE**, 1/2 s. N. — M. A. Devin.
B. 1888. — Normandie (Saint-Lô).
Par *Dey* et une fille de Peuplier.

Sa grand'mère : par Gomaire.

1892 f. b. *Oxalide*, par Saint-Melaine.

4164.   **FINLANDE**, 1/2 s. N. — M. Lallouet.
Al. 1883. — Normandie (Le Pin).
Par *Phaéton* et *Glorieuse*, par Séducteur.

Sa grand'mère : *Écolière*, par Extase.
Sa bisaïeule : *Thérésa*, par Destin.
Sa trisaïeule : *Brillante*, par Jéricko.
Sa quadrisaïeule : *Ida*, par Basly. (V. *Hallencourt*, t. I.)

4165.   **FLAMBEAU**, 1/2 s. N. — M. J. Angot.
Bb. 1880. — Manche (Saint-Lô).
Par *Jarnac* et une fille d'Ugolin.

Sa grand'mère : par Essence.

1884 s. r.
1885 m. b. *Indien*, par Banyuls.
1886 f. b. *Triomphante*, par Banyuls.
1887 et 1888 s. r.
1889 f. n. *Affligée*, par Ray-Grass.
1890 m. n.   , par Gasparin. Mort.
1891 vide.

4166.   **FLAMBEAU**, 1/2 s. N. — M. F. Lecœur.
Al. 1880. — Manche (Saint-Lô).
Par *Thabor* et une fille de Félibien.

1884-1885 s. r.
1886 f. al. *Espoir*, par Mine-d'Or.
1887 à la Remonte.

4167.   **FLAMBEAU**, 1/2 s. N. — M. Lesaunier.
B. 1887. — Manche (Saint-Lô).
Par *Elbourg* et une fille de Mine-d'Or.
Sa grand'mère : par Imposteur.

1891 f. b. *Glorieuse*, par Inaudi-Jacques.

4168. **FLAMME**, 1/2 s. N.
M. Y. de la Vigne-Bernard.
B. 1883. — Manche (Saint-Lô).
Par *Lavater* et *Allumette*, par The Heir-of-Linne, P. S. A.
Sa grand'mère : *Kindler*, par Eylau, P. S. A. A.

S. r. jusqu'en 1890.
1891 m. b. *Non*, par Colporteur.

4169. **FLAMME**, 1/2 s. N. — M. A.-G. d'Aboville.
Bb. 1885. — Normandie (Le Pin).
Par *Acquila* et *Fulmen*, par Mercure.

Sa grand'mère : *Passante*, par Normand.
Sa bisaïeule : *Topaze*, par Vice-Roi.
Sa trisaïeule : *Etincelle*, par Ukase (approuvé).

1889 m. al. *Lysandre*, par Etendard.
1890 f. b. *Madrée*, par Etendard.
1891 f. al. *Navale*, par Etendard.
1892 m. b. b. *Obus*, par Don-Quichotte.

4170. **FLANELLE**, P. S. A. — M. Paul Donzel.
B. 1878. — Eure (Le Pin).
Par *Gabier* et *Fleurette*, par Ventre-Saint-Gris.

S. r. jusqu'en 1887.
1888 m. b. *King*, par Lavater.
1889 f. b.   , par Cherbourg. Morte.
1890-1891 vide.

4171. **FLANELLE**, 1/2 s. N. — M. E. Bertheaume.
B. 1883. — Normandie (Le Pin).
Par *Valdempierre* et *Fernande*, par Taconnet.

Sa grand'mère : *Fernande*, par Centaure.
Sa bisaïeule : *Paquita*, par Junot.
Sa trisaïeule : *Orange*, par D. I. O., P. S. A.

1887 f. b. *Léda*, par Phaéton.
1888 f. al. *Pénélope*, par Phaéton.
1889 m. b.   , par Fataliste, P. S. A.
1890 m. al. *Mérion*, par Phaéton.
1891 f. al. *Nephté*, par Phaéton.
1892 m. al.   , par Phaéton.

4172.   **FLEUR**, 1/2 s. N. — M. P. Quentin.

B. 1888. — Manche (Saint-Lô).

Par *Espadem* et *La Brune*, par Kabin.

Sa grand'mère : *Fleur*, par Victorieux.
Sa bisaïeule : *La Brune*, par Robinson, P. S. A.
Sa trisaïeulé : *Blanc-Pied*, par Jay.
Sa quadrisaïeule : par Pégase.

4173.   **FLEUR-DE-GENÊT**, 1/2 s. N. — M. Ch. Fleury.

Al. 1875. — Sarthe (Le Pin).

Par *Gall* et *Belle-de-Jour*, par Inkermann.

Sa grand'mère : par Tipple-Cider, P. S. A.
Sa bisaïeule : par Eylau, P. S. A. A.

1879 f. b. *Bluette*, par Quiclet.
1880-1881 s. r.
1882 f. al. *Ecolière*, par Phaéton.
1883 s. r.
1884 m. al. *Galba*, par Phaéton.
1885-1886 s. r.
1887 f. al. *Javeline*, par Phaéton.
1888 m. al. *Levreau*, par Phaéton.

4174.   **FLEUR-DE-GENÊT**, 1/2 s. N. — M. Lavignée.

B. 1883. — Orne (Le Pin).

Par *Courtois*, P. S. A., ou *Sir-Quid-Pigtail*, P. S. A., et une fille de
Noteur.

Sa grand'mère : par Stoker, P. S. A.
Sa bisaïeule : par Aï.

1887 s. r.
1888 f. b. *Kadidja*, par Marignan.
1889 m. b. *Lucifer*, par Cherbourg.
1890 f. b. *Mon-Espérance*, par Cherbourg.
1891 à la Remonte.

4175.   **FLEUR-DE-MAI**, 1/2 s. N. — Mlle Legros.

B. 1874. — Manche (Saint-Lô).

Par *Gomaire* et une fille de Guelfe (approuvé).

S. r. jusqu'en 1885.
1886 f. b. *Folette*, par Tudieu.
1887-1888 vide.
1889 m. b. *Volontaire*, par Tudieu.
1890 f. b. *Castille*, par Tudieu.
1891 f. n. *Rigolette*, par Censeur.
1892 f. b. *Volontaire*, par Jupiter III.

4176. FLEUR-DE-MAI, 1/2 s. N. — M. J. Lécrivain.

B. 1876. — Normandie (Saint-Lô).

Par *Ivanhoff*, P. S. A., et *Fleur*, par Paternel.

Sa grand'mère : *Henriette*, par Sir-Henry-Dimsdale, 1/2 s. A.
Sa bisaïeule : *Brebis*, par Boucanier.
Sa trisaïeule : par Pégase.

S. r. jusqu'en 1891.
1892 f. al. *Fleur-d'Été*, par Canut.

4177. FLEUR-DE-MAI, 1/2 s. N. — M. E. Godichon.

B. 1880. — Orne (Le Pin).

Par *Quiclet* et une fille de Solide.

Sa grand'mère : *Diane*, par Eylau, P. S. A. A.
Sa bisaïeule : *Vendetta*, par Mahomet.

S. r. jusqu'en 1891.
1892 m. b. b. *Maga*, par Edimbourg.

4178. FLEUR-DE-MAI, 1/2 s. N. — M. Bézière.

Al. 1881. — Normandie (Le Pin).

Par *Stade* et une fille d'Irlandais.

Sa grand'mère : par Abrantès.

S. r. jusqu'en 1886.
1887 f. n. *Fleur-d'Épine*, par Acquila.
1888 s. r.
1889 f. b. *Préférence*, par Acquila.
1890 s. r.
1891 f. b. *Plaisanterie*, par Acquila.
1892 m. b. b. *Orme*, par Acquila.

4179. FLEUR-DE-MAI, 1/2 s. N. — M. Ringlet.

Al. 1886. — Orne (Le Pin).

Par *Dampierre* et *Hélène*, par Jactator.

Sa grand'mère : par Noteur.
Sa bisaïeule : par The Norfolk-Phœnomenon, 1/2 s. A.

1890 m. b.   , par Usquebac.
1891 f. al. *Muscadine*, par Usquebac.
1892 m. b. *Ovide*, par Cherbourg.

4180. FLEUR-DE-MAI, 1/2 s. N. — M. J. Chesnel.
Bb. 1886. — Normandie (Le Pin).
Par *Quiclet* et *Violette*, par Conquérant, Jactator ou Y. Ambition.
Sa grand'mère : par Kilomètre.
Sa bisaïeule : *Coquette*, par Centaure.
Sa trisaïeule : par Tipple-Cider, P. S. A.

1890 f. b. b.   , par Usquebac.
1891 m. n.   , par Cicéron II. Mort.

4181. FLEUR-DE-MARS, 1/2 s. N. — M. Desmanneteaux.
Al. 1884. — Manche (Saint-Lô).
Par *Quinola* et une fille de Jackson.
Sa grand'mère : par Hussein.
Sa bisaïeule : par Ugolin.
Sa trisaïeule : par Electeur.

1888 s. r.
1889 m. b. *Leader*, par Colporteur.
1890 vide.
1891 f. b. *Normandie*, par Colporteur.

4182. FLEUR-DE-NEIGE, 1/2 s. N. — M. Cagnard.
B. 1883. — Orne (Le Pin).
Par *Quiclet* et *Niniche*, par Gaulois ou Palanquin.
Sa grand'mère : par Tonnerre-des-Indes, P. S. A.
Sa bisaïeule : par Kramer.

1887 m. b. *Joyeux*, par Gabier, P. S. A.
1888 vide.
1889 m. b.   , par Gastadour.
1890 f. b. *Minerve*, par Edimbourg.
1891 s. r.
1892 f. b. *Odéïde*, par Ilote.

4183.
FLEUR-D'ÉPINE, 1/2 s. N.
Mme Vᵉ Godichon-Forcinal.
Al. 1885. — Orne (Le Pin).
Par *Beaugé* et une fille de Phaéton.
Sa grand'mère : par Quiclet.
Sa bisaïeule : par Noteur.
Sa trisaïeule : par Courtisan.

1889 deux poulains morts.
1890 m. b.   , par Gastadour.
1891 m. al.   , par Gastadour.
1892 f. b. b.   , par Cicéron II.

14

4184. FLEUR-D'ÉPINE, 1/2 s. N. — M. Cotrel-Lassaussaye.
Al. 1886. — Normandie (Le Pin).
Par *Fataliste*, P. S. A., et *Dora*, par Oriental.

Sa grand'mère : par Niger.
Sa bisaïeule : par Telegraph, 1/2 s. A.
Sa trisaïeule : par The Norfolk-Phœnomenon, 1/2 s. A.

1890 m. b.   , par Gérardmer.
1891 f. b. b. *Noisette*, par Havas.
1892 m. b.   , par Havas.

4185. FLEUR-D'ÉPINE, 1/2 s. N. — M. Bezière.
N. 1887. — Normandie (Le Pin).
Par *Acquila* et *Fleur-de-Mai*, par Stade.

Sa grand'mère : par Irlandais.
Sa bisaïeule : par Abrantès.

1891 s. r.
1892 m. b. *Orphée*, par Fataliste, P. S. A.

4186. FLEUR-DE-SERPOLET, 1/2 s. N.
M. Cotrel-Lassaussaye.
Al. 1887. — Orne (Le Pin).
Par *Fataliste*, P. S. A., et *Camélia*, par Norfolk-Trotter, 1/2 s. A.

Sa grand'mère : *Octavie*, par Taconnet.
Sa bisaïeule : *Sauvagère*.

1891 vide.
1892 m. b.   , par Barrabas.

4187. FLEUR-D'ORANGE, 1/2 s. N. — M. Burin.
B. 1875. — Orne (Le Pin).
Par *Abrantès* et une fille d'Utrecht.

Sa grand'mère : par Tipple-Cider, P. S. A.
Sa bisaïeule : par Hamilton.

S. r. jusqu'en 1883.
1884 f. al. *Glaneuse*, par Parthénon.
1885 s. r.
1886 f. b. *Italienne*, par Beaugé.
1887 à 1891 s. r.
1892 m. b.   , par Etudiant.

4188. **FLEURETTE** 1/2 s. N. — M. Lemonnier.
Al. 1868. — Normandie (Le Pin).
Par *Conquérant* et *Fleurette*, par The Nemrod, 1/2 s. A.

Sa grand'mère : par Lully, P. S. A.
Sa bisaïeule : par Eylau, P. S. A. A.

S. r. jusqu'en 1880.
1881 m. b. *Douglas*, par Trésorier.
1882 s. r.
1883 m. b. *Franc-Normand*, par Hippomène, 1/2 s. Big.
1884 f. al. *Augusta*, par Hippomène, 1/2 s. Big.
1885 s. r.
1886 m. al. *Intrus*, par Hippomène, 1/2 s. Big.
1887 m. n. *Damier*, par Valencourt.
1888 s. r.
1889. f. al. *Flora*, par Brutus.

4189. **FLEURETTE**, 1/2 s. N. — M. Drouin.
B. 1883. — Orne (Le Pin).
Par *Parthénon* et une fille de Phaéton.

Sa grand'mère : par Trouville, P. S. A.
Sa bisaïeule : par Kœnigsberg.
Sa trisaïeule : par Glocester, 1/2 s. A.
Sa quadrisaïeule : par Sylvio, P. S. A.

1887 f. b.   , par Cambronne.
1888 f. al. *Kara*, par Cambronne.
1889 f. b. *Louisiane*, par Étudiant.
1890 m. b.   , par Fuschia.
1891 f. b. *Nomade*, par Fuschia.
1892 m. b. *Orphée*, par Fuschia.

4190. **FLEURETTE**, 1/2 s. N. — M. V. Aumont.
Bb. 1888. — Calvados (Le Pin).
Par *Ulbach* et *Cérès*, par Centaure.

Sa grand'mère : *Pâquerette*, par The Great-Western, 1/2 s. A..

1892 m. b. b. *Ouragan*, par Saint-Rigomer.

4191. **FLEURETTE**, 1/2 s. N. — M. Al. Duchemin.
B. 1890. — Manche (Saint-Lô).
Par *Fontenay* et une fille d'Aristocrate.

Sa grand'mère : par Ugolin.
Sa bisaïeule : par Paladin, P. S. A.

4192. **FLEURIE**, 1/2 s. N. — M. Alliot.
Al. 1867. — Orne (Le Pin).
Par *Vicomte* et *Blonde*, par Képi.

1871 s. r.
1872 m. al. *Distingué*, par Ventrebleu.
1873 f. al. *Constantine*, par Buci. Morte.
1874 f. al. *Séduisante*, par Buci.
1875 m. al.   , par Buci.
1876 f. morte.
1877 m. b.   , par Kilomètre.
1878 f. morte.
1879 m. al. *Beauregard*, par Jactator.
1880 f. al. *Violette*, par Jactator.
1881 f. al. *Elégante*, par Jactator.
1882 f. b. *Serpolette*, par Niger.
1883 f. al. *Néva*, par Uriel.
1884 s. r.
1885 f. b. *Hirondelle*, par Noville.
1886 f. b. *Irlande*, par Cherbourg.
1887 f. b. *Ida*, par Cherbourg.
1888 m. mort.
1889 f. b. *Léda*, par Uriel ou Valdempierre.
1890 m. b.   , par Valdempierre.

4193. **FLORA**, 1/2 s. N. — M. le Cte de Maleissye.
Bb. 1874. — Calvados (Le Pin).
Par *Bassompierre* et *Carlotta*, P. S. A., par West-Australian.

S. r. jusqu'en 1888.
1889 m. b. *Houville*, par Stade.
1890 m. b.   , par Stade.
1891 f. b. *La Nerthe*, par Edimbourg.

4194. **FLORA**, P. S. A. — M. Fondrille.
Al. 1886. — Eure (Le Pin).
Par *Mashelyne* et *Fanny-Lear*, par Don-Carlos.

1891 f. al. *Florette*, par Oronte.
1892 m. al. *Ami*, par Livet.

4195. **FLORE**, 1/2 s. N. — M. Cavey aîné.
N. 1883. — Orne (Le Pin).
Par *Phaéton* et *Victorieuse*, par Kilomètre.
Sa grand'mère : *Pastourelle*, par Esculape.
Sa bisaïeule : par Noteur.
Sa trisaïeule : par Sylvio, P. S. A.

S. r. jusqu'en 1889.
1890 f. b. *Mirabelle*, par Elan (approuvé).
1891 f. b. *Nonantaise*, par Elan (approuvé).

4196. **FLORE**, 1/2 s. N. — M. Cauvin-Yvose.
B. 1884. — Orne (Le Pin).
Par *Vichnou*, P. S. A., et *Sylvina*, par Optimé.
Sa grand'mère : par Centaure.

1888 m. b.   , par Cambronne.
1889 f. n. *Lydie*, par Fier-à-Bras.
1890 m. b. *Midi*, par Fuschia.

4197. **FLORENCE**, 1/2 s. N. — M. L. Yver.
Al. 1876. — Manche (Saint-Lô).
Par *Wild-Bird*, P. S. A., et *Clotilde*, par Ugolin.
Sa grand'mère : par The Heir-of-Linne, P. S. A.
Sa bisaïeule : par Paternel.

1880 f. b. *Nathalie*, par Patrice.
1881 m. al.   , par Patrice.
1882 m. al.   , par Patrice.
1883 f. b. *Amaranthe*, par Patrice.
1884 f. al. *Tourterelle*, par Patrice.
1885 f. b. *Clémentine*, par Washington, 1/2 s. All.
1886 produit mort.
1887 m. al. *Narcisse*, par Glorieux.
1888 m. al. *Kronprinz*, par Glorieux.
1889 vide.
1890 m. al. *Mathieu-Lansberg*, par Hottentot.
1891 vide.
1892 m. al. *Or-en-Barre*, par Hottentot.

4198. **FLORENCE**, 1/2 s. N. — M. E. Sohier.
Bb. 1879. — Manche (Saint-Lô).
Par *Lavater* et une fille de Kent.
Sa grand'mère : par Eylau, P. S. A. A.
Sa bisaïeule : par Quandros.
Sa trisaïeule : par Don-Quichotte.

S. r. jusqu'en 1887.
1888 m. b. *Kakatois*, par Reynolds.
1889 vide.
1890 f. b. *Différence*, par Fred-Archer.
1891 vide.
1892 m. b. b. *Ormeson*, par Jusant.

4199.   **FLORENCE**, 1/2 s. N. — M. Bellanger.
B. 1883. — Normandie (Le Pin).
Par *Quiclet* et *Fulla*, par Abrantès.
Sa grand'mère : par Elu.
Sa bisaïeule : par Séducteur.
Sa trisaïeule : par Valdemar.

1887 s. r.
1888 f. b.   , par Beaugé.
1889 vide.
1890 f. b. *Mayenne*, par Cambronne.
1891 f. b. *Navarre*, par Cambronne.
1892 f. b. *Officielle*, par Cambronne.

4200.   **FLORENCE**, 1/2 s. N. — M. P. Jeheanne.
B. 1884. — Manche (Saint-Lô).
Par *Président* et *Rosette*, par Wild-Bird, P. S. A.
Sa grand'mère : *Lisette*, par Uzel.

1888 s. r.
1889 m. b. b.   , par Espoir.
1890 a avorté.
1891 vide.
1892 m. b. *Occam*, par Jarnac.

4201.   **FLORIDE**, 1/2 s. N. — M. C. Forcinal.
B. 1883. — Orne (Le Pin).
Par *Normand* et *Cravache*, P. S. A., par Verinouth.

1887-1888 s. r.
1889 f. b.   , par Barrabas ou Echo.
1890 f. b. *Marie-Tudor*, par Phaéton.
1891 f. b. *Nitouche*, par Echo ou Phaéton.

4202.   **FLORINDE**, 1/2 s. N. — Duc de Narbonne.
B. 1880. — Orne (Le Pin).
Par *Abderham*, P. S. A., et *Active*, par Denmark.
Sa grand'mère : *Tulipe*, par Eclipse.
Sa bisaïeule : *Brunette*.

1884 m. b. *Jujube*, par Attila.
1885 f. b. *Khiva*, par Dictateur.
1886 m. b. *Lancelot*, par Dictateur.
1887 m. b. *Mirliton*, par Cherbourg.
1888 vide.
1889 m. b. *Officier*, par Elan.
1890 vide.
1891 f. b. *Qualifiée*, par Tigris.

4203.   **FŒDORA**, 1/2 s. N. — M. A. Duval.
B. 1884. — Orne (Le Pin).
Par *Usquebac* et *Camélia*, par Serpolet-Bai.

Sa grand'mère : *Bichette,* par Y. Volunteer, 1/2 s. A.
Sa bisaïeule : par Prince.

1888 m. b. *Kali,* par Gabier, P. S. A.
1889 f. b. b. *Lidah,* par Cicéron II.
1890 m. b. *Murillo,* par Cicéron II.
1891 m. n. *Vigilant,* par Cicéron II.
1892 m. b.   , par Juin. Mort.

4204.   **FŒDORA**, 1/2 s. N. — M. Piel-Ferronnière.
B. 1887. — Manche (Saint-Lô).
Par *Quality* et une fille d'Egésippe.

Sa grand'mère : par Lothaire.

1891 produit mort.
1892 f. morte.

4205.   **FOLLETTE**, 1/2 s. N. — M. Gallot.
N. 1879. — Normandie (Saint-Lô).
Par *Paladin*, P. S. A., et une fille de Malakoff.

S. r. jusqu'en 1891.
1892 m. b. *Oméo,* par Isaïe.

4206. **FOLLETTE**, 1/2 s. N. — M. Piel-Ferronnière.
B. 1887. — Manche (Saint-Lô).
Par *Ministère*, P. S. A., et *Flora,* par Ugolin.

Sa grand'mère : par Nemrod.
Sa bisaïeule : par Lagopède.
Sa trisaïeule : par Eastham, P. S. A.

1891 et 1892 vide et à la Remonte.

4207.   **FOLLETTE**, 1/2 s. N. — M. P. Lepetit.
Al. 1888. — Normandie (Saint-Lô).
Par *Canut* et une fille de Vanikoro.

Sa grand'mère : par Kabin.

1892 m. b. *Odorat,* par Diplomate.

4208. **FOLLETTE**, 1/2 s. N. — M. Jean Léon.
Bb. 1888. — Manche (Saint-Lô).
Par *Follet* et *Flora*, par Ugolin.
Sa grand'mère : par Nemrod.
Sa bisaïeule : par Lagopède.
Sa trisaïeule : par Eastham, P. S. A.

1892 f. b. *Opale*, par Frondeur.

4209. **FOLLETTE**, 1/2 s. N. — M. Joseph Ricard.
B. 1889. — Calvados (Le Pin).
Par *Border-Minstrel*, P. S. A., et *Folie*, par Ferragus, P. S. A.
Sa grand'mère : *Mary-Blanc*, jument américaine.

4210. **FONCINE**, 1/2 s. N. — M. J. Balloy.
B. 1884. — Manche (Saint-Lô).
Par *Récif* et une fille de Guelfe.
Sa grand'mère : par Idoménée.

1888 f. al. *Palmyre*, par Trajan.
1889-1890 vide.
1891 produit mort.

4211. **FORGET-ME-NOT**, 1/2 s. N. — M. H. Drouet.
B. 1880. — Orne (Le Pin).
Par *Parthénon* ou *Jactator* et *Amazone*, par Niger.
Sa grand'mère : par Centaure.

S. r. jusqu'en 1891.
1892 m. b. b. *Oriol*, par Mourle, P. S. A.

4212. **FORGET-ME-NOT**, 1/2 s. N. — M. Martinière.
B. 1881. — Calvados (Le Pin).
Par *Quinola* et *Valentine*, par Noville.
Sa grand'mère : *Bertha*, par Vladimir.

1884 produit vendu à l'étranger.
1885 vide.
1886 f. b. *Indienne*, par Niger.
1887 vide.
1888 m. b.   , par Écho.
1889 f. b.   , par Gallien (approuvé).
1890 vide.
1891 m. b.   , par Express.
1892 m. b.   , par Acquila.

4213.   **FORMOSA**, 1/2 s. N. — M. Grégoire.
B. 1880. — Orne (Le Pin).
Par *Niger* et *Confiance*, par Gaulois.

Sa grand'mère : par Brocardo, P. S. A.
Sa bisaïeule : par Performer, 1/2 s. A.
Sa trisaïeule : par Massoud, P. S. Ar.

S. r. jusqu'en 1886.
1887 m. b. b.   , par Cherbourg.
1888 f. b. *Idole*, par Cherbourg.
1889 f. b.   , par Cherbourg.
1890 m. b. *Mahé*, par Cherbourg.
1891 m. b.   , par Cherbourg.

4214.   **FORMOSE**, P. S. A. — M. Hatin.
B. 1884. — France (Saint-Lô).
Par *Faublas* et *La Tamise*.

1888 s. r.
1889 m b.   , par Domino-Noir.
1890 f. b.   , par Domino-Noir.
1891 m. b.   , par Fontenay.
1892 m. b. b. *Fanno*, par Fontenay.

4215.   **FORMOSE**, 1/2 s. N. — M. E. Gallet.
B. 1885. — Orne (Le Pin).
Par *Ulrich II* et *Brigite*, par Agenda.

Sa grand'mère : par Lionceau.
Sa bisaïeule : par Sauvage.
Sa trisaïeule : par Martagon.

1889 vide.
1890 m. al. *Mignon*, par Phaéton.
1891 m. b. *National*, par International.

4216.   **FORMOSE**, 1/2 s. N. — M. J. Pézeril.
B. 1887. — Manche (Saint-Lô).
Par *Ecarté* et une fille de Newton.
Sa grand'mère : par Kent.

4217.   **FOURMI**, 1/2 s. N. — M. V. Lefranc.
Al. 1887. — Manche (Saint-Lô).
Par *Tudieu* et une fille de Quine.
Sa grand'mère : par Gallois (approuvé).

4218. **FRAGOLA**, 1/2 s. N. — M. V. Gillain.
B. 1885. — Manche (Saint-Lô).
Par *Lavater* et *Orientale*, par The Heir-of-Linne, P. S. A.

Sa grand'mère : *Jeune-Elisa*, par Etendard.
Sa bisaïeule : *Près-de-Terre*, par Sir Henry-Dimsdale, 1/2 s. A.

1889 vide.
1890 f. b. *Fabiola*, par Colporteur.
1891 m. b.   , par Colporteur.

4219. **FRAMBOISE**, 1/2 s. N. — M. V. Lechaplois.
B. 1881. — Normandie (Saint-Lô).
Par *Usuel* et une fille de Newton.

S. r. jusqu'en 1891.
1892 f. b. *Obole*, par Impétueux.

4220. **FRANÇAISE**, 1/2 s. N. — M. O. Desmannelaux.
B. 1883. — Manche (Saint-Lô).
Par *Aristocrate* et une fille de Sidi, P. S. Ar.

Sa grand'mère : par Pretty-Boy, P. S. A.
Sa bisaïeule : par Ursin.
Sa trisaïeule : par Nemrod.

1887 f. al.   , par Ecarté. Morte.
1888 f. b.   , par Ecarté.
1889 m. b. *Lanerscot*, par Fontenay.
1890 f. b. *Mercédès*, par Colporteur.
1891 m. b. *Normand*, par Colporteur.

4221. **FRANÇAISE**, 1/2 s. N. — M. P. Desmannetaux.
B. 1885. — Manche (Saint-Lô).
Par *Attila* et une fille de Pretty-Boy, P. S. A.

Sa grand'mère : par Pâter.
Sa bisaïeule : par Egésippe.
Sa trisaïeule : par Sir Henry-Dimsdale, 1/2 s. A.
Sa quadrisaïeule : par Pégase.
5me degré : par Boucanier.

1889 f. b. b. *Flora*, par Domino-Noir.
1890 vide.
1891 m. b. *Colporteur*, par Colporteur.

4222. **FRANCHON**, 1/2 s. N. — M. Lebourgeois.
B. 1878. — Manche (Saint-Lô).
Par *Quality* et une fille de Stick.

S. r. jusqu'en 1891.
1892 f. b. *Fable*, par Fabuleux.

4223. **FRÉDÉGONDE**, 1/2 s. N. — M. F. Noël.
B. 1886. — Manche (Saint-Lô).
Par *Bataillon* et une fille de Divus.

Sa grand'mère : par Lagopède.
Sa bisaïeule : par Jay.

1890 m. b.   , par Kozyr, 1/2 s. R., ou Fred-Archer.
1891 a avorté.

4224. **FRÉGATTE**, 1/2 s. N. — M. J. Letréguilly.
Al. 1888. — Normandie (Saint-Lô).
Par *Lodi* et une fille de Quasi.

Sa grand'mère : par Urus.

1892 m. al. *Onéreux*, par Santerre.

4225. **FRESVILLE**, 1/2 s. N. — M. Douesnel
B. 1883. — Normandie (Le Pin).
Par *Normand* et *Mademoiselle-de-Mondeville*, par Conquérant.

Sa grand'mère : *Airelle*, par The Norfolk-Phœnomenon, 1/2 s. A.
Sa bisaïeule : *Miss-Pierce*, par Succès.
Sa trisaïeule : *Lady-Pierce*, Américaine.

1887-1888 s. r.
1889 m. al. *Louvigny*, par Valencourt.
1890 vide.
1891 m. b. *Namur*, par Tigris.

4226. **FRÉTILLANTE**, 1/2 s. N. — M. Bricquebec.
B. 1869. — Normandie (Saint-Lô).
Par *Feu-de=Joie* et une fille de Nelson.

S. r. jusqu'en 1891.
1892 m. b. *Obéissant*, par Houspignolles.

4227.   FRÉTILLON, 1/2 s. N. — M. L. Lindet.

Bb. 1881. — Orne (Le Pin).

Par *Serpolet-Bai* et *Pégriote*, par Elu.

Sa grand'mère : *Frétillon*, par Solide.
Sa bisaïeule : *Pégriote*, par Eylau, P. S. A. A.
Sa trisaïeule : jument arabe.

S. r. jusqu'en 1886.
1887 m. b. b. *Janus*, par Phaéton.
1888 m. al. *Lucain*, par Phaéton.
1889 m. b.   , par Phaéton.
1890 f. al.   , par Fuschia.
1891 f. b.   , par Fuschia.
1892 m. b. b. *Opifex*, par Fuschia.

4228.   FRIANDISE, P. S. A. — M. Brée.

B. 1879. — France (Saint-Lô).

Par *Vermouth* et *Fidélité*, par Monarque.

S. r. jusqu'en 1891.
1892 a avorté.

4229.   FRIANDISE, 1/2 s. N. — M. A. Prémont.

B. 1883. — Manche (Saint-Lô).

Par *Ministère*, P. S. A., et une fille d'El-Ghor, P. S. Ar.

Sa grand'mère : par Giboyer.
Sa bisaïeule : par Tarrare, P. S. A.
Sa trisaïeule : par Sauvage.
Sa quadrisaïeule : par Bob-Warwick, 1/2 s. A.

1887 m. b. *Jaguar III*, par Lavater.
1888-1889 vide.
1890 m. b. *Mars*, par Frondeur.
1891 f. al. *Ninon*, par Fontenay.

4230.   FRIMOUSSE, 1/2 s. N. — M. Allain.

B. 1878. — Normandie (Saint-Lô).

Par *Peuplier* et une fille de Faucon.

S. r. jusqu'en 1891.
1892 f. b. *Fidèle*, par Hallali.

4231.   FRIMOUSSE, 1/2 s. N. — M. J. Milet.
Bb. 1885. — Manche (Saint-Lô).
Par *Upas* et *Elisa*, par Ugolin.
Sa grand'mère : par Lagopède.

1889 à 1891 vide.
1892 f. b. b. *Odine*, par Harley.

4232.   FRINGANTE, 1/2 s. N. — M. P. Trempu.
B 1876. — Normandie (Saint-Lô).
Par *Bisson* et une fille de Kubseck.

S. r. jusqu'en 1891.
1892 m. b. *Ogilby*, par Galant I.

4233.   FRISQUETTE, 1/2 s. N. — M. P. Castel.
Bb. 1874. — Eure (Le Pin).
Par *Y* et une fille de Franck-Waret, 1/2 s. Belge.

S. r. jusqu'en 1887.
1888 f. b. *Voltigeuse*, par Noville.

4234.   FRIVOLE, 1/2 s. N. — M. R. de Gouberville
B. 1878. — Manche (Saint-Lô).
Par *Nopal* et *Volante*, par Daniel.

S. r. jusqu'en 1890.
1891 vide.

4235.   FRONDEUSE, 1/2 s. N. — Mme Ve Gombert.
Al. 1886. — Manche (Saint-Lô).
Par *Shamrock*, 1/2 s. A., et une fille de Macouba.
Sa grand'mère : par Urus.
Sa bisaïeule : par Borisow.
Sa trisaïeule : par Electeur.

1890 f. b. *Menante*, par Dacapo.
1891 m. b. *Nelson*, par Dacapo.

4236.   FRONDEUSE, 1/2 s. N. — M. Trainel.
Bb. 1888. — Normandie (Saint-Lô).
Par *Frondeur* et une fille de Quinola.
Sa grand'mère : par Ugolin.
Sa bisaïeule : par Nemrod.

1892 m. b. *Odomètre*, par Fred-Archer.

4237. **FRONDEUSE**, 1/2 s. N.
MM. Jean et Frédéric Lecaudey.
Bb. 1888. — Manche (Saint-Lô).
Par *Frondeur* et une fille de Séduisant.
Sa grand'mère : par Kent.

4238. **FRONDEUSE**, 1/2 s. N. — M. J. Letellier.
Al. 1889. — Manche (Saint-Lô).
Par *Nickel*, P. S. A., et *Palatine*, par Idoménée.
Sa grand'mère : par Nonus.

4239. **FUTINA**, 1/2 s. N. — M. C. Hervieu.
B. 1873. — Calvados (Le Pin).
Par *Ignace* et *Margot*, par Dorus.
Sa grand'mère : par Introuvable.
Sa bisaïeule : par Royal-George, P. S. A.

1877 f. al. *Arabella*, par Hick.
1878 vide.
1879 m. b. *Bluet*, par Normand.
1880-1881 vide.
1882 m. b. *Frivole*, par Suffolk, P. S. A. Mort.
1883 vide.
1884 a avorté.
1885-1886 vide.
1887 m. al. *Jovin*, par Orchid, P. S. A.
1888 m. al. *Kremlin*, par Orchid, P. S. A.
1889 m. b. *Ladoga*, par Orchid, P. S. A.
1890 m. al. *Moka*, par Orchid, P. S. A.
1891 morte en mettant bas.

4240. **GABÉRINE**, 1/2 s. N. — M. Bonami.
B. 1887. — Calvados (Le Pin).
Par *Ulbach* et *Bergère*, par Violent.
Sa grand'mère : par Elim (approuvé)

1891 m. b   , par Saint-Rigomer.
1892 f. b. b. *Judith*, par Homard.

4241. **GABERLINE**, 1/2 s. N. — M. Z. Planté.
B. 1887. — Manche (Saint-Lô).
Par *Censeur* et une fille de Grégoire (approuvé).
Sa grand'mère : par Roc.

1891 f. b. *Gazelle*, par Serviteur.

4242. GABRIELLE, 1/2 s. N. — M. C. Castillon.
B. 1884. — Normandie (Le Pin).
Par *Niger* et *Almandine*, par Hick.
Sa grand'mère : par Irlandais ou Noteur.

1888 f. b.   , par Stade.
1889 f. b.   , par Camembert.
1890 m. b.   , par Etendard.
1891 m. b. *Néron*, par Etendard.
Exportée au Canada en 1891.

4243. GAILLARDE, 1/2 s. N. — M. G. Lemoine.
Ai. 1884. — Sarthe (Le Pin).
Par *Un* et *Clémentine*, par Phaéton.
Sa grand'mère : par Elu.
Sa bisaïeule : par Centaure.
Sa trisaïeule : par Tipple-Cider, P. S. A.
Sa quadrisaïeule : par Eylau, P. S. A. A.

1888 vide.
1889 f. al.   . par Etudiant. Morte.
1890 et 1891 s. r.
1892 m. al. *Obligatoire*, par Etudiant.

4244. GALANTINE, 1/2 s. N. — M. J. Lecanu.
B. 1881. — Normandie (Saint-Lô).
Par *Piston*, P. S. A., et une fille d'Orme.

S. r. jusqu'en 1891.
1892 f. b. *Soumise*, par Gil-Blas.

4245. GALANTINE, 1/2 s. N. — M. Lucas.
Bb. 1884. — Normandie (Saint-Lô).
Par *Noville* et une fille de Tigris.
Sa grand'mère : par Jactator.

S. r. jusqu'en 1891.
1892 m. al. *Octeville*, par Intrépide.

4246. GALANTINE, 1/2 s. N. — M. E. Collet.
B. 1884. — Orne (Le Pin).
Par *Alaric* et *La Jardinière*, par Destin.
Sa grand'mère : par Lucain.
Sa bisaïeule : par Multum-in-Parvo.
Sa trisaïeule : par Faliero.
Sa quadrisaïeule : par Mameluck.

1888-1889 vide.
1890 m. b.   , par Edimbourg.
1891 f. b. *Néva*, par Fuschia.
1892 f. b. *Ormonde*, par Fuschia.

4247. **GALATHÉE**, 1/2 s. N. — M. Léguillon.
Al. 1879. — Normandie (Le Pin).
Par *Conquérant* et *Bayadère*, par Shamyl, P. S. A.
Sa grand'mère : jument anglaise.

S. r. jusqu'en 1886.
1887 m. b. *Jean-de-Nivelle*, par Coq-à-l'Ane.
1888 à 1891 vide.
1892 f. al. *Ocana*, par Echo.

4248. **GALKA**, 1/2 s. N. — M. Fleury.
Al. 1884. — Orne (Le Pin).
Par *Phaéton* et *Isabelle*, par Niger.
Sa grand'mère : par Elu.

1888 s. r.
1889 f. b. *Lutèce*, par Étudiant.
1890 f. b. *Mignarde*, par Étudiant.
1891 vide.
1892 m. al. *Orient*, par Fuschia.

4249. **GALLIA**, 1/2 s. N. — M. Déprépetit.
B. 1884. — Orne (Le Pin).
Par *Dictateur* et *Topaze*, par Phaéton.
Sa grand'mère : par Solide.
Sa bisaïeule : par Tipple-Cider, P. S. A.

1888 s. r.
1889 f. b. *Lavallière*, par Echo.

4250. **GAMBADE**, 1/2 s. N. — M. le duc de Narbonne.
B. 1881. — Orne (Le Pin).
Par *Phaéton* et *Tulipe*, par Eclipse.
Sa grand'mère : *Brunette*, par The Norfolk-Phœnomenon, 1/2 s. A.
Sa bisaïeule : *Tamisienne*, par Performer, 1/2 s. A.
Sa trisaïeule : *Zaïre*, par Napoléon, P. S. A. A.
Sa quadrisaïeule : par Cammerton, P. S. A.

S. r. jusqu'en 1886.
1887 f. b. *Merluche*, par Uriel.
1888 m. b. *Nabuco*, par Cherbourg.
1889 m. b. *Œil-de-Bœuf*, par Dictateur.
1890 m. al. *Prospero*, par Dégagé.
1891 m. b. *Quotient*, par Elan.
1892 f. b. *Rapière*, par Cherbourg.

4251.   **GAMINE**, 1/2 s. N. — M. L. Fleury.
Al. 1884. — Orne (Le Pin).
Par *Phaéton* et *Voltigeuse*, par Parthénon ou Gall.
Sa grand'mère : *Belle-de-Jour*, par Inkermann.
Sa bisaïeule : *Fatemey*, par Tipple-Cider, P. S. A.

1888 f. b. *Kalmie*, par Edimbourg.
1889 m. b. *Lumineux*, par Edimbourg.
1890 f. b. *Mignarde*, par Edimbourg.
1891 vide.
1892 a avorté.

4252.   **GAMINE**, 1/2 s. N. — M. L. Poulain.
B. 1888. — Orne (Le Pin).
Par *Ulrich II* et une fille d'Officier.
Sa grand'mère : par Coulant, fils de Bébé (approuvé).

1891 f. b. *Manette*, par Utel.

4253.   **GAUFRETTE**, 1/2 s. N. — M. Léguillon.
N. 1884. — Orne (Le Pin).
Par *Tigris* et *Fernande*, par Affidavit, P. S. A.
Sa grand'mère : par Conquérant.
Sa bisaïeule : par Valdemar.
Sa trisaïeule : par Brocardo, P. S. A.

1888 s. r.
1889 m. b.
1890 f. n. *Mexicaine*, par Galba.
                , par Galba. Mort.

4254.   **GAULOISE**, 1/2 s. N. — M. Mérille-Leprince.
B. 1884. — Calvados (Saint-Lô).
Par *Dictateur* et *Ophéide*, par Orphée.
Sa grand'mère : par Giboyer.

1888 f. b. *La Viroise*, par Domino-Noir.
1889 f. b. *La Voici*, par Cherbourg.
1890 m. b. *Marche*, par Fuschia.
1891 m. b. *Neuville*, par Phaéton.

4255.   **GAULOISE**, 1/2 s. N. — M. E. Leneuveu.
N. 1884. — Normandie (Le Pin).
Par *Acquila* et *Malvina*, par Ignace.
Sa grand'mère : par Montaigne.
Sa bisaïeule : par Tarrare, P. S. A.

1888 s. r.
1889 f. b. *Lutèce*, par Etendard.
1890 f. b. *Miss-Border*, par Border-Minstrel, P. S. A.
1891 m. b. b. *Nérac*, par Etendard.
1892 f. b. b. *Olympe*, par Tigris.

4256. **GAULOISE**, 1/2 s. N. — M. L. Duvivier.
Bb. 1884. — Orne (Le Pin).
Par *Valdempierre* et *Pénélope*, par Marx, 1/2 s. R.
Sa grand'mère : par Valdemar.

1888 f. b. *Kermesse*, par Montfort, P. S. A.
1889 f. n. *Lutine*, par Serviteur.
1890 vide.
1891 m. n. *Navarin*, par Hardy.

4257. **GAVOTTE**, 1/2 s. N. — M. Lemastre.
B. 1884. — Seine-Inférieure (Le Pin).
Par *Appenay* et *Margot*, P. S A., par Suzerain.

1888 m. ro. *Képi*, par Serpolet-Rouan.
1889 m. b. *Loustic*, par Serpolet-Rouan. Mort.
1890 m. b. *Minuit*, par Serpolet-Rouan.

4258. **GAVOTTE**, 1/2 s. N. — M. L. Lebourg.
Ro. 1884. — Normandie (Le Pin).
Par *Valencourt* et *Pichenette*, par Conquérant.
Sa grand'mère : jument anglaise importée.

1888 f. b. *Korrigane*, par Coq-à-l'Ane.
1889 f. ro. *La Fougueuse*, par Favori.
1890 vide.
1891 f. b. *Nitouche*, par Coq-à-l'Ane.

4259. **GAVOTTE**, ex-**LUMINEUSE**, 1/2 s. N.
M. P. Sauvage.
Bb. 1885. — Manche (Saint-Lô).
Par *Banyuls* et une fille de Jarnac.
Sa grand'mère : par Electeur.

1889 f. b. *Attente*, par Milan II, P. S. A.
1890 f. b. b. *Consolante*, par Milan II, P. S. A.
1891 vide.
1892 en Amérique.

4260.   **GAZELLE**, 1/2 s. N. — M. Tocque.
B. 1862. — Normandie (Le Pin).
Par *Bayard* ou *Bassompierre* et Y. *Baronness*, P. S. A., par Baron.

S. r. jusqu'en 1874.
1875 f. b. *Thérence*, par Kilomètre.

4261.   **GAZELLE**, 1/2 s. N. — M. D. Lindet.
Al. 1869. — Orne (Le Pin).
Par *Élu* et *Pégriote*, par Eylau, P. S. A. A.

Sa grand'mère : jument arabe (mère de Buci et de Jactator).

1873 s. r.
1874 f. b. *Brillante*, par Abrantès.
1875 f. b. *Ida*, par Ovide.
1876 à 1886 s. r.
1887 f. al. *Joyeuse*, par Beaugé.
1888-1889 vide.
1890 f. b.   , par Cambronne.
1891 m. al.   , par Cambronne.

4262.   **GAZELLE**, 1/2 s. N. — M. L. Lebreton.
Al. 1876. — Orne (Le Pin).
Par *Hidalgo* et une fille d'Epaminondas.

Sa grand'mère : par Courtisan.

S. r. jusqu'en 1890.
1891 f. b. *Capucine*, par Fier-à-Bras.
1892 m. b. *Capucin*, par Cabanis.

4263.   **GAZELLE**, 1/2 s. N. — M. L. Fontaine.
B. 1878. — Calvados (Le Pin).
Par *Interprète* et *Espérance*, par Français.

Sa grand'mère : par Lucain.
Sa bisaïeule : *Lamartine*, par Lully, P. S. A.
Sa trisaïeule : par Egrillard.

1881 f. b. *Dynamite*, par Montfort, P. S. A.
1882 à 1887 s. r.
1888 f. al. *Kiva*, par Eclaireur.
1889 vide.
1890 f. b. *Minerve*, par Fataliste, P. S. A.
1891 f. al. *Nadia*, par Fataliste, P. S. A.

4264. **GAZELLE**, 1/2 s. N. — M. J. Morel.

B. 1882. — Normandie (Saint-Lô).

Par *Lavater* et une fille d'Ugolin.

Sa grand'mère : par The Heir-of-Linne, P. S. A.

S. r. jusqu'en 1891.
1892 f. b. *La Mayeux*, par Colporteur.

4265. **GAZELLE**, 1/2 s. N. — M. L. Lecouflet.

Bb. 1884. — Manche (Saint-Lô).

Par *Ministère*, P. S. A., et *Brunette*, par Ignoré.

Sa grand'mère : *Parfaite*, par Isolier, P. S. A.
Sa bisaïeule : *Parfaite*, par Boucanier.
Sa trisaïeule : par Pégase.

1888 s. r.
1889 f. b. b. *Levrette*, par Fontenay.
1890 f. b. *Mantille*, par Fontenay.
1891 f. b. b. *Niniche*, par Colporteur.
1892 m. b. b. *Orus*, par Colporteur.

4266. **GAZELLE**, 1/2 s. N. — M. Leguillon.

N. 1884. — Normandie (Le Pin).

Par *Valencourt* et une fille de Noville.

Sa grand'mère : par Conquérant.
Sa bisaïeule : par Brocardo, P. S. A.

1888 f. b. b. *Kabylie*, par Echo.
1889 f. b. *Lara*, par Hardy.
1890 m. b. b. *Mac-Clelan*, par Hardy.

4267. **GAZELLE**, 1/2 s. N. — M. d'Herbecourt.

B. 1884. — Normandie (Le Pin).

Par *Strélitz*, P. S. A., et *Bassinière*, par Baby, 1/2 s. R.

Sa grand'mère : par Papillon.

1888 s. r.
1889 f. b. *Lydia*, par Express.
1890 f. b. *Milady*, par Express.
1891 m. b.   , par Express.

4268. **GAZELLE**, 1/2 s. N. — M. E. Sohier.
B. 1886. — Manche (Saint-Lô).
Par *Cauchemar* et une fille de Kent.
Sa grand'mère : par Eylau, P. S. A. A.
Sa bisaïeule : par Quandros.
Sa trisaïeule : par Don-Quichotte, P. S. A. A.

1890 f. b. *Thémis*, par Hearty.
1891 produit mort.

4269. **GAZELLE**, 1/2 s. N. — M. G. Houllegatte.
Al. 1886. — Manche (Saint-Lô).
Par *Dignitaire* et une fille de Stern.
Sa grand'mère : par Ivanhoff, P. S. A.
Sa bisaïeule : par Tamerlan.
Sa trisaïeule : par Jay.
Sa quadrisaïeule : par Boucanier.

1890 f. b. *Gabrielle*, par Houspignolles.
1891 f. al. *Pervenche*, par Canut.

4270. **GAZELLE**, 1/2 s. N. — M. Goubaux.
B. 1886. — Manche (Saint-Lô).
Par *Spectre* et *Nigra*, par Idoménée.
Sa grand'mère : *Négresse*, par Ignoré.
Sa bisaïeule : par Nemrod.

1890 m. b.   , par Hysope.
1891 m. b.   , par Farnèse.

4271. **GAZELLE**, 1/2 s. N. — M. Fortin.
B. 1887. — Manche (Saint-Lô).
Par *Irake* (approuvé) et une fille de Tocqueville.
Sa grand'mère : par Lans-Born.

1891 m. b. b.   , par Igos.

4272. **GAZETTE**, 1/2 s. N. — M. A. Tesnière.
Al. 1884. — Orne (Le Pin).
Par *Phaéton* et *Conquête*, par Conquérant.
Sa grand'mère : par Inkermann.

S. r. jusqu'en 1891.
1892 f. b. b. *Nouméa*, par Jadis.

4273.   **GAZETTE**, 1/2 s. N. — M. Périvier.
Gr. 1884. — Orne (Le Pin).
Par *Uriel* et *Yole*, par Taconnet.
Sa grand'mère : par Tonnerre-des-Indes, P. S. A.
Sa bisaïeule : par Sylvio, P. S. A.
Sa trisaïeule : par Aï.
Sa quadrisaïeule : par D. l. O., P. S. A.
5e degré : par Bacha, P. S. Ar.

S. r. jusqu'en 1889.
1890-1891 vide.
1892 m. b. *Ravachol*, par Orchid, P. S. A.

4274.   **GELINOTTE**, 1/2 s. N. — M. C. Forcinal.
N. 1884. — Orne (Le Pin).
Par *Dictateur* et *Victoria*, par Marx, 1/2 s. R.
Sa grand'mère : par The Norfolk-Phœnomenon, 1/2 s. A.
Sa bisaïeule : par Wild-Fire, 1/2 s. A.
Sa trisaïeule : par Massoud, P. S. Ar.

1888 vide.
1889 f. n. *Lady*, par Elan.
1890 m. b. b. *Merle*, par Elan.
1891 vide.
1892 m. b. *Octobre*, par Ilote.

4275.   **GENÊTS-FONTAINE**, 1/2 s. N.
M. G. Gancel.
B. 1881. — Manche (Saint-Lô).
Par *Lavater* et une fille de The Heir-of-Linne, P. S. A.
Sa grand'mère : par Sinope.
Sa bisaïeule : jument anglaise.

1885 m. b. *Epron*, par Attila.
1886 vide.
1887 f. al. *Frimousse*, par Reynolds.
1888 f. b. *Espérance*, par Espoir.
1889 vide.
1890 f. b. *Nagelle*, par Frondeur.
1891 m. b.   , par Espoir.
1892 m. b. b. *Ob*, par Harley.

3245.   **GENEVIÈVE**, 1/2 s. N. — M. Castillon.
Bb. 1884. — Normandie (Le Pin).
Par *Acquila* et *Séduisante*, par Esculape.
Sa grand'mère : *Odette*, par Abrantès.
Sa bisaïeule : par Baryton.

1888 f. b.   , par Stade (Amérique).
1889 m. b.   , par Tigris.
1890 f. b. *Miss-Helyett*, par Tigris.
1891 f. b. *Niniche*, par Tigris (Amérique).
1892 f. b.   , par Jemmapes.

4276.   **GÉNOISE**, 1/2 s. N. — M. Moreuil.
B. 1884. — Normandie (Le Pin).
Par *Quiclet* et *Vanda*, par Abrantès.

Sa grand'mère : *Iris*, par Héliotrope.
Sa bisaïeule : *Orange*, par Elu.
Sa trisaïeule : par Séducteur.

1888 m. b.   , par Beaugé.
1889 f. al. *Lucine*, par Étudiant.
1890 vide.
1891 m. al.   , par Fuschia.

4277.   **GÉOMÉTRIE**, P. S. A. — M. Raoul-Duval.
B. 1876. — France (Le Pin).
Par *Ruy-Blas* et *Gitanella*, par Acrobat.

S. r. jusqu'en 1889.
1890-1891 vide.

4278.   **GEORGETTE**, 1/2 s. N. — M. F. Richer.
B. 1878. — Orne (Le Pin).
Par *Quiclet* et *Espérance*, par Lucain.

Sa grand'mère : *Delphine*, par William, P. S. A.
Sa bisaïeule : *L'Héraclius*, par Héraclius.

S. r. jusqu'en 1886.
1887 f. b. *Judith*, par Usquebac.
1888 m. b.   , par Usquebac.
1889 m. al. *Lancaster*, par Usquebac.
1890 f. b. b.   , par Edimbourg.
1891 f. b. b.   , par Edimbourg.
1892 vide.

4279.   **GEORGETTE**, 1/2 s. N. — M. Bazire.
B. 1880. — Manche (Le Pin).
Par *Arétino* (approuvé), et *Bergote*, par Georgey (approuvé)
Sa grand'mère : par Fiorenzo.

S. r. jusqu'en 1887.
1888 m. b. *Kova*, par Eclaireur (approuvé).

1889 m. al. *Louis-d'Or*, par Beaugé.
1890 m. n. *Marc-Antoine*, par Urson.
1891 s. r.
1892 f. b. *Oui-da*, par Ibrahim.

4280.   **GEORGETTE**, 1/2 s. N. — M. Capelle.

Bb. 1884. — Calvados (Le Pin).

Par *Hippomène*, 1/2 s. Big., et *Patricienne*, par Crocus.

Sa grand'mère : par Eylau, P. S. A. A.

1888 m. b.   , par Bonnaire.
1889 vide.
1890 m. b.   , par Livet. Mort.
1891 m. b.   , par Hercule-Normand.

4281.   **GEORGETTE**, 1/2 s. N. — M. A. Lemaine.

Bb. 1886. — Normandie (Le Pin).

Par *Acquila* et *Eclair*, par Conquérant.

Sa grand'mère : *Esméralda*, P. S. A., par Cobnut.

1890 vide.
1891 f. b.   , par Etendard.

4282.   **GEORGETTE**, 1/2 s. N. — M. Vasselier.

Bb. 1889. — Manche (Saint-Lô).

Par *Frontignan* et une fille de Lans-Born.

Sa grand'mère : par Luther.

4283.   **GEORGINA**, 1/2 s. N. — M. Thibault.

N. 1872. — Orne (Le Pin).

Par *Trouville*, P. S. A., et *Azurine*, par Séducteur.

Sa grand'mère : par Aï.

S. r. jusqu'en 1887.
1888 m. b.   , par Edimbourg.
1889 f. b. *Léda*, par Elan. Morte.
1890 m. b. b. *Mage*, par Elan.
1891 m. n. *Nonancourt*, par Edimbourg
1892 f. b. b. *Ostende*, par Cherbourg.

4284. **GEORGINA**, P. S. A. — M. Tocque.
B. 1883. — Oise (Le Pin).
Par *Roi-de-la-Montagne* et *Rieulet*, par The Duke.

1887-1888 s. r.
1889 m. b. *Lilas*, par Dictateur II.
1890-1891 vide.

4285. **GÉRANCE**, 1/2 s. N. — M. Lallouet.
Al. 1884. — Orne (Le Pin).
Par *Phaéton* et *Glorieuse*, par Séducteur.
Sa grand'mère : *Écolière*, par Extase.
Sa bisaïeule : *Théréza*, par Destin.
Sa trisaïeule : *Brillante*, par Jéricko.
Sa quadrisaïeule : *Ida*, par Basly. (V. *Hallencourt*, t. I.)

1888 s. r.
1889 f. b. *La France*, par Edimbourg.
1890 f. b. *Mimosas*, par Cherbourg (Amérique).

4286. **GERMAINE**, 1/2 s. N. — M. Loyer.
B. 1884. — Manche (Saint-Lô).
Par *Verdun* et une fille de Lodi.
Sa grand'mère : par Quasi.
Sa bisaïeule : par Succès.

1888 m. b. b. *Kléber*, par Florentino.
1889 m. b. *Lincoln*, par Gil-Blas.
1890 f. b. *Marjolaine*, par Gil-Blas.

4287. **GERMAINE**, 1/2 s. N. — M. Castillon.
B. 1884. — Normandie (Le Pin).
Par *Niger* et *Olga*, par Abrantès.
Sa grand'mère : *Junon*, par Ecuyer (approuvé).

1888 m. al. *Koning*, par Eclaireur.
1889 m. b.   , par Etendard (Amérique).
Exportée en Amérique en 1889.

4288. **GERMAINE**, 1/2 s. N. — M. J. Drouin.
B. 1884. — Orne (Le Pin).
Par *Phaéton* ou *Quielet* et *Anémone*, par Oriental.
Sa grand'mère : par Tonnerre-des-Indes, P. S. A.

1888 f. b.   , par Étudiant.
1889 m. b.   , par Étudiant.
1890 m. b.   , par Cambronne.
1891 m. b. *Nénuphar*, par Cambronne.

4289.   GERMINETTE, 1/2 s. N. — M. L. Samson.
Bb. 1867. — Normandie (Le Pin).
Par *The Norfolk-Phœnomenon*, 1/2 s. A., et *Epreuve*, par
Bassompierre.
Sa grand'mère : par Honorable.

S. r. jusqu'en 1886.
1887 m. b. *Jacob*, par Diablotin.
1888 vide.
1889 m. b. *Lord*, par Bruce, P. S. A.
1890 vide.
1891 f. b. b. *Germine*, par Havas.

4290.   GERTRUDE, 1/2 s. N. — M. Castillon.
Al. 1884. — Normandie (Le Pin).
Par *Oriental* et *Argences*, par Elu.
Sa grand'mère : *Sina*, par Necy ou Irlandais.
Sa bisaïeule : par Jéricko.

1888 m. b.   , par Acquila (Amérique).
1889 f. b. *Louisiane*, par Acquila.
1890 f. b. *Manon*, par Acquila.
1891 f. b.   . par Tigris.
1892 a avorté.

4291.   GIROFLA, 1/2 s. N. — M. Galuski.
Al. 1889. — Manche (Saint-Lô).
Par *Manille*, P. S. A., et *Bijou*, par Schah
Sa grand'mère : par Aster, P. S. A.
Sa bisaïeule : par Daniel, fils de Daniel.

4292.   GIROFLÉE, 1/2 s. N. — M. Prudent-Vendel
B. 1887. — Orne (Le Pin).
Par *Marignan* et *Jactatora*, par Jactator.
Sa grand'mère : *Sophie*, par Centaure ou Séducteur.
Sa bisaïeule : *Lucie*, par Vicomte.
Sa trisaïeule : *Rosette*, par Idalis.
Sa quadrisaïeule : *Manette*.

1891 f. b. *Norma*, par Soldat.

4293.   **GISÈLE**, 1/2 s. N. — M. Martinière.
B. 1883. — Normandie (Le Pin).
Par *Niger* et *Vilna*, par Y.
Sa grand'mère : *Victoria*, par un étalon de P. S. A.

1887 m. al. *D'Aplomb*, par Réussi, P. S. A.
1888 f. b. *Kara*, par Réussi, P. S. A.
1889 f. b. *Lady-Vilna*, par Gallien (approuvé).
1890 m. al.   , par Réussi, P. S. A.

4294.   **GISELLE**, 1/2 s. N. — M. C. Hervieu.
B. 1881. — Calvados (Le Pin).
Par *Unal* et *Noiselle*, par Conquérant.
Sa grand'mère : par Y. Phœnoménon, 1/2 s. A.
Sa bisaïeule : par Dorus.
Sa trisaïeule : par Introuvable.

1885 s. r.
1886 a avorté.
1887 produit mort.
1888 vide.
1889 m. b. *Lavardin*, par Orchid, P. S. A.
1890 morte.

4295.   **GISELLE**, 1/2 s. N. — M. Guérard.
Bb. 1884. — Normandie (Le Pin).
Par *Acquila* et *Rachel*, par Irlandais.
Sa grand'mère : par Esculape.
Sa bisaïeule : par Galba.

1888 f. b. *Kina*, par Apis.
1889 m. b.   , par Tigris.
1890 produit mort.
1891 a avorté.
1892 f. b. *Olive*, par Tigris.

4296.   **GISELLE**, 1/2 s. N. — M. Lallouet.
B. 1884. — Orne (Le Pin).
Par *Phaéton* et *Rosamonde*, par Quiclet.
Sa grand'mère : *Alphérie*, par Fitz-Pantaloon, P. S. A.
Sa bisaïeule : *Ida II*, par William.
Sa trisaïeule : *Ida*, par Basly.
Sa quadrisaïeule : par Impérieux. (V. *Hallencourt*, t. 1.)

1888 s. r.
1889 m. b. *Lavardin*, par Edimbourg.
1890 m. b. *Mancini*, par Edimbourg.

4297.   **GITANA**, 1/2 s. N. — M. L. Fontaine.
Al. 1884. — Normandie (Le Pin).
Par *Niger* et *L'Africaine*, par Centaure.

Sa grand'mère : par Prétender, 1/2 s. A.
Sa bisaïeule : par Lully, P. S. A.
Sa trisaïeule : par Buci.

1888 s. r.
1889 m. b. b.   , par Tigris.
1890 vide.
1891 m. b.   , par Etendard.

4298.   **GITANA**, 1/2 s. N. — M. D. Lindet.
Al. 1884. — Orne (Le Pin).
Par *Phaéton* et *Brillante*, par Abrantès.

Sa grand'mère : *Gazelle*, par Elu.
Sa bisaïeule : *Pégriote*, par Eylau, P. S. A. A.
Sa trisaïeule : jument arabe, mère de Buci et de Jactator.

1888 m. al. *Kérisper*, par Beaugé.
1889 vide.
1890 f. b.   , par Elan (approuvé).
1891 m. al.   , par Elan (approuvé).

4299.   **GITANA**, 1/2 s. N. — M. Oury.
B. 1884. — Manche (Saint-Lô).
Par *Ministère*, P. S. A., et *Be Quick*, par Conquérant.

Sa grand'mère : par Tamberlick, P. S. A.

1888 f. b. *Koran*, par Lavater.
1889 f. b. *Laquille*, par Fred-Archer.
1890 m. b. *Lalla-Rouk*, par Fred-Archer.
1891 m. b. *Nougat*, par Fred-Archer.
1892 f. b. *Olga*, par Fred-Archer.

4300.   **GITANA**, 1/2 s. N. — M. Galuski.
B. 1886. — Manche (Saint-Lô).
Par *Manille*, P. S. A., et une fille de Richard.

Sa grand'mère : par Garde-à-Vous.

1890 s. r.
1891 f. b. *Camille*, par Fontainebleau, 1/2 s. N.

4301. **GITANA,** 1/ 2 s. N. — M. A. Bienvenu.
B. 1887. — Manche (Saint-Lô).
Par *Esbly* et *Lisa*, par Sénéchal.

Sa grand'mère : *Sophie*, par Mirliton.
Sa bisaïeule : *La Petite*, par Bravo, P. S. A.
Sa trisaïeule : par Camisard.

1891 f. b. *Naïade*, par Intrépide.
1892 m. b. *Oriental*, par Intrépide.

4302. **GLAISIÈRE,** 1/2 s. N. — M. J. Thibault.
B. 1884. — Orne (Le Pin).
Par *Quiclet* et *Agile*, par Inkermann.

Sa grand'mère : *Tontine*, par Eclipse.
Sa bisaïeule : par Noteur.

1888 s. r.
1889 f. b. *La Vallière*, par Cherbourg.
1890 m. b. *Manoir*, par Edimbourg.
1891 f. b. *Nacelle*, par Cherbourg.
1892 m. b. b. *Otage*, par Edimbourg.

4303. **GLANEUSE,** 1/2 s. N. — M. Burin.
Al. 1884. — Orne (Le Pin).
Par *Parthénon* et une fille d'Abrantès.

Sa grand'mère : par Utrecht.
Sa bisaïeule : par Tipple-Cider, P. S. A.
Sa trisaïeule : par Hamilton.

S. r. jusqu'en 1891.
1892 m. b.   , par Fuschia.

4304. **GLANEUSE,** 1/2 s. N. — M. A. Tessier.
B. 1884. — Orne (Le Pin).
Par *Parthénon* et une fille de Séducteur.

Sa grand'mère : par Tipple-Cider, P. S. A.
Sa bisaïeule : par Sylvio, P. S. A.

1888 m. b.   , par Etudiant.
1889 m. b.   , par Fier-à-Bras.
1890 m. b.   , par Edimbourg.
1891 f. b. *Négligée*, par Fuschia.
1892 f. b. *Ondoyante*, par Fuschia.

4305. **GLANEUSE**, 1/2 s. N. — M. Beaudouin.
Gr. 1884. — Eure (Le Pin).
Par *Valencourt* et *Bérénice*, par Noville.
Sa grand'mère : *Candélaria*, par Lavater.
Sa bisaïeule : *Fanny*, par The Norfolk-Phœnomenon, 1/2 s. A.
Sa trisaïeule : par Turk, 1/2 s. A.

888 f. n. *Klarnet*, par Noville.

4306. **GLORIEUSE**, 1/2 s. N. — M. Lallouet.
Al. 1873. — Normandie (Le Pin).
Par *Séducteur* et *Ecolière*, par Extase.
Sa grand'mère : *Théréza*, par Destin.
Sa bisaïeule : *Brillante*, par Jéricko.
Sa trisaïeule : *Ida II*, par William. (V. *Hallencourt*, t. 1.)·

1877-1878 s. r.
1879 m. b. *Beaujolais*, par Niger (Italie).
1880 f. b. *Cascade*, par Serpolet-Bai.
1881 m. al. *Diogène*, par Phaéton (Angleterre).
1882 f. al. *Escapade*, par Phaéton.
1883 f. al. *Finlande*, par Phaéton.
1884 f. al. *Gérance*, par Phaéton.
1885 vide.
1886 m. b. *Itinéraire*, par Cherbourg.
1887 f. b. *Jouvencelle*, par Cherbourg. Morte.
1888 m. b. b. *Kent*, par Cherbourg.
1889 m. b. *Labrador*, par Cherbourg.
1890 m. al. *Météore*, par Valencourt.
1891 m. al. *Nénuphar*, par Valencourt.

4307. **GLORIEUSE**, 1/2 s. N. — M. Bénard.
B. 1880. — Calvados (Le Pin).
Par *Conquérant* et *Malvina*, par Ignace.
Sa grand'mère : par Montaigne.

S. r. jusqu'en 1887.
1888 f. b. *Lutèce*, par Frein.
1889 f. b. *Fadette*, par Frein.
1890 f. b. *Mireille*, par Galant II.
1891 f. b. *Norma*, par Fumet.
1892 f. b. b. *Olga*, par Fumet.

4308. **GLORIEUSE**, 1/2 s. N. — M. Desmannelaux.
Al. 1884. — Manche (Saint-Lô).
Par *Orphée* et une fille de Forey.
Sa grand'mère : par Qui-Perd-Gagne.

1888 s. r.
1889 f. b.   , par Fontenay. Morte.
1890 f. b. *Mosquée*, par Domino-Noir.
1891 vide.

4309.   **GLORIEUSE**, 1/2 s. N. — M. Tostain
Al. 1886. — Calvados (Saint-Lô).
Par *Astyanax* et une fille de Mithridate.
Sa grand'mère : par Navigateur.
Sa bisaïeule : par Don-Quichotte.

S. r. jusqu'en 1891.
1892 f. b. *Zaïda*, par Dollar.

4310.   **GLORIEUSE**, 1/2 s. N. — M. V. Balmont.
Al. 1886. — Calvados (Saint-Lô).
Par *Cicéron* et une fille de Riga.
Sa grand'mère : par Don-Quichotte, P. S. A. A.

1890 m. b.   , par Graft.
1891 m. b.   , par Graft.

4311.   **GLORIEUSE**, 1/2 s. N. — M. P. Herbert.
Al. 1887. — Manche (Saint-Lô).
Par *Shamrock*, 1/2 s. A., et une fille de Macouba.

Sa grand'mère : par Roustan.
Sa bisaïeule : par Gaberlunzie.
1891 m. al. *Normand*, par Dacapo ou Exéat.

4312.   **GLORIEUSE**, 1/2 s. N. — M. Barbey.
Al. 1887. — Normandie (Saint-Lô).
Par *Banyuls* et une fille d'Orphée.
Sa grand'mère : par Sinope.

1891 s. r.
1892 m. al. *Oiseau*, par Ray-Grass.

4313.   **GLORIEUSE**, 1/2 s. N. — M. P. Gandon.
Al. 1888. — Normandie (Saint-Lô).
Par *Glorieux* et une fille de Sérieux.
Sa grand'mère : par Hippocrate.
Sa bisaïeule : par Paternel.

1892 m. b. *Oppeln*, par Jarnac.

4314. **GOELETTE**, 1/2 s. N. — M. Donzel.
B. 1885. — Normandie (Le Pin).
Par *Vengeur* et *Susan*, P. S. A., par Soucar.

1889 m. b. *Lutin*, par Fanfan. Mort.
1890 m. b. *Mistigri*, par Un.
1891 f. b. *Norine*, par Aramis.

4315. **GOLCONDE**, P. S. A. — M. Luce.
Bb. 1881. — Seine-et-Oise (Saint-Lô).
Par *Balagny* et *Garde-Mobile*, par Jarnicoton.

S. r. jusqu'en 1890.
1891 m. b.   , par Fred-Archer.

4316. **GOLCONDE**, 1/2 s. N. — M. Leguillon.
B. 1884. — Normandie (Le Pin).
Par *Hippomène*, 1/2 s. Big., et *Déception*, par Normand.

Sa grand'mère : par Conquérant.

1888-1889 s. r.
1890 m. b. *Murat*, par Uriel.
1891 m. b. *Numa*, par Valencourt.

4317. **GONDOLE**, 1/2 s. N. — M. C. Forcinal.
Bb. 1884. — Calvados (Le Pin).
Par *Tigris* et *Fugitive*, par Lilas.

Sa grand'mère : par Plutus, P. S. A.

1888-1889 s. r.
1890 m. b. b. *Martinet*, par Problème, P. S. A.
1891 f. n. *Nadine*, par International.
1892 f. b. *Ondine*, par Phaéton.

4318. **GOOD-NIGHT**, 1/2 s. N. — M. L. Lebourg.
B. 1884. — Normandie (Le Pin).
Par *Valencourt* et *Sarah*, par Conquérant.

Sa grand'mère : par J'y-Songerai.

1888 s. r.
1889 f. b. b. *Lender*, par Gallien (approuvé).

4319. **GRENADE**, 1/2 s. N. — M. A. Gamare.
B. 1869. — Calvados (Le Pin).

Par *Conquérant* et *Vallée-d'Auge*, par Fire-Away, 1/2 s. A.
Sa grand'mère : par Antinoüs.
Sa bisaïeule : par Impérial.
Sa trisaïeule : *L'Aigle*, par Voltaire.

1873 s. r.
1874 m. al. *Volcan*, par Pactole.
1875-1876 vide.
1877 m. b. *Cadix*, par Noville (Belgique).
1878-1879 vide.
1880 f. b. *Barcelone*, par Normand (Belgique).
1881 à 1889 vide.
1890 m. b.   , par Hardy.
1891 vide.
1892 m. b. b. *Ortolan*, par Juvigny.

4320. **GRENADE**, 1/2 s. N. — M. C. Forcinal.
Al. 1884. — Orne (Le Pin).

Par *Phaéton* et *Uranie*, par Niger.
Sa grand'mère : *Dame-de-Cœur*, par Wild-Fire, 1/2 s. A.
Sa bisaïeule : par Friedland, P. S. A. A.

1888 m. b.   , par Jadis.
1889 vide.
1890 f. n. *Marie-Louise*, par Écho.
1891 f. n. *Nonnette*, par Écho.
1892 m. b. *Oculiste*, par Élan.

4321. **GRENADE**, 1/2 s. N. — M. C. La Saussaie.
Al. 1884. — Orne (Le Pin).

Par *Un* et *Odalisque*, par Inkermann.
Sa grand'mère : par Solide.
Sa bisaïeule : par Tipple-Cider, P. S. A.

1888 s. r.
1889 m. b.   , par Echo.
1890 vide.
1891 f. n. *Mandarine*, par Echo.

4322. **GRENADE**, 1/2 s. N. — M. Costa de Beauregard.
Al. 1884. — Orne (Le Pin).

Par *Talma* et *Cravache*, par Carrouges, P. S. A.
Sa grand'mère : par The Norfolk-Phœnomenon, 1/2 s. A.
Sa bisaïeule : par L'Invincible, P. S. A.

1888 f. b. b. *Kermesse*, par Cicéron II.

4323.   **GRENADE**, 1/2 s. N. — M. Duval.
Bb. 1884. — Normandie (Le Pin).
Par *Dictateur* (approuvé), et *Cravache*, P. S. A., par Vermouth.

1888 s. r.
1889 m. b.   , par Cicéron II. Mort.
1890–1891 s. r.
1892 m. b. *Ouvrier*, par Havas.

4324.   **GRENADE**, 1/2 s. N. — M. E. Gautier.
B. 1885. — Manche (Saint-Lô).
Par *Macouba* et une fille de Roc.
Sa grand'mère : par Quasi.
Sa bisaïeule : par Hyacinthe.

1889 f. al. *Jaseuse*, par Franconi.
1890 f. al. *Elégante*, par Utrecht, P. S. A.

4325.   **GRENADE**, 1/2 s. N. — M. E. Lassaussaye.
B. 1886. — Orne (Le Pin).
Par *Barrabas* et *Albertine*, par Norfolk-Trotter, 1/2 s. A.
Sa grand'mère : *La Rosière*, par Valdemar.
Sa bisaïeule : *Corysandre*, par Kramer.
Sa trisaïeule : *Lanterne*, par Hospodar.
Sa quadrisaïeule : par Québec.

1890 f. b.   , par Havas.
1891 vide.
1892 m. b.   , par Jouffroy.

4326.   **GRENADE**, 1/2 s. N. — M. O. Perrin.
B. 1886. — Normandie (Le Pin).
Par *Parthénon* et *Rosette*, par Hannon.
Sa grand'mère : par Ovide.

1890 m. n.   , par Valdempierre.
1891 m. b. b.   , par Valdempierre.

4327.   **GRENADE**, 1/2 s. N. — M. Gâté.
N. 1888. — Normandie (Saint-Lô).
Par *Trajan* et une fille de Peuplier.
Sa grand'mère : par Gomaire.

1892 f. n. *Olyatte*, par Jasmin IV.

4328. GRENADIÈRE, 1/2 s. N. — M. Desmannetaux.
Al. 1884. — Calvados (Saint-Lô).
Par *Noville* et une fille de Montfort, P. S. A.
Sa grand'mère : par Abrantès.

1888 m. b. *Krac*, par Lavater.
1889 vide.
1890 f. b. *Madeleine*, par Fontenay.
1891 f. b. *Norma*, par Colporteur.

4329. GRENADINE, 1/2 s. N. — M. Simon.
B. 1882. — Orne (Le Pin).
Par *Uriel* et *Athalante*, par Kilomètre.
Sa grand'mère : par Noteur.
Sa bisaïeule : par Stoker, P. S. A.
Sa trisaïeule : par Aï.
Sa quadrisaïeul e: par Voltaire.

1886 m. b.   , par Quiclet. Mort.
1887 vide.
1888 f. b. *Flore*, par Cicéron II.
1889 f. b. b. *Lucrèce*, par Cicéron II.
1890 f. b. *Milady*, par Cicéron II.
1891 f. b. b. *Noisette*, par Cicéron II.
1892 m. b. *Orléansville*, par Hérode.

4330. GRENADINE, 1/2 s. N. — Mme Ve Perrin.
B. 1886. — Orne (Le Pin).
Par *Un* et *Séduisante*, par Taconnet.
Sa grand'mère : par Séducteur.

1890 f. b.   , par Valdempierre.
1891 f. b. b.   , par Valdempierre.
1892 m. b. *Old-Chap*, par Cherbourg.

3930. GRÉVISTE, 1/2 s. N. — M. de Foucault.
Al. 1886. — Normandie (Le Pin).
Par *Niger* et *Balsamine*, par Conquérant.
Sa grand'mère : *Jonquette*, par Irlandais.
Sa bisaïeule : par Abrantès.

1890-1891 s. r.
1892 f. al. *Missy*, par Gaveston.

4331.   **GRIMACE**, 1/2 s. N. — M. E. Foulon.
B. 1884. — Orne (Le Pin).
Par *Quotiès* et *Indifférente*, P. S. A. A., par Pompier.

1888 m. b. *Képi*, par Uriel.
1889 m. ro. *Lilas*, par Étranger.

4332.   **GRIPPE-SOU**, 1/2 s. N. — M. Lavignée.
B. 1886. — Orne (Le Pin).
Par *Cherbourg* et *Conquète*, par Conquérant.

Sa grand'mère : par Niger.
Sa bisaïeule : par Centaure.
Sa trisaïeule : par Tipple-Cider, P. S. A.

1890 à 1892 vide.

4333.   **GRISETTE**, 1/2 s. N. — M. de Nicolay.
Gr. 1872. — Eure (Le Pin).
Par *Lavater* et *Fanny*, par The Norfolk-Phœnomenon, 1/2 s. A.
Sa grand'mère : par Turk, 1/2 s. A.

1876 s. r.
1877 f. n. *Espérance*, par Gall ou Clear-The-Way, 1/2 s. A.

4334.   **GRISETTE**, 1/2 s. N. — M. C. Forcinal.
B. 1884. — Orne (Le Pin).
Par *Uriel* et *Amaranthe*, par Niger.

Sa grand'mère : par Serenader, 1/2 s. A.
Sa bisaïeule : par Tipple-Cider, P. S. A.

1888 produit mort.
1889 f. al. *L'Orne*, par Phaéton.
1890 m. al. *Mendelsohn*, par Phaéton (Amérique).
1891 m. n. *Nabab*, par Glaneur.
1892 m. b. *Ortolan*, par Krakatoa, P. S. A.

4335.   **GUIGNOLÉTTE**, ex-**GUEULE-DE-SINGE**,
1/2 s. N. — M. Fonlupt fils.
Al. 1884. — Seine-Inférieure (Le Pin).
Par *Niger* et *Marianne*, par Father-Thames, P. S. A.

Sa grand'mère : *Sidonie*, par Guignolet, P. S. A.
Sa bisaïeule : par Railleur.

1888-1889 s. r.
1890 m. al. *Make Haste*, par Serpolet-Rouan.
1891 s. r.
1892 m. b. *Ortolan*, par Dictateur II.

4336. **GUINÉE**, 1/2 s. N. — M. L. Burin.
Al. 1884. — Orne (Le Pin).
Par *Barrabas* et *Calme*, par Gaulois.

Sa grand'mère : par Inkermann.
Sa bisaïeule : par William, P. S. A.
Sa trisaïeule : par Castor.

1888 f. b. *Kermès*, par Jadis.
1889 f. al. *Lia*, par Echo.
1890 f. b. *Magistère*, par Havas.
1891 f. b. *Nacelle,* par Havas.

4337. **GUIRLANDE**, 1/2 s. N. — M. C. Mouton.
B. 1885. — Manche (Saint-Lô).
Par *Quality* et une fille de Regnard.

Sa grand'mère : par Egésippe.
Sa bisaïeule : par Uroch.

1889 m. b. *Francfort*, par Espoir.
1890 vide.
1891 f. b. b. *Etincelle*, par Colporteur.
1892 f. b. b. *Espérance*, par Colporteur.

4338. **GUYANE**, 1/2 s. N. — M. Ch. Cavey.
B. 1884. — Orne (Le Pin).
Par *Valdempierre* et *Pastourelle*, par Esculape.

Sa grand'mère : par Noteur.
Sa bisaïeule : par Sylvio, P. S. A.

1888 s. r.
1889 vide.
1890 m. b. *Monaco*, par Elan (approuvé).
1891 f. b.   , par Elan (approuvé).

4339. **HACHETTE-JEANNE**, 1/2 s. N.
MM. Sortais et Forton.
N. 1885. — Orne (Le Pin).
Par *Dictateur* et *Travailleuse*, par Marx, 1/2 s. R.
Sa grand'mère : *Miss-Bell* (Américaine).

1889-1890 vide.

4340. **HAÏDÉE**, 1/2 s. N. — M. L. Fontaine.
Al. 1877. — Orne (Le Pin).
Par *Niger* et *Lucrèce*, par Lully, P. S. A.

S. r. jusqu'en 1888.
1889 f. b. *Léda*, par Don-Quichotte.
1890 vide.
1891 f. b.   , par Don-Quichotte.

4341. **HANRIETTE**, 1/2 s. N. — M. Scelles-Duchâtelet.
Al. 1885. — Calvados (Saint-Lô).
Par *Barberousse* et une fille de Glorieux.
Sa grand'mère : par Vice-Roi.
Sa bisaïeule : par Guignolet, P. S. A.

1889 s. r.
1890 f. n. *Coquiette*, par Grand-Maître.
1891 vide et à la Remonte.

4342. **HARDIE**, 1/2 s. N. — M. L. Bagot.
Al. 1885. — Manche (Saint-Lô).
Par *Shamrock*, 1/2 s. A., et *Gringalette*, par Kellermann.
Sa grand'mère : par Urus.

1889 s. r.
1890 f. al. *Mouvante*, par Etain, P. S. A.
1891 s. r.
1892 m. b. *Octave*, par Favori (approuvé).
A la Remonte.

4343. **HARDIE**, 1/2 s. N. — M. Cavey aîné.
Bb. 1885. — Orne (Le Pin).
Par *Lavater* et *Thérésa I*, par Phaéton.
Sa grand'mère : *Elisa*, par Faust, P. S. A.
Sa bisaïeule : par Centaure.
Sa trisaïeule : par Thésée.

S. r. jusqu'en 1891.
1892 m. b. *Orne*, par Cherbourg.

4344. **HARMONIE**, 1/2 s. N. — M. J. Touchard.
B. 1873. — Orne (Le Pin).
Par *Abrantès* et une fille de Séducteur.
Sa grand'mère : par Eylau, P. S. A. A.
Sa bisaïeule : par Napoléon, P. S. A. A.

1877 s. r.
1878 m. b.   , par Phaéton.
1879 f. b. *Mademoiselle-de-Saint-Paul*, par Hannon.
1880 f. b. *Bonne-Mère*, par Phaéton.
1881 f. b. *Belle-Charlotte*, par Phaéton.
1882 m. b. *Edimbourg*, par Serpolet-Bai.
1883 à 1885 vide.
1886 m. b. *Horticulteur*, par Parthénon.
1887 morte.

4345. **HARMONIE**, 1/2 s. N. — M. L. Lethiers.
B. 1878. — Normandie (Le Pin).
Par *Conquérant* et *Héroïne*, par Thorigny.

Sa grand'mère : *Harlow*, par The Norfolk-Phœnomenon, 1/2 s. A.
Sa bisaïeule : *Harmonie*.

1882-1883 s. r.
1884 f. b. *Jouvencelle*, par Beaujeu.
1885 f. n. *Négresse*, par Noville.
1886 vide.
1887 m. n. *Jambes-d'Acier*, par Cicéron II.
1888-1889 vide.
1890 m. b. *Macouba*, par Cherbourg.
1891 vide.

4346. **HARMONIE**, 1/2 s. N. — M. A. Orange,
B. 1885. — Manche (Saint-Lô).
Par *Trajan* et *Sarah*, par Faucon.

Sa grand'mère : par Borisow.
Sa bisaïeule : par Electeur.

1889 s. r.
1890 m. b. *Manchot*, par Dacapo.

4347. **HARMONIE**, 1/2 s. N. — M. L. Milet.
N. 1885. — Manche (Saint-Lô).
Par *Aristocrate* et une fille d'Idoménée.

Sa grand'mère : par The Heir-of-Linne, P. S. A.
Sa bisaïeule : par Kapirat.
Sa trisaïeule : par Adolphus.
Sa quadrisaïeule : par Lionceau.

1889 s. r.
1890 f. n. *Javotte*, par Habéo.
1891 vide.

4348.   **HARMONY**, P. S. A. — M. Lecanu.
B. 1871. — Angleterre (Saint-Lô).
Par *Marsyas* et *July*, par Birdcatcher.

S. r. jusqu'en 1887.
1888 f. al *Kyrielle*, par Furieux.
1889 s. r.
1890 vide.
1891 f. b. *Normandie*, par Espoir,
1892 m. b. *Officier*, par Harley.

4349.   **HARPIE**, 1/2 s. N. — M. A. Lebas.
B. 1885. — Manche (Saint-Lô).
Par *Attila* et *Cachua*, présumée P. S. A., par Promised-Land.
Sa grand'mère : *Queen-of-Diamonds*, P. S. A.

S. r. jusqu'en 1891.
1892 m. b. *Occiput*, par Eole.

4350.   **HÉBÉ**, 1/2 s. N. — M. E. Libessart.
B. 1885. — Normandie (Le Pin).
Par *Acquila* et *Angèle*, P. S. A., par Atlas.

1889 f. b. *Hébé*, par Etendard.
1890 f. b. *Mignonne*, par Etendard.
1891 m. b. *Néron*, par Express.
1892 f. b. *Pervenche*, par Jemmapes.

4351.   **HÉBÉ III**, 1/2 s. N. — M. du Rozier.
N. 1885. — Calvados (Saint-Lô).
Par *Niger* et une fille de Normand.
Sa grand'mère : *Débutante*, P. S. A., par Pretty-Boy.

1889 s. r.
1890 f. b. b. *Manon*, par Fuschia.
1891 m. b. *Narquois*, par Fuschia.

4352.   **HÉDIG**, 1/2 s. N. — M. La Saussaie.
Al. 1885. — Orne (Le Pin).
Par *Un* et *Odalisque*, par Inkermann.

Sa grand'mère : par Solide.
Sa bisaïeule : par Tipple-Cider, P. S. A.
1889 f. al. *Lumineuse*, par Echo.
1890 m. al. *Médoc*, par Gérardmer.
1891 f. n. *Nébuleuse*, par Cherbourg.

4353. **HÉLÈNE**, 1/2 s. N. — M. J. Lemoine.
Al. 1871. — Sarthe (Le Pin).
. Par *Elu* et *Belle-Poule*, par Centaure.
Sa grand'mère : par Tipple-Cider, P. S. A.
Sa bisaïeule : par Eylau, P. S. A. A.

S. r. jusqu'en 1876.
1877 m. b. *Villageois*, par Abrantès.
1878 vide.
1879 f. al. *Belle-de-Jour*, par Koping.
1880 vide.
1881 m. b.   , par Serpolet-Bai.
1882 à 1884 vide.
1885 m. al. *Hertré*, par Beaugé.
1886 m. al. *Ismaël*, par Beaugé.
1887 morte.

4354. **HÉLÈNE**, 1/2 s. N. — M. Le Comte.
B. 1878. — Sarthe (Le Pin).
Par *Noville* et *Bijou*, par Conquérant.
Sa grand'mère : par Oribe.

1882-1883-1884 vide.
1885 m. b. b. *Ouvrier*, par Cantorbéry.
1886 f. b. *Peluche*, par Hippomène, 1/2 s. Big.
1887 m. b. b. *Quine*, par Édimbourg.
1888 f. n. *Reine-de-Saba*, par Édimbourg.
1889 f. n. *Sélika*, par Cicéron II.
1890 f. n. *Tulipe*, par Cicéron II.

4355. **HÉLÈNE**, 1/2 s. N. — M. Germond.
B. 1885. — Normandie (Le Pin).
Par *Quiclet* et *Hermine*, par Jactator.
Sa grand'mère : par Marx, 1/2 s. R.
Sa bisaïeule : par Pledge.
Sa trisaïeule : par Brocardo, P. S. A.

1889 s. r.
1890 f. b. *Mante*, par Valdempierre.
1891 m. b.   , par Édimbourg.

4356. **HÉLIOTROPE**, 1/2 s. N. — M. Léguillon.
B. 1885. — Normandie (Le Pin).
Par *Tigris* et *Wanosa*, par Affidavit, P. S. A.
Sa grand'mère : par Gaulois.

1889 f. al. *La Touques*, par Véra-Cruz.

4357. HÉLIOTROPPE, 1/2 s. N. — M. Cavey aîné.
N. 1885. — Orne (Le Pin).
Par *Un* et *La Mascotte*, par Norfolk-Héro.
Sa grand'mère : par Séducteur.

1889 m. b. *Le Fayette*, par Elan (approuvé).

4358. HÉLOÏSE, ex-**OLGA**, 1/2 s. N. — M. Leconte.
B. 1882. — Orne (Le Pin).
Par *Phaëton* et *Odalisque*, par Hidalgo ou Racoleur.
Sa grand'mère : *Pauline*, par Tamberlick, P. S. A.
Sa bisaïeule : par Paradis.
Sa trisaïeule : par Schamyl, P. S. A.
Sa quadrisaïeule : par Faliéro.
5e degré : par Héros.

1886 m. b.   , par Carnaval.
1887 f. b. *Jouvence*, par Edimbourg.
1888 m. b. *Kouban*, par Edimbourg.
1889 f. b.   , par Edimbourg.
1890 vide.
1891 f. b. *Néva*, par Edimbourg.
1892 f. b. *Ostende*, par Edimbourg.

4359.   HENRIETTE, 1/2 s. N. — M. Herbert.
B. 1870. — Calvados (Le Pin).
Par *Faublas*, 1/2 s. N., et *Cybèle*, par Télégraph, 1/2 s. A.

S. r. jusqu'en 1878.
1879 f. b. *Palmette*, par Palm.
1880 f. b. *Lisette*, par Palm.
1881 vide.
1882 f. b. *Edith*, par Palm.
1883-1884-1885 vide.
1886 m. b. *Tigris*, par Tigris.
1887 f. b. b. *Francillon*, par Tigris.
1888 f. b. b. *Korrigane*, par Hardy.
1889 a avorté.
1890 m. b. *Sainfoin*, par Galba.
1891 vide.
1892 m. b. b. *Perdican*, par Glaneur.

4360.   HENRIETTE, 1/2 s. N. — M. Hamel.
Bb. 1879. — Normandie (Saint-Lô).
Par *Schamyl*, P. S. A. et une fille de Lucullus.

S. r. jusqu'en 1891.
1892 m. b. *Octavien*, par Hearty.

4361. **HENRIETTE**, 1/2 s. N. — Cte de Bougy.

B. 1881. — Normandie (Saint-Lô).

Par *Tigris* et une fille de Conquérant.

S. r. jusqu'en 1891.
1892 f. b. *Ombrelle*, par Jolibois.

4362. **HENRIETTE**, 1/2 s. N. — Mme Ve Louis Noël.

Bb. 1883. — Manche (Saint-Lô).

Par *Vautrain* et une fille de Newton.

Sa grand'mère : par Radical.

1887 s. r
1888 f. b. b. *Katarina*, par Utrecht.
1889 vide.
1890 m. b. *Méridional*, par Farnèse.
1891 f. b. *Castille*, par Farnèse.

4363. **HERMINA**, 1/2 s. N. — M. A. Caron.

B. 1885. — Calvados (Saint-Lô).

Par *Upas*, 1/2 s. N., et une fille de Lavater.

Sa grand'mère : par Daniel, P. S. A.

1889 m. n. *Lantheuil*, par Fontenay.
1890 m. b. *Maximum*, par Fontenay.

4364. **HERMINE**, 1/2 s. N. — M. A. Forcinal.

B. 1869. — Normandie (Le Pin).

Par *Eclipse* (451) et *Herminie*, par Wildfire, 1/2 s. A.

Sa grand'mère : par Massoud, P. S. Ar.

S. r. jusqu'en 1880.
1881 f. b. *Diane*, par Niger.
1882 à 1884 s. r.
1885 m. b.   , par Valdempierre.
1886 m. b.   , par Valdempierre,
1887 vide.
1888 f. b.   , par Phaéton.
1889 m. b.   , par Phaéton.
1890 vide.

4365. **HERMINE**, 1/2 s. N. — M. A. Hervieu.

B. 1883. — Normandie (Le Pin).

Par *Suffolk*, P. S. A., et *Miss-Margot*, par Normand.

Sa grand'mère : par Dorus.

Sa bisaïeule : par Important.

Sa trisaïeule : par Héliotrope.
Sa quadrisaïeule : par Royal-George, P. S. A.

1887 s. r.
1888 f. b. b. *Herselie*, par Étendard.
1889 m. f. *Lentouvé*, par Ferblantier.
1890 m. b. *Mac-Nab*, par Étendard.
1891 vide.

4366. HERMINE, 1/2 s. N. — M. Desclos.
Al. 1885. — Orne (Le Pin).
Par *Beaugé* et *Braconelle*, P. S. A , par Braconnier.

4367. HERMINIE, 1/2 s. N. — M. C. Forcinal.
Bb. 1885. — Orne (Le Pin).
Par *Dictateur* et *Gazelle*, par The Norfolk-Phœnomenon, 1/2 s. A.
Sa grand'mère : *Herminie*, par Wildfire, 1/2 s. A.
Sa bisaïeule : par Massoud, P. S. Ar.

1889 vide.
1890 m. b.   , par Cherbourg. Mort.
1891 f. n. *Nouvelle-Idée*, par Phaéton.
1892 m. b. *Orne*, par Phaéton.

4368. HERMITE, 1/2 s. N. — M. A. Burin.
B. 1885. — Orne (Le Pin).
Par *Valdempierre* et *Félicia*, par Inkermann.

Sa grand'mère : par Castor.
Sa bisaïeule : par Railleur.
Sa trisaïeule : *Ourika*, par Eastham, P. S. A.

1889 m. b.   , par Echo.
1890 vide.
1891 f. b.   , par Phaéton.
1892 f. b. *Olive*, par Phaéton.

4369. HERMOSA, 1/2 s. N. — M. Beaudoin.
B. 1885. — Eure (Le Pin).
Par *Valencourt* et *Bérénice*, par Noville.
Sa grand'mère : *Candelaria*, par Lavater.
Sa bisaïeule : *Fanny*, par The Norfolk-Phœnomenon, 1/2 s. A.
Sa trisaïeule : par Turk, 1/2 s. A.

1889 f. b. *Léda*, par Flibustier.

4370. **HÉROÏNE**, 1/2 s. N. — M. C. Bérot.
B. 1885. — Manche (Saint-Lô).
Par *Lavater* et *Vigie*, par Gabier, P. S. A.

Sa grand'mère : par Egésippe.
Sa bisaïeule : par Lagopède.

1889 s. r.
1890 m. b. *Mexico*, par Reynolds.
1891 vide.

4371. **HÉROÏNE**, 1/2 s. N. — M. E. Collet.
B. 1885. — Orne (Le Pin).
Par *Cambronne* et *La Jardinière*, par Destin.

Sa grand'mère : par Lucain.
Sa bisaïeule : par Multum-in-Parvo.
Sa trisaïeule : par Faliéro.
Sa quadrisaïeule : par Mameluke.

1889 m. b.   , par Cicéron II.
1890 f. b. *Magicienne*, par Cicéron II.

4372. **HÉROÏNE**, 1/2 s. N. — M. O. Desmannetaux.
B. 1886. — Manche (Saint-Lô).
Par *Attila* et *Marquise*, par Gabier, P. S. A.

Sa grand'mère : par Kabin.
Sa bisaïeule : par Sans-Gêne.
Sa trisaïeule : par Pégase.

1890 f. b. *Mary-Jane*, par Fontenay.
1891 vide.
1892 f. al.   , par Jusant.

4373. **HERVINE**, 1/2 s. N. — M. A. Prémont.
B. 1885. — Manche (Saint-Lô).
Par *Upas* et *Cascade*, par Lavater.

Sa grand'mère : par The Heir-of-Linne, P. S. A.
Sa bisaïeule : par Lagopède.
Sa trisaïeule : par Tarrare, P. S. A.
Sa quadrisaïeule : par Sauvage.

S. r. jusqu'en 1891.
1892 m. al. *Ornano*, par Fred-Archer.

4374. **HÉTAÏRE**, 1/2 s. N. — M. A. de Basly.
B. 1885. — Calvados (Saint-Lô).
Par *Tigris et Bérénice*, par Kilomètre.
Sa grand'mère : *Fortuna*, P. S. A., par Tonnerre-des-Indes.

1889 à 1891 s. r.
1892 m. b. *Ouvrier*, par Valencourt.
1893 vide.

4375. **HIRONDELLE**, 1/2 s. N. — M. Lebandy.
Al. 1879. — Calvados (Saint-Lô).
Par *Reproducteur* et une fille de Stoker, P. S. A.

S. r. jusqu'en 1891.
1892 f. b. *Olympie*, par Java.

4376. **HIRONDELLE**, 1/2 s. N. — M. Desmares.
B. 1880. — Manche (Saint-Lô).
Par *Jarnac et Poulot*, par Dagobert.

1884 s. r.
1885 f. b.   , par Cauchemar.
1886 f. al.   , par Cauchemar.
1887 f. b.   , par Utrecht.
1888 m. b.   , par Utrecht.
1889 f. b.   , par Utrecht.
1890 f. b. *Lisette*, par Tourville.
1891 f. b. *Cocotte*, par Farnèse.

4377. **HIRONDELLE**, 1/2 s. N. — M. Hamelin.
Al. 1881. — Normandie (Saint-Lô).
Par *Quickly* et une fille d'Argonaut, P. S. A.

S. r. jusqu'en 1891.
1892 m. b. *Orréry*, par Fred-Archer.

3588. **HIRONDELLE**, 1/2 s. N. — M. Guérard.
Al. 1885. — Calvados (Le Pin).
Par *Ulbach* et une fille de Tamar.
Sa grand'mère : par Buci.
Sa bisaïeule : par Lucain.

1889 m. b. *Lord*, par Stade (Amérique).

4378. **HIRONDELLE**, 1/2 s. N. — M. Burin.
B. 1885. — Orne (Le Pin).
Par *Beaugé* et une fille de Niger.
Sa grand'mère : par Elu.
Sa bisaïeule : par Vladimir.
Sa trisaïeule : par Thésée.

S. r. jusqu'en 1891.
1892 m. b.   , par Etudiant.

4379. **HIRONDELLE**, 1/2 s. N. — M. V. Lechaptois.
N. 1881. — Manche (Saint-Lô).
Par *Sobriquet* et *Nigra*, par Lionceau.
Sa grand'mère : *Cocotte*, par Fiorenzo.

1889-1890 vide.
1891 f. b. *Nitouche*, par Gitano.

4380. **HIRONDELLE**, 1/2 s. N. — M. E. Leneveu.
N. 1885. — Normandie (Le Pin).
Par *Niger* et *Favorite*, par Montfort, P. S. A.
Sa grand'mère : par Interprète.

1889 s. r.
1890 m. b. b. *Médoc*, par Tigris.
1891 f. b. *Nacelle*, par Express.

4381. **HIRONDELLE**, 1/2 s. N. — M. Cagnard.
B. 1885. — Orne (Le Pin).
Par *Carnaval* et *Niniche*, par Gaulois ou Palanquin.
Sa grand'mère : *Fragile*, par Tonnerre-des-Indes, P. S. A.
Sa bisaïeule : par Kramer.
Sa trisaïeule : par Pilote.
Sa quadrisaïeule : par Bacha, P. S. Ar.
5e degré : par Glorieux.

1889 s. r.
1890-1891 produits morts.
1892 f. b. b. *Olivette*, par Iambe.

4382. **HIRONDELLE**, 1/2 s. N. — M. L. Samson.
B. 1885. — Orne (Le Pin).
Par *Dictateur* et *Belle-de-Jour*, par Centaure.
Sa grand'mère : par Pledge.

4383. **HIRONDELLE**, 1/2 s. N. — M. Verdery.
B. 1887. — Orne (Le Pin).
Par *Uriel* et *Fida*, par Nécy.
Sa grand'mère : par Quiproquo.

1891 s. r.
1892 f. b. *Oriflamme*, par Usquebac.

4384. **HIRONDELLE**, 1/2 s. N. — M. P. Renault.
Ro. 1887. — Seine-Inférieure (Le Pin).
Par *Vouziers* et *Charmante*, par North-Star.
Sa grand'mère : *Célestine*, par Montfort, P. S. A.

1891 f. b. *Activité*, par Hardy.
1892 m. b. *Oscar*, par Hardy.
1893 m. b. b. *Pâter*, par Hardy.

4385. **HIRONDELLE**, 1/2 s. N. — M. E. Thomas.
N. 1887. — Orne (Le Pin).
Par *Ebène III* et une fille de Tristan.
Sa grand'mère : par Ximénès.
Sa bisaïeule : par Elu.
Sa trisaïeule : par Ottoman.

1891 m. n.   , par Faisan.
1892 f. n. *Mercédès*, par Jactator II.

4386. **HIRONDELLE II**, 1/2 s. N. — M. E. Serrey.
Al. 1888. — Normandie (Le Pin).
Par *Beaugé* et *Hirondelle*, par Serpolet-Bai.
Sa grand'mère : *Juliette*, P. S. A.

1892 à la Remonte.

4387. **HIRONDELLE**, 1/2 s. N. — M. F. Le Plaisant.
Al. 1889. — Calvados (Saint-Lô).
Par *Templier* et une fille d'Astyanax.
Sa grand'mère : par Malakoff.
Sa bisaïeule : par Jay.

4388. **HOLLANDE**, 1/2 s. N. — M. E. Serrey.
B. 1885. — Normandie (Le Pin).
Par *Ximénès* et *Pâquerette*, par Koping.

Sa grand'mère : par Séducteur.

1889 f. b. *Lucine*, par Cicéron II.
1890 f. b. *Ma Gentille*, par Cicéron II.
1891 m. b.   , par Edimbourg.
1892 m. b. *Oléron*, par Edimbourg.

4389. **HORTANSE**, 1/2 s. N. — M. Besnard.
Bb. 1877. — Normandie (Saint-Lô).
Par *Dragon*, P. S. A., et une fille d'Extra (approuvé).

S. r. jusqu'en 1891.
1892 m. b. b. *Oclain*, par Sorcier.

4390. **HORTENSIA**, 1/2 s. N. — M. de Vaux.
Bb. 1885. — Calvados (Saint-Lô).
Par *Valérien* et *Tempête*, par Phare.

Sa grand'mère : par Kapirat.

1889 f. b. *Miss-Colleville*, par Ministère, P. S. A.
1890 vide.

4391. **HOULETTE**, 1/2 s. N. — M. Gamare.
B. 1883. — Normandie (Le Pin).
Par *Tigris* et *Bijou*, par Umber.

Sa grand'mère : par Normand.

S. r. jusqu'en 1889.
1890 f. b. *Soumise*, par Gallien (approuvé).
1891 à la Remonte.

4392. **HOULETTE**, 1/2 s. N.
M. Yver de la Vigne-Bernard.
B. 1885. — Manche (Saint-Lô).
Par *Upas* et *Bravade*, par Lavater.

Sa grand'mère : *Allumette*, par The Heir-of-Linne, P. S. A.
Sa bisaïeule : *Kindler*, par Eylau, P. S. A. A.
Sa trisaïeule : jument d'allure.

4393. **HOURI, ex-DÉSIRÉE**, 1/2 s. N.
M. Burel-Trauchard.
Bb. 1885. — Normandie (Le Pin).
Par *Sarcus* et *Coquette*, par Ouvrier.
Sa grand'mère : par Bayard.

4394. **HOURY**, 1/2 s. N. — M. A. Hays.
B. 1885. — Manche (Saint-Lô).
Par *Upas* et *Brunette*, par Lavater.
Sa grand'mère : par The Heir-of-Linne, P. S. A.
Sa bisaïeule : par Ursin.

1889 s. r.
1890 f. b. *Mogador*, par Reynolds.
1891 vide.
1892 m. al. *Œdipe*, par Reynolds.

4395. **HYACINTHE**, 1/2 s. N. — M. J. Thibault.
Al. 1885. — Orne (Le Pin).
Par *Beaugé* et *Sybille*, par Quiclet.
Sa grand'mère : par Gall ou Oméga.

1889 f. b. *Lisbonne*, par Edimbourg.
1890 vide.
1891 f. b. *Noblesse*, par Cherbourg.
1892 m. b. *Océan*, par Cherbourg.

4396. **HYPOTHÈSE**, 1/2 s. N. — M. J. Thibault.
Bb. 1885. — Normandie (Le Pin).
Par *Tigris* et *Virginie*, par Conquérant.
Sa grand'mère : par The Heir-of-Linne, P. S. A.

1889-1890 vide.
1891 f. b. *Noisette*, par Gastadour.
1892 f. b. *Olivette*, par Fuschia.

4397. **HYSOPE**, 1/2 s. N. — M. J. Thibault.
B. 1885. — Sarthe (Le Pin).
Par *Beaugé* et *Agile*, par Inkermann.
Sa grand'mère : *Tontine*, par Eclipse.
Sa bisaïeule : par Noteur.

1889-1890 vide.
1891 m. b. *Navarin*, par Edimbourg.

4398. **HYTE**, 1/2 s. N. — M. A. Prémont.
Ro. 1885. — Manche (Saint-Lô).
Par *Lavater* et une fille de Gabier, P. S. A.
Sa grand'mère : par Jackson.
Sa bisaïeule : par Lionceau.
Sa trisaïeule : par Licteur.
Sa quadrisaïeule : par Sir Henry-Dimsdale, 1/2 s. A.

1889-1890-1891 vide.

4399. **IDA**, 1/2 s. N. — M. D. Lindet.
B. 1875. — Orne (Le Pin).
Par *Ovide* et *Gaselle*, par Elu.
Sa grand'mère : *Pégriote*, par Eylau, P. S. A. A.
Sa bisaïeule : jument arabe.

S. r. jusqu'en 1888.
1889 f. b.
1890 m. b.   , par Cambronne.
1891 vide.   , par Edimbourg.

4400. **IDA**, 1/2 s. N. — M. Lallouet.
B. 1879. — Normandie (Le Pin).
Par *Niger* et *Esméralda*, par Elu.
Sa grand'mère : *Alphérie*, par Fitz-Pantaloon, P. S. A.
Sa bisaïeule : *Ida II*, par William, P. S. A.
Sa trisaïeule : *Ida*, par Basly. (V. *Hallencourt*, t. 1.)

1883-1884 s. r.
1885 m. b. *Hallencourt*, par Dictateur.
1886 m. b. *Ita-Est*, par Dictateur.
1887 f. b. *Janina*, par Dictateur.
1888 s. r.
1889 f. b. b. *Laurantia*, par Cherbourg.
1890 m. b. b. *Marignan*, par Cherbourg.
1891 m. b. b. *Nectar*, par Cherbourg.

4401. **IDA**, 1/2 s. N. — M. L. Binet.
Al. 1882. — Eure (Le Pin).
Par *Hidalgo* et une fille d'Émir, P. S. Ar.
Sa grand'mère : par Tippie-Cider, P. S. A.
Sa bisaïeule : par Y. Topper, 1/2 s. A.

1886 f. al. *Ida*, par Oronte.
1887-1888-1889-1890-1891 vide.
1892 f. al. *Léda*, par Content.

4402. IDA, 1/2 s. N. — M. L. Rivière.
B. 1886. — Manche (Saint-Lô).
Par *Dacapo* et une fille de Néthou, P. S. A.
Sa grand'mère : par Elu.
Sa bisaïeule : par Quasi.

1890 m. b. *Maïs*, par Elbourg.

4403. IDA, 1/2 s. N. — M. A. Prémont.
B. 1886. — Manche (Saint-Lô).
Par *Lavater* et une fille de Souvenir, P. S. A.
Sa grand'mère : par Newton.
Sa bisaïeule : par The Heir-of-Linne, P. S. A.
Sa trisaïeule : par Lagopède.
Sa quadrisaïeule : par Tarrare, P. S. A.

1890 m. b. *Militaire*, par Frondeur.
1891 s. r.
1892 à la Remonte.

4404. IDA, 1/2 s. N. — M. Cauvin-Ivose.
B. 1886. — Orne (Le Pin).
Par *Beaugé* et *Sérieuse*, par Etudiant.
Sa grand'mère : *Cantatrice*, par Elu.
Sa bisaïeule : *Reine-des-Prés*, par Séducteur.
Sa trisaïeule : par Tipple-Cider, P. S. A.

1890 f. b. *Minerve*, par Fuschia.

4405. IDA, 1/2 s. N. — M. Tocque.
B. 1886. — Eure (Le Pin).
Par *Camembert* et *Eva*, par Niger.
Sa grand'mère : *Thérence*, par Kilomètre.
Sa bisaïeule : *Gazelle*, par Bayard ou Bassompierre.
Sa trisaïeule : Y. *Baronness*, par Baron, P. S. A.
Sa quadrisaïeule : *Isole*, par Prince-Caradoc, P. S. A.

1890-1891 s. r.
1892 m. b. *Oran*, par Hercule-Normand.

4406. IDA, 1/2 s. N. — M. Fontaine.
Al. 1886. — Calvados (Le Pin).
Par *Phaéton* et *Colinette*, par Interprète.
Sa grand'mère : par Buci.

1890 f. b. *Mina*, par Don-Quichotte.

3312.   **IDA**, 1/2 s. N. — M. J. Denis.
Bb. 1886. — Normandie (Le Pin).
Par *Baptiste-Lemore* et *Pâquerette*, par Libérator.
Sa grand'mère : par Tay-Mouth, P. S. A.
Sa bisaïeule : par Officier.
Sa trisaïeule : par Vladimir.
Sa quadrisaïeule : par Affidavit, P. S. A.
1890 m. b. b. *Marceau*, par Galant II.
1891 f. b. b. *Nacelle*, par Galant II.
1892 m. b. *Omer*, par Saint-Rigomer.

4407.   **IDA**, 1/2 s. N. — M. Ferrand.
Gr. 1886. — Seine-Inférieure (Le Pin).
Par *Serviteur* et *Lisette*, par Quik-Silver (n° 2310).
Sa grand'mère : par Cédrat.
1890 s. r.
1891 f. gr. *Nonnette*, par Hardy.
1892 f. b. *Opale*, par Hardy.

4408.   **IDA**, 1/2 s. N. — M. A. Burin.
B. 1886. — Normandie (Le Pin).
Par *Un* et *Mademoiselle-de-Claire-Feuille*, par Gaulois.
Sa grand'mère : *Félicia*, par Inkermann.
Sa bisaïeule : par Castor.
1890 vide.

4409.   **IGNORÉE**, 1/2 s. N. — M. Segrestain.
Bb. 1886. — Normandie (Le Pin).
Par *Cantorbéry* et *Merveilleuse*, par Mazeppa.
Sa grand'mère : *Soumise*, par Bassompierre.
Sa bisaïeule : *La Foudre*, par Charles I, 1/2 s. A.
1890 s. r.
1891 m. b. *Normand*, par Barrabas.
1892 m. al. *Noville*, par Content.

4410.   **IMPASSE**, 1/2 s. N. — M. Gost.
B. 1886. — Manche (Saint-Lô).
Par *Upas* et *Cascade*, par Lavater.
Sa grand'mère : par The Heir-of-Linne, P. S. A.
Sa bisaïeule : par Lagopède.
Sa trisaïeule : par Tarrare, P. S. A.
Sa quadrisaïeule : par Bob-Warwick, 1/2 s. A.
1890 vide.

4411. IMPATIENTE, 1/2 s. N. — M. Méry-Samson.
Al. 1869. — Normandie (Le Pin).
Par *Denmark* et une fille de Troarn.

S. r. jusqu'en 1877.
1878 m. al. *Séducteur*, par Affidavit, P. S. A.
1879 s. r.
1880 f. b. *Séduisante II*, par Palm.
1881-1882 s. r.
1883 m. b. *Pledge*, par Pledge.
1884 f. al. *Sylvie*, par Valencourt.

4412. IMPATIENTE, 1/2 s. N. — M. D. Lindet.
B. 1886. — Orne (Le Pin).
Par *Cherbourg* et *Pégriote*, par Elu.
Sa grand'mère : *Frétillon*, par Solide.
Sa bisaïeule : *Pégriote*, par Eylau, P. S. A. A.
Sa trisaïeule : jument arabe.

1890 s. r.
1891 m. b.   , par Fuschia. Mort.
1892 m. b. *Ontario*, par Fuschia.

4413. IMPÉRIA, 1/2 s. N. — M. le duc de Narbonne.
N. 1883. — Orne (Le Pin).
Par *Normand* et *Célimène*, par Niger.
Sa grand'mère : *Céline*, par Brocardo, P. S. A.
Sa bisaïeule : *Tamisienne*, par Performer, 1/2 s. A.
Sa trisaïeule : *Zaïre*, par Napoléon, P. S. A. A.
Sa quadrisaïeule : par Cammerton, P. S. A.

1887 s. r.
1888 f. b. *Néréide*, par Harpagon.
1889-1890 vide.
1891 m. b. *Quinconce*, par Uriel.
1892 m. n. *Oxfort*, par Phaéton.

4414. IMPÉRIEUSE, 1/2 s. N. — M. Henriet.
B. 1872. — Normandie (Le Pin).
Par *Taconnet* et *Brocardine*, par Brocardo, P. S. A.

S. r. jusqu'en 1886.
1887 m. b. *Jouffroy*, par Edimbourg.
1888 m. b. *Kasba*, par Edimbourg.
1889 s. r.
1890 m. b.   , par Edimbourg.
1891 f. b. *Normande*, par Gastadour.

4415. **IMPÉRIEUSE**, 1/2 s. N. — M. J.-B. Lecaudey.
B. 1887. — Normandie (Saint-Lô).
Par *Siroc* et une fille de Sidi, P. S. Ar.
Sa grand'mère : par Riga.

1891 s. r.
1892 f. b. *Récompense*, par Ray-Grass.

4416. **IMPÉTUEUSE**, 1/2 s. N. — M. Cavey aîné.
B. 1886. — Orne (Le Pin).
Par *Cherbourg* et *Victorieuse*, par Kilomètre.
Sa grand'mère : *Pastourelle*, par Esculape.
Sa bisaïeule : par Noteur.
Sa trisaïeule : par Sylvio, P. S. A.

1890 f. b. *Mandarine*, par Elan.
1891 f. b. b. *Négriotte*, par Elan.

4417. **IMPORTANTE**, ex-**DRAGONNE**, 1/2 s. N.
M. E. Sohier.
B. 1888. — Manche (Saint-Lô).
Par *Follet* et une fille de Dragon.
Sa grand'mère : par Newmarket.

1892 m. b. *Opticien*, par Fontenay.

4418. **IMPRUDENTE**, 1/2 s. N. — M. L. Fleury.
Al. 1886. — Orne (Le Pin).
Par *Beaugé* et *Voltigeuse*, par Parthénon ou Gall.
Sa grand'mère : *Belle-de-Jour*, par Inkermann.
Sa bisaïeule : *Fatemey*, par Tipple-Cider, P. S. A.
Sa trisaïeule : par Eylau, P. S. A. A.

1890 m. b. *Minuit*, par Cambronne.
1891 m. b. *Négligent*, par Edimbourg.
1892 vide.

4419. **INCARTADE**, 1/2 s. N. — M. C. Hervieu.
B. 1886. — Calvados (Le Pin).
Par *Phaéton* et *Divette*, par Normand.
Sa grand'mère : par Extase.
Sa bisaïeule : par Conquérant.
Sa trisaïeule : par Usager.

1890-1891 vide.
1892 f. b. *Oubliette*, par Homard.

4420. **INCOMPRISE**, 1/2 s. N. — M. B. Pagny.
Bb. 1885. — Manche (Saint-Lô).
Par *Banyuls* et une fille d'Ignoré.
Sa grand'mère : par Jay.

1889 m. b. *Luther*, par Milan II, P. S. A.
1890 m. b. *Mabillon*, par Espoir.
1891 f. b. *Normande*, par Franconi.

4421. **INCONNUE**, 1/2 s. N. — M. Allix Courboy.
B. 1886. — Normandie (Saint-Lô).
Par *Lavater* et *Orphélie*, par Orphée.
Sa grand'mère : *Lady-Quid-Juris*, 1/2 s. N., par Quid-Juris, P. S. A.

1890-1891 s. r.
1892 f. b. b. *Onéga*, par Harley.

4422. **INCONNUE**, 1/2 s. N. — M. Cl. Bérot.
B. 1886. — Manche (Saint-Lô).
Par *Aristocrate* et *Victoria*, par Pretty-Boy, P. S. A.
Sa grand'mère : par Egésippe.
Sa bisaïeule : par Lagopède.

1890 m. b. *Merry*, par Fontenay.
1891 f. al. *Mariette*, par Fontenay.

4423. **INDÉCISE**, 1/2 s. N. — M. Moreuil.
B. 1886. — Normandie (Le Pin).
Par *Beaugé* et *Iris*, par Héliotrope.
Sa grand'mère : par Elu.
Sa bisaïeule : par Séducteur.
Sa trisaïeule : par Prince.

1890 s. r.
1891 m. b.   , par Edimbourg. Mort.

4424. **INDÉPENDANTE**, 1/2 s. N. — M. Lallouet.
B. 1873. — Normandie (Le Pin).
Par *Trouville*, P. S. A., et *Alphérie*, 1/2 s. N., par Fitz-Pantaloon,
P. S. A.
Sa grand'mère : *Ida II*, par William, P. S. A.
Sa bisaïeule : *Ida*, par Basly.
Sa trisaïeule : par Impérieux. (V. *Hallencourt*, t. I.)

1876 m. b. *Vélocifère*, par Niger.
1877 s. r.
1878 f. b. *La Fontaine*, par Niger.
1879 s. r.
1880 m. b. *Courtisan*, par Serpolet-Bai.
1881 s. r.
1882 f. b. *Elide*, par Serpolet-Bai.
1883 m. b. *Fribourg*, par Quielet.
1884 s. r.
1885 f. b. *Héroïne*, par Un.
1886 et 1887 s. r.
1888 m. b. *Kaolin*, par Elan (Amérique).
1889 et 1890 s. r.
1891 f. b. b. *Nuit*, par Fuschia.

4425.   **INDIANA**, 1/2 s. — M. C. Forcinal.
N. 1876. — Maine-et-Loire (Le Pin).
Par *Niger* et *Pretty-Girl*, P. S. A., par Pretty-Boy.

S. r. jusqu'en 1891.
1892 m. n. *Obus*, par International.

4426.   **INDIANA**, 1/2 s. N. — M. C. Hervieu.
B. 1886. — Calvados (Le Pin).
Par *Phaéton* et *Turlurette*, par Normand.
Sa grand'mère : par Ignace.
Sa bisaïeule : par Usager.
Sa trisaïeule : par Dorus.

1890 vide.
1891 f. al. *Nicotine*, par Etendard.

4427.   **INDIANA**, 1/2 s. N.
M. Le Prévost de la Moissonnière.
B. 1886. — Normandie (Le Pin).
Par *Phaéton* et *Camélia*, par Interprète.
Sa grand'mère : par Marignan.

1890 f. aub. *Magie*, par Serpolet-Rouan.
1891 m. b. *Nectar*, par Serpolet-Rouan.

4428.   **INDIANA**, 1/2 s. N. — M. L. Fontaine.
B. 1886. — Calvados (Le Pin).
Par *Phaéton* et *Myrtha*, par Suffolk, P. S. A.
Sa grand'mère : par Normand.
Sa bisaïeule : par Conquérant.

4429. **INDIANA**, 1/2 s. N. — M. L. Leconte.
B. 1887. — Manche (Saint-Lô).
Par *Carnavalet* et une fille de Lavater.
Sa grand'mère : par Hussein.

1891 m. b.   , par Gibraltar.
1892 vide et à la Remonte.

4430. **INDIENNE**, 1/2 s. N. — M. Drouin.
Al. 1886. — Normandie (Le Pin).
Par *Beaugé* et *Soubrette*, par Vichnou, P. S. A.
Sa grand'mère : par Séducteur.
Sa bisaïeule : par Kœnigsberg.
Sa trisaïeule : par Glocester.
Sa quadrisaïeule : par Sylvio, P. S. A.

4431. **INDIENNE**, 1/2 s. N. — M. Aymard Henry
B. 1886. — Calvados (Saint-Lô).
Par *Niger* et une fille de Quinola.
Sa grand'mère : par Noville.

1890 s. r.
1891 f. b. b. *Négresse*, par Ibis.
1892 m. n. *Ouffières*, par Ibis.

4432. **INDIENNE**, 1/2 s. N. — M. C. Valdampierre.
N. 1886. — Orne (Le Pin).
Par *Acquila* et *Espérance*, par Normand.
Sa grand'mère : par Irlandais.
Sa bisaïeule : par Stoker, P. S. A.
Sa trisaïeule : par Sylvio, P. S. A.

1890 m. b.   , par Etendard.
1891 m. b. *Nemrod*, par Etendard.

4433. **INDISCRÈTE**, 1/2 s. N. — M. Valdampierre.
Al. 1886. — Orne (Le Pin).
Par *Phaéton* et *Dame-de-Pique*, par Normand.
Sa grand'mère : par Irlandais.
Sa bisaïeule : par Stoker, P. S. A.
Sa trisaïeule : par Sylvio, P. S. A.

1890 f. n. *Messagère*, par Tigris.

4434. **INDISCRÈTE**, 1/2 s. N. — M. L. Guérard.
B. 1886. — Normandie (Le Pin).
Par *Duroc* et *Frileuse*, par Tay-Mouth, P. S. A.
Sa grand'mère : par Stade.

1890 m. b.   , par Gévaudan.
1891 f. b. *Nigère*, par Acquila.

4435. **INÈS**, 1/2 s. N. — M. Raoul Duval.
B. 1887. — Orne (Le Pin).
Par *Cherbourg* et *Célimène*, par Niger.
Sa grand'mère : par Brocardo, P. S. A.
Sa bisaïeule : par Performer, 1/2 s. A.
Sa trisaïeule : par Massoud, P. S. Ar.

1891 a avorté.

4436. **INFANTERIE**, 1/2 s. N. — M. Capelle.
B. 1886. — Calvados (Le Pin).
Par *Phaéton* et *Virginie*, par Conquérant.
Sa grand'mère : par The Norfolk-Phœnomenon, 1/2 s. A.

1890-1891 vide.

4437. **INFIDÈLE**, 1/2 s. N. — M. Desmannetaux.
Al. 1886. — Manche (Saint-Lô).
Par *Reynolds* et *Virgule*, par Lavater.
Sa grand'mère : par Mathurin.
Sa bisaïeule : par Sackos (approuvé).
Sa trisaïeule : par Lahore.

1890 m. al. Marengo, par Fontenay.
1891 vide.

4438. **INGAMBE**, 1/2 s. N. — M. D. Lindet.
Bb. 1886. — Orne (Le Pin).
Par *Beaugé* et *Minerve*, par Serpolet-Bai.
Sa grand'mère : par Pégriote et Elu.
Sa bisaïeule : *Frétillon*, par Solide.
Sa trisaïeule : *Pégriote*, par Eylau, P. S. A. A.
Sa quadrisaïeule : jument arabe.

1890-1891 vide.

4439.   **INNOCENTE**, 1/2 s. N. — M. G. Vallée.

Bb. 1884. — Normandie (Le Pin).

Par *Black-Prince* et *Thérésa*, par Remouleur.

Sa grand'mère : *Navarine*, par Navarin.

1888-1889 s. r.
1890 produit mort-né.
1891 f. b. *Niniche*, par Serpolet-Rouan.

4440.   **INO**, 1/2 s. N. — Duc de Narbonne.

B. 1883. — Orne (Le Pin).

Par *Valdempierre* et *Eurydice*, par Affidavit, P. S. A.

Sa grand'mère : *Xantippe*, par Kilomètre.
Sa bisaïeule : *Préférée*, par Centaure.
Sa trisaïeule : *Hersilie*, par un fils de Wildfire, 1/2 s. A.
Sa quadrisaïeule : *Vésuvienne*, par Faust.

1887 s. r.
1888 m. b. *Nautilus*, par Edhen, P. S. Ar.
1889 à 1891 vide.
1892 m. b. *Orléans*, par Uriel.

4441.   **INSÉPARABLE**, 1/2 s. N

M. G. de Tesson de la Mancellière.

B. 1886. — Manche (Saint-Lô).

Par *Dacapo* et une fille de Gontran, P. S. A.

Sa grand'mère : par Lauréat.

1890-1891 produits morts.
1892 m. b. *Gardénia*, par Favori.

4442.   **INSPECTRICE**, 1/2 s. N.

M. Yver de la Vigne-Bernard.

B. 1886. — Manche (Saint-Lô).

Par *Upas* et *Bravade*, par Lavater.

Sa grand'mère : *Allumette*, par The Heir-of-Linne, P.S. A.
Sa bisaïeule : *Kindler*, par Eylau, P. S. A. A.
Sa trisaïeule : jument d'allure.

1890 et 1891 s. r.

4443. **INSPIRATION**, 1/2 s. N. — M. E. Le Comte.

B. 1879. — Calvados (Le Pin).

Par *Neville* ou *Quinola* et *Royale-Topaze*, P. S. A., par Royal-
Quand-Même.

1883 s. r.
1884 m. al. *Gévaudan*, par Phaéton.
1885 f. b. *Obole*, par Rivoli (Belgique).
1886 et 1887 vide.
1888 f. b. b. *Renommée*, par Tigris.
1889 m. b. *Saphir*, par Hardy.
1890 m. n. *Tartarin*, par Hardy.

4444.   INTRIGANTE, 1/2 s. N. — M. J. Lecomte.
B. 1886. — Manche (Saint-Lô).
Par *Utrecht* et une fille de Roncevaux.
Sa grand'mère : par Beaumanoir.

1890 f. al. *Mirabelle*, par Ministère, P. S. A.
1891 vide.

4445.   INTRIGUE, 1/2 s. N. — M. J. Thibault.
Bb. 1886. — Orne (Le Pin).
Par *Un* et *Couleuvre*, P. S. A., par Minos ou Vertugadin.

1890 m. b. b. *Muguet*, par Edimbourg.
1891 à la Remonte.

4446.   INTROUVABLE, 1/2 s. N. — M. V. Le Mazurier.
N. 1888. — Manche (Saint-Lô).
Par *Caprara* et une fille d'Harmonieux.
Sa grand'mère : par Guelfe (approuvé).

4447.   INVECTIVE, 1/2 s. N. — M. J. Lecomte.
Al. 1886. — Manche (Saint-Lô).
Par *Idoménée* et une fille de Pancrace.
Sa grand'mère : par Dictateur.

1890 m. al. *Maryland*, par Utique.
1891 vide.

4448.   IPHIGÉNIE, 1/2 s. N. — M. C. Forcinal.
Al. 1886. — Orne (Le Pin).
Par *Démarate* et *Jeannette*, par Hunter.
Sa grand'mère : par Victorieux.

1890 f. al.   , par Gérardmer.
1891 f. b.   , par Hérode.

4449.   **IRÈNE**, 1/2 s. N. — M. Moreuil.
B. 1886. — Normandie (Le Pin).
Par *Beaugé* et *Dalilah*, par Serpolet-Bai.
Sa grand'mère : par Phaéton.
Sa bisaïeule : par Séducteur.
Sa trisaïeule : par Virgile.

1890 s. r.
1891 f. b.   , par Fuschia.

4450.   **IRIS**, 1/2 s. N. — M. Moreuil.
B. 1873. — Normandie (Le Pin).
Par *Héliotrope* et *Orange*, par Elu.
Sa grand'mère : par Séducteur.
Sa bisaïeule : par Prince.
Sa trisaïeule : par Mastrillo, P. S. A.

1877 f. b. *Vanda*, par Abrantès.
1878 f. b. *Arlette*, par Hannon.
1879 f. b. *Bluette*, par Hannon.
1880 vide.
1881 m. b.   , par Marignan.
1882 vide.
1883 f. b. *Faurette*, par Marignan.
1884 m. b. *Gaillard*, par Marignan.
1885 vide.
1886 f. b. *Indécise*, par Beaugé.
1887 vide.
1888 f. b. *Kaoline*, par Beaugé.
1889 vide.
1890 m. b.   , par Cambronne.
1891 m. b.   , par Etudiant.
1892 m. b. *Oblat*, par Fuschia.

4451.   **IRIS**, 1/2 s. N. — M. Magloire-Poullain.
Al. 1879. — Orne (Le Pin).
Par *Phaéton* et *Adolpha*, par Urus.
Sa grand'mère : par Adolphus, P. S. A.

1883 s. r.
1884 f. al. *Jessie*, par Vichnou, P. S. A.
1885 f. b. *Mademoiselle-de-Saint-Aubin*, par Cambronne.
1886 vide.
1887 m. al.   , par Beaugé.
1888 m. al. *Kent*, par Beaugé.
1889 f. b. b. *Laura*, par Cherbourg. Morte.
1890 vide.
1891 f. b. *Nemea*, par Cherbourg.
1892 m. al. *Ornano*, par Fuschia.

4452. **IRIS**, 1/2 s. N. — M. Lepaulmier.
Bb. 1886. — Manche (Saint-Lô).
Par *Lavater* et une fille de J'y-Songerai.
Sa grand'mère : *Elisa*, par Corsair, 1/2 s. A.
Sa bisaïeule : par Marcellus, P. S. A.
Sa trisaïeule : par D. I. O., P. S. A.
Sa quadrisaïeule : par Matador.
5me degré : par Sommerset.

1890 s. r.
1891 f. b. b. *Nic-Nac*, par Reynolds.
1892 f. b. , par Fontenay.

4453. **IRIS**, 1/2 s. N. — M. J. Chéradame.
Bb. 1886. — Orne (Le Pin).
Par *Cherbourg* et *Cérès*, par Omega.
Sa grand'mère : *Baccara*, par Gaulois.
Sa bisaïeule : par Taconnet.

1890 s. r.
1891 f. b. *Navette*, par Uriel.
1892 m. n. *Odin*, par Phaéton.

4454. **IRIS**, 1/2 s. N. — M. Tessier.
B. 1886. — Orne (Le Pin).
Par *Parthenon* et une fille de Quiclet.
Sa grand'mère : par Séducteur.
Sa bisaïeule : par Tipple-Cider, P. S. A.
Sa trisaïeule : par Sylvio, P. S. A.

1890 m. b. , par Etudiant. Mort.
1891 m. b. , par Fuschia.

4455. **IRIS**, 1/2 s. N. — M. A. Léguillon.
B. 1886. — Normandie (Le Pin).
Par *Tigris* et *Croisette*, par Noville.
Sa grand'mère : par Conquérant.

1890 f. b. *Mirtille*, par Hardy.

4456. **IRIS**, 1/2 s. N. — M. C. Forcinal.
Al. 1886. — Orne (Le Pin).
Par *Fataliste*, P. S. A., et *Mademoiselle-de-Neuville*, par Eln.
Sa grand'mère : par Inkermann ou Gaulois.
Sa bisaïeule : par Noteur.
Sa trisaïeule : par Hercule, P. S. A.

1890 f. b. *Magicienne*, par Cicéron II.
1891 m. b. *Nelson*, par Edimbourg.
1892 m. n. *Ouragan*, par Edimbourg.

4457. IRLANDAISE, 1/2 s. N. — M. Hermerdinger.
B. 1885. — Orne (Le Pin).
Par *Barrabas* et *Décidée*, par Irlandais.
Sa grand'mère : par Valdemar.

1889 s. r.
1890 m. n. *Messey*, par Camaldule.
1891 f. b. *Niobée*, par Camaldule.
1892 f. b. *Odette*, par Phaéton.

4458. IRLANDAISE, 1/2 s. N. — M. R. Leguillochet.
B. 1886. — Manche (Saint-Lô).
Par *Durham* (approuvé), et *Najotte*, par Géant-des-Batailles,
P. S. A.
Sa grand'mère : par Hunter.
Sa bisaïeule : par Macouba.

4459. IRLANDAISE, 1/2 s. N. — M. Burin.
Al. 1886. — Orne (Le Pin).
Par *Cambronne* et une fille de Phaéton.
Sa grand'mère : par Marx, 1/2 s. R.
Sa bisaïeule : par Y. Phœnomenon, 1/2 s. A.

1890 et 1891 s. r.
1892 f. al. , par Coq-du-Village, P. S. A.

4460. IRLANDE, ex-**HIRONDELLE**, 1/2 s. N.
M. d'Havrincourt.
B. 1886. — Orne (Le Pin).
Par *Cherbourg* et *Nacelle*, par Jactator.
Sa grand'mère : par Niger.

1890-1891 vide.

4461. IRLANDE, 1/2 s. N. — M. O. Desmannetaux.
B. 1886. — Manche (Saint-Lô).
Par *Domino-Noir* et une fille d'Égésippe.
Sa grand'mère : par Sir Henry-Dimsdale, 1/2 s. A.
Sa bisaïeule : par Pégase.
Sa trisaïeule : par Boucanier.

1890 s. r.
1891 f. n. *Nadège*, par Indo-Chine.

4462.

IRMA, 1/2 s. N. — M. P. Liénart.
B. 1884. — Normandie (Le Pin).
Par *Voilà* et une fille d'Optime.
Sa grand'mère : par Inkermann.

1888 m. b.   , par Cambacérès.
1889 m. al. *Pierrot*, par Cambacérès.
1890 f. al. *Cora*, par Cambacérès.
1891 m. b. *Bijou*, par Fier-à-Bras.
1892 f. b.   , par Fier-à-Bras.

4463.

IRMA, 1/2 s. N. — M. Ch. Gamos.
B. 1885. — Manche (Saint-Lô).
Par *Lavater* et une fille de The Heir-of-Linne, P. S. A.
Sa grand'mère : par Bamboula.

1889-1890 s. r.
1891 f. b. *Normandie*, par Reynolds.

4464.

IRMA, 1/2 s. N. — M. Douesnel.
B. 1886. — Calvados (Le Pin).
Par *Cherbourg* et *Mademoiselle-de-Mondeville*, par Conquérant.
Sa grand'mère : *Airelle*, par The Norfolk-Phœnomenon, 1/2 s. A.
Sa bisaïeule : *Miss-Pierce*, par Succès.
Sa trisaïeule : par *Lady-Pierce*, américaine.

4465.

IRMA, 1/2 s. N. — M. Prudent-Vendel.
B. 1886. — Orne (Le Pin).
Par *Renémesnil* et *Jactatora*, par Jactator.
Sa grand'mère : *Sophie*, par Centaure ou Séducteur.
Sa bisaïeule : *Lucie*, par Vicomte.
Sa trisaïeule : *Rosette*, par Idalis.

1890 f. al. *Minerve*, par Hospodar (approuvé).
1891 f. b. b. *Nicole*, par Marignan.
1892 m. al. *Oscar*, par Usquebac.

4466.

IRMA, 1/2 s. N. — M. L. Moussard.
B. 1886. — Calvados (Le Pin).
Par *Valparaiso* et une fille de Normand.
Sa grand'mère : par Bakaloum, P. S. A.
Sa bisaïeule : par Xerxès.

1890 m. b.   , par Acquila.
1891 f. b. b. *Négresse*, par Acquila.
1892 m. b.   , par Tigris.

4467.   **IRMA**, 1/2 s. N. — M. Beuzelin.
B. 1888. — Calvados (Le Pin).
Par *Stude* et une fille de Valparaiso.
Sa grand'mère : par Normand.
Sa bisaïeule : par Bakaloum, P. S. A.

1892 f. b. b. *Olga*, par Acquila.

4468.   **ISABELLE**, 1/2 s. N. — M. Ch. Noyer.
B. 1871. — Normandie (Le Pin).
Par *Koping* et une fille de Y. Phœnomenon, 1/2 s. A.
Sa grand'mère : par Voltaire.

1875 s. r.
1876 m. b.   , par Quiclet.
1877-1878 vide.
1879 f. b. *Castille*, par Quiclet.
1880 m. b.   , par Phaéton.
1881 f. b.   , par Phaéton.
1882 m. b.   , par Quiclet.
1883 vide.
1884 f. b. *Pâquerette*, par Quiclet.
1885 m. b.   , par Usquebac.
1886 m. b.   , par Usquebac.
1887 f. b. *Muscade*, par Edimbourg.
1888 vide.
1889 f. b. *Voltigeuse*, par Edimbourg.
1890 a avorté.
1891 f. b.   , par Gastadour.

4469.   **ISABELLE**, 1/2 s. N. — M. Legot.
B. 1886. — Normandie (Le Pin).
Par *Cherbourg* et *Champagne*, par Lavater.
Sa grand'mère : par The Heir-of-Linne, P. S. A.
Sa bisaïeule : *Baillette*, par Hautain.
Sa trisaïeule : par Lahore.

1890-1891 s. r.
1892 f. b. b. *Omelette*, par Harley.

4470. **ISABELLE**, 1/2 s. N. — M. H. Lassaussaye.
B. 1886. — Orne (Le Pin).
Par *Valdempierre* et *Minerve*, par Niger.
Sa grand'mère : par Télégraph, 1/2 s. A.
Sa bisaïeule : par The Norfolk-Phœnomenon, 1/2 s. A.
Sa trisaïeule : par Thésée.

1890 f. b. b. *Mandarine*, par Gérardmer.
1891 vide.
1892 f. b. *Olympe*, par Krakatoa, P. S. A.

3246.   **ISAURE**, 1/2 s. N. — M. Castillon.
B. 1886. — Orne (Le Pin).
Par *Valparaiso* et *Séduisante*, par Esculape.

Sa grand'mère : *Odette*, par Abrantès.
Sa bisaïeule : par Baryton.

1890 f. b. b.   , par Etendard.
1891 m. b. *Nénuphar*, par Tigris (Amérique).

4471.   **ISAURE**, 1/2 s. N. — M. A. Lebas.
B. 1886. — Manche (Saint-Lô).
Par *Domino-Noir* et *Orpheline*, par Orphée.

Sa grand'mère : par Wild-Bird, P. S. A.
Sa bisaïeule : par Ugolin.

1890 et 1891 s. r.
1892 f. n. *Ombrelle*, par Eole.

4472.   **ISAURE**, 1/2 s. N. — M. Léguillon.
N. 1886. — Normandie (Le Pin).
Par *Tigris* et *Fernande*, par Affidavit, P. S. A.

Sa grand'mère : par Conquérant.
Sa bisaïeule : par Valdemar.
Sa trisaïeule : par Brocardo, P. S. A.

1890 f. n.   , par Hardy.
1891 m. b. *Nobillet*, par Galba.

4473. **ISAURE-CLÉMENCE**, 1/2 s. N. — M. C. Forcinal.
N. 1886. — Orne (Le Pin).
Par *Cherbourg* et *Amaranthe*, par Niger.

Sa grand'mère : par Sérénader, 1/2 s. A.
Sa bisaïeule : par Tipple-Cider, P. S. A.

1890 vide.
1891 en Amérique.

4474. **ISCHIA**, 1/2 s. N. — M. Chalando.
B. 1886. — Normandie (Le Pin).
Par *Domino-Noir* et une fille de Normand.
Sa grand'mère : par Prétender, 1/2 s. A.
Sa bisaïeule : par Governor, P. S. A.

1889 m. b.   , par Bruce, P. S. A.
1890 m. b. b.   , par Beaumesnil, P. S. A.

4475. **ISIGNY**, 1/2 s. N. — M. Duchemin.
B. 1890. — Calvados (Saint-Lô).
Par *Valentino* et une fille de Rostrum.
Sa grand'mère : par Mars.
Sa bisaïeule : par Léotard.

4476. **ISLANDE**, 1/2 s. N. — M. Serrey.
B. 1886. — Normandie (Le Pin).
Par *Ximénès* et *Docile*, par Phaéton.
Sa grand'mère : par Élu.

1890 m. b.   , par Edimbourg.
1891 à la Remonte.

4477. **ISOLINE**, 1/2 s. N. — M. C. Forcinal.
B. 1886. — Orne (Le Pin).
Par *Cherbourg* et *Hérésie*, P. S. A. A., par Wahab.

1890 f. b.   , par Uriel.
1891 vide.

4478. **ITA**, 1/2 s. N. — M. L. Collas-Corderie.
B. 1886. — Normandie (Saint-Lô).
Par *Bataillon* et une fille de Récif.
Sa grand'mère : par Pâter.
Sa bisaïeule : par Ugolin.

1890-1891 s. r.
1892 m. b. *Or-Pur*, par Diplomate.

4479. **ITALIA**, 1/2 s. N. — M. Roy.
N. 1886. — Normandie (Le Pin).
Par *Acquila* et *Etincelle*, par Normand.
Sa grand'mère : par Esculape.

1890 f. b. *Milanaise*, par Etendard.

4480.   **ITALIE,** 1/2 s. N. — M. F. Brohier.
Bb. 1886. — Manche (Saint-Lô).
Par *Montbarey*, P. S. A., et une fille de Lavater.
Sa grand'mère : par Sir Edwin Landsyer, 1/2 s. A.

4481.   **ITALIE,** 1/2 s. N. — M. O. Desmannetaux.
N. 1886. — Manche (Saint-Lô).
Par *Idoménée* ou *Lavater* et une fille de Gabier, 1/2 s. A.
Sa grand'mère : par Hussein.
Sa bisaïeule : par Ugolin.
Sa trisaïeule : par Électeur.

1890 f. b. *Milanaise*, par Fontenay.
1891 m. b. *Noteur*, par Frondeur.
1892 f. b. *Ordonnance*, par Reynolds.

4482.   **ITALIENNE,** 1/2 s. N. — M. Burin.
B. 1886. — Orne (Le Pin).
Par *Beaugé* et une fille d'Abrantès.
Sa grand'mère : par Utrecht.
Sa bisaïeule : par Tipple-Cider, P. S. A.
Sa trisaïeule : par Hamilton.

1892 m. b.   , par Fuschia.

4483.   **ITALIENNE,** 1/2 s. N. — M. Valdampierre.
B. 1886. — Orne (Le Pin).
Par *Acquila* et *Arlette*, par Normand.
Sa grand'mère : par Conquérant.
Sa bisaïeule : par Perruquier.
Sa trisaïeule : par Succès.

1890 m. b.   , par Tigris.

4484.   **ITALIENNE,** 1/2 s. N. — M. Leboucher.
B. 1886. — Orne (Le Pin).
Par *Valdempierre* et *Elvine*, par Oriental.
Sa grand'mère : par Clear-The-Way, 1/2 s. A.
Sa bisaïeule : par Destin.
Sa trisaïeule : par Noteur.
Sa quadrisaïeule : par William, P. S. A.

1890 m. al. *Marabout*, par Gérardmer.
1891 m. b. b. *Nestorius*, par Fuschia.

4485. **ITHAQUE**, 1/2 s. N. — M. Allix-Courboy.
Bb. 1886. — Normandie (Saint-Lô).
Par *Carnavalet* et une fille de Quid-Juris, P. S. A.
Sa grand'mère : par Lionceau.
Sa bisaïeule : par Marengo, P. S. A. A.

1890-1891 s. r.
1892 m. al. *O'Clock*, par Fontenay.

4486. **IURNA**, 1/2 s. N. — M. A. Prémont.
Al. 1886. — Manche (Saint-Lô).
Par *Reynolds* et *Blanche-Mine*, par Phosphore.
Sa grand'mère : par Lavater.
Sa bisaïeule : par The Heir-of-Linne, P. S. A.
Sa trisaïeule : par Lagopède.
Sa quadrisaïeule : par Tarrare, P. S. A.

1890 f. b. *Mauriette*, par Fred-Archer.
1891 m. al. *Napier*, par Fred-Archer.
1892 f. al. *Opale*, par Fred-Archer.

4487. **JABÈS**, 1/2 s. N. — M. P. Retout.
Bb. 1887. — Manche (Saint-Lô).
Par *Carnavalet* et une fille d'Ignoré.
Sa grand'mère : par Giboyer.
Sa bisaïeule : par Licteur.
Sa trisaïeule : par Jay.
Sa quadrisaïeule : par Sir-Henry-Dimsdale, 1/2 s. A.

1891 produit mort.
1892 m. b. b. *Oinville*, par Fontenay.

4488. **JACINTHE**, 1/2 s. N. — M. E. Foulon.
Al. 1887. — Orne (Le Pin).
Par *Uriel* et *N*, P. S. A., par Empire.
Sa grand'mère : *Brevetée*.

1891 f. b. *Natira*, par Baptiste-Lemore.
1892 f. b. *Odile*, par Baptiste-Lemore.

4489. **JACINTHE**, 1/2 s. N. — M. L. Lebourg.
B. 1888. — Calvados (Le Pin).
Par *Tigris* et *Alice*, P. S. A.

1892 m. b. b. *Ogilby*, par Glaneur.

4490.   **JACQUELINE**, 1/2 s. N. — M. Lecoupeur.
Al. 1877. — Manche (Le Pin).
Par *Jackson* et une fille de The Heir-of-Linne, P. S. A.
Sa grand'mère : par Lahore ou Marengo, P. S. A. A.

S. r. jusqu'en 1884.
1885 f. b. *Héloïse*, par Acquila.
1886 m. b. b. *Ivan*, par Tigris.
1887 s. r.
1888 m. al. *Kellermann*, par Niger.
1889 f. al. *La Lexovienne*, par Hardy.
1890 m. b. *Matha*, par Hardy.
1891 m. b. *Nenni*, par Dante.
1892 m. b. b. *Ouillyé*, par Hercule-Normand.

4491.   **JACTATORA**, 1/2 s. N. — M. Prudent-Vendel.
Al. 1881. — Normandie (Le Pin).
Par *Jactator* et *Sophie*, par Centaure ou Séducteur.
Sa grand'mère : par Vicomte.
Sa bisaïeule : par Idalis.

1885 m. al. *Hospodar*, par Gabier, P. S. A.
1886 f. b. *Irma*, par Renémesnil.
1887 f. b. *Giroflée*, par Marignan.
1888 vide.
1889 m. b. b. *Loustic*, par Cherbourg.
1890 m. b. *Mars*, par Valdempierre.
1891 m. b. *Nolval*, par Cherbourg.
1892 m. b. *Oméra*, par Cherbourg.

4492.   **JALOUSE**, 1/2 s. N. — M. C. Hervieu.
B. 1887. — Calvados (Le Pin).
Par *Delaware* et une fille de Suffolk, P. S. A.
Sa grand'mère : *Niska*, par Ignace.
Sa bisaïeule : *Petite-de-Mer*, par Usager.
Sa trisaïeule : par Dorus.
Sa quadrisaïeule : par Incomparable.

1891 f. b. *Nonnette*, par Etendard.
1892 m. b. b. *Onglet*, par Jeumont.

4493.   **JALOUSE**, 1/2 s. N. — M. H. Ygouf.
N. 1888. — Calvados (Saint-Lô).
Par *Dollar*, 1/2 s. N., et *Navarre*, par Ribaud.
Sa grand'mère : *Jeannette*, par Templier.
Sa bisaïeule : *Jeannie*.

1892 m. b. *Otage*, par Ermite.

4494.   **JAMAIQUE**, 1/2 s. N. — M. Duval.
Al. 1887. — Seine-Inférieure (Le Pin).
Par *Dictateur* (n° 378) et *Margot*, P. S. A., par Suzerain.

1890 vide.

4495.   **JARDINIÈRE**, 1/2 s. N. — M. L. Fleury.
Al. 1887. — Orne (Le Pin).
Par *Beaugé* et *Voltigeuse*, par Parthénon ou Gall.
Sa grand'mère : *Belle-de-Jour*, par Inkermann.
Sa bisaïeule : *Fatemey*, par Tipple-Cider, P. S. A.
Sa trisaïeule : par Eylau, P. S. A. A.

1891 s. r.
1892 f. b. *Oublieuse*, par Fuschia.

4496.   **JARNICOTON**, 1/2 s. N. — M. Castel.
N. 1867. — Normandie (Le Pin).
Par *The Norfolk-Phœnomenon*, 1/2 s. A., et une fille de Schamyl,
P. S. A.

S. r. jusqu'en 1878.
1879 f. b. *Brillante*, par Blenheim, P. S. A., ou Noville.
1880-1881 s. r.
1882 f. n. *Mademoiselle-de-Sainte-Opportune*, par Rivoli.
1883 f. b. *Fanélisa*, par Rivoli.
1884 à 1888 s. r.
1889 m. b. b. *Romulus*, par Réussi, P. S. A.

4497.   **JARNICOTON**, 1/2 s. N. — M. Th. Joly.
B. 1888. — Calvados (Le Pin).
Par *Dictateur* (approuvé), et *Séduisante*, par Raifort.
Sa grand'mère : *Séduisante*, par Irlandais.
Sa bisaïeule : par Umber.
Sa bisaïeule : par Wanderer, 1/2 s. A.

1892 m. b. *Ouragan*, par Homard.

4498.   **JARRETIÈRE**, 1/2 s. N. — M. le Cte Dauger.
Ro. 1887. — Orne (Le Pin).
Par *Noville* ou *Renaissant* et *Paquenotte*, par Gall.
Sa grand'mère : par Lavater.
Sa bisaïeule : par The Norfolk-Phœnomenon, 1/2 s. A.
Sa trisaïeule : par Turk, 1/2 s. A.

1891 m. ro. *Nacré*, par Apis.

4499. **JARRETIÈRE**, 1/2 s. N. — M. Prémont.
B. 1887. — Manche (Saint-Lô).
Par *Lavater* et *Favorite*, par Sidi, P. S. Ar.
Sa grand'mère : par Jackson.
Sa bisaïeule : par Lagopède.
Sa trisaïeule : par Tarrare, P. S. A.
Sa quadrisaïeule : par Sauvage.
5e degré : par Bob-Warwick, 1/2 s. A.

1891 f. al. *Nubienne*, par Reynolds.
1892 m. b. b. *Orion*, par Reynolds.

4500. **JASEUSE**, 1/2 s. N. — M. C. Hervieu.
B. 1887. — Calvados (Le Pin).
Par *Phaéton* et *Divette*, par Normand.
Sa grand'mère : par Extase.
Sa bisaïeule : par Conquérant.
Sa trisaïeule : par Usager.

1891 vide.

4501. **JAVA**, 1/2 s. N. — M. Chouquard.
B. 1887. — Normandie (Saint-Lô).
Par *Regret* et une fille de Thersandre.
Sa grand'mère : par Java.

1891 s. r.
1892 f. b. b. *Opulence*, par Phare.

4502. **JAVA**, 1/2 s. N. — M. A. Léguillon.
Bb. 1887. — Calvados (Le Pin).
Par *Tigris* et *Royale-Normande*, par Normand.
Sa grand'mère : *Jeanneton*, P. S. A., par Auguste et Royale-Topaze.

1891 s. r.
1892 f. b. b. *Ogresse*, par Glaneur.

4503. **JAVA**, 1/2 s. N. — M. Serrey.
B. 1887. — Orne (Le Pin).
Par *Gabier*, P. S. A., et *Camélia*, par Quiclet.
Sa grand'mère : par Séducteur.

1891 m. b. *Navarin*, par Edimbourg.
1892 m. b. b. *Oran*, par Edimbourg.

4504.   JAVELINE, 1/2 s. N. — M. le duc de Narbonne.
B. 1884. — Orne (Le Pin).
Par *Dictateur* et *Zéphirine*, par Kilomètre.
Sa grand'mère : *Lisette*, par Noteur.
Sa bisaïeule : *Fleurette*, par Lully, P. S. A.
Sa trisaïeule : *La Cochère*, par Impérieux.
Sa quadrisaïeule : *Zaïre*, par Napoléon, P. S. A.

1888-1889 s. r.
1890-1891 vide.
1892 f. b. b. *Rigolette*, par Dégagé.

4505.   JAVELINE, 1/2 s. N. — M. Ch. Fleury.
Al. 1887. — Sarthe (Le Pin).
Par *Phaéton* et *Fleur-de-Genêt*, par Gall.
Sa grand'mère : *Belle-de-Jour*, par Inkermann.
Sa bisaïeule : *Fatemey*, par Tipple-Cider, P. S. A.
Sa trisaïeule : par Eylau, P. S. A. A.

4506.   JAVELINE III, 1/2 s. N. — M. C. Hervieu.
B. 1887. — Calvados (Le Pin).
Par *Cherbourg* et *Marinette*, par Tamberlick, P. S. A.
Sa grand'mère : par Y. Phœnomenon, 1/2 s. A.
Sa bisaïeule : par Dorus.
Sa trisaïeule : par Introuvable.

1890 vide.
1891 produit mort.

4507.   JAVELLE, 1/2 s. N. — M. Bellanger.
Al. 1887. — Orne (Le Pin).
Par *Beaugé* et *La Serrière*, par Quiclet.
Sa grand'mère : *Antoinette*, par Parthénon.
Sa bisaïeule : par Séducteur.
Sa trisaïeule : par Aï.

1891 f. b. *Nazaire*, par Etudiant.

4508.   JEANNE-D'ARC, 1/2 s. N. — M. Brion.
Al. 1876. — Normandie (Le Pin).
Par *Conquérant* et une fille de The Heir-of-Linne, P. S. A.

S. r. jusqu'en 1891.
1892 f. al. *Odette*, par Valencourt.

4509. **JEANNE-D'ARC**, 1/2 s. N. — M. P. Guillot.
B. 1887. — Normandie (Saint-Lô).
Par *Aristocrate* et une fille de Pretty-Boy, P. S. A.
Sa grand'mère : par Egésippe.

1891 s. r.
1892 f. b. *Odette,* par Dunois.

4510. **JEANNE-D'ARC**, 1/2 s. N. — M. Desmannetaux.
Ro. 1887. — Manche (Saint-Lô).
Par *Lavater* ou *Domino-Noir* et *Orientale*, par Jackson.
Sa grand'mère : par Hussein.
Sa bisaïeule : par Ugolin.
Sa trisaïeule : par Électeur.

1891 m. al. *Nickel,* par Fontenay.

4511. **JEANNE-D'ARC**, 1/2 s. N. — M. J. Lecomte.
B. 1888. — Normandie (Saint-Lô).
Par *Calas* et une fille de Palatin, P. S. A.
Sa grand'mère : par Ignoré.
Sa bisaïeule : par Victorieux.

1892 f. n. *Olga,* par Ibis.

4512. **JEANNE-DE-NIVELLE**, 1/2 s. N. — M. Lechevalier.
B. 1887. — Calvados (Le Pin).
Par *Baptiste-Lemore* et une fille de Libérator.
Sa grand'mère : *Pâquerette*, par Tay-Mouth, P. S. A.
Sa bisaïeule : par Officier.
Sa trisaïeule : par Vladimir.
Sa quadrisaïeule : par Affidavit, P. S. A.

1891 m. al. *Nabopolassar*, par Étendard.
1892 f. b. *Œnone,* par Homard.

4513. **JEANNE-HACHETTE**, 1/2 s. N.
M. Prudent-Vendel.
B. 1887. — Orne (Le Pin).
Par *Quiclet* et *Baladine*, par Saint-Rigomer.
Sa grand'mère : *Sophie,* par Centaure ou Séducteur.
Sa bisaïeule : *Lucie,* par Vicomte.
Sa trisaïeule : *Rosette,* par Idalis.
Sa quadrisaïeule : *Manette.*

1891 m. b. *Nomen,* par Hospodar (approuvé).

4514. JEANNE-HACHETTE, 1/2 s. N. — M. C. Forcinal.
B. 1887. — Orne (Le Pin).
Par *Phaéton* et *Travailleuse*, par Marx, 1/2 s. R.
Sa grand'mère : *Miss-Bell*, jument américaine, mère de Niger.

4515. JEANNETON, 1/2 s. N. — M. Castillon.
B. 1887. — Calvados (Le Pin).
Par *Acquila* et *Turquoise*, par Milanais.

Sa grand'mère : *Bon-Espoir*, par The Heir-of-Linne, P. S. A.
Sa bisaïeule : par Kapirat.

1891 s. r.
1892 f. b. b.   , par Gérardmer.

4516. JEANNETTE, 1/2 s. N. — M. Hamelin.
Al. 1887. — Normandie (Saint-Lô).
Par *Vautrain* et une fille de Ministère, P. S. A.
Sa grand'mère : par Eylau, P. S. A. A.

1891 s. r.
1892 f. b. *Follette*, par Follet.

4517. JEANNETTE, 1/2 s. N. — M. A. Lebas.
B. 1887. — Manche (Saint-Lô).
Par *Domino-Noir* et *Orpheline*, par Orphée.

Sa grand'mère : par Wild-Bird, P. S. A.
Sa bisaïeule : par Ugolin.

1891 s. r.
1892 m. al.   , par Eole.

4518. JEANNETTE, 1/2 s. N. — M. Salley.
B. 1887. — Orne (Le Pin).
Par *Edimbourg* et *Stella*, par Niger.

Sa grand'mère : *Elégante*, par Gall.
Sa bisaïeule : par Jéricko.
Sa trisaïeule : par Stoker, P. S. A.

1891 s. r.
1892 f. b. *Mademoiselle-du-Hamel*, par Hérode.

4519. **JEANNETTE**, 1/2 s. N. — M. le Cte Dauger.
B. 1887. — Eure (Le Pin).
Par *Noville* et une fille de Matchless, 1/2 s. A.
Sa grand'mère : par The Norfolk-Phœnomenon, 1/2 s. A.

1891 vide.

4520. **JENNY**, 1/2 s. N. — M. D. Lindet.
Ro. 1887. — Orne (Le Pin).
Par *Ximénès* et *Intrépide*, par Rapid-Roan, 1/2 s. A.
Sa grand'mère : *La Blonde*, par Lucratif.
Sa bisaïeule : par The Nemrod, 1/2 s. A.

4521. **JENNY**, 1/2 s. N. — M. Céran-Maillard.
N. 1887. — Eure (Saint-Lô).
Par *Echo* et *Bérénice*, par Noville.
Sa grand'mère : par Lavater.

1891 m. b. b.   , par Indo-Chine.

4522. **JENNY**, 1/2 s. N. — M. Allix Courboy.
Bb. 1887. — Manche (Saint-Lô).
Par *Carnavalet* et *Réac*, P. S. A., par Bagdad, Diaz ou Longchamps.

1891 m. b.   , par Franconi.
1892 à la Remonte.

4523. **JENNY-LIND**, 1/2 s. N. — M. de Laborde.
B. 1880. — Sarthe (Le Pin).
Par *Phaéton* et *La Clarence*, par Hospodar.
Sa grand'mère : *Mademoiselle-de-Mahéru*, par Faugh-a-Ballagh.

S. r. jusqu'en 1888.
1889 Deux poulains morts.
1890 f. b. *Tarentule*, par Hardy.
1891 s. r.
1892 m. b. b. *Oncques-Mieux*, par Qui-Vive.

4524. **JENNY-L'OUVRIÈRE**, 1/2 s. N.
M. C. Forcinal.
N. 1887. — Orne (Le Pin).
Par *Phaéton* et *Amaranthe*, par Niger.
Sa grand'mère : *Fleurette*, par Serenader, 1/2 s. A.
Sa bisaïeule : par Tipple-Cider, P. S. A.

4525. **JESSICA**, 1/2 s. N. — M. J. Chéradame.
B. 1887. — Orne (Le Pin).
Par *Cherbourg* et *Cérès*, par Oméga.
Sa grand'mère : *Baccara*, par Gaulois.
Sa bisaïeule : par Taconnet.

1891 vide et à la Remonte.

4526. **JESSIE**, 1/2 s. N. — M. Magloire-Poullain.
Al. 1884. — Normandie (Le Pin).
Par *Vichnou*, P. S. A., et *Iris*, par Phaéton.
Sa grand'mère : par Urus.
Sa bisaïeule : par Adolphus, P. S. A.

1888 f. b. *Kermesse*, par Étudiant.
1889 f. b. *Lyre*, par Cherbourg.
1890 f. b. *Miss-Cherbourg*, par Cherbourg.
1891 f. b. *Némésis*, par Edimbourg.
1892 f. b. *Oriflamme*, par Fuschia.

4527. **JEUNE-ÉLISA**, 1/2 s. N. — M. Lemonnier.
B. 1870. — Manche (Le Pin).
Par *Kapirat* et *Elisa*, par Corsair, 1/2 s. A.
Sa grand'mère : *Élise*, par Marcellus, P. S. A.
Sa bisaïeule : *La Panachée*, par D. I. O., P. S. A.
Sa trisaïeule : *La Belle-Matador*, par Matador.
Sa quadrisaïeule : par Sommerset.

S. r. jusqu'en 1879.
1880 m. al. *Jason*, par Phaéton.
1881 m. b. *Y. Kapirat*, par Phaéton.
1882 f. al. *Lycopode*, par Phaéton.
1883 m. b. *Montjoie*, par Phaéton.
1884 produit mort.
1885 vide.
1886 a avorté de deux poulains.
1887 f. b. *Quarantaine*, par Cherbourg.
1888 f. b. *Reine-des-Prés*, par Edimbourg.
1889 m. b. b. *Sot-L'y-Laisse*, par Edimbourg.
1890 f. b. *Tontine*, par Edimbourg.
1891 m. n. *Hidalgo*, par Edimbourg.

4528. **JEUNE-ESPÉRANCE**, 1/2 s. N. — M. J. Sohier.
B. 1886. — Manche (Saint-Lô).
Par *Lavater* et une fille de The Heir-of-Linne, P. S. A.
Sa grand'mère : par *Kapirat*.

1890 m. b. *Morlaix*, par Espoir.
1891 vide.

4529.   JOCONDE, 1/2 s. N. — M. Join-Lambert.
N. 1887. — Normandie (Le Pin).
Par *Valdempierre* et *Capucine*, par Lavater ou Crocus.

Sa grand'mère : *Irma*, par Lucifer, 1/2 s. A., fils de Performer.
Sa bisaïeule : par Louvoyeur.

1891 f. b. *Noisette*, par Galba. Morte.

4530.   JOLIVETTE, 1/2 s. N. — M. L. Fontaine.
B. 1880. — Calvados (Le Pin).
Par *Quinola* et *Thérèse*, par Lavater.

Sa grand'mère : *Julia*, P. S. A.

4531.   JONGLEUSE, 1/2 s. N. — M. L. Burin.
B. 1884. — Orne (Le Pin).
Par *Valdempierre* et *Félicie*, par Inkermann.

Sa grand'mère : par William, P. S. A.
Sa bisaïeule : par Castor.

S. r. jusqu'en 1890.
1891 m. b.   , par Phaéton.
1892 f. b. *Ouvrière*, par Phaéton.

4532.   JONGLEUSE, 1/2 s. N. — M. V. Gillain.
Bb. 1888. — Manche (Saint-Lô).
Par *Espoir* et une fille de Noville.

Sa grand'mère : *Fanfare*, P. S. A., par West-Australian.

1891 à la Remonte.

4533.   JONQUILLE, 1/2 s. N. — Duc de Narbonne
B. 1884. — Orne (Le Pin).
Par *Dictateur* et *Tantine*, et *Éclipse*.

Sa grand'mère : *Marionnette*, par Noteur.
Sa bisaïeule : *Princesse*, par Prince-Caradoc, P. S. A.
Sa trisaïeule : *Fragile*, par Y. Topper, 1/2 s. A.

1888 s. r.
1889 f. b. *Orchidée*, par Élan.
1890 f. b. *Palmette*, par Élan.
1891 m. b. *Quiberon*, par Uriel.
1892 m. b. *Osborne*, par Cherbourg.

4534. **JONQUILLE**, 1/2 s. N. — M. A. Prémont.
B. 1887. — Manche (Saint-Lô).
Par *Ministère*, P. S. A., et *Cascade*, par Lavater.
Sa grand'mère : par The Heir-of-Linne, P. S. A.
Sa bisaïeule : par Lagopède.
Sa trisaïeule : par Tarrare, P. S A.
Sa quadrisaïeule : par Sauvage.

1891 produit mort.
1892 m. b. *Orlof*, par Fred-Archer.

4535. **JONQUILLE**, 1/2 s. N. — M. A. Gervais.
Bb. 1887. — Normandie (Saint-Lô).
Par *Théophile* et une fille de Connétable.
Sa grand'mère : par Dragon, P. S. A.

1891 s. r.
1892 f. b. b. *Lutine*, par Ibis.

4536. **JONQUILLE**, 1/2 s. N. — M. C. Fleury.
N. 1887. — Sarthe (Le Pin).
Par *Edimbourg* et *Favorite*, par Phaéton.
Sa grand'mère : *Bluette*, par Quiclet.
Sa bisaïeule : *Fleur-de-Genêts*, par Gall.
Sa trisaïeule : *Belle-de-Jour*, par Inkermann.
Sa quadrisaïeule : *Fatemey*, par Tipple-Cider, P. S. A.
5me degré : par Eylau, P. S. A. A.

1891 f. b. *Niquette*, par Fuschia.

4537. **JONQUILLE**, 1/2 s. N. — M. Guérard.
B. 1887. — Normandie (Le Pin).
Par *Oriental* et une fille d'Irlandais.
Sa grand'mère : *Fridoline*, par Abrantès.
Sa bisaïeule : par Antinoüs.
Sa trisaïeule : par Calderstone, P. S. A.

1891 s. r.
1892 f. b. *Orange*, par Jemmapes.

4538. **JONQUILLE**, 1/2 s. N. — M. Join-Lambert
B. 1887. — Eure (Le Pin).
Par *Valdempierre* et *Capucine*, par Lavater ou Crocus.
Sa grand'mère : *Irma*, par Lucifer, fils de Performer.
Sa bisaïeule : par Louvoyeur.

1891 s. r.
1892 f. b.   , par Juvigny.

4539. **JONQUILLE**, 1/2 s. N. — M. J. Lecomte.
Al. 1888. — Normandie (Saint-Lô).
Par *Utique* et une fille de Quickly.
Sa grand'mère : par Nagel.
Sa bisaïeule : par Harmonieux.

1892 f. b. *Oriflamme*, par Dunois.

4540. **JOUVENCE**, 1/2 s. N. — M. J. Thibault.
B. 1887. — Orne (Le Pin).
Par *Edimbourg* et *Olga*, par Phaéton.
Sa grand'mère : par Hidalgo.

1891 vide.

4541. **JOUVENCELLE**, P. S. A. — M. A. Millot.
Al. 1882. — France (Le Pin).
Par *Camembert* et *La Casaque*, par Trocadéro.

S. r. jusqu'en 1887.
1888 f. al. *Papillotte*, par Tigris.
1889-1890 vide.
1891 m. al. *Néflier*, par Incendiaire.

4542. **JOUVENCELLE**, 1/2 s. N. — M. A. Courboy.
Bb. 1887. — Manche (Saint-Lô).
Par *Lavater* et *Feuille-de-Lierre*, par Reynolds.
Sa grand'mère : *Modestie*, par The Heir-of-Linne, P. S. A.
Sa bisaïeule : par Ugolin.
Sa trisaïeule : par Lahore.
Sa quadrisaïeule : par Eastham, P. S. A.

1891 s. r.
1892 f. b. b. *Ombrage*, par Qui-Vive.

4543. **JOVIALE**, 1/2 s. N. — M. F. Brohier.
B. 1887. — Calvados (Saint-Lô).
Par *Orfila* et une fille de Ribaud.
Sa grand'mère : par Andromède (approuvé).

4544. **JOYEUSE**, 1/2 s. N. — M. A. Jean.
B. 1887. — Manche (Saint-Lô).
Par *Lavater* et *Opale*, par Télémaque.
Sa grand'mère : par Ugolin.
Sa bisaïeule : par The Heir-of-Linne, P. S. A.

Sa trisaïeule : par Étendard.
Sa quadrisaïeule : par Diomède.

1891 f. b. *Noisette*, par Ministère, P. S. A.

4545.   **JOYEUSE**, 1/2 s. N. — M. L. Bagot.
Bb. 1887. — Manche (Saint-Lô).
Par *Épicurien* et *Léonie*, par Shamrock, 1/2 s. A.
Sa grand'mère : par Succès.

1891 s. r.
1892 m. b. *Observateur*, par Favori (approuvé).

4546. **JOYEUSE**, 1/2 s. N. — M. O. Desmannetaux.
Bb. 1887. — Manche (Saint-Lô).
Par *Ministère*, P. S. A., et une fille d'Ugolin
Sa grand'mère : par Ravissant.

1891 f. b.   , par Habeo.
1892 à la Remonte.

4547.   **JOYEUSE**, 1/2 s. N. — M. Villaux.
B. 1887. — Normandie (Le Pin).
Par *Express* et *Perlette*, par Umbra.
Sa grand'mère : par Extase.

1891 f. b. *Néva*, par Coq-à-l'Ane.

4548.   **JOYEUSE**, 1/2 s. N. — M. d'Herbecourt.
B. 1887. — Calvados (Le Pin).
Par *Express* et *Cora*, par Quasi.
Sa grand'mère : *Cocote*, par Pimlico, 1/2 s. A.

1891 vide.

4549.   **JOYEUSE**, 1/2 s. N. — M. Duvivier.
B. 1887. — Seine-Inférieure (Le Pin
Par *Serviteur* et *Alerte*, par Trotten-Rattler, 1/2 s. A.
Sa grand'mère : par Professeur.

1891 m. b. b. *Naïf*, par Strélitz, P. S. A.
1892 f. b. b. *Olympe*, par Hardy.

4550. **JOYEUSE**, 1/2 s. N. — M. G. Buisson.
Bb. 1887. — Normandie (Le Pin).
Par *Valdempierre* et *Black-Capucine*, par Niger.
Sa grand'mère : par Thésée ou The Norfolk-Phœnomenon, 1/2 s. A.
Sa bisaïeule : par Centaure.
Sa trisaïeule : par Umber.
Sa quadrisaïeule : par Dupleix.
5e degré : par Pilote.
6e degré : par Bacha, P. S. Ar.
7e degré : par Glorieux.

1891 vide.

4551. **JOYEUSE**, 1/2 s. N. — M. L. Croisé.
B. 1887. — Orne (Le Pin).
Par *Edimbourg* et *Bluette*, par Usquebac.
Sa grand'mère : *Abrantine*, par Abrantès.
Sa bisaïeule : *Lisa*, par Utrecht.
Sa trisaïeule : par Trouville, P. S. A.

1891 m. b. *Neubourg*, par Intrigant.
1892 f. b. *Ondine*, par Iambe.

4552. **JOYEUSE**, 1/2 s. N. — M. Bonami.
B. 1888. — Calvados (Le Pin).
Par *Faisan*, 1/2 s. N., et *Bichette*, par Violent.
Sa grand'mère : par Élu.
Sa bisaïeule : par Danseur.

1892 f. b. *Cigarette*, par Saint-Rigomer.

4553. **JOYEUSE**, 1/2 s. N. — M. J. Lecomte.
B. 1888. — Normandie (Saint-Lô).
Par *Calus* et une fille de Centaure.
Sa grand'mère : par Thorigny.
Sa bisaïeule : par Thésée.

1892 m. b. b. *Oueï*, par Java.

4554. **JOYEUSE**, 1/2 s. N.
MM. Jean et Frédéric Lecaudey.
B. 1889. — Manche (Saint-Lô).
Par *Follet* et une fille d'Holbach.
Sa grand'mère : par Sinope.

4555. **JUANA.** 1/2 s. N. — M. Chalando.
B. 1881. — Normandie (Le Pin).
Par *Lavater* et *Oriental*, par Quaker.

Sa grand'mère : par Succès.
Sa bisaïeule : *Elisa*, par Corsair. 1/2 s. A.

1885 m. b. b. *Harcourt*, par Sir-Quid-Pigtail, P. S. A., ou Gédéon,
P. S. A. A.
1886 f. b. b. *Dame-de-Trèfle*, par Beaujeu.
1887 produit mort.
1888 m. b. b.   , par Phaéton.
1889 vide.
1890 f. b.   , par Phaéton.
1891 m. b. *Némo*, par Cherbourg.
1892 f. b. *Olympia*, par Cherbourg.

4556. **JUDIC**, 1/2 s. N. — M. L. Lesage.
Al. 1882. — Manche (Saint-Lô).
Par *Prickwillow II* et *Thérésa*, par Montmorency.

Sa grand'mère : par Umber.
Sa bisaïeule : par Introuvable.
Sa trisaïeule : jument du Merlerault.

1886 vide.
1887 f. al. *Ma Camarade*, par Alsacien.
1888 m. al. *Kinconce*, par Alsacien.
1889 f. al. *Bonne-Fille*, par Esbly.
1890 vide.
1891 f. al. *Suzette*, par Esbly.

4557 **JUDITH**, 1/2 s. N. — M. E. Richer.
B. 1872. — Orne (Le Pin).
Par *Taconnet* et *Rachelle*, par Esculape.

S. r. jusqu'en 1885.
1886 m. b. *Centaure*, par Gabier, P. S. A.
1887 f. b. *Biche*, par Gabier, P. S. A.
1888 f. b. *Giselle*, par Edimbourg.
1889 m. b. *Luc*, par Gastadour.
1890 m. b. *Monsort*, par Himalaya.
1891 vide.
1892 m. b. *Osé*, par Iambe.

4558. **JUDITH**, 1/2 s. N. — M. Fleuriot.
B. 1878. — Calvados (Le Pin).
Par *Oronte* et une fille d'Usité.

Sa grand'mère : par Tambour.

S. r. jusqu'en 1890.
1891 f. al. *Paquine*, par Dante.
1892 m. b. *Hermès*, par Dante.

4559.   **JUDITH**, 1/2 s. N. — Duc de Narbonne.
Gr. 1884. — Orne (Le Pin).
Par *Vorojey*, 1/2 s. R., et *Eurydice*, par Affidavit, P. S. A.

Sa grand'mère : *Xantippe*, par Kilomètre.
Sa bisaïeule : *Préférée*, par Centaure.
Sa trisaïeule : *Hersilie*, par un fils de Wild-Fire, 1/2 s. A.
Sa quadrisaïeule : *Vésuvienne*, par Faust.

1888 m. b. *Nicanor*, par Elan.
1889 vide.
1890 m. gr. *Passe-Partout*, par Goriine, 1/2 s. R.
1891 vide.
1892 m. gr. *Original*, par Dégagé.

4560.   **JUDITH**, 1/2 s. N. — M. Cavey aîné.
B. 1887. — Orne (Le Pin).
Par *Dictateur* et *Eurydice*, par Affidavit, P. S. A.

Sa grand'mère : *Xantippe*, par Kilomètre.
Sa bisaïeule : *Préférée*, par Centaure.
Sa trisaïeule : *Hersilie*.

4561.   **JUDITH**, 1/2 s. N. — M. L. Desgenetais.
Al. 1887. — Orne (Le Pin).
Par *Phaéton* et *Pégriote*, par Elu.

Sa grand'mère : *Frétillon*, par Solide.
Sa bisaïeule : *Pégriote*, par Eylau, P. S. A. A.

1891 f. b. *Partida*, par Qui-Vive (approuvé).

4562.   **JUDITH**, 1/2 s. N. — M. François Richer.
B. 1887. — Orne (Le Pin).
Par *Usquebac* et *Georgette*, par Quiclet.

Sa grand'mère : *Espérance*, par Lucain.
Sa bisaïeule : *Delphine*, par William, P. S. A.
Sa trisaïeule : *L'Héraclius*, par Héraclius.

1891 f. b.   , par Iambe.
1892 f. b. *Opérette*, par Iambe.

4563.   **JUDITH**, 1/2 s. N. — M. J. Lecomte.
Al. 1887. — Calvados (Saint-Lô).
Par *Unique* et *Faurette*, par Quickly.
Sa grand'mère : par Nagel.
Sa bisaïeule : par Harmonieux.
Sa trisaïeule : par Victorieux.

1891 f. b. b. *Négrette*, par Ibis.
1892 m. b. b. *Onésime*, par Ibis.

4564.   **JULIA**, 1/2 s. N. — M. François Richer.
B. 1887. — Orne (Le Pin).
Par *Usquebac* et *Cerisette*, par Hidalgo.
Sa grand'mère : *Espérance*, par Lucain.
Sa bisaïeule : *Delphine*, par William, P. S. A.
Sa trisaïeule : *L'Héraclius*, par Héraclius.

1891 f. b.   , par Iambe.
1892 vide.

4565.   **JULIANA**, 1/2 s. N. — M. Lallouet.
B. 1875. — Normandie (Le Pin).
Par *Élu* et *Voyageuse*, par Gaulois.
Sa grand'mère : *Brillante*, par Jéricko.
Sa bisaïeule : *Ida*, par Basly.
Sa trisaïeule : par Impérieux. (V. *Hallencourt*, t. I.)

S. r. jusqu'en 1881.
1882 f. b. *Ellora*, par Phaéton.
1883 f. b. *Faurette II*, par Phaéton.
1884 vide.
1885 m. b. *Héliodore*, par Un.
1886 f. b. *Inada*, par Carnaval (Amérique).
1887 vide.
1888 m. b. *Kilomètre*, par Cherbourg.
1889 vide.
1890 m. b. *Montebello*, par Cherbourg.
1891 m. b. b. *Numitor*, par Cherbourg.
1892 f. b. *Oméga*, par Cherbourg.

4566.   **JULIE**, 1/2 s. N. — M. F. Alexandre.
B. 1868. — Normandie (Saint-Lô).
Par *Égésippe* et une fille de D'Artagnan.
Sa grand'mère : par Germanicus.

S. r. jusqu'en 1891.
1892 f. b. *Octogynie*, par Juré.

4567. **JULIE**, 1/2 s. N. — M. A. Leroy.
B. 1876. — Normandie (Saint-Lô).
Par *Jules-César* et une fille de Tyndare.

S. r. jusqu'en 1891.
1892 m. b. *Ourde*, par Union-Jack.

4568. **JULIE**, 1/2 s. N. — M. Guérin.
N. 1877. — Calvados (Le Pin).
Par *Enragé* et une fille de Cormoran.

S. r. jusqu'en 1887.
1888 m. n. *Favori*, par Cambacérès.
1889 f. n. *Gazelle*, par Cambacérès.
1890 m. n. *Docile*, par Cambacérès.
1891 vide.
1892 m. b. *Robert*, par Cabanis.

4569. **JULIE**, 1/2 s. N. — M. V. Lechaptois.
N. 1878. — Manche (Saint-Lô).
Par *Lionceau* et *Cocotte*, par Fiorenzo.

1882 s. r.
1883 m. b. *Favori*, par Argollo.
1884 m. n. *Galba*, par Argollo.
1885 vide.
1886 f. n. *Isabelle*, par Trajan.
1887 m. b. *Jéricho*, par Durham.
1888 f. b. *Mirabelle*, par Equivoque.
1889 f. b. *Lydia*, par Dacapo.
1890-1891 vide.

4570. **JULIE**, 1/2 s. N. — M. Germaine.
B. 1878. — Manche (Saint-Lô).
Par *Égésippe* et une fille de Black.

S. r. jusqu'en 1891.
1892 f. b. *Olbia*, par Fournichon.

4571. **JULIE**, 1/2 s. N. — M. G. Piel.
B. 1879. — Manche (Saint-Lô).
Par *Quarteron* et *Castille*, par Séduisant.
Sa grand'mère : par Rivoli.

S. r. jusqu'en 1888.
1889 m. b. *Lucullus*, par Fabius.

1890 f. b. *Espéranza*, par Esbly.
1891 f. b. *Norma*, par Esbly.
1892 f. b. *Odette*, par Esbly.

4572.　　**JULIE**, 1/2 s. N. — M. Lescroël-Desprez.
B. 1881. — Normandie (Saint-Lô).
Par *Usuel* et une fille de Kent.

S. r. jusqu'en 1891.
1892 m. b. *Orbec*, par Fournichon.

4573.　　**JULIE**, 1/2 s. N. — M. D. Liot.
B. 1881. — Normandie (Saint-Lô)..
Par *Sacrobosco* et une fille de Feu-de-Joie.

S. r. jusqu'en 1891.
1892 m. b. *Oléron*, par Clodomir.

4574.　　**JULIE**. 1/2 s. N. — M. Guillory.
Bb. 1881. — Normandie (Saint-Lô).
Par *Quinola* et une fille de Volte-Face.

S. r. jusqu'en 1891.
1892 f. b. *Favorite*, par Jaseur.

4575.　　**JULIE**, 1/2 s. N. — M. F. Alexandre.
B. 1882. — Normandie (Saint-Lô).
Par *Usinus* et une fille de Sabre, P. S. A.
Sa grand'mère : par Beaumanoir.

S. r. jusqu'en 1891.
1892 f. b. *Octavine*, par Ecarté.

4576.　　**JULIE**, 1/2 s. N. — M. Lemoine.
Bb. 1884. — Calvados (Le Pin).
Par *Jactator* ou *Apis* et une fille d'Umber.
Sa grand'mère : par Cyclope.

1888 et 1889 s. r.
1890 m. b. b. *Favori*, par Gaveston.
1891 s. r.
1892 f. b. b. *Cerise*, par Mourle, P. S. A.

3258.   **JULIE**, 1/2 s. N. — M. Brisset.
N. 1885. — Manche (Saint-Lô).
Par *Virgile* et une fille de Quinte Curce.
Sa grand'mère : par Volant.
Sa bisaïeule : par Bravo, P. S. A.
Sa trisaïeule : par Séduisant.

1889 m. n. *Lilas*, par Gourmet (Amérique).

4577.   **JULIE**, 1/2 s. N. — M. L. Gosselin.
B. 1885. — Manche (Saint-Lô).
Par *Confirmé* et une fille de J'y-Songerai.
Sa grand'mère : par Douglas.

A la Remonte.

4578.   **JULIE**, 1/2 s. N. — M. F. Lemoussu.
B. 1888. — Normandie (Saint-Lô).
Par *Eperlan* et une fille de Glorieux.
Sa grand'mère : par Séduisant.

1892 m. b. *Orbelus*, par Jockey.

4579.   **JULIENNE**, 1/2 s. N. — M. E. Serrey.
B. 1887. — Normandie (Le Pin).
Par *Fataliste*, P. S. A., et *Espérance*, par Abrantès.
Sa grand'mère : *Elbonne*, par Solide.
Sa bisaïeule : par Tipple-Cider, P. S. A.

A la Remonte.

4580.   **JULIETTE**, 1/2 s. N. — M. Dumoulin.
Al. 1872. — Orne (Le Pin).
Par *Centaure* et *Lisa*, par Idalis ou Thorigny.
Sa grand'mère : *Danaé* (présumée anglaise).

1876 s. r.
1877 f. al. *Balzac*, par Norfolk-Trotter.
1878 f. *Séduisante*, par Norfolk-Trotter.
1879 vide.
1880 f. *Rebecka*, par Oriental.
1881-1882 vide.
1883 f. *Folette*, par Sir-Quid-Pigtail, P. S. A.
1884-1885 vide.
1886 m. al. *Idrasil*, par Demarate.

4581.   **JULIETTE,** 1/2 s. N. — M. J. Ricard.

B. 1874. — Calvados (Le Pin).

Par *Ignace* et *Bécassine*, par Umber.

Sa grand'mère : par Kléber.
Sa bisaïeule : par Highlander, 1/2 s. A.
Sa trisaïeule : par Eastham, P. S. A.

1878 produit mort-né.
1879 produit mort en 1882.
1880 f. b. *Corvette II*, par Normand.
1881 produit mort en 1882.
1882 produit mort en 1884.
1883-1884 vide.
1885 m. al. *Hélion*, par Beaumenil (approuvé).
1886 f. b. *Inconnue*, par Cambacérès.
1887 vide.
1888 f. b. *Kali*, par Coq-à-l'Ane.
1889 m. b. *Légendaire*, par Favori (approuvé).
1890 m. b. *Major*, par Favori (approuvé).

4582.   **JULIETTE,** 1/2 s. N. — M. Léon Guérin.

Al. 1881. — Manche (Saint-Lô).

Par *Piston*, P. S. A., et une fille d'Hélios.

Sa grand'mère : par Florentin.

1885 s. r.
1886 m. b.   , par Carnavalet.
1887 produit mort.
1888 m. b. Mort au lait.
1889 m. b.   , par Fred-Archer.
1890 f. al. *Herbette*, par Fred-Archer.
1891 m. b.   , par Honfleur.
1892 m. n. *Orageux*, par Jarnac.

4583.   **JULIETTE,** 1/2 s. N. — M. Touchard.

B. 1884. — Manche (Le Pin).

Par *Quiclet* et *Folette*, par Quid-Juris, P. S. A.

Sa grand'mère : par Riga.

1888 s. r.
1889 f. b. *Mazarine*, par Edimbourg.
1890 f. b. *Harmonie*, par Edimbourg.
1891 m. b.   , par Edimbourg ou Fuschia.

4584.   **JULIETTE**, 1/2 s. N. — M. Alp. Hays.
B. 1887. — Manche (Saint-Lô).
Par *Aristocrate* et *La Petite*, par Va-de-Bon-Cœur.
Sa grand'mère : par Ballinkeele, P. S. A.

1891 m. b.   , par Follet.

4585.   **JULIETTE**, 1/2 s. N. — M. O. Desmannetaux.
Bb. 1887. — Manche (Saint-Lô).
Par *Lavater* et *Marquise*, par Gabier, P. S. A.
Sa grand'mère : par Kabin.
Sa bisaïeule : par Sans-Gène.
Sa trisaïeule : par Pégase.

1891 m. n. *Niger*, par Indo-Chine.

4586.   **JULIETTE**, 1/2 s. N. — M. F. Lecanu.
B. 1887. — Normandie (Saint-Lô).
Par *Innocent*, P. S. A., et une fille de Séducteur.
Sa grand'mère : par Thésée.

1891 s. r.
1892 f. b. *Occitanie*, par Ray-Grass.

4587.   **JULIETTE**, 1/2 s. N. — M. E. Serrey.
Al. 1887. — Normandie (Le Pin).
Par *Beaugé* et *N.*, P. S. A., par Braconnier.
Sa grand'mère : *Négligente*, par Flageolet.

1891 f. b. *Nacelle*, par Intrigant.

4588.   **JULIETTE**, 1/2 s. N. — M. L. Groult.
B. 1888. — Manche (Saint-Lô).
Par *Espadem* et *Juliette*, par Mirliton.
Sa grand'mère : *Lisette*, par Paternel.
Sa bisaïeule : *Blanc-Pied*, par Boucanier.
Sa trisaïeule : *La Noire*, par Pégase.

4589.   **JULIETTE**, 1/2 s. N. — M. Jehanne Prosper.
N. 1889. — Manche (Saint-Lô).
Par *Serviteur* et *Mouzette*, par Washington, 1/2 s. All.
Sa grand'mère : *Calypso*, par Otage.
Sa bisaïeule : *Mignonne*, par Hélios.

4590.   **JUNON**. 1/2 s. N. — M. C. Castillon.
Bb. 1865. — Normandie (Le Pin).
Par *Écuyer* (approuvé) et une fille de Virgile.

1869 s. r.
1870 f. b. *Olga*, par Abrantès.
1871 à 1881 s. r.
1882 f. b. *Éva*, par Ulrich II, Interprète ou Valère.

4591.   **JUNON**, 1/2 s. N. — M. Fleury.
B. 1878. — Normandie (Le Pin).
Par *Niger* et *Belle-de-Jour*, par Inkermann.

Sa grand'mère : par Tipple-Cider, P. S. A.
Sa bisaïeule : par Eylau, P. S. A. A.

S. r. jusqu'en 1886.
1887 m. b. *Jasmin*, par Phaéton.
1888 vide.
1889 m. al. *Lancier*, par Phaéton.
1890 m. n. *Montebello*, par Phaéton.
1891 f. al. *Ninon*, par Phaéton.

4592.   **JUNON**, 1/2 s. N. — M. L. Petit.
Al. 1881. — Normandie (Le Pin).
Par *Underham* et *Eglantine*, par Prétender, 1/2 s. A.

Sa grand'mère : par Lully, P. S. A.

S. r. jusqu'en 1888.
1889 produit mort.
1890 f. b. b. *Doris*, par Marignan.
1891 f. al. *Lucine*, par Beaumesnil, P. S. A.
1892 m. b.   , par The Condor, P. S. A.

4593.   **JUNON**, 1/2 s. N. — M. H. Maurette.
B. 1881. — Manche (Saint-Lô).
Par *Surveillant* et *Laborieuse*, par Laboureur.

Sa grand'mère : par Bravo, P. S. A.

S. r. jusqu'en 1888.
1889 f. b. *Chicago*, par Calambac.
1890 m. b. *Mont-Pinquet*, par Betting.
1891 m. b. b. *Nemrod*, par Betting.
1892 f. b. *Odette*, par Juré.

4594. **JUNON**, 1/2 s. N. — M. le duc de Narbonne.
Al. 1884. — Orne (Le Pin).
Par *Edhen*, P. S. Ar., et *Euterpe*, par Jactator.

Sa grand'mère : *Séduisante*, par Tonnerre-des-Indes, P. S. A.
Sa bisaïeule : *Pomponia*, par Sylvio, P. S. A.
Sa trisaïeule : *Fiction*, par Aï.
Sa quadrisaïeule : *Paméla*, par D. I. O., P. S. A.

1888 m. n. *Naryhilé*, par Cherbourg.
1889 f. b. *Olimpia*, par Dictateur. Morte.
1890 m. b. *Parasol*, par Elan.
1891 f. n. *Quadrature*, par Cicéron II.

4595. **JUNON**, 1/2 s. N. — M. Lemasle.
B. 1885. — Normandie (Saint-Lô).
Par *Nethou*, P. S. A., et une fille de Lodi.

Sa grand'mère : par Urus.

S. r. jusqu'en 1891.
1892 f. b. *Miss-Santerre*, par Santerre.

4596. **JUNON**, 1/2 s. N. — M. L.-B. Gancel.
B. 1887. — Manche (Saint-Lô).
Par *Reynolds* et une fille de Télémaque.

Sa grand'mère : par Kapirat.

4597. **JUNON**, 1/2 s. N. — M. C. Castillon.
Bb. 1887. — Orne (Le Pin).
Par *Acquila* et *Olga*, par Abrantès.

Sa grand'mère : *Junon*, par Ecuyer (approuvé).
Sa bisaïeule : par Virgile.

1891 f. b. b. *Négresse*, par Etendard.

4598. **JUNON II**, 1/2 s. N. — M. O. Desmannetaux.
B. 1887. — Manche (Saint-Lô).
Par *Lavater* et *Miss-Boy*, par Pretty-Boy, P. S. A.

Sa grand'mère : par Divus.
Sa bisaïeule : par Ravissant.

1891 vide.

4599.   **JURIS**, 1/2 s. N. — M. Roumy.
Gr. 1870. — Normandie (Saint-Lô).
Par *Quid-Juris*, P. S. A., et une fille d'Adolphus, P. S. A.
Sa grand'mère : par Gorlitz.

S. r. jusqu'en 1891.
1892 f. b. *Odette*, par Domino-Noir.

4600.   **JUTITE**, 1/2 s. N. — M. Paris.
Bb. 1878. — Normandie (Saint-Lô).
Par *Léotard* et une fille de Marco-Spada.
Sa grand'mère : par Borisow.

S. r. jusqu'en 1891.
1892 f. b. *Rosette*, par Joinville II.

4601. **J'Y-SONGERAI**, 1/2 s. N. — M. L.-B. Gancel.
B. 1873. — Manche (Saint-Lô).
Par *J'y-Songerai* et une fille de Sinope.
Sa grand'mère : jument irlandaise.

S. r. jusqu'en 1883.
1884 f. b.   , par Sidi, P. S. Ar.
1885 à 1888 s. r.
1889 m. al.   , par Espoir.
1890-1891 vide.
1892 m. b.   , par Fred-Archer.

4602.   **KABINE**, 1/2 s. N. — M. J. Lécrivain.
Al. 1885. — Manche (Saint-Lô).
Par *Kabin* et *Fernande*, par Schamyl, P. S. A.
Sa grand'mère : *Fleur-de-Mai*, par Ivanhoff, P. S. A.
Sa bisaïeule : *Fleur*, par Paternel.
Sa trisaïeule : *Henriette*, par Sir-Henry-Dimsdale, 1/2 s. A.
Sa quadrisaïeule : *Brebis*, par Boucanier.
5me degré : *Lisette*, par Pégase.

1889 f. b. *L'Etoile*, par Espadem.
1890 m. b. *Mamers*, par Bataillon.
1891 f. b. b. *Gracieuse*, par Bataillon.

4603.   **KABYLE**, 1/2 s. N. — M. Bosquet.
Al. 1888. — Normandie (Saint-Lô).
Par *Courtomer* et une fille de Viril.
Sa grand'mère : par Volant.

1892 f. b. *Oriflame*, par Carnavalet.

4604. **KABYLIE**, 1/2 s. N. — M. A. Léguillon.
Bb. 1888. — Calvados (Le Pin).
Par *Echo* et *Gazelle*, par Valencourt.
Sa grand'mère : par Noville.
Sa bisaïeule : par Conquérant.
Sa trisaïeule : par Brocardo, P. S. A.

1892 m. b. b. *Odin*, par Glaneur.

4605. **KABYLIE**, 1/2 s. N. — M. Dumoncel.
B. 1888. — Normandie (Saint-Lô).
Par *Innocent*, P. S. A., et une fille de Kabin.
Sa grand'mère : par Beaumarchais.

1892 m. b. *Opérateur*, par Josaphat.

4606. **KABYLIE**, 1/2 s. N. — M. Alp. Hays.
Bb. 1888. — Manche (Saint-Lô).
Par *Frondeur* et une fille de Reynolds.
Sa grand'mère : par Lavater.

4607. **KACHEMIRE**, 1/2 s. N. — M. E. Lecoq.
B. 1888. — Manche (Saint-Lô).
Par *Utrecht* et *La Petite*, par Invariable.
Sa grand'mère : par Magicien.

4608. **KADICHAH**, 1/2 s. N. — M. L. Ygouf.
B. 1886. — Calvados (Saint-Lô).
Par *Phare* et une fille de Ribaud.
Sa grand'mère : par Dragon, P. S. A.
Sa bisaïeule : par Vice-Roi.
Sa trisaïeule : par Carrossier.
Sa quadrisaïeule : par Historien.

1890 f. b. *Quêteuse*, par Eperlan.
1891 m. n. *Normand*, par Grand-Maître.
1892 m. n. *Osiris*, par Grand-Maître.

4609. **KADISHAH**, 1/2 s. N. — M. Dubois.
B. 1885. — Calvados (Le Pin).
Par *Kaolin*, P. S. A., et une fille d'Ovide.
Sa grand'mère : par Niger.

1889 s. r.

1890 m. b. *Mars*, par Fier-à-Bras.
1891 m. b. *Nicot*, par Fier-à-Bras.
1892 f. n. *Olga*, par Fier-à-Bras.

4610.   **KAIB**, 1/2 s. N. — M. Gévelot.
B. 1888. — Orne (Le Pin).
Par *Vougeot* et *Bayarde*, par Patrick, Irlandais ou Raifort.
Sa grand'mère : *Fleur-de-Mai*, par Introuvable.
Sa bisaïeule : par Ramsay, P. S. A.

1892 m. b. b. *Oscar*, par International.

4611.   **KAIROUAN**, 1/2 s. N. — M. A. Viel.
B. 1888. — Calvados (Le Pin).
Par *Etendard* et *Gardenia*, par Acquila.
Sa grand'mère : *Cascade*, par Kilt, P. S. A.
Sa bisaïeule : par Dragon.
Sa trisaïeule : par Fontenay (approuvé).

1892 m. b. b. *Obus*, par Qui-Vive.

4612.   **KAISERIN**, 1/2 s. N. — M. A. Le Granché.
N. 1888. — Manche (Saint-Lô).
Par *Bataillon* et une fille de Washington, 1/2 s. All.
Sa grand'mère : par Trip, 1/2 s. A.

1892 m. b. *Othello*, par Ray-Grass.

4613.   **KALOUGA**, 1/2 s. N. — Mme Ve Drouin.
Al. 1888. — Orne (Le Pin).
Par *Cambronne* et *Favorite*, par Élu.
Sa grand'mère : *Miss-Carlotta*, par Séducteur.
Sa bisaïeule : par Kœnigsberg.
Sa trisaïeule : par Glocester.
Sa quadrisaïeule : par Sylvio, P. S. A.

1892 m. b. *Opale*, par Edimbourg.

4614.   **KALOUGA**, 1/2 s. N. — M. Cavey aîné.
B. 1888. — Orne (Le Pin).
Par *Cherbourg* et *Théséa II*, ex-*Mirza*, par Phaéton.
Sa grand'mère : *Élisa*, par Faust, P. S. A.
Sa bisaïeule : par Centaure.
Sa trisaïeule : par Thésée.

4615. **KAMA**, 1/2 s. N. — M. Ch. Cavey.
B. 1888. — Orne (Le Pin).
Par *Cicéron II* et *La Cochère*, par Sincérity, P. S. A.

Sa grand'mère : *Pastourelle*, par Esculape.
Sa bisaïeule : par Noteur.
Sa trisaïeule : par Sylvio, P. S. A.

4616. **KANDAHAR**, 1/2 s. N. — M. Cavey aîné.
B. 1888. — Orne (Le Pin).
Par *Cherbourg* et *Capucine*, par Patricien, P. S. A.

Sa grand'mère : *Capucine*, par William, P. S. A.
Sa bisaïeule : par Séducteur.

1892 f. b. *Orgueilleuse*, par Elan.

4617. **KANTARA**, 1/2 s. N. — M. Castillon.
B. 1888. — Calvados (Le Pin).
Par *Acquila* et *Turquoise*, par Milanais.

Sa grand'mère : *Bon-Espoir*, par The Heir-of-Linne, P. S. A.
Sa bisaïeule : par *Kapirat*.

1892 f. b.   , par Homard.

4618. **KAOLINE**, 1/2 s. N. — M. Touchard.
B. 1888. — Normandie (Le Pin).
Par *Cicéron II* et *Belle-Charlotte*, par Phaéton.

Sa grand'mère : *Harmonie*, par Abrantès.
Sa bisaïeule : par Séducteur.
Sa trisaïeule : par Eylau, P. S. A. A.
Sa quadrisaïeule : par Napoléon, P. S. A. A.

1892 m. b. *Orphelin*, par Fuschia.

4619. **KAOLINE**, 1/2 s. N. — M. Moreuil.
B. 1888. — Orne (Le Pin).
Par *Beaugé* et *Iris*, par Héliotrope.

Sa grand'mère : *Orange*, par Elu.
Sa bisaïeule : par Séducteur.
Sa trisaïeule : par Prince.
Sa quadrisaïeule : par Mastrillo, P. S. A.

1892 m. b. *Oaxaca*, par Qu'y-Met-On.

20

4620.　　**KAOLINE**, 1/2 s. N. — M. A. Duval.
B. 1888. — Orne (Le Pin).
Par *Usquebac* et *Florentine*, par Quiclet.
Sa grand'mère : *Cerisette*, par Hidalgo.
Sa bisaïeule : *Espérance*, par Lucain.
Sa trisaïeule : *Delphine*, par William, P. S. A.
Sa quadrisaïeule : *L'Héraclius*, par Héraclius.

1892 f. al. *Ophélia*, par Boissy, P. S. A.

4621.　　**KAPIRAT**, 1/2 s. N. — M. F. Couillard.
B. 1880. — Normandie (Saint-Lô).
Par *Volta* (approuvé) et une fille de Kapirat.

S. r. jusqu'en 1891.
1892 f. b. *Oppression*, par Palatin, P. S. A.

4622.　　**KAPIRAT**, 1/2 s. N. — M. A. Duchemin.
Al. 1880. — Manche (Saint-Lô).
Par *Spectre* et une fille de Kapirat.
Sa grand'mère : par Lionceau.

1884 s. r.
1885 f. b. *Favorite*, par Attila.
1886-1887 vide.
1888 m. b. *Amérique*, par Colporteur.
1889 m. b. *Kansas*, par Colporteur.
1890 vide.
1891 m. b. *New-York*, par Colporteur.
1892 f. b. *Nice*, par Colporteur.

4623.　　**KAPIRATE**, 1/2 s. N. — M. Brohier.
B. 1888. — Normandie (Saint-Lô).
Par *Glorieux* et une fille d'Idoménée.
Sa grand'mère : par Kapirat.

1892 f. b. b. *Obtuse*, par Joinville II.

4624.　　**KARA**, 1/2 s. N. — M. Drouin.
Al. 1888. — Normandie (Le Pin).
Par *Cambronne* et *Fleurette*, par Parthénon.
Sa grand'mère : par Phaéton.
Sa bisaïeule : par Trouville, P. S. A.

1892 f. b. *Olivette*, par Edimbourg.

4625.
KARAVA, 1/2 s. N. — M. Heuzey.
B. 1888. — Eure (Le Pin).
Par *Mourle*, P. S. A., et *Miss-Zélia*, par Matchless II, 1/2 s. A.
Sa grand'mère : *Etourdie*, par Pledge.
Sa bisaïeule : *Bucolique*.

4626.
KARISO, 1/2 s. N. — M. Hamel.
B. 1888. — Normandie (Saint-Lô).
Par *Quality* et une fille de Mars.
Sa grand'mère : par Isolier, P. S. A.
1892 f. b. *Orgueilleuse*, par Frondeur.

4627.
KARS, P. S. A. — M. Pothuau.
B. 1879. — France (Saint-Lô).
Par *Premier-Mai* et *Keapsake*, par Gladiateur.
S. r. jusqu'en 1891.
1892 m. b. *Nabab*, par Jolibois.

4628.
KARTHOUM, 1/2 s. N. — M. J. Olry.
B. 1888. — Orne (Le Pin).
Par *Phaéton et Etoile-Filante*, par Niger.
Sa grand'mère : *Mazurka*, par Inkermann.
Sa bisaïeule : *Cocotte*, par Noteur.
Sa trisaïeule : *Cocotte*, par Rémus.

4629.
KARTOUM, 1/2 s. N. — M. A. Viel.
N. 1888. — Calvados (Le Pin).
Par *Dictateur* (n° 378) et *Graziella*, par Apis.
Sa grand'mère : *Nisida*, P. S. A , par Cagliostro.
1892 m. n. *Ouragan*, par Homard.

4630.
KASAN, 1/2 s. N. — M. Allix-Courboy.
B. 1888. — Normandie (Saint-Lô).
Par *Espoir* et une fille de Lavater.
Sa grand'mère : par Agenda.
1892 f. b. *Ormille*, par Fontenay.

4631.
KASBA, 1/2 s. N. — M. H. Sasle.
B. 1888. — Seine-Inférieure (Le Pin).
Par *Serpolet-Rouan* et *Margot*, P. S. A., par Suzerain.

4632. **KATARINA**, 1/2 s. N. — M. Hamel.
B. 1888. — Normandie (Saint-Lô).
Par *Bataillon* et une fille de Pretty-Boy, P. S. A.
Sa grand'mère : par Y.

1892 f. al. *Olivette*, par Esbly.

4633. **KATE**, 1/2 s. N. — M. Cagniard.
N. 1888. — Calvados (Le Pin).
Par *Apis* et une fille d'Acquila.
Sa grand'mère : par Normand.

1892 f. b. b. *Ondine*, par James-Watt.

4634. **KATRINA**, 1/2 s. N. — M. Drouin.
B. 1888. — Normandie (Le Pin).
Par *Cherbourg* et *Noémie*, par Parthénon.
Sa grand'mère : par Sussex-Stag, P. S. A.
Sa bisaïeule : par Trouville, P. S. A.
Sa trisaïeule : par Kœnigsberg.
Sa quadrisaïeule : par Glocester.
5e degré : par Sylvio, P. S. A.

1892 m. b. *Olivet*, par Fuschia.

4635. **KATRINE**, 1/2 s. N. — M. Bellanger.
B. 1888. — Orne (Le Pin).
Par *Beaugé* et *Florence*, par Quiclet.
Sa grand'mère : *Fulla*, par Abrantès.
Sa bisaïeule : *Séduisante*, par Elu.
Sa trisaïeule : par Séducteur.

1892 f. b. *Offerte*, par Fuschia.

4636. **KENILWORTH**, P. S. A. — M. A. de Basly.
Bb. 1877. — France (Le Pin).
Par *Saunterer* et *Kentish-Fire*, par Gamester.

S. r. jusqu'en 1890.
1891 suitée d'un produit de pur-sang.
1892 vide.

4637.   **KERMÈS**, 1/2 s. N. — M. D. Lindet.

B. 1888. — Orne (Le Pin).

Par *Coq-du-Village*, P. S. A., et *Cupidonne*, par Rutabaga.

Sa grand'mère : par Marignan.
Sa bisaïeule : par Kramer.

4638.   **KERMESS**, 1/2 s. N. — M. C. Bérot.

B. 1888. — Manche (Saint-Lô).

Par *Lavater* et *Augustine*, P. S. A., par Auguste.

4639.   **KERMESSE**, 1/2 s. N. — M. Duvivier.

B. 1888. — Seine-Inférieure (Le Pin).

Par *Montfort*, P. S. A., et *Gauloise*, par Valdempierre.

Sa grand'mère : *Pénélope*, par Marx, 1/2 s. R.
Sa bisaïeule : par Valdemar.

4640.   **KERMESSE**, 1/2 s. N. — M. E. Marie.

Al. 1888. — Calvados (Le Pin).

Par *Orchid*, P. S. A., et une fille de Rivoli.

Sa grand'mère : par Interprète.

1892 Produit mort.

4641.   **KERMESSE**, 1/2 s. N. — M. E. Bourgeois.

B. 1888. — Calvados (Saint-Lô).

Par *Calas* et une fille d'Utique.

Sa grand'mère : par Saturne.
Sa bisaïeule : par Vingt-Mars, P. S. A.

1892 f. b. *Ondine*, par Ibis.

4642.   **KERMESSE**, 1/2 s. N. — M. H. Sasle.

Ro. 1888. — Seine-Inférieure (Le Pin).

Par *Serpolet-Rouan* et *Aulide*, par Remouleur.

Sa grand'mère : *Mignonne*, par Libérator.

4643.   **KERMESSE**, 1/2 s. N. — M. H. Lassaussaye.

Al. 1888. — Orne (Le Pin).

Par *Barrabas* et *Vénitienne*, par Vouziers.

Sa grand'mère : *Minerve*, par Niger.

Sa bisaïeule : *Branche-d'Or*, par Telegraph, 1/2 s. A.
Sa trisaïeule : par The Norfolk-Phœnomenon, 1/2 s. A.
Sa quadrisaïeule : par Thésée.

1892 f. b. *Orpheline*, par Jouffroy.

4644.   **KERMESSE**, 1/2 s. N. — M. E. Marie.
B. 1888. — Calvados (Le Pin).
Par *Eclaireur* et *La Montaigne*, par Interprète.

Sa grand'mère : *Léa*, par Montaigne.
Sa bisaïeule : par Mahomet.

1892 m. b. *Obélisque*, par Qui-Vive.

4645.   **KERMESSE**, 1/2 s. N. — M. J. Viel.
B. 1888. — Calvados (Le Pin).
Par *Eclaireur* et *Cascade*, par Kilt, P. S. A.

Sa grand'mère : par Dragon.
Sa bisaïeule : par Fontenay (approuvé).

4646.   **KESTE**, 1/2 s. N. — M. A. Desmannetaux.
Al. 1888. — Normandie (Saint-Lô).
Par *Ecart!* et une fille de Jackson.

Sa grand'mère : par Hussein.

1892 f. b. *Odette*, par Jusant.

4647.   **KETTY**, 1/2 s. N. — M. P. Tesnière.
B. 1888. — Seine-Inférieure (Le Pin).
Par *Upas*, 1/2 s. N., et *Fatma*, par Ornement, 1/2 s. N.
Sa grand'mère : *Fleur-de-Mai*, par Perfomer, 1/2 s. A.

4648.   **KETTY**, 1/2 s. N. — M. L. Legallois.
Al. 1888. — Manche (Saint-Lô).
Par *Exeat* et une fille de Pretty-Boy, P. S. A.
Sa grand'mère : par Egésippe.

1892 m. al. *Ostrogoth*, par Grand-Maître.

3314.   **KETTY**, 1/2 s. N. — M. Pelletier.
B. 1889. — Orne (Le Pin).
Par *Uriel* et *Bagatelle*, ex-*Baronness*, P. S. A., par Tumbler.

4649. **KHIVA**, 1/2 s. N. — M. D. Lindet.
Al. 1888. — Orne (Le Pin).
Par *Cambronne* et *Gazelle*, par Elu.
Sa grand'mère : *Pégriote*, par Eylau. P. S. A. A.
Sa bisaïeule : Jument arabe (mère de Buci et de Jactator).

1892 m. b. b. *Olivet*, par Qu'y-Met-On.

4650. **KHIVA**, 1/2 s. N. — M. J. Leblond.
Bb. 1888. — Manche (Saint-Lô).
Par *Lavater* et *Cent-Sous*, P. S. A., par Ruy-Blas.

4651. **KILDA**, 1/2 s. N. — M. Moget.
B. 1888. — Normandie (Le Pin).
Par *Valdempierre* et *Espérance*, par Marignan ou Pompon.
Sa grand'mère : par Phaéton.
Sa bisaïeule : par Montaigne.

1892 f. b. *Orfa*, par Jouffroy.

4652. **KINA**, 1/2 s. N. — M. Guérard.
B. 1888. — Calvados (Le Pin).
Par *Apis* et *Giselle*, par Acquila.
Sa grand'mère : *Rachel*, par Irlandais.
Sa bisaïeule : par Esculape.
Sa trisaïeule : par Galba.

1892 f. b. *Orage*, par James.

4653. **KINA**, 1/2 s. N. — M. Ch. Cavey.
B. 1888. — Orne (Le Pin).
Par *Élan* (approuvé) et *Farandole*, par Phaéton.
Sa grand'mère : *Conquête*, par Conquérant.
Sa bisaïeule : *Mazurka*, par Inkermann.
Sa trisaïeule : *Cocote*, par Moteur.
Sa quadrisaïeule : par Rémus.

4654. **KINDLER**, 1/2 s. N. — M. Yver de la Vigne-Bernard.
B. 1857. — Manche (Saint-Lô).
Par *Eylau*, P. S. A. A., et une fille de Kindler.
Sa grand'mère : Jument d'allure.

S. r. jusqu'en 1868.
1869 m. b. *Nubis*, par The Heir-of-Linne, P. S. A.

1870 s. r.
1871 m. b. *Poisson-d'Avril*, par The Heir-of-Linne, P. S. A.
1872 f. b. *Allumette*, par The Heir-of-Linne, P. S. A.
1873 à 1875 s. r.
1876 m. b. *Usbeck*, par El-Ghor, P. S. Ar.
1877 s. r.
1878 f. b. *Nitor*, par El-Ghor, P. S. Ar.
1879 à 1881 s. r.
1882 f. b. *Escapade*, par Qui-Vive.
S. r. jusqu'en 1886.
1887 morte.

4655. KINDLER II, 1/2 s. N. — M. Yver de la Vigne-Bernard.
B. 1888. — Manche (Saint-Lô).
Par *Lavater* et *Allumette*, par The Heir-of-Linne, P. S. A.
Sa grand'mère : *Kindler*, par Eylau, P. S. A. A.
Sa bisaïeule : par Kindler.
Sa trisaïeule : Jument d'allure.

4656. KINE C, 1/2 s. N. — M. Chéradame.
B. 1888. — Normandie (Le Pin).
Par *Cherbourg* et *Arabella*, par Phaéton ou Koping.
Sa grand'mère : *Carlotta*, par Condé.
Sa bisaïeule : *Hélène*, par Elu.
Sa trisaïeule : par Brocardo, P. S. A.
Sa quadrisaïeule : par William, P. S. A.

1892 f. b. *Ornaise*, par Tigris.

4657. KIRIELLE, 1/2 s. N. — M. C. Forcinal.
B. 1888. — Orne (Le Pin).
Par *Phaéton* et *Amaranthe*, par Niger.
Sa grand'mère : *Fleurette*, par Sérénader, 1/2 s. A.
Sa bisaïeule : par Tipple-Cider, P. S. A.

4658. KISS, 1/2 s. N. — Duc de Narbonne.
B. 1885. — Orne (Le Pin).
Par *Attila* et *Dryade*, par Marx, 1/2 s. R.
Sa grand'mère : *Séduisante*, par Tonnerre-des-Indes, P. S. A.
Sa bisaïeule : *Pomponia*, par Sylvio, P. S. A.
Sa trisaïeule : *Fiction*, par Aï.
Sa quadrisaïeule : *Paméla*, par D. l. O., P. S. A.

1889 f. b. *Œillette*, par Dictateur. Morte.
1890 m. b. *Pactole*, par Elan.
1891 m. b. *Quatre-à-Quatre*, par Cherbourg.

4659.   **KO KI KA**, 1/2 s. N. — M. Lavignée.
B. 1888. — Orne (Le Pin).
Par *Uriel* et *Fidèle-au-Malheur*, par Normand.

Sa grand'mère : par Kilomètre.
Sa bisaïeule : par Noteur.
Sa trisaïeule : par Stoker, P. S. A.
Sa quadrisaïeule : par Aï.

1892 f. b. *Œillade*, par Valdempierre.

4660.   **KORA**, 1/2 s. N. — M. Cussy.
Al. 1888. — Normandie (Saint-Lô).
Par *Ministère*, P. S. A., et une fille de Muphti.

Sa grand'mère : par Glorieux.

1892 m. b. *Orphée*, par Ibis.

4661.   **KORRIGANE**, 1/2 s. N. — M. de Tesson
de la Mancellière.
B. 1886. — Manche (Saint-Lô).
Par *Shamrock*, 1/2 s. A., et une fille de Nethou, P. S. A.

Sa grand'mère : par Elu.

1890 et 1891 vide.
1892 produit mort.

4662.   **KORRIGANE**, 1/2 s. N. — M. A. de Basly.
B. 1888. — Calvados (Le Pin).
Par *Cherbourg* et *Bérénice*, par Kilomètre.

Sa grand'mère : Fortuna, P. S. A.

1892 s. r.
1893 f. b.   , par Valencourt.

4663.   **KORRIGANNE**, 1/2 s. N. — M. G. Bérot.
B. 1888. — Manche (Saint-Lô).
Par *Domino-Noir* et une fille d'Upas.

Sa grand'mère : par Sidi, P. S. Ar.
Sa bisaïeule : par Egésippe.

1892 f. b. b. *Oseille*, par Jusant.

4664. **KOUBBA**. 1/2 s. N. — M. Castillon.
Bb. 1888. — Calvados (Le Pin).
Par *Acquila et Elisabeth*, par Normand.
Sa grand'mère : par Abrantès.

1892 m. b.   , par Homard,

4665. **KOZBY**, 1/2 s. N. — M. O. Moulinet.
Bb. 1888. — Orne (Le Pin).
Par *Valdempierre* et une fille de Saint-Rigomer.
Sa grand'mère : par Négro (approuvé).

1892 m. b. *Œcuménique*, par Franklin.

4666. **KYRIELLE**, 1/2 s. N. — M. Cavey.
B. 1888. — Orne (Le Pin).
Par *Cherbourg* et *Théséa I*, par Phaéton.
Sa grand'mère : *Elisa*, par Faust.
Sa bisaïeule : par Centaure.
Sa trisaïeule : par Thésée.

4667. **KYRIELLE**, 1/2 s. N. — M. Léguillon.
Al. 1888. — Calvados (Le Pin).
Par *Tigris* et *Chiffonnette*, par Noville.
Sa grand'mère : *Royale-Topaze*, P. S. A., par Royal-Quand-Même.

1892 f. al. *Orientale*, par Echo ou Glaneur.

4668. **KYRIELLE**, 1/2 s. N. — M. P. Donzel.
N. 1888. — Calvados (Le Pin).
Par *Elan* et *Nell*, par Charlatan.
Sa grand'mère : *Bouteille-à-l'Encre*, P. S. A.. par Faugh-a-Ballah.

4675. LA BARONNE, 1/2 s. N. — M. O. Lepailleur..
Bb. 1875. — Manche (Saint-Lô).
Par *Gouverneur* ou *Ignoré* et une fille de Sampson, P. S. A.

S. r. jusqu'en 1885.
1886 m. b. *Indigène*, par Cordebugle.
1887 m. b. *J'y-Penserai*, par Cordebugle.
1888 m. b. *Kiel*, par Cordebugle.
1889 m. al. *Miroir*, par Estèphe.
1890 m. b. *Majestueux*, par Estèphe.
1891 vide.

4676. L'ABBAYE, 1/2 s. N. — Mme Ve P. Merlin.
Bb. 1867. — Normandie (Le Pin).
Par *Ouvrier* et *Octavia*, 1/2 s. N.
Sa grand'mère : Jument anglaise.

1871-1872 s. r.
1873 m. ro. *Réveillon*, par Y. Quick-Sylver, 1/2 s. A.
1874 m. b. b. *Saint-Victor*, par Conquérant.
1875 f. b. *Carmen*, par Y. Quick-Sylver, 1/2 s. A.
1876 s. r.
1877 f. ro. *Estafette*, par Y. Quick-Sylver, 1/2 s. A.
1878 m. ro. *Fanfaron*, par Y. Quick-Sylver, 1/2 s. A.
1879 s. r.
1880 m. b. *Hardy*, par Normand ou Y. Quick-Sylver, 1/2 s. A.
1881 s. r.
1882 f. b. *Jeannette*, par Serviteur.
1883 s. r.
1884 m. b. b. *Lutteur*, par Seul.
1885 f. b. b. *Mandarine*, par Mandarin.
1886 s. r.
1887 f. b. b. *Olivette*, par Seul ou Serviteur.
1888-1889 s. r.
1890 m. b. *Rénégat*, par Zut, P. S. A.

4677. LA BEAUMONTAISE, 1/2 s. N. — Cte Dauger.
Al. 1881. — Eure (Le Pin).
Par *Blenheim*, P. S. A., et *Normandie*, 1/2 s. N., par Chactas,
P. S. A.
Sa grand'mère : par Tipple-Cider, P. S. A.

S. r. jusqu'en 1890.
1891 vide.

4678. LA BICHE, 1/2 s. N. — M. P. Hallais.
Al. 1881. — Manche (Saint-Lô).
Par *Macouba* et une fille de Patrick.
Sa grand'mère : par Quine.

1885 s. r.
1886 f. al. *Bergère*, par Shamrock, 1/2 s. A.
1887 à 1891 s. r.
1892 f. al. *Devine*, par Shamrock, 1/2 s. A.

4679. LA BLONDE, 1/2 s. N. — M. P. Quentin.
Al. 1886. — Manche (Saint-Lô).
Par *Canut* et une fille de Schamyl, P. S. A.
Sa grand'mère : par Kabin.

Sa bisaïeule : par Vandermulin, P. S. A.
Sa trisaïeule : par Tamerlan.
Sa quadrisaïeule : par Robinson.

4680. **LA BOSSUE**, 1/2 s. N. — M. J. Leclerc.
B. 1881. — Manche (Saint-Lô).
Par *Gabier*, P. S. A., et une fille de Lavater.
Sa grand'mère : par Harmonieux.

S. r. jusqu'en 1889.
1890 f. b. *Étoile*, par Hottentot.
1891 s. r.
1892 f. n. *Coquette*, par Jarnac.

4681. **LA BRUNE**, 1/2 s. N. — M. Bouquet.
B. 1871. — Seine-Inférieure (Le Pin).
Par *Zamor* (approuvé) et *Stella*, par Maroon, P. S. A., du Haras
d'Abbeville.

S. r. jusqu'en 1879.
1880 f. b. b. *Norma*, par Serpolet-Rouan.
1881 à 1883 s. r.
1884 f. ro. *Serpolette*, par Serpolet-Rouan.
1885 vide.
1886 m. b. *Le Veinard*, par Serpolet-Rouan.
1887-1888 vide.
1889 m. ro. *Lutin*, par Serpolet-Rouan
1890 vide.

4682. **LA CALONNE**, 1/2 s. N. — M. Leguillon.
N. 1884. — Normandie (Le Pin).
Par *Tigris* et une fille d'Illico.
Sa grand'mère : par Noville.

1888 m. al.   , par Réussi, P. S. A.
1889 m. al   , par Réussi, P. S. A.
1890 produit mort.

4683. **LA CASAQUE**, P. S. A. — M. A. Millot.
Al. 1875. — Normandie (Le Pin).
Par *Trocadéro* et *La Cocarde*, par Florin.

S. r. jusqu'en 1886.
1887 f. b. *Odalisque*, par Tigris.
1888 f. b. *Parodie*, par Écho.
1889 f. al. *Quenotte*, par Hardy.
1890 f. b. *Ravigotte*, par Gallien.

4684. **LA COCHÈRE**, 1/2 s. N. — M. Ch. Cavey.
B. 1875. — Orne (Le Pin).
Par *Sincérity*, P. S. A., et *Pastourelle*, par Esculape.

Sa grand'mère : par Noteur.
Sa bisaïeule : par Sylvio, P. S. A.

1879 s. r.
1880 f. b. *Es-Tu-Là*, par Marignan.
1881-1882 s. r.
1883 m. b. *Falbala*, par Apis.
1884 vide.
1885 f. b. *Héroïne*, par Un.
1886 vide.
1887 m. b. *Jonathan*, par Cicéron II.
1888 f. b. *Kama*, par Cicéron II.
1889 m. b.   , par Cicéron II.
1890 vide.
1891 f. b. *Nomade*, par Cicéron II.
1892 m. b. *Ondin*, par Jouffroy.

4685. **LADIE**, 1/2 s. N. — M. P. Samson.
B. 1880. — Normandie (Saint-Lô).
Par *Toison-d'Or* et une fille de Gloire.

S. r. jusqu'en 1891.
1892 m. b. *Ombrage*, par Incandescent.

4686. **LA DIVES**, 1/2 s. N. — M. Villaux.
B. 1875. — Normandie (Le Pin).
Par *Niger* et *Mary-Blane* (jument américaine).

S. r. jusqu'en 1883.
1884 m. b. b.   , par Dictateur (approuvé).
1885 à 1888 s. r.
1889 f. b. *La Favorite*, par Tigris.
1890 s. r.
1891 m. b. b. *Navilly*, par Tigris.

4687. **LA DIVETTE**, 1/2 s. N. — M. F. Le Costey.
B. 1887. — Manche (Saint-Lô).
Par *Virgile* et une fille de Prickwillow II.

Sa grand'mère : par Nagel.
Sa bisaïeule : par Pont-d'Or.

1891 m. b.   , par Esbly.
1892 vide.

4688. LA DOUAIRIÈRE, P. S. A. — M. de Tesson
de la Mancellière.
B. 1876. — France (Saint-Lô).
Par *Tabac* et *Lady-Douglas*, par Artillery.

S. r. jusqu'en 1891.
1892 m. b. *Glaïeul*, par Journalier.

4689. LADOUCE, 1/2 s. N. — M. A. Boulmer.
B. 1870. — Manche (Saint-Lô).
Par *Faucon* et une fille de Mouton (approuvé).
Sa grand'mère : Jument de la Hague.

1874 s. r.
1875 f. b. *Olga*, par Hélios.
1876 vide.
1877 m. b. *Socrate*, par Hélios.
1878 vide.
1879 f. b. *Allumette*, par Peuplier.
1880 à 1884 s. r.
1885 m. b. *Athos*, par Athos.
1886 à 1889 s. r.
1890 m. b. *Mardi*, par Genêt.
1891 vide et morte.

4690. LA DOUVE, 1/2 s. N. — M. Gosselin.
N. 1874. — Normandie (Saint-Lô).
Par *Ugolin* et une fille de Jarnac.
Sa grand'mère : par Kelme.

S. r. jusqu'en 1891.
1892 m. b. b. *Oxus*, par Tempête.

4691. LA DOUVE, 1/2 s. N. — M. Allix-Courboy.
B. 1875. — Normandie (Saint-Lô).
Par *Lavater* et une fille d'Agenda.

S. r. jusqu'en 1891.
1892 f. al. *Oseille*, par Reynolds.

4692. LADY, 1/2 s. N. — M. Ragaine.
B. 1889. — Orne (Le Pin).
Par *Edimbourg* et *Duchesse*, par Inkermann.

Sa grand'mère : par Séducteur.
Sa bisaïeule : par Jéricko.
Sa trisaïeule : par Prince-Colibri, P. S. A.

4693. LADY-NORFOLK, 1/2 s. N. — M. Lechevalier.
B. 1888. — Calvados (Le Pin).
Par *Camembert* et *Clair-de-Lune*, par Norfolk-Trotter, 1/2 s. A.
Sa grand'mère : *Aïcha*, par Y. Karchane.
Sa bisaïeule : par Koheil-Obeïan-Siderer, P. S. Ar.

1892 m. b. *Oppenort*, par Jemmapes ou Gérardmer.

4694. LADY-QUID-JURIS, 1/2 s. N. — M. Brohier.
B. 1868. — Manche (Saint-Lô).
Par *Quid-Juris*, P. S. A., et une fille de Lionceau.
Sa grand'mère : par Marengo, P. S. A. A.

1872 et 1873 s. r.
1874 m. b. *Santerre*, par Ugolin.
1875-1876 vide.
1877 m. b. *Vice-Président*, par Ugolin.
1878 à 1888 vide.
1889 f. b. *Espérance*, par Carnavalet.
1890 m. b. . par Colporteur.
1891 m. b. , par Colporteur.

4695. LA FILLE, 1/2 s. N. — Mme Ve Leroinier.
B. 1885. — Calvados (Saint-Lô).
Par *Confirmé* et une fille d'Orfila.
Sa grand'mère : par Sinope.

1889 f. n. *Glorieuse*, par Dollar, 1/2 s. N.
1890 m. b. *Marengo*, par Graft.

4696. LAFLEUR, 1/2 s. N. — M. de la Bretonnière.
Al. 1882. — Manche (Saint-Lô).
Par *Sorcier* et une fille d'Ignoré.
Sa grand'mère : par Sampson, P. S. A.
Sa bisaïeule : par Sycomore, P. S. A.

S. r. jusqu'en 1888.
1889 m. b. *Vainqueur*, par Céladon.
1890 f. b. b. *Brunette*, par Fournichon.
1891 à la Remonte.

4697. LA FONTAINE, 1/2 s. N. — M. Lallouet.
B. 1879. — Normandie (Le Pin).
Par *Niger* et *Indépendante*, par Trouville, P. S. A.
Sa grand'mère : *Alphérie*, par Fitz-Pantaloon, P. S. A.
Sa bisaïeule : *Ida 11*, par William, P. S. A.
Sa trisaïeule : *Ida*, par Basly. (V. *Hallencourt*, t. I.)

S. r. jusqu'en 1885.
1886 m. b. *Isladi*, par Valdempierre (Amérique).
1887 vide.
1888 m. b. b. *Kélat*, par Edimbourg.
1889 m. b. b. *Léonidas*, par Edimbourg.

4698.   L'AFRICAINE, 1/2 s. N. — M. L. Fontaine.
Al. 1878. — Normandie (Le Pin).
Par *Centaure* et *Eglantine*, par Prétender, 1/2 s. A.
Sa grand'mère : par Lully, P. S. A.
Sa bisaïeule : par Buci.

1882-1883 s. r.
1884 f. al. *Gitana*, par Niger.
1885 à 1887 vide.
1888 m. al. *Karthoum*, par Orchid, P. S. A.
1889 s. r.
1890 en Belgique.

4699.   L'AFRICAINE, 1/2 s. N. — M. Guibout.
Al. 1878. — Orne (Le Pin).
Par *Jactator* et une fille de Sincérity, P. S. A.
Sa grand'mère : par Noteur.

S. r. jusqu'en 1888.
1889 m. b.   , par Dante. Mort.
1890 f. al. *Miss-Hélyett*, par Tristan.
1891 vide.
1892 m. b. *Orfèvre*, par Cherbourg.

4700.   L'AFRICAINE, 1/2 s. N. — M. A. Martine.
B. 1882. — Normandie (Le Pin).
Par *Hick* et une fille d'Extase.
Sa grand'mère : par Usager.

1886 f. b.   , par Apis.
1887-1888 vide.
1889 m. b. *Lincoln*, par Stade.
1890 f. al. *Mauviette*, par Fataliste, P. S. A.
1891 m. b. *Nelson*, par Etendard.
1892 f. b. *Orpheline*, par Acquila.

4701.   L'AFRICAINE, 1/2 s. N. — M. J. Caligny.
Bb. 1887. — Normandie (Le Pin).
Par *Cherbourg* et une fille de Niger.
Sa grand'mère : par Extase.

4702. **LA FURIA**, 1/2 s. N. — M. Anquetil.
Ro. 1878. — Seine-Inférieure (Le Pin).
Par *Quaterne* et une fille de Lustucru (approuvé).
Sa grand'mère : par Y. Georges.

S. r. jusqu'en 1886.
1887 m. b. *Hippomène II*, par Hippomène, 1/2 s. Big.
1888 f. ro. *Colombe*, par Lamplighter, 1/2 s. A.
1889 m. b. b. *Léopard*, par Jadis.
1890 f. b. *Mina*, par Urson.
1891 m. ro. *Néron*, par Jadis.
1892 f. ro. *Obole*, par Jadis.

4703. **LAGOPÈDE**, 1/2 s. N. — M. Lemonnier.
Al. 1882. — Sarthe (Le Pin).
Par *Phaëton* et *Patric*, par Y. Quick-Silver, 1/2 s. A.
Sa grand'mère : *Rigolette*, par Bayard.

1886 et 1887 s. r.
1888 m. b. *Rajah*, par Cherbourg. Mort.
1889 vide.
1890 a avorté.
1891 produit mort.
1892 f. b. *Isis*, par Qui-Vive.

4704. **LAIGLE**, 1/2 s. N. — M. Cavey, aîné.
B. 1889. — Orne (Le Pin).
Par *Echo* et *Mazurka*, par Inkermann.
Sa grand'mère : par Noteur.
Sa bisaïeule : par Régnier.

4705. **LA JUIVE**, 1/2 s. N. — M. Hubert.
Al. 1887. — Normandie (Le Pin).
Par *Gabier*, P. S. A., et *Miss-Sloss*, par Elu.
Sa grand'mère : par Séducteur.
Sa bisaïeule : par Thésée.
Sa trisaïeule : par William, P. S. A.

1891 m. b.   , par Edimbourg.
1892 m. b. *Oui-Dà*, par Iambe.

4706. LA LEXOVIENNE, 1/2 s. N. — M. Lecoupeur.
Al. 1889. — Calvados (Le Pin).
Par *Hardy* et *Jacqueline*, par Jackson, 1/2 s. A.
Sa grand'mère : par The Heir-of-Linne, P. S. A.
Sa bisaïeule : par Lahore ou Marengo, P. S. A. A.

4707. **LALOUETTE**, 1/2 s. N. — M. Saunier.
B. 1886. — Calvados (Saint-Lô).
Par *Phare* et *Mouton*, par Ribaud.

Sa grand'mère : *Glorieuse*, par Glorieux.
Sa bisaïeule : par Sancho.

1890 m. n. *Magenta*, par Dollar, 1/2 s. N.

4708. **LA MANCHE**, 1/2 s. N. — M. P. Desmannetaux.
Bb. 1884. — Manche (Saint-Lô).
Par *Lavater* et une fille de Gabier, P. S. A.

Sa grand'mère : par Pàter.
Sa bisaïeule : par Egésippe.
Sa trisaïeule : par Sir-Henry-Dimsdale, 1/2 s. A.
Sa quadrisaïeule : par Pégase.
5me degré : par Boucanier.

1888 m. b. b. *Espoir*, par Espoir.
1889 vide.
1890 m. b. *Magicien*, par Colporteur.
1891 vide.
1892 f. b. b. *Ouvrière*, par Fontenay.

4709. **LAMBALLE**, 1/2 s. N. — M. Bellanger.
B. 1889. — Orne (Le Pin).
Par *Edimbourg* et *La Serrière*, par Quiclet.

Sa grand'mère : *Antoinette*, par Parthénon.
Sa bisaïeule : par Séducteur.

4710. **L'AMIE**, 1/2 s. N. — M. Guillaumet.
Bb. 1882. — Normandie (Le Pin).
Par *Marignan* et une fille d'Elu.

Sa grand'mère : par Mastrillo, P. S. A.

1886 f. b. *Violette*, par Quiclet.
1887 m. b. *Bruce II*, par Bruce, P. S. A.
1888 f. b. *Valdempierre*, par Valdempierre.
1889 f. b. *Brunette*, par Bruce, P. S. A.
1890 m. b. b.   , par Cherbourg.
1891 f. b. b.   , par Cherbourg.
1892 f. b. b. *Giroflée*, par Valdempierre.

4711. **LA MONTAIGNE**, 1/2 s. N. — MM. Marie frères.
Bb. 1871. — Calvados (Le Pin).
Par *Interprète* et *Léa*, par Montaigne.

Sa grand'mère : par Mahomet.

S. r. jusqu'en 1880.
1881 f. b. *Thérésa*, par Hick.
1882 à 1886 s. r.
1887 m. b. b. *Jason*, par Eclaireur.
1888 f. b. *Kermesse*, par Eclaireur.
1889 f. b. b. *Lumière*, par Eclaireur.
1890 m. b. b. *Mousquetaire*, par Eclaireur ou Saint-Rigomer.
1891 m. b. b. *Niagara*, par Eclaireur.

4712. **L'AMOUR**, 1/2 s. N. — M. Moulinet.
B. 1884. — Normandie (Le Pin).
Par *Irlandais* et *Victorieuse*, par Héliotrope.

Sa grand'mère : par Fleuron.
Sa bisaïeule : par Vicomte.
Sa trisaïeule : par Hospodar.

1888 f. b. *Javeline*, par Soldat.
1889 m. b. *Labrador*, par Valdempierre.
1890 f. al. *Minerve*, par Soldat.
1891 m. b.   , par Cherbourg.
1892 f. b. *Ondine*, par Valdempierre.

4713. **LANDRURIE**, 1/2 s. N. — M. Désiré Bouffard.
N. 1889. — Manche (Saint-Lô).
Par *Utrecht* et *Qui-Vive*, par Qui-Vive.

Sa grand'mère : par Noirmont.
Sa bisaïeule : par Intact.

4714. **LA NÉVA**, 1/2 s. N. — M. A. Jehanne.
B. 1889. — Manche (Saint-Lô).
Par *Colporteur* et *Corvette*, par Lavater.

Sa grand'mère : par Newton.
Sa bisaïeule : par Nemrod.

4715. **LANGRUNE**, P. S. A. — M. P. Donzel.
N. 1887. — Calvados (Le Pin).
Par *Saumur* et *Nell*, par Charlatan.

1891 s. r.
1892 f. b. b. *Olympe*, par Qui-Vive.

4716. **LANSBORN**, 1/2 s. N. — M. Ch. Auvray.
B. 1878. — Normandie (Saint-Lô).
Par *Lansborn* et une fille de Castor.

S. r. jusqu'en 1891.
1892 m. b. b. *Olim*, par Colporteur.

4717. **LA PELOTE**, 1/2 s. N. — M. F. Fortin.
B. 1877. — Manche (Saint-Lô).
Par *Luther* et une fille de Tallien.

1881-1882 s. r.
1883 m. b.   , par Daniel (approuvé).
1884 m. al.   , par L'Incroyable, P. S. A.
1885 f. b. *Manivelle*, par Irake.
1886 f. b. *Margot*, par Irake.
1887 m. b.   , par Le Dard, P. S. A.
1888 f. b.   , par Le Dard, P. S. A.
1889 f. b.   , par Goudron.
1890 f. b.   , par Goudron.

4718. **LA PELOTTE**, 1/2 s. N. — M. J. Villard.
B. 1872. — Manche (Saint-Lô).
Par *Lothaire* et une fille de Marius.

1876-1877 s. r.
1878 f. al.   , par Ménélas.
1879 f. al   , par Ménélas.
1880 m. al.   , par Quinte-Curce.
1881 f. n.   , par Quinte-Curce.
1882 m. b.   , par Quinte-Curce.
1883 m. n.   , par Quinte-Curce.
1884 f. a.   , par Quinte-Curce.
1885 m. b. *Héroïque*, par Utrecht.
1886 m. b.   , par Utrecht.
1887 m. b.   , par Utrecht.
1888 m. b. *Karnalic*, par Utrecht.
1889 m. b.   , par Utrecht.
1890-1891 s. r.
1892 m. n. *Osiris*, par Jet.

4719. **LA PERLE**, 1/2 s. N. — M. Goubaux.
N. 1888. — Manche (Saint-Lô).
Par *Utrecht* et *Nigra*, par Idoménée.

Sa grand'mère : *Négresse*, par Ignoré.
Sa bisaïeule : par Nemrod.

4720.   **LA PETITE**, 1/2 s. N. — M. Nicollet.
B. 1868. — Normandie (Saint-Lô).
Par *Harmonieux IV* et une fille de Rivoli.

S. r. jusqu'en 1891.
1892 f. b. b. *Finette*, par Caprara.

4721.   **LA PETITE**, 1/2 s. N. — M. L. Carré.
B. 1871. — Normandie (Saint-Lô).
Par *Diégo* et une fille de Beaumarchais.

S. r. jusqu'en 1891.
1892 f. b. b. *Ombrelle*, par Farnèse.

4722.   **LA PETITE**, 1/2 s. N. — M. Alp. Hays.
B. 1872. — Manche (Saint-Lô).
Par *Va-de-Bon-Cœur* et une fille de Ballinkeele, P. S. A.

S. r. jusqu'en 1885.
1886 m. b. *Grippe-Sous*, par Aristocrate.
1887 f. b. *Juliette*, par Aristocrate.
1888 m. b. *Aristo*, par Aristocrate.
1889 m. b.   , par Domino-Noir.
1890 f. b. *Manette*, par Domino-Noir.
1891 f. b. *Ninon*, par Frondeur.
1892 m. b. *Obi*, par Frondeur.

4723.   **LA PETITE**, 1/2 s. N. — M. Gallis.
Al. 1874. — Normandie (Saint-Lô).
Par *Invariable* et une fille de Pâter.

S. r. jusqu'en 1891.
1892 f. b. *Olga*, par Esbly.

4724.   **LA PETITE**, 1/2 s. N. — M. E. Dubois.
B. 1874. — Normandie (Saint-Lô).
Par *Vermouth* et une fille de Borisow.

S. r. jusqu'en 1891.
1892 f. b. *Olympe*, par Santerre.

4725.   **LA PETITE**, 1/2 s. N. — M. Germain.
B. 1874. — Normandie (Saint-Lô).
Par *Victorieux* et une fille d'Ivanoff, P. S. A.

S. r. jusqu'en 1891.
1892 m. b. *Victorieux*, par Houspignolles.

4726.   **LA PETITE**, 1/2 s. N. — M. P. Martin.
Bb. 1876. — Normandie (Saint-Lô).
Par *Pont-à-Mousson* et une fille de Beaumanoir.

S. r. jusqu'en 1891.
1892 m. b. *Orfano*, par Hysope.

4727.   **LA PETITE**, 1/2 s. N. — M. Anquetil.
Al. 1877. — Normandie (Saint-Lô).
Par *O'Connel* et une fille d'Uzel.

S. r. jusqu'en 1891.
1892 f. al. *Opération*, par Darnétal.

4728.   **LA PETITE**, 1/2 s. N. — M. E. Lecoq.
B. 1878. — Manche (Saint-Lô).
Par *Invariable* et *Blanc-Pied*, par Magicien.

1882 s. r.
1883 f. b.   , par Ménélas.
1884 f. b.   , par Ménélas.
1885 f. b. b.   , par Confortable.
1886 f. b.   , par Céladon.
1887 f. b. *Bijou*, par Céladon.
1888 f. b. *Kachemire*, par Utrecht.
1889 f. b. b.   , par Utrecht.
1890 f. b. *Mandarine*, par Farnèse.
1891 f. al. *Novice*, par Bataillon.

4729.   **LA PETITE**, 1/2 s. N. — M. Belhache.
B. 1878. — Normandie (Saint-Lô).
Par *Laboureur* et une fille de Camisard.

S. r. jusqu'en 1891.
1892 f. al. *Orvidité*, par Gardanne.

4730.   **LA PETITE**, 1/2 s. N. — M. Onfroy.
B. 1879. — Manche (Saint-Lô).
Par *Bien-Aimé* (approuvé) et une fille de Bravo, P. S. A.

S. r. jusqu'en 1891.
1892 m. b. *Orphelin*, par Fulminant.

4731. **LA PETITE**, 1/2 s. N. — M. E. Fleury.
B. 1879. — Manche (Saint-Lô).
Par *Harmonieux* et une fille de Guelfe (approuvé).

S. r. jusqu'en 1891.
1892 m. b. *Octroi*, par Alsacien.

4732. **LA PETITE**, 1/2 s. N. — M. Desquesnes.
Al. 1880. — Normandie (Saint-Lô).
Par *Réservé* et une fille de Bravo, P. S. A.

S. r. jusqu'en 1891.
1892 f. b. *Ouïe*, par Caprara.

4733. **LA PETITE**, 1/2 s. N. — M. Lebunetel.
Al. 1881. — Normandie (Saint-Lô).
Par *Orphée* et une fille de Laboureur.

S. r. jusqu'en 1891.
1892 f. b. *Orose*, par Fulminant.

4734. **LA PETITE**, 1/2 s. N. — M. J. Laisney.
N. 1881. — Normandie (Saint-Lô).
Par *Platon* et une fille de Dragon.

S. r. jusqu'en 1891.
1892 f. b. *Orgueilleuse*, par Jolibois.

4735. **LA PETITE**, 1/2 s. N. — M. B.-A. Besnard.
B. 1885. — Normandie (Saint-Lô).
Par *Spectre* et une fille de Josaphat.
Sa grand'mère : par Riga.

S. r. jusqu'en 1891.
1892 m. b. b. *Ogmius*, par Esbly.

4736. **LA PETITE**, 1/2 s. N. — M. Desmares.
Gr. 1886. — Manche (Saint-Lô).
Par *Utrecht* et *Castille*, par Cancale.
Sa grand'mère : par Diomède.

1890 et 1891 vide.

4737.   **LA PETITE**, 1/2 s. N. — M. Delay.
Bb. 1887. — Normandie (Saint-Lô).
Par *Palatin*, P. S. A., et une fille de Quarteron.
Sa grand'mère : par Forey.

1891 s. r.
1892 f. b. b. *Oursine*, par Hardinwast.

4738.   **LA PETITE**, 1/2 s. N. — M. Mabier.
B. 1887. — Manche (Saint-Lô).
Par *Verni* et une fille de Bravo, P. S. A.
Sa grand'mère : par Camisard.

1891 s. r.
1892 f. b. *Oliva*, par Extra.

4739.   **LA PIE**, 1/2 s. N. — M. P. Cœuret.
P. 1881. — Orne (Le Pin).
Par *Serpolet-Bai* et *La Pie*, par The Norfolk-Phœnomenon, 1/2 s. A.

1885 s. r.
1886 m. p.   , par Ximénès (Amérique).
1887 à 1890 s. r.
1891 m. p. *Distingué*, par Intriguant.

4740.   **LA PILLE**, 1/2 s. N. — M. E. Foulon.
Bb. 1875. — Orne (Le Pin).
Par *Niger* et *Indifférente*, P. S. A., par Pompier.

S. r. jusqu'en 1883.
1884 f. b. *Grenade*, par Uriel.
1885 vide.
1886 m. n. *Indifférent*, par Valdempierre.
1887 f. b. b. *Joyeuse*, par Valdempierre.
1888 m. b. *Kevel*, par Uriel.
1889 f. al. *Lady-Pille*, par Uriel.

4741.   **LAPIN**, 1/2 s. N. — M. E. Simon.
B. 1869. — Normandie (Saint-Lô).
Par *Hippocrate* et une fille de Jambon.

S. r. jusqu'en 1891.
1892 f. b. b. *Opulence*, par Fanion.

4742. **LAPIN**, 1/2 s. N. — M. J. Tesson.
B. 1872. — Normandie (Saint-Lô).
Par *Laboureur* et une fille de Guillaume-le-Conquérant.

S. r. jusqu'en 1891.
1892 m. b. b. *Ozanam*, par Virgile.

4743. **LAPIN**, 1/2 s. N. — M. E. Duval.
B. 1875. — Normandie (Saint-Lô).
Par *Gloire* et une fille de Guelfe.

S. r. jusqu'en 1891.
1892 m. b. *Oued-Riou*, par Truphu.

4744. **LAPIN**, 1/2 s. N. — Mme Ve Pâris.
B. 1878. — Normandie (Saint-Lô).
Par *Gloire* et une fille de Pont-d'Or.

S. r. jusqu'en 1891.
1892 m. b. *Ozeville*, par Hernandez.

4745. **LAPIN**, 1/2 s. N. — M. F. Lecostey.
B. 1878. — Manche (Saint-Lô).
Par *Quarteron* et une fille de Qui-Perd-Gagne.
Sa grand'mère : par Camisard.

S. r. jusqu'en 1886.
1887 f. b. b. *Fleur-de-Juin*, par Virgile.
1888 vide.
1889 f. b. b. *Bichette*, par Quinte-Curce.
1890 m. b. *Rigolo*, par Quinte-Curce.
1891 vide.

4746. **LAPIN**, 1/2 s. N — M. Carré.
B. 1879. — Normandie (Saint-Lô).
Par *Robinson* et une fille de Bravo, P. S. A.

S. r. jusqu'en 1891.
1892 m. n. *Ossat*, par Domino-Noir.

3232. **LAPIN**, 1/2 s. N. — M. Leterrier.
B. 1880. — Normandie (Saint-Lô).
Par *Mirliton* et une fille de Séduisant (approuvé).

S. r. jusqu'en 1888.
1889 m. b. *Sénèque*, par Sénéchal (Amérique).

4747.   **LAPIN**, 1/2 s. N. — M. F. Tour.
B. 1880. — Normandie (Saint-Lô).
Par *Sénéchal* et une fille d'Harmonieux.

S. r. jusqu'en 1891.
1892 f. b. *Bergère*, par Bataclan IV.

4748.   **LAPIN**, 1/2 s. N. — M. Gosselin.
B. 1881. — Normandie (Saint-Lô).
Par *Gloire* et une fille de Guelfe.

S. r. jusqu'en 1891.
1892 m. n. *Olden*, par Platon.

4749.   **LAPIN**, 1/2 s. N. — M. C. Damourette.
B. 1881. — Manche (Saint-Lô).
Par *Gloire* et *Lapin*, par Priam.
Sa grand'mère : *Finette*, par Gamin.

1885 m. al.   , par Truplu.
1886 f. b.   , par Truplu.
1887 vide.
1888 m. al.   , par Truplu.
1889 m. b.   , par. Truplu.
1890 vide.
1891 f. b.   , par Virgile.

4750.   **LAPIN**, 1/2 s. N. — M. Bigot.
B. 1881. — Manche (Saint-Lô).
Par *Sauvage* et une fille de Nagel.
Sa grand'mère : par Rivoli.

1884 f. b.   , par Quintus.
1885 m. b.   , par Quintus.
1886 f. al.   , par Truplu.
1887 f. b.   , par Truplu.
1888 f. b.   , par Truplu.
1889 f. al.   , par Usuel.
1890 m. b.   , par Quinte-Curce.
1891 f. b.   , par Quinte-Curce.

4751.   **LAPIN**, 1/2 s. N. — M. Lecourt.
B. 1887. — Normandie (Saint-Lô).
Par *Cadix* et une fille de Kilt, P. S. A.
Sa grand'mère : par Dictateur.

1891 s. r.
1892 m. al. *Oufa*, par Caprara.

4752.   **LAPIN**, 1/2 s. N. — M. F. Cauvin.
B. 1888. — Normandie (Saint-Lô).
Par *Virgile* et une fille de Piston, P. S. A.
Sa grand'mère : par Jambon.

1892 f. b. *Léda*, par Japhet.

4753.   **LA POULE**, 1/2 s. N. — M. F. Poisson.
B. 1873. — Normandie (Saint-Lô).
Par *Ignoré* et une fille de Kapirat.

S. r. jusqu'en 1891.
1892 f. n. *Olette*, par Haïti.

4754.   **LA POULE**, 1/2 s. N. — M. Maurouard.
B. 1874. — Manche (Saint-Lô).
Par *Harmonieux IV* et une fille de Bravo, P. S. A.

S. r. jusqu'en 1891.
1892 f. b. *Oliva*, par Bataclan IV.

4755.   **LA POULE**, 1/2 s. N. — M. Angot.
Bb. 1874. — Manche (Saint-Lô).
Par *Ugolin* et une fille d'Essence.

1878-1879 s. r.
1880 f. b. *Flambeau*, par Jarnac.
1881 à 1888 s. r.
1889 m. b. *Lilas*, par Siroc.
1890 f. b. *Joliette*, par Siroc.
1891 f. b.   , par Gasparin.
1892 f. b. *Olga*, par Jouteur.

4756.   **LA POULE**, 1/2 s. N. — M. J. Fillâtre.
Al. 1875. — Normandie (Saint-Lô).
Par *Macouba* et une fille de Succès.
Sa grand'mère : par Urus.

S. r. jusqu'en 1891.
1892 m. b. *Orgeat*, par Shamrock, 1/2 s. A.

4757.   **LA POULE**, 1/2 s. N. — M. Marquer.
Bb. 1877. — Manche (Saint-Lô).
Par *Shamrock*, 1/2 s. A., et *Cocotte*, par Désiré.

S. r. jusqu'en 1891.
1892 f. n. *Opale*, par Jeffreys.

4758.   **LA POULE**, 1/2 s. N. — M. Rolland.
B. 1878. — Normandie (Saint-Lô).
Par *Ménélas* et une fille de Beaumanoir.

S. r. jusqu'en 1891.
1892 f. b. b. *Olva*, par Diplomate.

4759.   **LA POULE**, 1/2 s. N. — M. L. Lebrun.
B. 1879. — Normandie (Saint-Lô).
Par *Madère* et une fille de Succès.

S. r. jusqu'en 1891.
1892 m. al. *Oiseau*, par Shamrock, 1/2 s. A.

4760.   **LA POULE**, 1/2 s. N. — M. L. Lavoysi.
B. 1881. — Manche (Saint-Lô).
Par *Urac* et une fille de Major (approuvé).

S. r. jusqu'en 1891.
1892 f. b. *Oisive*, par Héron.

3266.   **LA POULE**, 1/2 s. N. — M. Lehot.
Al. 1884. — Manche (Saint-Lô).
Par *Very-Mutch* et *Urbaine*, par Hélios.
Sa grand'mère : *La Lionne*, par Faucon.
Sa bisaïeule : *Nigra*, par Hunter.

1888 vide.
1889 m. b. *Brutus*, par Espadem (Amérique).
1890 m. b.   , par Espadem.

4761.   **LA ROCHE**, 1/2 s. N. — M. Champion.
Ro. 1882. — Normandie (Le Pin).
Par *Uriel* et *Héroïne*, par Thorigny.

Sa grand'mère: *Harlowe*, par The Norfolk-Phœnomenon, 1/2 s. A.
Sa bisaïeule : *Harmonie*.

1886 s. r.
1887 m. b. *Jason*, par Cherbourg.
1888 vide.
1889 m. n. *Longchamps*, par Cicéron.
1890 vide.

4762. LA SARTHOISE, 1/2 s. N. — M. Fleury.
Al. 1879. — Sarthe (Le Pin).
Par *Phaéton* et *Belle-de-Jour*, par Inkermann.
Sa grand'mère : par Tipple-Cider, P. S. A.
Sa bisaïeule : par Eylau, P. S. A. A.

1883 1884 s. r.
1885 f. b. *Héroïne*, par Dictateur.
1886 m. b. *Indicateur*, par Carnaval.
1887 m. b. *Jéricho*, par Edimbourg.
1888 s. r.
1889 f. n. *Libertine*, par Edimbourg.
1890 f. b. *Minerve*, par Edimbourg.
1891 m. b. *Navigateur*, par Edimbourg.
1892 m. n. *Ochosias*, par Edimbourg.

4763. LA TEMPÊTE, 1/2 s. N. — M. A. Hervieu.
Al. 1878. — Normandie (Le Pin).
Par *Ignace* et *Rigolette*, par Nestor.
Sa grand'mère : par Prosélyte.
Sa bisaïeule : par Or.
Sa trisaïeule : par The Juggler, P. S. A.

S. r. jusqu'en 1888.
1889 f. al. *Vaporeuse*, par Gaveston.

4764. LA TORPILLE, 1/2 s. N. — M. A. Burin.
B. 1888. — Orne (Le Pin).
Par *Jadis* et *La Tourbière*, P. S. A., par Optimist.

1892 vide.

4765. LA TOSCA, 1/2 s. N. — M. Capelle.
Al. 1885. — Calvados (Le Pin).
Par *Phaéton* et *Germaine*, par Centaure.
Sa grand'mère : par Conquérant.

1889 f. b. *La France*, par Don-Quichotte.
1890 s. r.
1891 f. b. *Novice*, par Etendard.

4766.   LA TOUQUE, 1/2 s. N. — M. G. Desmonts.
B. 1880. — Calvados (Saint-Lô).
Par *Oriental* et une fille de Patrice.

S. r. jusqu'en 1891.
1892 f. b. *La Cigale*, par Quintus.

4767.   LAURA, 1/2 s. N. — M. A. Le Granché.
Bb. 1888. — Manche (Saint-Lô).
Par *Alsacien* et une fille de Lucullus.

Sa grand'mère : par Kabin.
Sa bisaïeule : par Vandermulin, P. S. A.
Sa trisaïeule : par Sir-Henry-Dimsdale, 1/2 s. A.

4768.   LAURENCIA, 1/2 s. N. — M. Gamare.
B. 1887. — Calvados (Le Fin).
Par *Tigris* et *Perlette*, par Conquérant.

Sa grand'mère : *Yelva*, par The Norfolk-Phœnomenon, 1/2 s. A.
Sa bisaïeule : *Nanette*, par Black-Jack, 1/2 s. A.

1891 s. r.
1892 f. n. *Miss-Hélyett*, par Kozyr, 1/2 s. R.

4769.   LA VAGUE, 1/2 s. N. — M. Capelle.
B. 1889. — Calvados (Le Pin).
Par *Livet* et *Gyp*, par Interprète.

Sa grand'mère : *Mademoiselle-de-Putot*, par Rôche.
Sa bisaïeule : *Pallas*, par Montmorency.

4770.   LA VALETTE, 1/2 s. N. — M. Oury.
B. 1884. — Manche (Saint-Lô).
Par *Utrecht* et une fille d'Ignoré.
Sa grand'mère : par Guelfe.

4771.   LA VALLÉE, 1/2 s. N. — M. B. Osmont.
Al. 1876. — Manche (Saint-Lô).
Par *Sidi*, P. S. Ar., et une fille d'Ignoré.
Sa grand'mère : par Corsair, 1/2 s. A.
Sa bisaïeule : par Lagopède.

S. r. jusqu'en 1887.
1888 m. al.   , par Ministère, P. S A.
1889-1890 vide.
1891 f. b. *Clarinette*, par Colporteur.

4772. LA VALLIÈRE, 1/2 s. N. — M. Deprepetit.

B. 1889. — Orne (Le Pin).

Par *Echo* et *Gallia*, par Dictateur.

Sa grand'mère : *Topaze*, par Phaéton.
Sa bisaïeule : par Solide.
Sa trisaïeule : par Tipple-Cider, P. S. A.

4773. LA VALLIÈRE, 1/2 s. N.

M. H. Lassaussaye.

Al. 1889. — Orne (Le Pin).

Par *Phaéton* et *Minerve*, par Niger.

Sa grand'mère : *Branche-d'Or*, par Télégraph, 1/2 s. A.
Sa bisaïeule : par The Norfolk-Phœnomenon, 1/2 s. A.
Sa trisaïeule : par Thésée.

4774. LAVANDIÈRE, 1/2 s. N.

M. le duc de Narbonne.

N. 1886. — Orne (Le Pin).

Par *Polkantchik*, 1/2 s. R., et *Faribole*, par Conquérant.

Sa grand'mère : *Parisienne*, par Vladimir.
Sa bisaïeule : *La Rose*, par Idalis.
Sa trisaïeule : *Céline*, par Brocardo, P. S. A.
Sa quadrisaïeule : *Tamisienne*, par Performer, 1/2 s. A.

1890 s. r.
1891 f. b. *Quarantaine*, par Elan.
1892 f. b. b. *Ramure*, par Elan.

4775. LAVATER, 1/2 s. N. — M. P. Larose.

B. 1878. — Manche (Saint-Lô).

Par *Lavater* et une fille de Ravissant.

S. r. jusqu'en 1888.
1889 f. b. *Eva*, par Ecarté.
1890-1891 vide.

4776. LA VÉNERIE, 1/2 s. N. — M. Olry.

B. 1883. — Normandie (Le Pin).

Par *Valdempierre* et *Princesse-Olga*, par Jackson.

Sa grand'mère : par The Norfolk-Phœnomenon, 1/2 s. A.
Sa bisaïeule : par Centaure.
Sa trisaïeule : par Umber.
Sa quadrisaïeule : par Dupleix.
5e degré : par Pilote.
6e degré : par Bacha.
7e degré : par Glorieux.

1886 à 1888 vide.
1889 m. al. *Lierru*, par Saxifrage, P. S. A.
1890-1891 vide.
1892 f. b. *Odalisque*, par Edimbourg.

4777.   **LA VIEILLE-FILLE,** 1/2 s. N.
M. Lecouturier.
B. 1872. — Normandie (Saint-Lô).
Par *Glorieux* et une fille d'Unau.

S. r. jusqu'en 1891.
1892 f. b. *Ombrageuse*, par Palatin, P. S. A.

4778.   **LA VIRE,** 1/2 s. N. — M. L. Trainel.
Bb. 1888. — Normandie (Saint-Lô).
Par *Domino-Noir* et une fille d'Upas.

Sa grand'mère : par Ugolin.
Sa bisaïeule : par The Heir-of-Linne, P. S. A.

1892 f. b. *Orfa*, par Follet.

4779.   **LAWA,** 1/2 s. R. — M. Brisollier.
N. Hors d'âge. — Russie (Saint-Lô).
Par *Likatch*, 1/2 s. R., et *Mepristoupnaya*, 1/2 s. R.

S. r. jusqu'en 1891.
1892 f. b. *Lady-Jane*, par Intendant.

4780.   **L'ÉCLAIR,** 1/2 s. N. — M. Ch. Legrand.
B. 1883. — Manche (Saint-Lô).
Par *Truplu* et une fille de Gloire.

Sa grand'mère : par Nagel.
Sa bisaïeule : par Rivoli.
Sa trisaïeule : par Castor.

S. r. jusqu'en 1889.
1890 a avorté.
1891 m. al. *Papillon*, par Quinte-Curce.

4781.   **LÉDA**, 1/2 s. N. — M. Dubosq.
B. 1875. — Calvados (Le Pin).
Par *Normand* et *Bécassine*, par Umber.

Sa grand'mère : par Kléber.
Sa bisaïeule : par Highlander, 1/2 s. A.
Sa trisaïeule : par Eastham, P. S. A.

1879 f. b. *Bagatelle*, par Rèche.
1880 à 1886 vide.
1887 f. b. *Junon*, par Un (Amérique).
1888 m. b. *Kolao*, par Un.

4782.   **LÉDA**, 1/2 s. N. — M. H. Ygouf.
Bb. 1876. — Calvados (Saint-Lô).
Par *Phare* et *Victoire*, par Conquérant.

Sa grand'mère : *Bijou*, par Vice-Roi.
Sa bisaïeule : par Carrossier.
Sa trisaïeule : par Historien.

S. r. jusqu'en 1885.
1886 m. b. *Illustre*, par Utique.
1887 à 1891 s. r.
1892 f. b. b.   , par Harley.

4783.   **LÉDA**, 1/2 s. N. — M. J. Olry.
N. 1886. — Orne (Le Pin).
Par *Dictateur* et *Cornélie*, par Niger.

Sa grand'mère : *Drôlesse*, par Pledge.
Sa bisaïeule : par Dupleix.
Sa trisaïeule : par Pilote.
Sa quadrisaïeule : par Bacha, P. S. Ar.
5me degré : par Glorieux.
6me degré : par King-Pépin.

1890 s. r.
1891 f. b. *Noémie*, par Elan (approuvé).
1892 m. b. b. *Oméga*, par Elan.

4784.   **LÉDA**, 1/2 s. N. — M. Coulon.
Al. 1887. — Manche (Saint-Lô).
Par *Agnadel* et une fille de Sorcier

Sa grand'mère : par Ignoré.
Sa bisaïeule : par Sampson, P. S. A.
Sa trisaïeule : par Sycomore, P. S. A.

22

4785. **LÉDA**, 1/2 s. N. — M. Bertheaume.
B. 1887. — Orne (Le Pin).
Par *Phaéton* et *Flanelle*, par Valdempierre.
Sa grand'mère : *Fernande*, par Taconnet.
Sa bisaïeule : *Fernande*, par Centaure.
Sa trisaïeule : *Paquita*, par Junot.

4786. **LÉDA**, 1/2 s. N. — M. Bénard.
B. 1888. — Calvados (Le Pin).
Par *Frein* et *Havane*, par Ulbach, 1/2 s. V.
Sa grand'mère : par Jactator.

1892 m. b. *Oribas*, par Joyfull.

4787. **LÉDA**, 1/2 s. N. — M. Lecoupeur.
B. 1889. — Calvados (Le Pin).
Par *Domino-Noir* et *Normandie*, par Normand.
Sa grand'mère : par Centaure.

4788. **LÉDA**, 1/2 s. N. — M. E. Serrey.
Bb. 1889. — Orne (Le Pin).
Par *Etudiant* et *Bluette*, par Vichnou, P. S. A.
Sa grand'mère : *Dame-de-Pique*, par Elu.
Sa bisaïeule : par Centaure.

4789. **LÉDA**, 1/2 s. N. — M. P. Desmares.
Bb. 1889. — Manche (Saint-Lô).
Par *Montbarey*, P. S. A., et *Couponne*, par Sauvageon.
Sa grand'mère : par Harmonieux.

4790. **LÉGÈRE**, 1/2 s. N. — M. E. Roumy.
B. 1888. — Normandie (Saint-Lô).
Par *Page* et une fille de Kabin.
Sa grand'mère : par Pont-d'Or.

1892 m. b. *Volage*, par Voleur.

4791. **LÉOCADIE**, 1/2 s. N. — M. Vendel-Vital.
Al. 1884. — Normandie (Le Pin).
Par *Irlandais* et *Lisette*, par Jactator.
Sa grand'mère : *Lucie*, par Vicomte.
Sa bisaïeule : *Rosette*, par Idalis.

1888 m. b. *Coulant*, par Renemesnil.
1889 m. b. *Etourdi*, par Marignan.
1890 f. al. *Blondine*, par Hospodar. Morte.
1891 m. al. *Néron*, par Hospodar.

4792. **LÉONIE**, 1/2 s. N. — M. L. Samson.

B. 1889. — Orne (Le Pin).

Par *Echo* et *Turlurette*, par Uriel.

Sa grand'mère : *Odette*, par Y.
Sa bisaïeule : *Thérence*.

4793. **LESTE**, 1/2 s. N. — M. Lefèvre.

Bb. 1885. — Manche (Saint-Lô).

Par *Athos* et une fille de Locke.

Sa grand'mère : par Urus.

1889 vide.
1890 a avorté.
1891 vide et à la Remonte.

4794. **L'ÉTOILE**, 1/2 s. N. — M. L. Legallois.

Al. 1867. — Calvados (Saint-Lô).

Par *Glorieux* et une fille de Quintus.

S. r. jusqu'en 1891.
1892 f. b. *Olga*, par Grand-Maître.

4795. **L'ÉTOILE**, 1/2 s. N. — M. Belliard.

N. 1874. — Normandie (Saint-Lô).

Par *Josaphat* et une fille de Kapirat.

S. r. jusqu'en 1891.
1892 m. n. *Olonzac*, par Colporteur.

4796. **L'ÉTOILE**, 1/2 s. N. — M. Lecouturier.

B. 1875. — Normandie (Saint-Lô).

Par *Ugolin* et une fille de Sinope.

S. r. jusqu'en 1891.
1892 f. n. *Oriflamme*, par Phare.

4797.   **L'ÉTOILE,** 1/2 s. N. — M. Quentin.
Bb. 1877. — Normandie (Saint-Lô).
Par *Kabin* et une fille de Schamyl, P. S. A.

S. r. jusqu'en 1891.
1892 m. b. *Observateur*, par Canut.

4798.   **L'ÉTOILE,** 1/2 s. N. — M. J. Eude.
B. 1880. — Manche (Saint-Lô).
Par *Orphée* et une fille d'Auguste, P. S. A.

Sa grand'mère : par Léotard.

1884 f. b. *Orpheline*, par Orfila.
1885 m. b.   , par Lavater.
1886 f. b. *Elisa*, par Dollar, 1/2 s. N.
1887 vide.
1888 m. b.   , par Espoir.
1889 m. b.   , par Espoir.
1890 f. b. *Liberté*, par Quality.
1891 f. b. *Frondeuse*, par Frondeur.
1892 f. b. b. *Parfaite*, par Frondeur.

4799.   **L'ÉTOILE,** 1/2 s. N. — M. A. Le Granché.
N. 1882. — Calvados (Saint-Lô).
Par *Phare* et une fille d'Uzel.

Sa grand'mère : par Urus.
Sa bisaïeule : par Orgueilleux.
S. r. jusqu'en 1888.
1889 f. b. *Sarah*, par Calas.
1890 vide.
 891 m. b. b. *Noble*, par Espoir.
1892 f. b. b. *Oisiveté*, par Ray-Grass.

4800.   **L'ÉTOILE,** 1/2 s. N. — M. Guilbert.
Al. 1885. — Calvados (Saint-Lô).
Par *Utique* et *Bichette*, par Marcelet.

Sa grand'mère : par Perfection.

1889 s. r.
1890 f. b. *Mascotte*, par Phare.
1891 m. b. *Normand II*, par Ibis.

4801.   **L'ÉTOILE**, 1/2 s. N. — M. Sauvage.
Al. 1886. — Manche (Saint-Lô).
Par *Hottot*, P. S. A., et une fille de Kabin.

Sa grand'mère : par Garibaldi.
Sa bisaïeule : par Perfection.

1890 m. b. *Lodi*, par Espoir.
1891 produit mort.

4802.   **L'ÉTOILE**, 1/2 s. N. — M. J. Lecaudey.
Bb. 1886. — Manche (Saint-Lô).
Par *Ministère*, P. S. A., et une fille de Léotard.

Sa grand'mère : par Violent.

1890 f. b. b. *La Fronde*, par Frondeur.
1891 m. b.   , par Frondeur.

4803.   **L'ÉTOILE**, 1/2 s. N. — M. A. Legallois.
N. 1886. — Calvados (Saint-Lô).
Par *Phare* et une fille de Valérien.

Sa grand'mère : par Grandiose.

1890 m. b. b. *Mérovée*, par Grand-Maître.
1891 f. al.   , par Eperlan.

4804.   **L'ÉTOILE**, 1/2 s. N. — M. Tostain.
B. 1886. — Calvados (Saint-Lô).
Par *Templier* et une fille de Mithridate.

Sa grand'mère : par Navigateur.
Sa bisaïeule : par Don-Quichotte, P. S. A. A.

1890-1891 s. r.
1892 m. al. *Octave*, par Ermite.

4805.   **L'ÉTOILE**, 1/2 s. N. — M. Faucon.
B. 1888. — Calvados (Saint-Lô).
Par *Cavalieri*, 1/2 s. V., et une fille de Nicias.

Sa grand'mère : par Adolphus, P. S. A.

1892 m. b. *Glorieux*, par Calas.

4806. **LEVANTINE,** 1/2 s. N. — M. Léon Jean.
Bb. 1886. — Manche (Saint-Lô).
Par *Lavater* et une fille de Gabier, P. S. A.
Sa grand'mère : par Nemrod.
Sa bisaïeule : par Lahore.

1890 m. b. *Macrin,* par Reynolds.
1891 m. b. *Najac,* par Fred-Archer.

4807. **L'HIRONDELLE,** 1/2 s. N. — M. A. Duchemin.
Bb. 1885. — Manche (Saint-Lô).
Par *Lavater* et *Pensée* ex-*Princesse,* P. S. A., par Orphelin.

1889 s. r.
1890 f. b. b. *Nisbette,* par Fontenay.
1891 vide.

4808. **LIANE,** 1/2 s. N. — M. P. Tesnière.
Al. 1889. — Calvados (Le Pin).
Par *Valentino* et *Rapide,* par Thorigny.
Sa grand'mère : par Essence.

4809. **LIBÉRATRICE,** 1/2 s. N. — M. Tocque.
Al. 1883. — Calvados (Le Pin).
Par *Unorthodox* et *Désirée,* par Libérator.
Sa grand'mère : par Jactator.
Sa bisaïeule : *Fleur-de-Thé,* par Tonnerre-des-Indes, P. S. A.

S. r. jusqu'en 1890.
1891 m. al. *Nankin,* par Galant II.

4810. **LIBERTÉ,** 1/2 s. N. — M. A. Auvray.
B. 1891. — Manche (Saint-Lô).
Par *Incandescent* et une fille de Romano.
Sa grand'mère : par Quickly.

4811. **LIBERTINE,** 1/2 s. N. — M. J. Olry.
Al. 1889. — Orne (Le Pin).
Par *Phaéton* et *Bécassine,* par Niger.
Sa grand'mère : *Belle-de-Jour,* par Centaure.
Sa bisaïeule : *Belle-de-Jour,* par Pledge.
Sa trisaïeule : *Balbine,* par Wanderer, 1/2 s. A.
Sa quadrisaïeule : *Dame-Charlotte,* par Brocardo, P. S. A.
5me degré   par Voltaire.

6me degré : par Glocester, 1/2 s. A. ·
7me degré : par Jaggard, 1/2 s. A.
8me degré : *Diane*, par Gallipoli, P. S. Ar.

4812.   **LIBERTINE**, 1/2 s. N. — M. Cavey aîné.
N. 1889. — Orne (Le Pin).
Par *Phaéton* et *Thalie*, par Noville.
Sa grand'mère : *Fior-d'Aliza*, par Conquérant.
Sa bisaïeule : par Général.

4813.   **LIBERTINE**, 1/2 s. N. — M. Al. Duchemin.
B. 1889. — Manche (Saint-Lô).
Par *Utrecht* et une fille d'Invariable.
Sa grand'mère : par Magicien.

4814.   **LIDAH**, 1/2 s. N. — M. A. Duval.
Bb. 1889. — Orne (Le Pin).
Par *Cicéron II* et *Fœdora*, par Usquebac.
Sa grand'mère : *Camélia*, par Serpolet-Bai.
Sa bisaïeule : *Bichette*, par Y. Volunteer, 1/2 s. A.
Sa trisaïeule : par Prince.

4815.   **LILIANE**, 1/2 s. N. — M. Al. Lethiers.
Gr. 1889. — Orne (Le Pin).
Par *Cherbourg* et *Séduisante*, par Tonnerre-des-Indes, P. S. A.
Sa grand'mère : *Pomponia*, par Sylvio, P. S. A.
Sa bisaïeule : *Fiction*, par Aï.
Sa trisaïeule : *Paméla*, par D. I. O., P. S. A.
Sa quadrisaïeule : *La Bachate*, par Bacha, P. S. Ar.
5e degré : *Emilie*, jument arabe.

4816.   **LINA**, 1/2 s. N. — M. de Parfouru.
Bb. 1880. — Normandie (Saint-Lô).
Par *Socrate* et une fille de Séduisant.

S. r. jusqu'en 1891.
1892 m. b. b. *Othon*, par Farnèse.

4817.   **LINA**, 1/2 s. N. — M. Leloup.
N. 1888. — Manche (Saint-Lô).
Par *Domino-Noir* et une fille de Ray-Grass.
Sa grand'mère : par Va-de-Bon-Cœur.

1892 f. b. *Octavie*, par Dominant.

4818. **LINDA**, 1/2 s. N. — M. A. Jean.
Bb. 1875. — Manche (Saint-Lô).
Par *Lavater* et une fille de Hussein.
Sa grand'mère : par Divus.
Sa bisaïeule : par Ballinkeele, P. S. A.
Sa trisaïeule : par Diomède.

1879 s. r.
1880 m. b. b. *Négrot*, par Phare.
1881 à 1885 s. r.
1886 m. b. b. *Ministère*, par Ministère, P. S. A.
1887-1888 s. r.
1889 f. al. *Tulipe*, par Fred-Archer.
1890 vide.
1891 f. al. *Mira*, par Fred-Archer.
1892 m. b. *Osis*, par Fred-Archer.

4819. **LINOTTE**, 1/2 s. N. — M. Mirey.
Bb. 1877. — Normandie (Saint-Lô).
Par *Marignan* et une fille de Longpré.

S. r. jusqu'en 1891.
1892 f. b. *Orva*, par Jéricho.

4820. **LINOTTE**, 1/2 s. N. — M. P. Delaroche.
B. 1881. — Normandie (Saint-Lô).
Par *Pradier* et une fille de Sancho.
Sa grand'mère : par Infatigable.

S. r. jusqu'en 1891.
1892 f. b. *Mignonne*, par Santerre.

4821. **LINOTTE**, 1/2 s. N. — M. Ch. Fleury.
B. 1889. — Sarthe (Le Pin).
Par *Elan* et *Héroïne*, par Dictateur.
Sa grand'mère : *La Sarthoise*, par Phaéton.
Sa bisaïeule : *Belle-de-Jour*, par Inkermann.
Sa trisaïeule : *Fatemey*, par Tipple-Cider, P. S. A.
Sa quadrisaïeule : par Eylau, P. S. A. A.

4822. **LINOTTE**, 1/2 s. N. — M. A. Prémont.
B. 1889. — Manche (Saint-Lô).
Par *Frondeur* et une fille de Sidi, P. S. Ar.
Sa grand'mère : par Jackson.
Sa bisaïeule : par Lagopède.
Sa trisaïeule : par Tarrare, P. S. A.
Sa quadrisaïeule : par Sauvage.

4823.   **LION-D'OR**, 1/2 s. N. — M. Lecouflet.
N. 1873. — Manche (Saint-Lô).
Par *Lion-d'Or* et une fille de Lahore.

S. r. jusqu'en 1891.
1892 f. al. *Offranville*, par Magician, P. S. A.

4824.   **LISA**, 1/2 s. N. — M. Ch. Birette.
B. 1874. — Normandie (Saint-Lô).
Par *Victorieux* et une fille de Vandermulin, P. S. A.

S. r. jusqu'en 1891.
1892 f. al. *Lisette*, par Canut.

4825.   **LISA**, 1/2 s. N. — M. L. Desquesnes.
B. 1874. — Manche (Saint-Lô).
Par *Martel-en-Tête*, P. S. A., et une fille de Kabin.

S. r. jusqu'en 1886.
1887 f. b. *Castille*, par Virgile.
1888 s. r.
1889 f. b. *Judith*, par Virgile.
1890 m. b. *Militaire*, par Virgile.
1891 f. b. *Espérance*, par Virgile.
1892 vide.

4826.   **LISA**, 1/2 s. N. — M. F. Bonnemain.
N. 1875. — Normandie (Saint-Lô).
Par *Essence* et une fille de Qui-Perd-Gagne.

S. r. jusqu'en 1891.
1892 f. b. *Odette*, par Forgeur.

4827.   **LISA**, 1/2 s. N. — Mme Ve Leridez.
B. 1876. — Manche (Saint-Lô).
Par *Dragon*, P. S. A., et une fille de Spectre.

S. r. jusqu'en 1891.
1892 f. b. b. *Ollah*, par Vif-Argent.

4828.   **LISA**, 1/2 s. N. — M. Désiré Grond.
B. 1876. — Manche (Saint-Lô).
Par *Beaumanoir* et une fille de Guelfe.

S. r. jusqu'en 1884.
1885 m. b. *Papillon*, par Tudieu.

1886 m. b. *Mignon*, par Tudieu.
1887 s. r.
1888 f. b. *Fillette*, par Tudieu.
1889 f. b. *Mina*, par Tudieu.
1890 vide.
1891 morte.

4829. **LISA**, 1/2 s. N. — M. L. Hamel.
B. 1876. — Normandie (Saint-Lô).
Par *Feu-de-Joie* et une fille de Tamerlan.

S. r. jusqu'en 1891.
1892 f. b. *Olta*, par Fulminant.

4830. **LISA**, 1/2 s. N. — M. D. Madeleine.
B. 1877. — Manche (Saint-Lô).
Par *Solférino* et une fille de Quasi.

Sa grand'mère : par Grandiose.
Sa bisaïeule : par Elu.

S. r. jusqu'en 1883.
1884 f. b. *Marteine*, par Sir-Mathew, 1/2 s. A.
1885 et 1886 s. r.
1887 f. b. *Poulot*, par Vagabond.
1888 s. r.
1889 f. b. *Brebis*, par Volte-Face.
1890 et 1891 vide.

4831. **LISA**, 1/2 s. N. — M. Foucher.
B. 1877. — Normandie (Saint-Lô).
Par *Phare* et une fille d'Impérial.

Sa grand'mère : par Historien.
Sa bisaïeule : par Espiègle.

S. r. jusqu'en 1891.
1892 m. b. *Oratius*, par Germinal.

4832. **LISA**, 1/2 s. N. — M. Loslier.
Bb. 1877. — Normandie (Saint-Lô).
Par *Quine* et une fille de Lagopède.

S. r. jusqu'en 1891.
1892 m. al. *La Douceur*, par Harfleur.

4833.   **LISA**, 1/2 s. N. — M. Le Vallois.
B. 1877. — Normandie (Saint-Lô).
Par *Platon* et une fille d'Hippocrate.

S. r. jusqu'en 1891.
1892 m. b. *Oberland,* par Joyau.

4834.   **LISA**, 1/2 s. N. — M. Lerouvillois.
B. 1878. — Normandie (Saint-Lô).
Par *Producteur* et une fille de Guillaume-le-Conquérant.

S. r. jusqu'en 1891.
1892 m. b. *Observatoire,* par Gourmet.

4835.   **LISA**, 1/2 s. N. — M. Lepourry.
B. 1878. — Normandie (Saint-Lô).
Par *Va-de-Bon-Cœur* et une fille de Régulier.

S. r. jusqu'en 1891.
1892 f. b. *Octavine,* par Ray-Grass.

4836.   **LISA**, 1/2 s. N. — M. Ch. Giot.
B. 1879. — Normandie (Saint-Lô).
Par *Producteur* et une fille de Bien-Aimé.

S. r. jusqu'en 1891.
1892 m. b. b. *Ouvreur,* par Gourmet.

4837.   **LISA**, 1/2 s. N. — M. Lesachey.
B. 1879. — Normandie (Saint-Lô).
Par *Romano* et une fille de Pâter.

S. r. jusqu'en 1891.
1892 m. b. *Occident,* par Hysope.

4838.   **LISA**, 1/2 s. N. — M. F. Lenoir.
Al. 1880. — Normandie (Saint-Lô).
Par *Producteur* et une fille de Feu-de-Joie.

S. r. jusqu'en 1891.
1892 m. al. *Oremus,* par Alsacien.

4839. **LISA**, 1/2 s. N. — M. Gallot.
B. 1880. — Normandie (Saint-Lô).
Par *Sauvageon* et une fille d'Harmonieux IV.

S. r. jusqu'en 1891.
1892 f. b. *Ondine*, par Sorcier.

4840. **LISA**, 1/2 s. N. — M. Th. Bulot.
B. 1880. — Normandie (Saint-Lô).
Par *Sublime* et une fille de Jair.

S. r. jusqu'en 1891.
1892 m. b. b. *Ordogno*, par Incandescent.

4841. **LISA**, 1/2 s. N. — M. F. André.
B. 1881. — Manche (Saint-Lô).
Par *Unau* et une fille de Dagobert (approuvé).

S. r. jusqu'en 1891.
1892 m. b. *Othon*, par Impatient.

4842. **LISA**, 1/2 s. N. — M. A. Bienvenu.
B. 1881. — Manche (Saint-Lô).
Par *Sénéchal* et une fille de Mirliton.

Sa grand'mère : par Bravo, P. S. A.
Sa bisaïeule : par Camisard.

1885-1886 s. r.
1887 f. b. *Gitana*, par Esbly.
1888 m. b. *Inconnu*, par Esbly.
1889 m. b. *Inconnu*, par Esbly.
1890 m. b.   , par Esbly.
1891 produit mort.
1892 m. b. *Officiel*, par Harley.

4843. **LISA**, 1/2 s. N. — M. J. Philippe.
B. 1882. — Normandie (Saint-Lô).
Par *Sorcier* et une fille de Feu-de-Joie.

Sa grand'mère : par Tamerlan.
Sa bisaïeule : par Pégase.

S. r. jusqu'en 1891.
1892 f. b. *Ouvreuse*, par Jet.

4844.
LISA, 1/2 s. N. — M. M. Fortin.
B. 1883. — Manche (Saint-Lô).
Par *Tocqueville* et une fille de Lans-Born.

1887 f. b. *Gazelle*, par Irake.
1888 f. b.   . par Diderot.
1889 f. b. b. *Trouville*, par Figuier.
1890 f. b. b. *Fontenelle*, par Figuier.
1891 f. b.   . par Figuier.

4845.
LISA, 1/2 s. N. — M. A. Houdin.
B. 1884. — Manche (Saint-Lô).
Par *Tudieu* et une fille de Papillon.

Sa grand'mère : par Guelfe.

1888-1889 s. r.
1890 m. b. *Volant*, par Censeur.
1891 f. b. *Brunette*, par Censeur.

4846.
LISA, 1/2 s. N. — M. F. Lebourgeois.
Bb. 1885. — Manche (Saint-Lô).
Par *Cadix* et une fille de Volant.

Sa grand'mère : par Fontenay.
Sa bisaïeule : par Séduisant (approuvé).

1889 m. n. *Bon-Espoir*, par Gourmet.
1890 vide.
1891 m. n. *Télémaque*, par Gourmet.

4847.
LISA, 1/2 s. N. — M. Gautier.
B. 1887. — Calvados (Le Pin).
Par *Ultimatum* et *Julie*, par Enragé.

Sa grand'mère : par Cormoran.

1891 vide.
1892 f. b. *Polka*, par Gorenflot.

4848.
LISA, 1/2 s. N. — M. Flaux.
B. 1888. — Normandie (Saint-Lô).
Par *Calambac* et une fille d'Harmonieux.

Sa grand'mère : par Mirliton.

1892 f. b. *Ouverture*, par Follet.

4849. **LISA**, 1/2 s. N. — M. Morin.
Al. 1888. — Manche (Saint-Lô).
Par *Sénéchal* et une fille d'Egésippe.

Sa grand'mère : par Assault, P. S. A.
Sa bisaïeule : par Boucanier.

1892 m. b. *O'Brien*, par Extra.

4850. **LISA**, 1/2 s. N. — M. Méry-Samson.
B. 1891. — Calvados (Le Pin).
Par *Dante* et une fille de Raifort.

Sa grand'mère : par Hick.

4851. **LISE**, 1/2 s. N. — M. M. Carenet.
Al. 1887. — Manche (Saint-Lô).
Par *Virgile* et une fille de Pancrace.

Sa grand'mère : par Harmonieux.
Sa bisaïeule : par Bravo, P. S. A.
Sa trisaïeule : par Priam.

4852. **LISE**, 1/2 s. N. — M. Capelle.
Al. 1889. — Calvados (Le Pin).
Par *Livet* et *Lady-Binette*, par Ambition.

Sa grand'mère : *Blondine*, par Buci.
Sa bisaïeule : par Lucain.

4853. **LISETTE**, 1/2 s. N. — M. Lemasle.
Gr. 1867. — Normandie (Saint-Lô).
Par *Urus* et une fille de Locomotif.

S. r. jusqu'en 1891.
1892 m. gr. *Orphelin*, par Utrecht, P. S. A.

4854. **LISETTE**, 1/2 s. N. — M. Hamel.
B. 1869. — Normandie (Saint-Lô).
Par *Harmonieux IV* et une fille de Bravo, P. S. A.

S. r. jusqu'en 1884.
1885 f. b. b. *Finette*, par Alsacien.
1886 à 1891 s. r.
1892 m. b. *Orval*, par Alsacien.

4855. **LISETTE**, 1/2 s. N. — M. Salley.
B. 1871. — Orne (Le Pin).
Par *Séducteur* et *Alma*, par Jéricko.
Sa grand'mère : par Stoker, P. S. A.

1875 m. b.   , par Ovide.
1876 à 1878 s. r.
1879 f. b. *Suson*, par Phaéton.
1880 à 1883 s. r.
1884 f. b. *Gambade*, par Quiclet.
1885 à 1887 s. r.
1888 m. b.   , par Edimbourg.
1889 m. b.   , par Edimbourg.
1890 f. b. *Mandarine*, par Edimbourg.
1891 m. b.   , par Edimbourg.

4856. **LISETTE**, 1/2 s. N. — M. A. Hamel.
B. 1872. — Normandie (Saint-Lô).
Par *Dragon*, 1/2 s. N., et une fille de Guelfe.

S. r. jusqu'en 1891.
1892 m. b. *Onésicrite*, par Intrépide.

4857. **LISETTE**, 1/2 s. N. — M. O. de la Bretonnière.
Al. 1874. — Manche (Saint-Lô).
Par *Ignoré* et une fille de Sampson, P. S. A.
Sa grand'mère : par Sycomore, P. S. A.

S. r. jusqu'en 1889.
1890 m. b. *Ysope*, par Hysope.
1891 vide.

4858. **LISETTE**, 1/2 s. N. — Mme Ve Blandamour.
Al. 1874. — Normandie (Saint-Lô).
Par *Edgard* et une fille de Hautain.

S. r. jusqu'en 1891.
1892 m. al. *Ovide*, par Farnèse.

4859. **LISETTE**, 1/2 s. N. — M. F. Duval.
Bb. 1874. — Manche (Saint-Lô).
Par *Quinola* et une fille de Volte-Face.
Sa grand'mère : par Adolpho.

S. r. jusqu'en 1887.
1888 m. b. *Ecran*, par Ecran.

1889 m. b. *Licteur*, par Ecran.
1890 vide.
1891 f. b. *Ratapoil*, par Ecran.
1892 m. b. *Ecran*, par Ecran.

4860.   **LISETTE**, 1/2 s. N. — M. Alph. Jamard.
B. 1874. — Normandie (Saint-Lô).
Par *Hunter* et une fille d'Orgueilleux.

S. r. jusqu'en 1891.
1892 m. b. *Orgueilleux*, par Santerre.

4861.   **LISETTE**, 1/2 s. N. — M. Lepoittevin.
B. 1874. — Normandie (Saint-Lô).
Par *Jarnac* et une fille de Daniel.

S. r. jusqu'en 1891.
1892 m. b. *Orgon*, par Espoir.

3280.   **LISETTE**, 1/2 s. N. — M. Lepoittevin.
B. 1875. — Manche (Saint-Lô).
Par *Dictateur* et une fille de Rivoli.
Sa grand'mère : par Pont-d'Or.
Sa bisaïeule : par Victorieux.
Sa trisaïeule : par Lahore.

S. r. jusqu'en 1884.
1885 m. b.   , par Alsacien.
1886 vide.
1887 m. b.   , par Alsacien.
1888 m. b.   , par Alsacien.
1889 m. b. *Louvigny*, par Alsacien (Amérique).
1890 f. b. *Mirabelle*, par Alsacien.
1891 vide.
1892 m. b. *Orséolo*, par Alsacien.
1893 m. b. *Papadoroski*, par Alsacien.

4862.   **LISETTE**, 1/2 s. N. — M. Typhaigne.
Al. 1875. — Normandie (Saint-Lô).
Par *Ignoré* et une fille d'Egésippe.

S. r. jusqu'en 1891.
1892 m. b. *Omar*, par Follet.

4863.　　**LISETTE**, 1/2 s. N. — M. L. Tétrel.
B. 1875. — Manche (Saint-Lô).
Par *Hélios* et une fille de Faucon.
Sa grand'mère : par Roc.
Sa bisaïeule : par Gallois (approuvé).

S. r. jusqu'en 1884.
1885 f. b. *Mignonne*, par Black.
1886-1887 s. r.
1888 m. b. *Moufty*, par Mercure.
1889 m. b. *Lionceau*, par Mercure.
1890 m. b. *Marceau*, par Header.

4864.　　**LISETTE**, 1/2 s. N. — M. E. Ferragu.
B. 1875. — Manche (Saint-Lô).
Par *Harmonieux* et une fille de Forey.
Sa grand'mère : par Camisard.

S. r. jusqu'en 1888.
1889 f. b. *Finette*, par Alsacien.
1890 vide.
1891 produit mort.

4865.　　**LISETTE**, 1/2 s. N. — M. A. de Graffet.
B. 1875. — Normandie (Le Pin).
Par *Marceau* et une fille de Législateur.

1878 m. b.　　　　　　　, par Législateur.
1879 f. b.　　　　　　　, par Opium.
1880 m. n.　　　　　　　, par Négro.
1881 m. n.　　　　　　　, par Négro.
1882 m. al.　　　　　　　, par Opium.
1883 f. b. *Biche*, par Opium.
1884 m. b.　　　　　　　, par Palanquin.
1885 m. al.　　　　　　　, par Palanquin.
1886 deux produits morts.
1887 vide.
1888 f. b.　　　　　　　, Cambacérès.
1889 m. al.　　　　　　　, par Cambacérès.
1890 f. b.　　　　　　　, par Cambacérès.
1891 f. b.　　　　　　　, par Palanquin.

4866.　　**LISETTE**, 1/2 s. N. — M. Traynel.
B. 1875. — Normandie (Saint-Lô).
Par *Newton* et une fille de Ballinkeele, P. S. A.

S. r. jusqu'en 1891.
1892 m. b. *Oiry*, par Domino-Noir.

4867. **LISETTE**, 1/2 s. N. — M. P. Soret.
B. 1875. — Normandie (Saint-Lô).
Par *Octavo* et une fille de Pénitent.

S. r. jusqu'en 1891.
1892 f. al. *Glorieuse*, par Jupiter III.

4868. **LISETTE**, 1/2 s. N. — M. Touzard.
B. 1876. — Normandie (Saint-Lô).
Par *Mars* et une fille de Jarnac.

S. r. jusqu'en 1891.
1892 m. b. *Orégon*, par Fred-Archer.

4869. **LISETTE**, 1/2 s. N. — M. Lhermite.
B. 1876. — Normandie (Saint-Lô).
Par *Quinola* et une fille de Gallois.

S. r. jusqu'en 1891.
1892 f. n. *Orge*, par Hunald.

4870. **LISETTE**, 1/2 s. N. — M. P. Couenne.
B. 1876. — Manche (Saint-Lô).
Par *Mercure* et une fille de Bon-Espoir.

S. r. jusqu'en 1891.
1892 f. b. *Occidentale*, par Genêt.

4871. **LISETTE**, 1/2 s. N. — M. P. Guérard.
B. 1876. — Normandie (Saint-Lô).
Par *Nicias* et une fille de Mystérieux.

S. r. jusqu'en 1891.
1892 m. b. *Orel,* par Hading.

4872. **LISETTE**, 1/2 s. N. — M. E. Tesnière.
N. 1876. — Manche (Saint-Lô).
Par *Caraffa* et une fille d'Ugolin.

S. r. jusqu'en 1888.
1889 m. n. *Caraffa*, par Trésorier.
1890 m. b. *Intrépide*, par Trésorier.
1891 s. r.
1892 m. b. *Odorat*, par Indigo.

4873.   **LISETTE**, 1/2 s. N. — M. Lempérière.
B. 1876. — Normandie (Saint-Lô).
Par *Essence* et une fille d'Iris.

S. r. jusqu'en 1891.
1892 f. b. *Mademoiselle-du-Val*, par Vice-Président.

4874.   **LISETTE**, 1/2 s. N. — M. F. Lucas.
B. 1876. — Normandie (Saint-Lô).
Par *Montebello* et une fille de Quine.

S. r. jusqu'en 1891.
1892 f. b. *Glorieuse*, par Jupiter III.

4875.   **LISETTE**, 1/2 s. N. — M. Ferrand.
Gr. 1876. — Seine-Inférieure (Le Pin).
Par *Quick-Sylver*, 1/2 s. A., et une fille de Cédrat.

1880 s. r.
1881 m. b. *Négro*, par Ouragan.
1882 f. gr. *Euréca*, par Serviteur.
1883 s. r.
1884 f. gr. *Pâquerette*, par Serviteur.
1885 s. r.
1886 f. gr. *Ida*, par Serviteur.
1887 f. gr. *Joyeuse*, par Montfort, P. S. A.
1888 f. gr. *Kermess*, par Serviteur.
1889 m. b. *Laudanum*, par Montfort, P. S. A.
1890 s. r.
1891 m. gr. *National*, par Hardy.
1892 f. gr. *Olga*, par Hardy.

4876.   **LISETTE**, 1/2 s. N. — M. Levavasseur.
Bb. 1877. — Normandie (Saint-Lô).
Par *Quimperlé* et une fille de Quinine.

S. r. jusqu'en 1891.
1892 f. b. *Bijou*, par Ecran.

4877.   **LISETTE**, 1/2 s. N. — M. Ch. Blaisot.
Al. 1877. — Normandie (Saint-Lô).
Par *Nadar* et une fille de Black.

S. r. jusqu'en 1891.
1892 m. b. *Olisson*, par Frondeur.

4878. **LISETTE**, 1/2 s. N. — M. G. Lemesnager.
Al 1877. — Normandie (Saint-Lô).
Par *Ourson* et une fille de Solférino.

S. r. jusqu'en 1891.
1892 m. b. *Odéon*, par Jalap.

4879. **LISETTE**, 1/2 s. N. — M. Dehacquebey.
B. 1878. — Normandie (Saint-Lô).
Par *Aster*, P. S. A., et une fille de Félibien.

S. r. jusqu'en 1891.
1892 f. b. *Orageuse*, par Hugues.

4880. **LISETTE**, 1/2 s. N. — M. G. Prévost.
B. 1878. — Eure (Le Pin).
Par *Copenhagen*, 1/2 s. A. et une fille d'Hidalgo.

S. r. jusqu'en 1891.
1892 f. b. *Nazaret*, par Apis.

4881. **LISETTE**, 1/2 s. N. — M. A. Yver.
Al. 1878. — Normandie (Saint-Lô).
Par *La Douceur* et une fille de Rossignol.

S. r. jusqu'en 1891.
1892 f. al. *Coquette*, par Saint-Mélaine.

4882. **LISETTE**, 1/2 s. N. — M. P. Crocqueville.
B. 1878. — Manche (Saint-Lô).
Par *Panique* et une fille de Violent.

S. r. jusqu'en 1891.
1892 m. b. *Océan*, par Sérieux.

4883. **LISETTE**, 1/2 s. N. — M. Ange Esnée.
Al. 1878. — Manche (Saint-Lô).
Par *Quasimodo* et une fille d'Hélios.

S. r. jusqu'en 1888.
1889 f. b. *Gazelle*, par Tudieu.
1890 m. b. *Mentor*, par Tudieu.
1891 vide.
1892 f. al. *Coquette*, par Censeur.

4884. **LISETTE**, 1/2 s. N. — M. A. Crosville.
B. 1878. — Normandie (Saint-Lô).
Par *Quarteron* et une fille de Garibaldi (approuvé).

S. r. jusqu'en 1891.
1892 f. b. *Oreste*, par Phare.

4885. **LISETTE**, 1/2 s. N. — M. J. Malassis.
B. 1878. — Calvados (Saint-Lô).
Par *Léotard* et une fille de Riga.

4886. **LISETTE**, 1/2 s. N. — M. A. Godefroy.
Al. 1878. — Manche (Saint-Lô).
Par *Saint-Pois* et une fille d'Ourson.

S. r. jusqu'en 1891.
1892 f. al. *Onéreuse*, par Header.

4887. **LISETTE**, 1/2 s. N. — M. D. Goulet.
B. 1879. — Calvados (Saint-Lô).
Par *Robert* (approuvé) et une fille de Lahore (approuvé).

S. r. jusqu'en 1889.
1890 m. b. *Mondain*, par Floridor.
1891 f. b. *Normande*, par Floridor.

4888. **LISETTE**, 1/2 s. N. — Mme Ve Rauline.
Bb. 1879. — Normandie (Saint-Lô).
Par *Original* et une fille de Kapirat.

S. r. jusqu'en 1891.
1892 f. b. b. *Ormette*, par Ministère, P. S. A.

4889. **LISETTE**, 1/2 s. N. — M. Nicollet.
Bb. 1879. — Normandie (Saint-Lô).
Par *Nagel* et une fille d'Harmonieux IV.

S. r. jusqu'en 1891.
1892 1. b. *Bijou*, par Esbly.

4890. **LISETTE**, 1/2 s. N. — M. Chevallier.
N. 1879. — Normandie (Saint-Lô).
Par *Shamrock*, 1/2 s. A., et une fille de Gomaire.

S. r. jusqu'en 1891.
1892 m. b. *Observateur*, par Forbach ou Excat.

4891. **LISETTE**, 1/2 s. N. — M. Coligneaux.
Al. 1879. — Normandie (Saint-Lô).
Par *Va-de-Bon-Cœur* et une fille d'Institut.

S. r. jusqu'en 1891.
1892 f. b. b. *Omoristique*, par Graft.

4892. **LISETTE**, 1/2 s. N. — M. Lepetit.
B. 1879. — Normandie (Saint-Lô).
Par *Sobriquet* et une fille de Bisson.

S. r. jusqu'en 1891.
1892 f. b. *Octavie*, par Galant I.

4893. **LISETTE**, 1/2 s. N. — M. J. Besnouin.
Al. 1880. — Normandie (Le Pin).
Par *Jactator* et une fille de Tallien.

1884-1885 s. r.
1886 f. b. *Mademoiselle-de-la-Turée*, par Quiclet.
1887 f. b. *Mademoiselle-de-Montchauvel*, par Quiclet.

4894. **LISETTE**, 1/2 s. N. — M. Alp. Chaillou.
B. 1880. — Calvados (Saint-Lô).
Par *Panique* et une fille de Sans-Gêne.

S. r. jusqu'en 1891.
1892 f. b. *Orma*, par Quintus.

4895. **LISETTE**, 1/2 s. N. — M. Poutas.
B. 1880. — Normandie (Saint-Lô).
Par *Pont-à-Mousson* et une fille de Volcan.

S. r. jusqu'en 1891.
1892 m. al. *Olaf*, par Canut.

4896. **LISETTE**, 1/2 s. N. — M. Chaignon.
B. 1880. — Normandie (Saint-Lô).
Par *Pradier* et une fille de Hunter.

S. r. jusqu'en 1891.
1892 f. al. *Omise*, par Exéat.

4897.   **LISETTE**, 1/2 s. N. — M. Le Graverend.
B. 1880. — Normandie (Saint-Lô).
Par *Ramazan* et une fille de Faucon.

S. r. jusqu'en 1891.
1892 f. n. *Orgie*, par Censeur.

4898.   **LISETTE**, 1/2 s. N. — M. Quétel.
B. 1881. — Normandie (Saint-Lô).
Par *Pétrarque* et une fille de Mine-d'Or.

S. r. jusqu'en 1891.
1892 m. al. *Do-Ré*, par Café.

4899.   **LISETTE**, 1/2 s. N. — M. Poisnel.
Al. 1881. — Normandie (Saint-Lô).
Par *Macouba* et une fille d'Orgueilleux.

S. r. jusqu'en 1891.
1892 f. al. *Orgueilleuse*, par Jubé.

4900.   **LISETTE**, 1/2 s. N. — M. E. Lecouflet.
B. 1881. — Manche (Saint-Lô).
Par *Noirmont* et *Rappelle*, par Pâter.
Sa grand'mère : *Lisette*, par Quid-Juris, P. S. A.
Sa bisaïeule : *Bijou*, par Pékin.
Sa trisaïeule : *Parfaite*, par Boucanier.
Sa quadrisaïeule : par Pégase.

1885 f. b. *Normande*, par Colporteur.
1886 m. b. b. *Uaque*, par Colporteur.
1887 m. b. *Jephté*, par Colporteur.
1888 à 1890 vide.
1891 m. b. *Nantes*, par Colporteur.
1892 f. b. *Odalisque*, par Colporteur.

4901.   **LISETTE**, 1/2 s. N. — M. J. Cahour.
Bb. 1881. — Manche (Saint-Lô).
Par *Octavo* et une fille de Riga.

S. r. jusqu'en 1887.
1888 f. b. b. *Lisette*, par Pénitent.
1889 m. b. b. *Robert*, par Pénitent.
1890 f. b. b. *Coquette*, par Pénitent.
1891 vide.

4902.   **LISETTE**, 1/2 s. N. — M. L. Soudée.
Bb. 1881. — Manche (Saint-Lô).
Par *Ourson* et une fille de Hunter.

S. r. jusqu'en 1891.
1892 m. b. b. *Ovide*, par Val-de-Sée.

4903.   **LISETTE**, 1/2 s. N. — M. Leclat.
B. 1881. — Manche (Saint-Lô).
Par *Pradier* et une fille de Pénitent.

S. r. jusqu'en 1888.
1889 m. al. *Trajan*, par Trajan.
1890 m. b. *Trésorier*, par Trésorier.

4904.   **LISETTE**, 1/2 s. N. — M. Méry-Samson.
Al 1881. — Calvados (Le Pin).
Par *Raifort* et une fille de Hick.

S. r. jusqu'en 1888.
1889 f. b. *Fanchette*, par Y. Kapirat.
1890 vide.
1891 f. b. *Lisa*, par Dante.

4905.   **LISETTE**, 1/2 s. N. — M. A. Lebreton.
Al. 1881. — Manche (Saint-Lô).
Par *Récif* et *Macouba*, par Macouba.
Sa grand'mère : par Hélios.
Sa bisaïeule : par Succès.

1885 f. b. *Coquette*, par Qui-Vive.
1886 m. al. *Gaulois*, par Trajan.
1887 vide.
1888 m. al. *Galant*, par Trajan.
1889 m. b. *Vigilant*, par Qui-Vive.
1890 m. b.   , par Vert-Galant.
1891 f. al. *Galante*, par Galant.
1892 f. al. *Onéreuse*, par Avignon.

4906.   **LISETTE**, 1/2 s. N. — M. Josseaume.
B. 1881. — Manche (Saint-Lô).
Par *Truchman* et une fille de Quasi.

S. r. jusqu'en 1891.
1892 m. al. *Orateur*, par Docteur.

4907.

LISETTE, 1/2 s. N. — M. Noël.
B. 1882. — Manche (Saint-Lô).
Par *Ujiji* et une fille de Beaumarchais.
Sa grand'mère : par Nelson.

S. r. jusqu'en 1889.
1890 f. b. b. *Marpha*, par Bataillon.
1891 m. b.   , par Farnèse.

4908.

LISETTE, 1/2 s. N. — M. E. Renouf.
Al. 1883. — Manche (Saint-Lô).
Par *Vanikoro* et une fille de Kabin.
Sa grand'mère : par Feu-de-Joie.
Sa bisaïeule : par Beaumarchais.

1887 s. r.
1888 f. al. *Follette*, par Canut.
1889 f. al. *Léa*, par Canut.
1890 f. al. *Mida*, par Canut.
1891 f. al. *Nigra*, par Canut.

4909.

LISETTE, 1/2 s. N. — M. L. Bailleul.
Al. 1881. — Manche (Saint-Lô).
Par *Trésorier* et une fille de Sancho (approuvé).

1885 et 1886 s. r.
1887 f. b. *Cocotte*, par Ussy. Morte.
1888 m. b. *Coquet*, par Ussy.
1889 m. al. *Vergoncey*, par Cauchemar.
1890 vide.
1891 m. al. *Vigilant*, par Glocester, 1/2 s. A.

4910.

LISETTE, 1/2 s. N. — M. F. Nouet.
Bb. 1884. — Manche (Saint-Lô).
Par *Voyageur* et une fille d'Otage.
Sa grand'mère : par Violent.

S. r. jusqu'en 1891.
1892 m. b. *Orin*, par Nickel, P. S. A.

4911.

LISETTE, 1/2 s. N. — M. Letenneur.
Al. 1884. — Manche (Saint-Lô).
Par *Avignon* et une fille de Menant (approuvé).
Sa grand'mère : par Orville (approuvé).
Sa bisaïeule : par Gomaire.

1888 m. al.   , par Trajan. Mort.
1889 f. al. *Tricoteuse*, par Trajan.
1890 m. al. *Menant*, par Trajan.
1891 f. al. *Fanfare*, par Trajan.

4912.   **LISETTE**, 1/2 s. N. — M. A. Butet.
Al. 1884. — Calvados (Saint-Lô).
Par *Actéon* et une fille de Léotard.
Sa grand'mère : par Rudolphi.

S. r. jusqu'en 1891.
1892 m. b. *Odéon*, par Phare.

4671.   **LISETTE**, 1/2 s. N. — M. L. Lucas.
B. 1884. — Normandie (Saint-Lô).
Par *Ange* et une fille de Newton.
Sa grand'mère : par Divus.

1888-1889 s. r.
1890 m. b. *Licteur*, par Frondeur (Amérique).

4913.   **LISETTE**, 1/2 s. N. — M. A. Philippe.
B. 1885. — Manche (Saint-Lô).
Par *Sanguin* et *Belle-Etoile*, par Schah.
Sa grand'mère : *Bijou*, par Essence.

1889 f. b.   , par Bourgmestre. Morte.
1890 m. al. *Glorieux*, par Bourgmestre.
1891 m. al. *Glorieux*, par Bourgmestre.

4914.   **LISETTE**, 1/2 s. N. — M. A. Nicolle.
B. 1887. — Manche (Saint-Lô).
Par *Célèbre* (approuvé), et une fille de Talleyrand.
Sa grand'mère : par Pégase.

1891 s. r.
1892 f. b. *Coquette*, par Griche-Midi.

4915.   **LISETTE**, 1/2 s. N. — M. Duvard.
B. 1887. — Manche (Saint-Lô).
Par *Diogène* et *Perdrix*, par Guelfe.
Sa grand'mère : *Rosette*, par Pont-d'Or.

1891 vide.
1892 m. b. *Colibri*, par Quinte-Curce.

4916.   **LISETTE**, 1/2 s. N. — M. L. Madelaine.
B. 1887. — Manche (Saint-Lô).
Par *Phare* et une fille d'Ugolin.
Sa grand'mère : par Séduisant.

1891 s. r.
1892 m. n. *Oisily*, par Dollar, 1/2 s. N.

4917.   **LISETTE**, 1/2 s. N. — M. P. Hérembourg.
B. 1887. — Manche (Saint-Lô).
Par *Electro* et *Papillon*, par Urus.
Sa grand'mère : par Roustan.

1891 vide.

4918.   **LISETTE**, 1/2 s. N. — M. L. Datin.
B. 1887. — Normandie (Saint-Lô).
Par *Dacapo* et une fille de Géant-des-Batailles, P. S. A.
Sa grand'mère : par Lionceau.

1891 s. r.
1892 m. b. *La Joie*, par Hallali.

4919.   **LISETTE**, 1/2 s. N. — M. Morin.
N. 1887. — Seine-Inférieure (Le Pin).
Par *North-Star*, 1/2 s. A., et *Fideline*, par Ornement.
Sa grand'mère : par Fidèle-au-Malheur.

1891 m. ro. *Yacoub*, par Yacoub.
1892 f. ro. *Tisbey*, par Yacoub.

4920.   **LISETTE**, 1/2 s. N. — M. Cudeloup.
B. 1888. — Normandie (Saint-Lô).
Par *Dacapo* et une fille d'Hélios.
Sa grand'mère : par Faucon.

1892 f. b. *Venante*, par Jubé.

4921.   **LISETTE**, 1/2 s. N. — M. A. Michel.
B. 1888. — Calvados (Saint-Lô).
Par *Forban* et une fille de Dartos.
Sa grand'mère : par John.

1892 f. b. *Coquette*, par Cavalieri, 1/2 s. V.

4922.   **LISETTE**, 1/2 s. N. — M. V. Ysabel.
Al. 1888. — Normandie (Saint-Lô).
Par *Ramazan* et une fille de Josaphat.
Sa grand'mère : par Bisson.

1892 f. b. *Orange*, par Sérieux.

4923.   **LISETTE**, 1/2 s. N. — M. J. Gallais.
B. 1888. — Normandie (Saint-Lô).
Par *Sabre*, P. S. A., et une fille de Richard.
Sa grand'mère : par Madère.

1892 f. b. *Farceuse*, par Shamrock, 1/2 s. A.

4924.   **LISETTE**, 1/2 s. N. — M. P. Desmares.
B. 1890. — Manche (Saint-Lô).
Par *Tourville* et *Hirondelle*, par Jarnac.
Sa grand'mère : par Dagobert.

4925.   **LISETTE**, 1/2 s. N. — M. P. Jehanne.
B. 1890. — Manche (Saint-Lô).
Par *Germinal* et *Sophie*, par Wild-Bird, P. S. A.
Sa grand'mère : *Bijou*, par Eylau, P. S. A. A.

4926.   **LISON**, 1/2 s. N. — M. Donzel.
B. 1889. — Normandie (Le Pin).
Par *Cherbourg* et *Susan*, P. S. A., par Soucar.

4927.   **LIVADIE**, 1/2 s. N. — M. J. Thibault.
Al. 1873. — Normandie (Le Pin).
Par *Taconnet* et *Sylvia*, par Vladimir.
Sa grand'mère : par Impérieux.

1877 s. r.
1878 m. al. *Apoco*, par Niger.
1879 à 1888 s. r.
1889 f. al. *Lady*, par Gérardmer.
1890 a avorté.
1891 f. b. *Ninive*, par Edimbourg.
1892 m. b. *Oranger*, par Edimbourg.

4928. **LIZA**, 1/2 s. N. — M. V. Lécrivain.
B. 1884. — Manche (Saint-Lô).
Par *Tocqueville* et une fille de Pont-à-Mousson.

Sa grand'mère : par Cancale.

1888 m. b. b. *Kisber*, par Farnèse.
1889 m. b. *Livingstone*, par Farnèse.
1890 vide.
1891 f. b. *Mazette*, par Farnèse.

4929. **LOBÉLIA**, 1/2 s. N. — M. Lavignée.
Bb. 1889. — Orne (Le Pin).
Par *Bruce*, P. S. A., et *Fidèle-au-Malheur*, par Normand.

Sa grand'mère : par Kilomètre.
Sa bisaïeule : par Noteur.
Sa trisaïeule : par Stoker, P. S. A.
Sa quadrisaïeule : par Aï.

4930. **LOBELIA**, 1/2 s. N. — M. A. Viel.
B. 1889. — Calvados (Le Pin).
Par *Tigris* et *Gardenia*, par Acquila.

Sa grand'mère : *Cascade*, par Kilt, P. S. A.
Sa bisaïeule : par Dragon.
Sa trisaïeule : par Fontenay.

4931. **LODÈVE**, 1/2 s. N. — M. E. Langlois.
B. 1889. — Orne (Le Pin).
Par *Cherbourg* et *Braconelle*, P. S. A., par Braconnier.

4932. **LŒTITIA**, 1/2 s. N. — M. P. Marie.
B. 1888. — Calvados (Le Pin).
Par *Dandolo* et une fille de Regnard.

Sa grand'mère : par Black.

1892 f. b. b. *Suzette*, par Gérardmer.

4933. **LŒTITIA**, 1/2 s. N. — M. Valdampierre.
B. 1889. — Calvados (Le Pin).
Par *Tigris* et *Conquérante*, par Conquérant.

Sa grand'mère : par Esculape.
Sa bisaïeule : par Interprète.
Sa trisaïeule : par Moustique.

4934.   **LORETTE**, 1/2 s. N. — M. Serée.
B. 1887. — Orne (Le Pin).
Par *Ulrich II* et *Brillante*, par J'y-Songerai.
Sa grand'mère : *Venosa*, par Affidavit, P. S. A.
Sa bisaïeule : *Argine*, par Matchless II, 1/2 s. A., ou Y.
Sa trisaïeule : par Namur.

1891 m. al. *National*, par Niger.
1892 f. b. b. *Gaudriole*, par Niger.

4935.   **L'ORPHELINE**, 1/2 s. N. — M. Bellanger.
Bb. 1889. — Orne (Le Pin).
Par *Edimbourg* et *Fulla*, par Abrantès.
Sa grand'mère : *Séduisante*, par Elu.
Sa bisaïeule : par Séducteur.

4936.   **LORRAINE**, 1/2 s. N. — M. J. Olry.
B. 1889. — Orne (Le Pin).
Par *Elan* (approuvé) et *Chansonnette*, P. S. A., par Milan.

4937.   **LOUVETTE**, 1/2 s. N. — M. O. Ollivier.
N. 1888. — Normandie (Saint-Lô).
Par *Estèphe* et une fille d'Amiens.
Sa grand'mère : par Egésippe.

1892 m. n. *Om*, par Clodomir.

4938.   **LUCETTE**, 1/2 s. N. — M. F. Lebas.
B. 1889. — Manche (Saint-Lô).
Par *Tempête* et *Nadia*, par Sir Henry (1883).
Sa grand'mère : *La Blonde*, par Ugolin.
Sa bisaïeule : *Blondine*, par Corsaire.

4939.   **LUCRÈCE**, 1/2 s. N. — M. Thibault.
B. 1870. — Normandie (Le Pin).
Par *Centaure* et *Esméralda*, par Lully, P. S. A.
Sa grand'mère : par Chesterfield-Junior, P. S. A.
Sa bisaïeule : par Pick-Pocket, P. S. A.
Sa trisaïeule : par Sylvio, P. S. A.

S. r. jusqu'en 1877.
1878 m. b. *Acquila*, par Niger.
1879 à 1887 s. r.
1888 f. b. b. *La Roussière*, par Cherbourg.

1889 vide.
1890 m. b. *Message*, par Cherbourg.
1891 m. b. *Nuage*, par Élan.

4940. **LUCRÈCE**, 1/2 s. N. — M. H. Leplat.
Al. 1880. — Manche (Saint-Lô).
Par *Nethou*, P. S. A., et une fille de Garibaldi, 1/2 s. A.

S. r. jusqu'en 1887.
1888 m. b. *Violent*, par Dacapo.
1889 m. b. *Galant*, par Fripon.
1890-1891 vide.

4941. **LUCRÈCE**, 1/2 s. N. — M. H. Lassaussaye.
B. 1889. — Orne (Le Pin).
Par *Barrabas* et *Floride*, par Normand.
Sa grand'mère : par Cravache, P. S. A.

4942. **LUMEN**, 1/2 s. N. — M. Coureuil.
B. 1887. — Manche (Saint-Lô).
Par *Ministère*, P. S. A., et une fille d'Aristocrate.
Sa grand'mère : par Ugolin.

1891 produit mort.

4943. **LUMIÈRE**, 1/2 s. N. — M. E. Marie.
Bb. 1889. — Calvados (Le Pin).
Par *Eclaireur* et *La Montaigne*, par Interprète.
Sa grand'mère : *Léa*, par Montaigne.
Sa bisaïeule : par Mahomet.

4944. **LUMINEUSE**, 1/2 s. N. — M. Bertot.
Bb. 1885. — Normandie (Saint-Lô).
Par *Banyuls* et une fille de Jarnac.
Sa grand'mère : par Electeur.

S. r. jusqu'en 1891.
1892 m. b. *O'Connel*, par Jusant.

4945. **L'UNIONNE**, 1/2 s. N. — M. D. Lainé.
B. 1887. — Calvados (Saint-Lô).
Par *Union-Jack* et une fille de Siméon.
Sa grand'mère : par Quia.

1891 s. r.
1892 f. b. *Olga*, par Galant I.

4946. **LUPULINE**, 1/2 s. N. — Duc de Narbonne.
B. 1886. — Orne (Le Pin).
Par *Tigris* et *Tontine*, par Eclipse.
Sa grand'mère : *Marionnette*, par Noteur.
Sa bisaïeule : *Princesse*, par Prince-Caradoc, P. S. A.
Sa trisaïeule : *Fragile*, par Y. Topper, 1/2 s. A.
Sa quadrisaïeule : Jument du pays d'Auge.

1890 s. r.
1891 f. b. *Qualiteuse*, par Assad, P. S. Ar.
1892 m. b. *Ratapoil*, par Dégagé.

4947. **LUTÈCE**, 1/2 s. N. — M. E. Marie.
Bb. 1889. — Calvados (Le Pin).
Par *Acquila* et *Camélia*, par Normand.
Sa grand'mère : par Vladimir.

4948. **LUTÈCE**, 1/2 s. N. — M. E. Leneveu.
B. 1889. — Calvados (Le Pin).
Par *Etendard* et *Gauloise*, par Acquila.
Sa grand'mère : *Malvina*, par Ignace.
Sa bisaïeule : *Rachelle*, par Montaigne.
Sa trisaïeule : par Tarrare, P. S. A.

4949. **LUTINE**, 1/2 s. N. — M. C. Hervieu.
B. 1881. — Calvados (Le Pin).
Par *Normand* et *Marinette*, par Tamberlick, P. S. A.
Sa grand'mère : par Y. Phœnomenon, 1/2 s. A.
Sa bisaïeule : par Dorus.
Sa trisaïeule : par Introuvable.

S. r. jusqu'en 1887.
1888 m. b. *Knox*, par Etendard.
1889 en Suisse.

4950. **LUTINE**, 1/2 s. N. — M. Lecorroyeur.
B. 1883. — Normandie (Le Pin).
Par *Serpolet-Bai* et *Belle-Garde*, par Koping ou Abrantès.
Sa grand'mère : *Conquête*, par Général.
Sa bisaïeule : *Fatemey*, par Tipple-Cider, P. S. A.
Sa trisaïeule : par Eylau, P. S. A. A.

1887 s. r.
1888 f. b. *Koléab II*, par Etudiant.
1889 f. b. *Lucia*, par Fier-à-Bras.
1890 m. b. *Magloire*, par Fuschia.
1891 produit mort.
1892 f. b. *Odessa*, par Fuschia.

4951. **LUTINE**, 1/2 s. N. — M. Cavey aîné.

B. 1889. — Orne (Le Pin).

Par *Elan* (approuvé) et *Fanfaronne*, par Valdempierre.

Sa grand'mère : *Pastourelle*, par Esculape.
Sa bisaïeule : par Noteur.
Sa trisaïeule : par Sylvio, P. S. A.

4952. **LUTINE**, 1/2 s. N. — M. Duvivier.

N. 1889. — Seine-Inférieure (Le Pin).

Par *Serviteur* et *Gauloise*, par Valdempierre.

Sa grand'mère : *Pénéloppe*, par Marx. 1/2 s. R.
Sa bisaïeule : par Valdémar.

4953. **LUTINE**, 1/2 s. N. — M. J. Hardel.

B. 1889. — Manche (Saint-Lô).

Par *Colporteur* et une fille de Lavater.

Sa grand'mère : par Normand.
Sa bisaïeule : par The Heir-of-Linne, P. S. A.

4954. **LYCOPODE**, 1/2 s. N. — M. J. Lemonnier.

Al. 1882. — Orne (Le Pin).

Par *Phaéton* et *Jeune-Elisa*, par Kapirat.

Sa grand'mère : *Elisa*, par Corsair, 1/2 s. A.
Sa bisaïeule : *Elise*, par Marcellus, P. S. A.
Sa trisaïeule : *La Panachée*, par D. I. O., P. S. A.
Sa quadrisaïeule : *La Belle*, par Matador, 1/2 s. N.

1886 s. r.
1887 m. n. *Qu'y-Met-On*, par Edimbourg.
1888 vide.
1889 m. n. *Scapin*, par Cherbourg.
1890 f. b. *Tubéreuse*, par Edimbourg.
1891 m. al. *Hoche*, par Valencourt.
1892 m. b. b. *Ivan*, par Valencourt.

4955. **LYDIE**, 1/2 s. N. — M. Leroux.

Al. 1884. — Seine-Inférieure (Le Pin).

Par *North-Star*, 1/2 s. A., et *Namponne*, par Nampont.

Sa grand'mère : *Charlotte*, par Bucéphale.

5207. **LYONNAISE**, 1/2 s. N. — M. Leneveu.
B. 1889. — Sarthe (Le Pin).
Par *Edimbourg* et *Belle-de-Jour*, par Koping.

Sa grand'mère : *Héléna*, par Elu.
Sa bisaïeule : par Centaure.
Sa trisaïeule : par Tipple-Cider, P. S. A.
Sa quadrisaïeule : par Eylau, P. S. A. A.

4958. **MA-COUSINE**, 1/2 s. N. — M. A. Hervieu.
B. 1874. — Normandie (Le Pin).
Par *Ignace* et *Rigolette*, par Nestor.

Sa grand'mère : par Prosélyte.
Sa bisaïeule : par Or.
Sa trisaïeule : par The Juggler, P. S. A.

S. r. jusqu'en 1887.
1888 f. b. *Unique*, par Delaware.
1889 m. b. *Leyendecker*, par Gaveston.
1890 vide.
1891 f. al. *Yolande*, par Himalaya.

4959. **MA-COUSINE**, 1/2 s. N. — Vte de Maleissy.
Al. 1883. — Normandie (Le Pin).
Par *Kaolin*, P. S. A., et *Isabelle*, par Libérator.
Sa grand'mère : par Séducteur.

1887-1888-1889 s. r.
1890 m. b. *Monsieur-du-Grais*, par Tigris.
1891 m. b. *Niagara*, par Edimbourg.

4960. **MADELAINE**, 1/2 s. N. — M. J. Vaultier.
B. 1879. — Normandie (Saint-Lô).
Par *Nonant* et une fille de Rozel.

S. r. jusqu'en 1891.
1892 f. b. *Ossa*, par Seymour.

4961. **MADELAINE**, 1/2 s. N. — M. Lebaudy.
Al. 1879. — Calvados (Saint-Lô).
Par *Vingt-Mars*, P. S. A., et une fille d'Agenda.

S. r. jusqu'en 1891.
1892 f. b. *Olynthe*, par Ibis.

4962. **MADELEINE**, 1/2 s. N. — M. A. Viel.
Al. 1882. — Calvados (Saint-Lô).
Par *Rigolo* et une fille de Vingt-Mars, P. S. A.
Sa grand'mère : par Agenda.
Sa bisaïeule : par Don-Quichotte, P. S. A. A.

1886 s. r.
1887 m. b. b. *Jean-Pierre*, par Domino-Noir.
1888 vide.
1889 f. b. *Laura*, par Domino-Noir.
1890 f. n. *Madelon*, par Domino-Noir.
1891 m. al. *Nectar*, par Calas.
1892 f. b. *Orangeade*, par Frondeur.

4963. **MADELEINE**, 1/2 s. N. — M. V. Gillain.
Bb. 1883. — Manche (Saint-Lô).
Par *Lavater* et *Zélie*, par Ugolin.
Sa grand'mère : *La Zélée*, P. S. A., par Allez-y-Gaiment.

1887 vide.
1888 f. b. *Carmélite*, par Carnavalet.
1889 a avorté.
1890 m. b.   , par Colporteur (Amérique).
1891 vide.
1892 m. b. b. *Ornano*, par Harley.

4964. **MADELEINE**, 1/2 s. N. — M. Lecourt.
B. 1887. — Normandie (Saint-Lô).
Par *Algésiras* et une fille de Kilt, P. S. A.
Sa grand'mère : par Jambon.
Sa bisaïeule : par *Volant*.

1891 s. r.
1892 m. b. *Orateur*, par Esbly.

4965. **MADELEINE**, 1/2 s. N. — M. Lefillâtre.
Al. 1891. — Manche (Saint-Lô).
Par *Quality* et *Castille*, par Célèbre (approuvé).
Sa grand'mère : par Shamrock, 1/2 s. A.

4966. **MADELON**, 1/2 s. N. — M. F. Noël.
Al. 1876. — Manche (Saint-Lô).
Par *Producteur* (approuvé) et une fille de Guillaume-le-Conquérant.

S. r. jusqu'en 1885.
1886 m. b. *Ischia*, par Bataillon.

1887 vide.
1888 f. b. *Carillon*, par Bataillon.
1889 à 1891 vide.

4967.   MADELON, 1/2 s. N. — M. A. Godard.
B. 1877. — Normandie (Saint-Lô).
Par *Papillon* (approuvé) et une fille de Lahore (approuvé).

1880 f. b. *Lisette*, par Quiproquo.
1881 f. b. *Lisette*, par Quiproquo.
1882 f. b. *Marianne*, par Valentin.
1883 produit mort.
1884 f. b. *Marianne*, par Valentin.
1885-1886 vide.
1887 f. b. *Coquette*, par Prickwillow I.
1888 f. b. *Lisette*, par Fronsac.
1889 m. b. *Bijou*, par Usuel.
1890 s. r.
1891 f. b. *Marianne*, par Usuel.

3318.   MADELON, 1/2 s. N. — Mme Ve Destrès.
B. 1877. — Normandie (Saint-Lô).
Par *Vice-Roi* et une fille de Gainsborough, 1/2 s. A.

Sa grand'mère : par Merlerault, P. S. A.
Sa bisaïeule : par Royal-Oak, P. S. A.
Sa trisaïeule : par Borisow.
Sa quadrisaïeule : par D. I. O., P. S. A.

S. r. jusqu'en 1887.
1888 f. al. *Madelon*, par Bretteur.
1889 m. b. *Mandrin*, par Bretteur (Amérique).
1890 produit mort.
1891-1892 vide.

4968.   MADEMOISELLE-D'AUDOUVILLE,
1/2 s. N. — M. P. Retout.
Al. 1874. — Manche (Saint-Lô).
Par *Ignoré* et une fille de Giboyer.

Sa grand'mère : par Licteur.
Sa bisaïeule : par Jay.
Sa trisaïeule : par Sir Henry-Dimsdale, 1/2 s. A.

1878 s. r.
1879 m. al. *Barberousse*, par Sidi, P. S. Ar.
1880 à 1886 s. r.
1887 f. b. b. *Jabès*, par Carnavalet.
1888 m. b. *Kronprinz*, par Carnavalet.

1889 f. b. b. *Lucrèce*, par Domino-Noir.
1890 vide.
1891 f. b. *Niska*, par Colporteur.
1892 f. b. b. *Océanide*, par Colporteur.

4969. MADEMOISELLE-DE-CLAIREFEUILLE,

1/2 s. N. — M. Burin.

B. 1879. — Orne (Le Pin).

Par *Gaulois* et *Félicia*, par Inkermann.

Sa grand'mère : par William, P. S. A.
Sa bisaïeule : par Castor.

1883 s. r.
1884 f. b. *Falafatte*, par Apis.
1885 f. b. *Guirlande*, par Un.
1886 f. b. *Hélice*, par Un.
1887 f. b. *Javeline*, par Phaéton.
1888 m. b. *Saint-Germain*, par Phaéton.
1889 f. b. *Larochelle*, par Phaéton.
1890 vide.
1891 m. b.   , par Phaéton.
1892 m. b. *Othon*, par Phaéton.

4970. MADEMOISELLE-DE-CRIQUEVILLE,

1/2 s. N. — M. Rouyard.

B. 1870. — Normandie (Le Pin).

Par *Interprète* et *Annette*, par Kapirat.

Sa grand'mère : par Perfection.
Sa bisaïeule : par Eylau, P. S. A. A.

1874 f. b. *Fleurette*, par Fleuron.
1875 m. b.   , par Nolleval.
1876 m. ro.   , par Ambition.
1877 f. ro. *Miss-Ambition*, par Ambition.
1878 vide.
1879 m. b.   , par Rèche.
1880 m. b.   , par Rèche.
1881 m. b. *Darnetal*, par Montfort, P. S. A.
1882 m. al,   par Montfort, P. S. A.
1883 f. al. *Mascotte*, par Montfort, P. S. A.
1884 m. b.   , par Niger.
1885 vide.
1886 f. al. *Ida*, par Phaéton.
1887 m. b.   , par Eclaireur.
1888 m. b.   , par Eclaireur.
1889 vide.
1890 f. b.   , par Hardy.
1891 vide.
1892 f. b. b. *Belle-de-Jour*, par Homard.

4971. MADEMOISELLE-DE-GROGNY,

1/2 s. N. — M. Lavignée.

N. 1886. — Orne (Le Pin).

Par *Dictateur* et une fille de Niger.

Sa grand'mère : par Centaure.
Sa bisaïeule : par Tipple-Cider, P. S. A.

1890 s. r.
1891 f. n. *Nubienne*, par Echo.
1892 m. n. *Original*, par Valdempierre.

4972. MADEMOISELLE-DE-LA-TURÉE,

1/2 s. N. — M. J. Besnouin.

B. 1886. — Orne (Le Pin).

Par *Quiclet* et *Lisette*, par Jactator.

Sa grand'mère : par Tallien.

1890 m. b.   , par Glaneur.
1891 m. b.   , par Glaneur.

4973. MADEMOISELLE-DE-MONDEVILLE,

1/2 s. N. — M. J. Douesnel.

B. 1875. — Normandie (Le Pin).

Par *Conquérant* et *Airelle*, par The Norfolk-Phœnomenon, 1/2 s. A.

Sa grand'mère : par *Miss-Pierce*, par Succès.
Sa bisaïeule : *Lady-Pierce* (Américaine).

1879 à 1882 s. r.
1883 f. b. *Fresville*, par Normand.
1884-1885 vide.
1886 f. b. *Irma*, par Cherbourg.
1887 vide.
1888 m. b.   , par Cherbourg.
1889 f. b.   , par Cherbourg.
1890 f. b.   , par Cherbourg.

4974. MADEMOISELLE-DE-MONTFORT,

1/2 s. N. — M. Luce.

N. 1887. — Manche (Saint-Lô).

Par *Lavater* et *Golconde*, P. S. A., par Balagny.

1890 vide.
1891 à la Remonte.

4975. MADEMOISELLE-DE-NEUVILLE,
1/2 s. N. — M. C. Forcinal.
Al. 1876. — Normandie (Le Pin).
Par *Elu* et *Impatiente*, par Gaulois.

Sa grand'mère : par Noteur.
Sa bisaïeule : par Hercule, P. S. A.

1880 s. r.
1881 f. al. *Dome-d'Honneur*, par Vichnou, P. S. A.
1882 vide.
1883 f. b. *Fanfreluche*, par Quiclet.
1884 f. n. *Ebène*, par Niger.
1885 m. al. *Herculanum*, par Fataliste, P. S. A.
1886 f. al. *Iris*, par Fataliste, P. S. A.
1887 vide.
1888 m. al. *Kelerman*, par Phaéton (Amérique).
1889 morte.

4976. MADEMOISELLE-D'ÉPINAY, 1/2 s. N.
M. Lénault.
N. 1888. — Normandie (Saint-Lô).
Par *Reynolds* et une fille de Lavater.

Sa grand'mère : par Agenda.

1892 m. n. *Oblat*, par Estèphe.

4977. MADEMOISELLE-DE-PUTOT, 1/2 s. N.
M. Capelle.
B. 1878. — Calvados (Le Pin).
Par *Rèche* et *Pallas*, par Montmorency.

S. r. jusqu'en 1884.
1885 f. b. b. *Gyp*, par Interprète.
1886 vide.
1887 m. al.   , par Eclaireur.
1888 et 1889 vide.
1890 f. b. b.   , par Hardy.
1891 m. b. *Nathan*, par Etendard.

4978. MADEMOISELLE-DE-QUÉTIÉVILLE, 1/2 s. N.
M. Léger.
B. 1879. — Calvados (Le Pin).
Par *Radeau* et une fille de Français.

Sa grand'mère : par Libérator.

S. r. jusqu'en 1888.
1889 m. b.   , par Frein.
1890-1891 s. r.
1892 f. b. *Ondine*, par Joyfull.

4979. MADEMOISELLE-DE-ROMESNIL, 1/2 s. N.
M. Fouard.
B. 1874. — Seine-Inférieure (Le Pin).
Par *Mardochée* et *Miss-Jenny*, par Black (approuvé).

S. r. jusqu'en 1891.
1892 m. al. *Orgeat*, par Serpolet-Ronan.

4980. MADEMOISELLE-DE-SAINTE-OPPORTUNE,
1/2 s. N. — M. P. Castel.
N. 1882. — Normandie (Le Pin).
Par *Rivoli* et *Jarnicoton*, par The Norfolk-Phœnomenon, 1/2 s. A.
Sa grand'mère : par Schamyl, P. S. A.
Sa bisaïeule : par Condé.

1886 m. b. *Content*, ex-*Jovial*, par Hippomène, 1/2 s. Big.
1887-1888 vide.
1889 m. b. *Rayon-d'Or*, par Oronte.
1890 vide.
1891 m. b. *Nelly*, par Oronte.

4981. MADEMOISELLE-DE-TALONNAY, 1/2 s. N.
M. E. Bertheaume.
B. 1885. — Normandie (Le Pin).
Par *Valdempierre* et *Centaurée*, par Centaure.
Sa grand'mère : *Brocardine*, par Brocardo, P. S. A.
Sa bisaïeule : *Nicotine*, par Impérieux.
Sa trisaïeule : *Pénéloppe*, par Glandier.

1889 f. b. *Callioppe*, par Fataliste, P. S. A.
1890 vide.
1891 f. b. *Numérie*, par Phaéton.
1892 m. b.   , par Krakatoa, P. S. A.

4982. MADEMOISELLE-DE-VIERVILLE, 1/2 s. N.
M. Luce.
Bb. 1886. — Manche (Saint-Lô).
Par *Lavater* et *Golconde*, P. S. A., par Balagny.

1890 m. b. *Malakoff*, par Fred-Archer.
1891 vide.

4983. MADEMOISELLE-DE-VILLEBADIN, 1/2 s. N.

M. Verdry.

Al. 1888. — Orne (Le Pin).

Par *Uriel* ou *Franklin* et une fille de Solon, Parthénon ou Vladimir.

Sa grand'mère : *Charlotte*, par Trocadéro.
Sa bisaïeule : par Memnon.

1892 a avorté.

4984. MADEMOISELLE-DU-MESNIL, 1/2 s. N.

M. Cyrille Sassier.

B. 1887. — Normandie (Le Pin).

Par *Cherbourg* et *Braconnière*, P. S. A. A., par Braconnier, P. S. A.

1891 m. n. *Négro*, par Cicéron II.

4985. MAGALI, 1/2 s. N. — M. A. Viel.

Bb. 1890. — Calvados (Le Pin).

Par *Tigris* et *Gardenia*, par Acquila.

Sa grand'mère : *Cascade*, 1/2 s. N., par Kilt, P. S. A.
Sa bisaïeule : par Dragon.
Sa trisaïeule : par Fontenay (approuvé).

4986. MAGICIENNE, 1/2 s. N. — M. Drouin.

B. 1882. — Orne (Le Pin).

Par *Parthénon* et *Funica*, par Utrecht.

Sa grand'mère : par Ottoman.
Sa bisaïeule : par Sylvio, P. S A.

1886 m. b. , par Beaugé.
1887 f. b. , par Beaugé. Morte.

4987. MAJESTÉ, 1/2 s. N. — M. F. Noël.

Bb. 1887. — Manche (Saint-Lô).

Par *Bataillon* et une fille de Divus.

Sa grand'mère : par Lagopède.
Sa bisaïeule : par Jay.

1891 f. b. , par Espadem.

4988.   MALGRÉ-MOI, 1/2 s. N. — M. Merlin.
B. 1873. — Normandie (Le Pin).
Par *Trotten-Rattler*, 1/2 s. A., et une jument anglaise importée.

S. r. jusqu'en 1881.
1882 m. n. *Jadis*, par Serviteur.
1883 s. r.
1884 m. n. *Loyal*, par Serviteur.
1885 s. r.
1886 f. b. *Nitouche*, par Serviteur.

4989.   MALVINA, 1/2 s. N. — M. Traisnel.
B. 1867. — Manche (Saint-Lô).
Par *The Heir-of-Linne*, P. S. A., et une fille de Carnassier.

S. r. jusqu'en 1882.
1883 f. b. b. *Christine*, par Lavater.
1884 s. r.
1885 f. b. *Fathma*, par Lavater.
1886 s. r.
1887 m. b. *Justin*, par Lavater.

4990.   MALVINA, 1/2 s. N. — M. E. Leneveu.
B. 1875. — Calvados (Le Pin).
Par *Ignace* et *Rachelle*, par Montaigne.
Sa grand'mère : par Tarrare, P. S. A.

S. r. jusqu'en 1883.
1884 f. n. *Gauloise*, par Acquila.
1885 à 1887 s. r.
1888 f. b. b. *Pâquerette*, par Acquila.
1889 m. b. *Loyal*, par Acquila.
1890 f. b. b. *Minerve*, par Tigris.
1891 vide.
1892 f. b. *Ottomane*, par Acquila.

4991.   MALVINA, 1/2 s. N. — M. A. Legallois.
N. 1888. — Calvados (Saint-Lô).
Par *Phare* et une fille de Valérien.
Sa grand'mère : par Grandiose.

4992.   MA-MIE, 1/2 s. N. — M. Céran-Maillard.
Al. 1890. — Manche (Saint-Lô).
Par *Fontenay* et *Belle-Enfant*, par Lozenge, P. S. A.
Sa grand'mère : *Réfléchie*, par Dictateur.
Sa bisaïeule : par Corsair, 1/2 s. A.
Sa trisaïeule : par Labéon.

4993.   **MANCHE**, 1/2 s. N. — M. Jean Léon.

B. 1879. — Manche (Saint-Lô).

Par *Régnard* et une fille de The Heir-of-Linne, P. S. A.

Sa grand'mère : par Étendard.

Sa bisaïeule : par Diomède.

S. r. jusqu'en 1885.
1886 f. b. *Renommée*, par Domino-Noir.
1887 f. b. *Sans-Tache*, par Écarté.
1888 f. b. *Étamine*, par Domino-Noir.
1889 vide.
1890 f. b. *Verveine*, par Colporteur.
1891 m. b.   , par Colporteur.
1892 m. b. *Ogen*, par Colporteur.

4994.   **MANCHETTE**, 1/2 s. N.

M. le duc de Narbonne.

B. 1887. — Orne (Le Pin).

Par *Cherbourg* et *Tontine*, par Eclipse.

Sa grand'mère : *Marionnette*, par Noteur.

Sa bisaïeule : *Princesse*, par Prince-Caradoc, P. S. A.

Sa trisaïeule : *Fragile*, par Y. Topper, 1/2 s. A.

Sa quadrisaïeule : Jument du pays d'Auge.

1891 m. b.   , par Assad, P. S. Ar. Mort.

4995.   **MANCHOTTE**, 1/2 s. N.

MM. J. et F. Lecaudey.

Al. 1889. — Manche (Saint-Lô).

Par *Fontenay* et *Marguerite*, P. S. A. A., par Le Sarrazin, P. S. A.

4996.   **MANDA**, 1/2 s. N. — M. Godefroy.

B. 1887. — Manche (Saint-Lô).

Par *Alhambra* et une fille de Hunter.

Sa grand'mère : par Géant-des-Batailles, P. S. A.

1891 s. r.
1892 m. b.   , par Guerroyeur.

4997.   **MANDARINE**, 1/2 s. N. — M. Lecuyer.

B. 1872. — Manche (Saint-Lô).

Par *The Heir-of-Linne*, P. S. A., et une fille de Succès.

S. r. jusqu'en 1891.
1892 m. al. *Omer-Pacha*, par Reynolds.

4998. MANDARINE, 1/2 s. N. — M. de Flers.

Bb. 1874. — Normandie (Saint-Lô).

Par *Kilomètre* et *Matchless II*, 1/2 s. A.

S. r. jusqu'en 1891.
1892 m. b. b. *Olafsen*, par Jet.

4999. MANDARINE, 1/2 s. N. — M. Lécrivain.

Gr. 1880. — Normandie (Saint-Lô).

Par *Schamyl*, P. S. A., et une fille de Sans-Gène.

S. r. jusqu'en 1891.
1892 f. b. *Orphélie,* par Espadem.

5000. MANDARINE, 1/2 s. N. — M. Désiré Bouffard.

Gr. 1890. — Manche (Saint-Lô).

Par *Fred-Archer* et *Upas*, par Upas, 1/2 s. N.

Sa grand'mère : par Noirmont.
Sa bisaïeule : par Intact.

5001. MANDARINE, 1/2 s. N. — M. H. Lassaussaye.

B. 1890. — Orne (Le Pin).

Par *Gérardmer* et *Isabelle*, par Valdempierre.

Sa grand'mère : *Minerve,* par Niger.
Sa bisaïeule : par The Norfolk-Phœnomenon, 1/2 s. A.
Sa trisaïeule : par Thésée.

5002. MANDOLINE, 1/2 s. N. — Bon de Saint-Pern.

Bb. 1876. — Manche (Le Pin).

Par *Lavater* et *Bijou*, par Hussein.

Sa grand'mère : par Kapirat.
Sa bisaïeule : par Y. Gaberlunzie, 1/2 s. A.

S. r. jusqu'en 1889.
1890 et 1891 vide.

3315. MANDOLINE, 1/2 s. N. — M. Moassen.

B. 1890. — Orne (Le Pin).

Par *Uriel* et *Bagatelle*, ex-*Baronness*, P. S. A., par Tumbler.

5004. **MANDRAGORE**, 1/2 s. N. — M. J. Olry.
B. 1879. — Orne (Le Pin).
Par *Niger* et *Espérance*, par Taconnet.
Sa grand'mère : *Belle-de-Jour*, par Centaure.
Sa bisaïeule : *Belle-de-Jour*, par Pledge.
Sa trisaïeule : *Balbine*, par Wanderer, 1/2 s. A.
Sa quadrisaïeule : *Dame-Charlotte*, par Brocardo, P. S. A.
5e degré : par Voltaire.
6e degré : par Glocester, 1/2 s. A.
7e degré : par Jaggard, 1/2 s. A.
8e degré : par Gallipoly, P. S. Ar.

1883 et 1884 s. r.
1885 m. b. *Havas*, par Valdempierre.
1886 à 1890 s. r.
1891 f. b. *Nancy*, par Cherbourg.
1892 f. b. *Olympe*, par Cherbourg.

5005. **MANDRAGORE**, 1/2 s. N. — M. J. Lemonnier.
Al. 1883. — Orne (Le Pin).
Par *Phaéton* et *Patrie*, par Y. Quick-Sylver, 1/2 s. A.
Sa grand'mère : *Rigolette*, par Bayard.

1887 à 1889 s. r.
1890 f. b. *Tentative*, par Cherbourg.
1891 vide.
1892 m. b. *Iéna*, par Cherbourg.

5006. **MANIVELLE**, 1/2 s. N. — M. L. Fortin.
B. 1885. — Normandie (Saint-Lô).
Par *Irahe* et une fille de Luther.
Sa grand'mère : par Tallien.

1889 s. r.
1890 m. b. , par Goudron.
1891 f. b. , par Goudron.

5007. **MANTILLE**, 1/2 s. N. — M. B. Osmont.
Al. 1873. — Manche (Saint-Lô).
Par *Caraffa* et une fille de Corsair, 1/2 s. A.
Sa grand'mère : par Lagopède.

S. r. jusqu'en 1888.
1889 f. b. *Germaine*, par Domino-Noir.
1890 vide.
1891 m. b. *Domino*, par Domino-Noir.
1892 m. b. *Osiris*, par Harley.

5008. **MARCELLE**, P. S. A., — M. Raoul Duval.
Bb. 1870. — France (Le Pin).
Par *Bagdad* et *Mademoiselle-de-Véraguet*, par Nuncio.

S. r. jusqu'en 1889.
1890 produit mort.
1891 vide.
1892 m. b. b. *Optimus*, par Tigris.

5009. **MARENGON**, 1/2 s. N. — M. Laurent.
Al. 1875. — Normandie (Saint-Lô).
Par *Ignoré* et une fille d'Egésippe.

S. r. jusqu'en 1891.
1892 f. al. *Oripette*, par Gibraltar.

5010. **MARGOT**, 1/2 s. N. — M. J.-B. Pâris.
B. 1873. — Normandie (Saint-Lô).
Par *Hippocrate* et une fille de Rivoli.

S. r. jusqu'en 1891.
1892 f. b. *Orfèvrerie*, par Caprara.

5011. **MARGOT**, 1/2 s. N. — M. Th. Samson.
Al. 1875. — Normandie (Saint-Lô).
Par *Joli-Cœur* et une fille d'Uzel.

S. r. jusqu'en 1891.
1892 m. n. *Olargues*, par Forban.

5012. **MARGOT**, 1/2 s. N. — M. Goupil.
Bb. 1877. — Normandie (Saint-Lô).
Par *Orange* et une fille d'Orgueilleux.

S. r. jusqu'en 1891.
1892 f. b. b. *Orange*, par Avignon.

5013. **MARGOT**, 1/2 s. N. — M. P. Portier.
B. 1880. — Manche (Saint-Lô).
Par *Hunter* et une fille de Quasi.

S. r. jusqu'en 1889.
1890 f. b. *Lisette*, par Ussy.
1891 m. b. *L'Ami*, par Indigo.

5014. **MARGOT**, 1/2 s. N. — M. V. Destrés.
Al. 1881. — Normandie (Saint-Lô).
Par *Pancrace* et une fille d'Harmonieux IV.

S. r. jusqu'en 1891.
1892 f. al. *Oreille-de-Mer*, par Intrépide.

5015. **MARGOT**, 1/2 s. N. — M. F. Fortin.
B. 1886. — Manche (Saint-Lô).
Par *Irahe* et une fille de Luther.

Sa grand'mère : par Tallien.

1890 m. b   , par Figuier.

5016. **MARGOT**, 1/2 s. N. — M. J. Hardel.
B. 1887. — Manche (Saint-Lô).
Par *Thabor* et une fille de Pétrarque.

Sa grand'mère : par Gouverneur.

1891 a avorté.

5017. **MARGOT**, 1/2 s. N. — M. H. Hervieu.
Bb. 1888. — Normandie (Saint-Lô).
Par *Fabius* et une 1/2 s. N., par Suzerain, P. S. A.

Sa grand'mère : par Bravo, P. S. A.

1892 m. al. *Osmond*, par Alsacien.

5018. **MARGOT**, 1/2 s. N. — M. J. Ferrand.
B. 1888. — Manche (Saint-Lô).
Par *Darnétal* et une fille de Gouverneur, 1/2 s. N.

Sa grand'mère : par Dimanche.

5019. **MARGOT**, 1/2 s. N. — M. Blandamour.
B. 1888. — Manche (Saint-Lô).
Par *Fronton* et une fille de Régnard.

Sa grand'mère : par Hussein.

1892 m b. *Othon*, par Connétable.

5020. MARGUERITE, 1/2 s. N. — M. Foyer.
B. 1870. — Calvados (Le Pin).
Par *Indigo* et une fille de Usité.
Sa grand'mère : par Proportionné.

S. r. jusqu'en 1888.
1889 f. b. *Andalouse*, par Baptiste-Lemore.
1890 f. b. *Voluptueuse*, par Galant II.
1891 vide.
1892 f. b. *Véranda*, par Fumet.

5021. MARGUERITE, P. S. A. A. — M. Lecaudey.
B. 1873. — France (Saint-Lô).
Par *Le Sarrazin* et *La Vallière*, par Faugh-a-Ballah.

S. r. jusqu'en 1888.
1889 f. al. *Manchotte*, par Fontenay.
1890 s. r.
1891 f. al. *Gazelle*, par Fontenay.
1892 f. b. *Œillette*, par Fontenay.
1893 m. b. *Papillon*, par Fontenay.

5022. MARGUERITE, 1/2 s. N. — M. P. Lemeteyer.
N. 1882. — Manche (Saint-Lô).
Par *Eloi* et une fille de Lodi.

Sa grand'mère : par Castor.
Sa bisaïeule : par Orgueilleux.

1886-1887 s. r.
1888 m. b. b. *Kola*, par Franconi.
1889 vide.
1890 f. b. *Marmotte*, par Financier.
1891 vide et morte.

5023. MARGUERITE, 1/2 s. N. — M. Arthur Caron.
N. 1882. — Calvados (Saint-Lô).
Par *Ulrich II* et *Fortuna*, P. S. A., par Tonnerre-des-Indes.

1886-1887 s. r.
1888 m. b. *Kary*, par Espadem.
1889 f. b. *La Thue*, par Fontenay.
1890 f. al. *Merveille*, par Etendard.
1891 m. al. *Norac*, par Fred-Archer.

5024.   **MARIA**, 1/2 s. N. — M. L. Lemoine.
Bb. 1876. — Calvados (Le Pin).
Par *Extase* et *Joyeuse*, par Umber.
Sa grand'mère : par Cyclope.

S. r. jusqu'en 1888.
1889 m. b. *Léoben*, ex-*Glorieux*, par Express.

5025.   **MARIANNE**, 1/2 s. N. — M. C. Fonlnpt.
B. 1867. — Normandie (Le Pin).
Par *Father-Thames*, P. S. A., et *Sidonie*, 1/2 s. N., par Guignolet,
P. S. A.
Sa grand'mère : par Railleur.

S. r. jusqu'en 1877.
1878 m. b. *Foë*, par Rémouleur.
1879 f. b. b. *Mademoiselle-de-Candabre*, par Bayard.
1880-1881 s. r.
1882 f. b. *Elbeuvienne*, par Normand. Morte.
1883 m. b. b. *François Ier*, par Normand.
1884 f. al. *Guignolette*, par Niger.
1885 exportée dans la région du Centre.
1890 morte.

5026.   **MARIE-BUHOT**, 1/2 s. N — M. X. Buhot.
Bb. 1886. — Manche (Saint-Lô).
Par *Virgile* et une fille de Prickwillow II.
Sa grand'mère : par Nagel.
Sa bisaïeule : par Pont-d'Or (approuvé).

1890 f. b. b. *Caoutchouc*, par Esbly. Morte.
1891 m. b.   , par Esbly.
1892 vide.

5027.   **MARIETTE**, 1/2 s. N. — M. Martinière.
Al. 1874. — Calvados (Le Pin).
Par *Conquérant* et *Esmeralda*, par Shales, 1/2 s. A.
Sa grand'mère : par Bayard.

S. r. jusqu'en 1887.
1888 m. al. *King*, par Tigris ou Echo.
1889 s. r.
1890 m. b. b. *Nougat*, par Tigris.
1891 m. b. b.   , par Tigris.
1892 vide.
1893 a avorté.

5028.   MARIETTE, 1/2 s. N. — M. Guérard.
B. 1881. — Normandie (Le Pin).
Par *Irlandais* et *Fridoline*, par Abrantès.

Sa grand'mère : par Antinoüs.
Sa bisaïeule : par Calderstone, P. S. A.
Sa trisaïeule : par Dupleix.

1885 f. b. *Hermine*, par Le Nageur, P. S. A.
1886 f. b. *Irlandaise*, par Oriental.
1887 f. b. *Jonquille*, par Oriental.
1888 f. b. *Kabyle*, par Oriental.
1889 m. al.   , par Stade.
1890 m. al.   , par Fataliste, P. S. A.

5029.   MARIE-GALANTE, P. S. A. — M. L. Traisnel.
N. 1874. — Angleterre (Saint-Lô).
Par *Adventurer* et *Guadaloupe*, par Neptunus.

Importée en 1883.
1883 à 1887 vide.
1888 f. b. *Miss-Lavater*, par Lavater.
1889 à 1891 vide.

5030.   MARINETTE, 1/2 s. N. — M. Demarais.
Al. 1877. — Manche (Le Pin).
Par *Hunter* et *Marinette*, par Quasi.
Sa grand'mère : par Elu.

S. r. jusqu'en 1886.
1887 f. ro. *Tulipe*, par Saint-Cloud.
1888 à 1890 vide.
1891 m. ro. *Intrépide*, par Hardy.

5031.   MARINETTE, 1/2 s. N. — M. C. Hervieu.
Bb. 1877. — Calvados (Le Pin).
Par *Tamberlich*, P. S. A., et *Maritana*, par Y. Phœnomenon, 1/2 s. A.
Sa grand'mère : par Dorus.
Sa bisaïeule : par Introuvable.
Sa trisaïeule : par Royal-George, P. S. A.

1881 f. b. *Lutine*, par Normand.
1882 f. b. b. *Epinette*, par Normand. Morte en 1887.
1883 f. al. *Fauvette V*, par Niger.
1884 s. r.
1885 f. b. *Buchette*, par Niger.
1886 m. b. b. *Intègre*, par Cherbourg.
1887 f. b. *Javeline III*, par Cherbourg.

1888 m. b. b. *Koulouglis*, par Cherbourg.
1889 vide.
1890 f. b. *Macta*, par Cherbourg.
1891 morte en mettant bas.

5032.   **MARINETTE**, 1/2 s. N. — M. F. Lottin.
Al. 1877. — Manche (Saint-Lô).
Par *Ourson* (approuvé) et une fille de Quasi.

1881 m. al. *Sultan*, par Shamrock, 1/2 s. A.
1882 a avorté.
1883 f. al. *Coquette*, par Macouba.
1884 vide.
1885 m. al.   , par Macouba.
1886 vide.
1887 f. al. *Bourette*, par Shamrock, 1/2 s. A.
1888 f. al. *Papillon*, par Shamrock, 1/2 s. A.
1889 f. b. *Trompeuse*, par Dacapo.
1890 vide.
1891 f. al. *Sans-Gêne*, par Descartes.

5033.   **MARINETTE**, 1/2 s. N. — M. V. Barbé.
Al. 1880. — Normandie (Saint-Lô).
Par *Macouba* et une fille de Roustan.

S. r. jusqu'en 1891.
1892 m. al. *Orfa*, par Jubé.

5034.   **MARIQUITA**, P. S. A. — M. Pothuau.
B. 1884. — Angleterre (Saint-Lô).
Par *Skylark* et *Marquesa*, par Blair-Athol.

S. r. jusqu'en 1891.
1892 m. b. *Narcisse*, par Fontenay.

5035.   **MARJOLAINE**, 1/2 s. N. — M. L. Villaux.
B. 1875. — Normandie (Le Pin).
Par *Conquérant* et *Vaillante*, par Carignan.

S. r. jusqu'en 1889.
1890 a avorté.
1891 f. al.   , par Etendard.

5036. MARJOLAINE, 1/2 s. N. — Cte de Maleissy.
Bb. 1884. — Normandie (Le Pin).
Par *Valdempierre* et *Australiana*, par West-Australian, P. S. A.
Sa grand'mère : *Vallée-d'Auge*, par Tipple-Cider, P. S. A.
Sa bisaïeule : *L'Aigle*, par Voltaire.
Sa trisaïeule : par Y. Rattler, 1/2 s. A.
Sa quadrisaïeule : par Y. Topper, 1/2 s. A.

1888 m. b. *Paddy*, par Marignan.
1889-1890 vide.

5037. MARJOLAINE, 1/2 s. N.
M. le duc de Narbonne.
N. 1887. — Orne (Le Pin).
Par *Dictateur* et *Dione*, par Marx, 1/2 s. R.
Sa grand'mère : *Valentine*, par Flying-Dutchman, P. S. A.
Sa bisaïeule : *Noisette*, par Koteur.
Sa trisaïeule : *Danaïde*, par Brocardo, P. S. A.
Sa quadrisaïeule : *Bergère*, 1/2 s. N., par Dangerous, P. S. A.

1891 m. b. *Quincampoix*, par Elan.

5038. MARJOLAINE, 1/2 s. N. — MM. Noël frères.
B. 1888. — Normandie (Saint-Lô).
Par *Espadem* et une fille de Bataillon.
Sa grand'mère : par Divus.

1892 f. b. *Oriflamme*, par Jusant.

5039. MARMOTTE, 1/2 s. N. — M. Touzard.
B. 1881. — Manche (Saint-Lô).
Par *Vitrier* (approuvé) et une fille de Kapirat.

S. r. jusqu'en 1888.
1889 f. b. b. *Lutine*, par Forgeur.
1890 m. b. *Moscou*, par Kozyr, 1/2 s. R.
1891 vide.
1892 m. al. *Of-Linne*, par Jusant.

5040. MARMOTTE, 1/2 s. N.
M. le duc de Narbonne.
Ro. 1887. — Orne (Le Pin).
Par *Lavater* et *Gipsy*, par Phaéton.
Sa grand'mère : *Coqueluche*, par Rapid-Roan, 1/2 s. A.
Sa bisaïeule : *Préférée*, par Centaure.

Sa trisaïeule : *Hersilie*, par un fils de Wildfire, 1/2 s. A.
Sa quadrisaïeule : *Vésuvienne*, par Faust.

1891 vide.
1892 f. b. *Ramille*, par Jouffroy.

5041. **MARQUISE**, 1/2 s. N. — M. Liégard.

B. 1870. — Seine-Inférieure (Le Pin).

Par *Trotten-Rattler*, 1/2 s. A., et *Brunette*, par Ouvrier.

S. r. jusqu'en 1880.
1881 m. ro.   , par Y. Quick-Sylver, 1/2 s. A. Mort.
1882 m. b. b. *Larbin*, par Serviteur.
1883 m. b. *Groom*, par Serviteur.
1884 f. b. *Soubrette*, par Serviteur.
1885 m. b. *Pipelet*, par Serviteur.
1886-1887 vide.
1888 f. al. *White-Star*, par North-Star, 1/2 s. A.
1889 m. b. *Centenaire*, par Tam-Tam.
1890 a avorté.
1891 m. b. *Nine*, par Étranger.
1892 m. al. *Marquis*, par Étranger.

5042. **MARQUISE**, 1/2 s. N. — M. Boscher.

Bb. 1878. — Normandie (Saint-Lô).

Par Ribaud et une fille de Dimanche.

S. r. jusqu'en 1891.
1892 f. b. b. *Fanchon*, par Estèphe.

5043. **MARQUISE**, 1/2 s. N. — M. O. Desmannetaux.

Al. 1882. — Manche (Saint-Lô).

Par *Gabier*, P. S. A., et une fille de Kabin.

Sa grand'mère : par Sans-Gêne.
Sa bisaïeule : par Pégase.

1886 f. b. *Héroïne*, par Attila.
1887 f. b. b. *Juliette*, par Lavater.
1888 m. b. b. *Keller*, par Carnavalet.
1889 vide.
1890 f. b. b. *Marguerite*, par Colporteur.
1891 m. b. *Neptune*, par Fontenay.
1892 m. b. *Ostende*, par Fontenay.

5044. **MARQUISE**, 1/2 s. N. — M. J. Leblond.
Aub. 1885. — Manche (Saint-Lô).
Par *Saint-Cloud*, 1/2 s. N. et *Marinette*, par Quasi.

Sa grand'mère : par Elu

1889 s. r.
1890 f. ro. *Moissonneuse*, par Colporteur.
1891 vide.
1892 m. ro. *Océan*, par Fontenay.

5045. **MARQUISE**, 1/2 s. N. — M. le duc de Narbonne.
B. 1887. — Orne (Le Pin).
Par *Dictateur* et *Eglantine*, par Parthénon.

Sa grand'mère : *Valentine*, par Flying-Dutchman, P. S. A.
Sa bisaïeule : *Noisette*, par Noteur.
Sa trisaïeule : *Danaïde*, par Brocardo, P. S. A.
Sa quadrisaïeule : *Bergère*, 1/2 s. N., par Dangerous, P. S. A.

1891 vide.
1892 m. b. *Otto*, par Dégagé.

5046. **MARQUISE**, 1/2 s. N. — M. R. de Gouberville.
Aub. 1887. — Manche (Saint-Lô).
Par *Avignon* et *Coquette*, par Hunter.

Sa grand'mère : par Garibaldi.

1891 s. r.
1892 m. b. *Baccara*, par Coq-à-l'Ane.

5047. **MARQUISE**, 1/2 s. N. — MM. J. et F. Lecaudey.
Bb. 1887. — Manche (Saint-Lô).
Par *Aristocrate* et une fille d'Unau.

Sa grand'mère : par Edgard (approuvé).

1891 vide.

5048. **MARQUISE**, 1/2 s. N. — M. F.-A. Le Plaisant.
B. 1890. — Calvados (Saint-Lô).
Par *Eperlan* et une fille de Templier.

Sa grand'mère : par Solférino.
Sa bisaïeule : par Kléber.

5049.   **MARTA**, 1/2 s. N. — M. A. Delisle.
Al. 1888. — Normandie (Saint-Lô)
Par *Sénéchal* et une fille d'Orphée.
Sa grand'mère : par Bravo, P. S. A.

1892 m. b. *Officier*, par Espadem.

5050.   **MARTINE**, 1/2 s. N. — M. J. de Parfouru.
Bb. 1875. — Normandie (Saint-Lô).
Par *Violent* et une fille de Plagiat (approuvé).

S. r. jusqu'en 1891.
1892 f. b. *Offa*, par Sérieux.

5051.   **MARTINE**, 1/2 s. N. — Mme Ve Crocquevieille.
B. 1884. — Normandie (Saint-Lô).
Par *Sérieux* et une fille de Violent.
Sa grand'mère : par Volta.

S. r. jusqu'en 1891.
1892 m. b. *Onglée*, par Josué.

5052.   **MARTINGALE**, 1/2 s. N. — Duc de Narbonne.
Al. 1887. — Orne (Le Pin).
Par *Fataliste*, P. S. A., et *Séduisante*, 1/2 s. N., par Tonnerre-
des-Indes, P. S. A.
Sa grand'mère : *Pomponia*, par Sylvio, P. S. A.
Sa bisaïeule : *Fiction*, par Aï.
Sa trisaïeule : *Paméla*, par D. I. O., P. S. A.
Sa quadrisaïeule : *La Bachate*, par Bacha, P. S. Ar.
5me degré : jument arabe du Haras de Deux-Ponts.

1891 vide.

5053.   **MARTINNE**, 1/2 s. N. — M. B. Osmont.
B. 1877. — Manche (Saint-Lô).
Par *Ignoré* et une fille de Gouverneur.
Sa grand'mère : par Isolier, P. S. A.
Sa bisaïeule : par Milton.

A toujours avorté jusqu'en 1891.
1892 m. b. b. *Opie*, par Gibraltar.

5054.   **MARTYRE**, 1/2 s. N. — M. F. Noël.
B. 1886. — Manche (Saint-Lô).
Par *Domino-Noir* et une fille de Kabin.
Sa grand'mère : par Sans-Gêne.
Sa bisaïeule : par Paternel.
Sa trisaïeule : par Sir-Henry-Dimsdale, 1/2 s. A.

1890 m. al.   , par Echec.
1891 f. b.   , par Bataillon.

5055.   **MARY-JANE**, 1/2 s. N. — M. E. Allix-Courboy.
Al. 1885. — Manche (Saint-Lô).
Par *Reynolds* et une fille de Lavater.
Sa grand'mère : *Druidesse*, par Agenda.
Sa bisaïeule : par Kapirat.

S. r. jusqu'en 1891.
1892 f. b. *Obole*, par Tigris.

5056.   **MASCOTTE**, 1/2 s. N. — M. P. Castel.
Bb. 1873. — Normandie (Le Pin).
Par *Lavater* et *Jarnicoton*, par The Norfolk-Phœnomenon, 1/2 s. A.
Sa grand'mère : par Schamyl, P. S. A.
Sa bisaïeule : par Condé.

S. r. jusqu'en 1884.
1885-1886-1887 trois produits exportés en Amérique.
1888 à 1890 s. r.
1891 f. b. *Novilla*, par Oronte.

5057.   **MASCOTTE**, 1/2 s. N. — M. Leroux.
Al. 1885. — Seine-Inférieure (Le Pin).
Par *North-Star*, 1/2 s. A., et *Namponne*, par Nampont.
Sa grand'mère : *Charlotte*, par Bucéphale.

1889 f. al. *Esclarmonde*, par Montfort, P. S. A.
1890 à la Remonte.

5058.   **MASCOTTE**, P. S. A. — M. Pouppeville.
Bb. 1888. — Calvados (Saint-Lô).
Par *Atlantic* et *Pinnacle*, par Adventurer.

1892 s. r.
1893 m. b. *Problème*, par Intrépide.

5059. **MASCOTTE**, 1/2 s. N. — M. L. Lesieur.
B. 1888. — Manche (Saint-Lô).
Par *Vice-Président* et une fille de Vignoble.
Sa grand'mère : par Adolpho.

1892 m. b. *Omnium*, par Tropique.

5060. **MAYENNE**, 1/2 s. N. — M. Bellanger.
B. 1890. — Orne (Le Pin).
Par *Cambronne* et *Florence*, par Quiclet.
Sa grand'mère : *Fulla*, par Abrantès.
Sa bisaïeule : *Séduisante* par Elu.
Sa trisaïeule : par Séducteur.

5061. **MAZETTE**, 1/2 s. N. — M. J. Jeanne.
B. 1887. — Normandie (Saint-Lô).
Par *Archibald* et une fille de Papillon.
Sa grand'mère : par Vigoureux.

1891 s. r.
1892 f. b. *Lisette*, par Galant I.

5062. **MAZETTE**, 1/2 s. N. — M. L. Lorault.
Al. 1888. — Normandie (Saint-Lô).
Par *Avignon* et une fille de Menant.
Sa grand'mère : par Roustan.

1892 f. b. *Odyssée*, par Saint-Mélaine.

5063. **MAZURKA**, 1/2 s. N. — M. Quéret.
B. 1874. — Orne (Le Pin).
Par *Inkermann* et *Cocotte*, par Noteur.
Sa grand'mère : *Cocotte*, par Rémus.

1878 f. al. *Conquête*, par Conquérant.
1879 m. b.   , par Niger.
1880 vide.
1881 f. al. *Divorcée*, par Niger.
1882 f. b. *Etoile-Filante*, par Niger.
1883 vide.
1884 f. b.   , par Apis.
1885 f. b. b. *Haydée*, par Valdempierre.
1886 m. b.   , par Valdempierre.
1887 f. b. *Javotte*, par Phaéton.
1888 vide.

1889 f. b.   , par Echo.
1890 m. b. *Midas*, par Echo.
1891 f. b. *Niniche*, par Cherbourg.

5064.   **MAZURKA**, 1/2 s. N. — M. Lecoupeur.
N. 1890. — Calvados (Le Pin).
Par *Coq-à-l'Ane* et *Champagne*, par Noville.
Sa grand'mère : par Conquérant.

5065.   **MÉDINE**, 1/2 s. N. — M. J.-L. Pezeril.
B. 1877. — Manche (Saint-Lô).
Par *Orfila* et une fille de Villiers.
Sa grand'mère : par Régulier.

S. r. jusqu'en 1889.
1890 f. b. *Espiègle*, par Ermite.

5066.   **MEDJÉ**, 1/2 s. N. — M. Havard.
Al. 1887. — Calvados (Saint-Lô).
Par *Hadjy*, 1/2 s. Ar., et une fille d'Urus.
Sa grand'mère : par Electeur.

1891. s. r.
1892 f. al. *Obrisière*, par Intendant.

5067.   **MEHA**, P. S. A. — M. Descoutures.
Al. 1877. — Normandie (Le Pin).
Par *Dutch-Skater* ou *Mirliflor* et *Mentana*, par Fitz-Gladiator.

S. r. jusqu'en 1887.
1888 m. b. *Kioto*, par Tigris.
1889 vide.
1890 m. b. *Maëlstrome*, par Galant II.
1891 m. b. *Nickmana*, par Dante.

5068.   **MÉLINA**, 1/2 s. N. — M. P. Vendel.
Al. 1884. — Normandie (Le Pin).
Par *Saint-Rigomer* et *Lisa*, par Jactator.
Sa grand'mère : par Centaure ou Séducteur.
Sa bisaïeule : par Vicomte.
Sa trisaïeule : par Idalis.

1888 s. r.
1889 f. n. *Lucie*, par Valdempierre.
1890 f. al. *Mirza*, par Hospodar (approuvé).

5069. **MÉLUSINE**, 1/2 s. N. — **M. Alph. Hays.**
B. 1890. — Calvados (Saint-Lô).
Par *Hardy* et une fille de Rêche.

Sa grand'mère : par Montmorency.

5070. **MÉNADE**, 1/2 s. N. — M. le duc de Narbonne.
B. 1887. — Orne (Le Pin).
Par *Dibadj*, P. S. Ar., et *Iris*, par Dégagé.

Sa grand'mère : *Noisette*, par Noteur.
Sa bisaïeule : *Danaïde*, par Brocardo, P. S. A.
Sa trisaïeule : *Bergère*, 1/2 s. N., par Dangerous, P. S. A.

1891 vide.

5071. **MENANTE**, 1/2 s. N. — M. Lebreton.
Al. 1880. — Normandie (Saint-Lô).
Par *Shamrock*, 1/2 s. A., et une fille de Macouba.

Sa grand'mère : par Succès.

S. r. jusqu'en 1891.
1892 f. b. *Obligée*, par Dacapo.

5072. **MENANTE**, 1/2 s. N.
M. G. de Tesson de la Mancellière.
Al. 1887. — Manche (Saint-Lô).
Par *Descartes* et une fille de Shamrock, 1/2 s. A.

Sa grand'mère : par Quinine.

1891 vide.
1892 f. b. *Giroflée*, par Favori.

5073. **MENTOR**, 1/2 s. N. — M. L. Retout.
Bb. 1881. — Manche (Saint-Lô).
Par *Télémaque* et une fille d'Idoménée.

1885 m. b. b. *Floridor*, par Carnavalet.
1886 s. r.
1887 m. b. *Horace*, par Espoir.
1888 s. r.
1889 m. b. *Iris*, par Fred-Archer.
1890 f. b. *Miss-Boutteville*, par Fred-Archer.
1891 f. al. *Surprise*, par Fred-Archer.
1892 m. b. b. *Ognon*, par Colporteur.

5074. **MERCÉDÈS**, 1/2 s. N. — M. Gillain.

B. 1887. — Manche (Saint-Lô).

Par *Banyuls* et *Rapide*, par Ugolin.

Sa grand'mère : *Sérieuse*, par Prétender, 1/2 s. A.

En Amérique.

5075. MERLUCHE, 1/2 s. N. — M. le duc de Narbonne.

B. 1887. — Orne (Le Pin).

Par *Uriel* et *Gambade*, par Phaéton.

Sa grand'mère : *Tulipe*, par Eclipse.
Sa bisaïeule : *Brunette*, par The Norfolk-Phœnomenon, 1/2 s. A.
Sa trisaïeule : *Tamisienne*, par Performer, 1/2 s. A.
Sa quadrisaïeule : *Zaïre*, par Napoléon, P. S. A. A.

1891 vide.

5076. **MÉSANGE**, 1/2 s. N. — M. P. Corbin.

Al. 1870. — Normandie (Le Pin).

Par *Elu* et une fille de Hospodar.

S. r. jusqu'en 1877.
1878 f. b. *Bichette*, par Ximénès.
1879 vide.
1880 m. b. *Charlemagne*, par Ximénès.
1881 m. b. b. *Diavolo*, par Ulrich II.
1882 vide.
1883 f. b. b. *Cocotte*, par Arpenteur ou Ximénès.
1884 vide.
1885 m. b. *Taf*, par Ulrich II.
1886 m. al. *Buci*, par Strelitz, P. S. A.
1887-1888 vide.
1889 f. b. b. *Hébé*, par The Condor, P. S. A.
1890 m. b. b. *Vladimir*, par The Condor, P. S. A.
1891 m. b. b.   , par The Condor, P. S. A.

5077. **MESSAGÈRE**, 1/2 s. N. — M. Blondel.

Ro. 1890. — Seine-Inférieure (Le Pin).

Par *Niger* et *Zéphir*, par Serpolet-Rouan.

Sa grand'mère : *Julie*, par Eclaireur.
Sa bisaïeule : *Tempête*, par Bucéphale.
Sa trisaïeule : *Joyeuse*.

5078.   **METELLA**, 1/2 s. N. — M. Bimont.
Al. 1878. — Normandie (Le Pin).
Par *Quick-Sylver*, 1/2 s. A.. et *Toujours-Prête*, par Ouvrier.
Sa grand'mère : par Professeur.

S. r. jusqu'en 1885.
1886 f. al. *Metella II*, par Serpolet-Rouan.
1887 m. b. *Laborieux*, par Montfort, P. S. A.
1888 m. b. *Montfort*, par Montfort, P. S. A.
1889 m. al. *Intrépide*, par Beaugé.
1890 vide.

5079.   **METELLA II**, 1/2 s. N. — M. Bimont.
Al. 1886. — Seine-Inférieure (Le Pin).
Par *Serpolet-Rouan* et *Metella*, par Quick-Sylver, 1/2 s. A.
Sa grand'mère : *Toujours-Prête*, par Ouvrier.
Sa bisaïeule : par Professeur.

1890 s. r.
1891 f. b.   , par Hardy.
1892 m. b. *Odéon*, par Hardy.

5080.   **MIGNON**, 1/2 s. N. — M. F. Catherine.
Gr. 1878. — Normandie (Saint-Lô).
Par *Mithridate* et une fille de Navigateur.

S. r. jusqu'en 1891.
1892 f. b. *Mignonne*, par Eperlan.

5081.   **MIGNONNE**, 1/2 s. N. — M. E. Lebas.
B. 1868. — Manche (Saint-Lô).
Par *Enoch* (approuvé) et une fille de Violent.

S. r. jusqu'en 1891.
1892 m. b. *Oullicus*, par Sérieux.

5082.   **MIGNONNE**, 1/2 s. N. — M. E. Guilbert.
B. 1869. — Manche (Saint-Lô).
Par *Sachos* (approuvé) et une fille de Dragon.
Sa grand'mère : par Grosley.
Sa bisaïeule : par Quandros.

1873 m. al. *Réveil*, par Idoménée.
1874 s. r.
1875 m. al. *Serviteur*, par Idoménée.
1876 s. r.

1877 f. n.   , par Idoménée. Morte.
1878 f. b. *Garibaldie*, par Garibaldi (Amérique).
1879 f. b. *Rosa*, par Phare (Maroc).
1880-1882 s. r.
1883 f. b. *Minuit*, par Va-de-Bon-Cœur.
1884 f. n. *Tempête*, par Washington, 1/2 s. All.
1885 et 1886 s. r.
1887 f. b. *Pâquerette*, par Espoir.
1888 f. al. *Irenne*, par Glorieux.
1889 f. b. *Surprise*, par Glorieux.
1890 a avorté.
1891 vide.

5083. **MIGNONNE**, 1/2 s. N. — M. A. Jouin.
B. 1870. — Calvados (Saint-Lô).
Par *Sans-Gêne* et une fille de Kapirat.

S. r. jusqu'en 1891.
1892 f. b. *Espérance*, par Quintus.

5084. **MIGNONNE**, 1/2 s. N. — M. B. Catherin.
B. 1871. — Manche (Saint-Lô).
Par *Pédagogue*, P. S. A., et une fille de Saillant.

1875 m. b.   , par Idoménée.
1876 et 1877 vide.
1878 m. b.   , par Idoménée.
1879 vide.
1880 m. b.   , par Ugolin.
1881 vide.
1882 m. b.   , par Phare.
1883 vide.
1884 m. b. *Général*,par Phare.
1885 vide.
1886 m. b.   , par Phare.
1887 et 1888 vide.
1889 f. b.   , par Phare.
1890 et 1891 vide.
1892 m. b. *Ordizan*, par Phare.

5085. **MIGNONNE**, 1/2 s. N. — M. P. Travert.
B. 1874. — Normandie (Saint-Lô).
Par *Ratapoil* et une fille de Lord.

S. r. jusqu'en 1887.
1888 f. b. *Cocotte*, par Sorcier.
1889 à 1891 s. r.
1892 f. b. *Olla*, par Sorcier.

5086. **MIGNONNE**, 1/2 s. N. — Mme Ve Hardouin.
B. 1874. — Manche (Saint-Lô).
Par *Quine* (approuvé) et une fille de Gallois (approuvé).

S. r. jusqu'en 1884.
1885 f. b. *Surprise*, par Roustan.
1886 f. b. *Pomponne*, par Dream.
1887 et 1888 vide.
1889 f. b. *Cocotte*, par Shamrock, 1/2 s. A.
1890 et 1891 vide.
1892 m. b. *Odéon*, par Guerroyeur.

5087. **MIGNONNE**, 1/2 s. N. — M. Banquet.
B. 1874. — Normandie (Saint-Lô).
Par *Umber* et une fille de Général.

S. r. jusqu'en 1891.
1892 f. b. b. *Opération*, par Joinville.

5088. **MIGNONNE**, 1/2 s. N. — M. L. Rigou.
Al. 1875. — Normandie (Saint-Lô).
Par *Hélios* et une fille de Eminent.

S. r. jusqu'en 1891.
1892 f. al. *Olive*, par Jupiter III.

5089. **MIGNONNE**, 1/2 s. N. — M. Le Plaisant.
B. 1875. — Normandie (Saint-Lô).
Par *Mars* et une fille de Corsair, 1/2 s. A.
Sa grand'mère : par Vautour.

S. r. jusqu'en 1891.
1891 f. a. *Novice*, par Hexamètre.

5090. **MIGNONNE**, 1/2 s. N. — M. D. Simon.
B. 1875. — Manche (Saint-Lô).
Par *Vermouth* (approuvé) et une fille de Faucon.

S. r. jusqu'en 1887.
1888 m. b. *Violent*, par Vite.
1889 m. b. *Impatient*, par Vieillot.
1890 m. b. *Jacques*, par Genêt.

5091. **MIGNONNE**, 1/2 s. N. — M. P. Lefrançois.
B. 1875. — Normandie (Saint-Lô).
Par *Wild-Bird*, P. S. A., et une fille de Violent.

S r. jusqu'en 1891.
1892 f. b. *Ombrageuse*, par Itérum.

5092. **MIGNONNE**, 1/2 s. N. — M. D. Maurey.
Al. 1877. — Normandie (Le Pin).
Par *Gaulois* et *Centaurine*, par Centaure.

S. r. jusqu'en 1887.
1888 m. b. *Judas*, par Jadis.
1889 m. b. *Mon-Espoir*, par Echo.
1890 vide.
1891 f. al. *Coquette*, par Echo.
1892 f. b. *Zélia*, par Jouffroy.

5093. . **MIGNONNE**, 1/2 s. N. — M. Lefèvre.
Bb. 1877. — Normandie (Le Pin).
Par *Kilomètre* et *Elisa*, par Faust, P. S. A.

Sa grand'mère : par Centaure.

S. r. jusqu'en 1891.
1892 m. b. b. *Ouragan*, par Ibrahim.

5094. **MIGNONNE**, 1/2 s. N. — M. A. Tetrel.
Ro. 1878. — Manche (Saint-Lô).
Par *Hunter* et *Lisette*, par Succès.

Sa grand'mère : *Plaisante*, par Menant (approuvé).

1882 m. al. *Espiègle*, par Shamrock, 1/2 s. A.
1883 vide.
1884 f. al. *Sultane*, par Shamrock, 1/2 s. A.
1885 m. ro.   , par Shamrock, 1/2 s. A.
1886 m. b. b.   , par Trajan.
1887 vide.
1888 f. ro. *Bas-Blancs*, par Trajan.
1889 vide.
1890 produit mort.
1891 f. ro. *Surprise*, par Saint-Melaine.

5095. **MIGNONNE**, 1/2 s. N. — M. C. Herpin.
B. 1878. — Normandie (Saint-Lô).
Par *Orme* et une fille de Sancho.

S. r. jusqu'en 1891.
1892 f. b. *Oblation*, par Guerroyeur.

5096. **MIGNONNE**, 1/2 s. N. — M. Lebeurier.
B. 1878. — Normandie (Saint-Lô).
Par *Octavo* et une fille de Bisson.

S. r. jusqu'en 1891.
1892 m. b. *Obdovie*, par Galant I.

5097. **MIGNONNE**, 1/2 s. N. — M. A. Auvray.
B. 1878. — Normandie (Saint-Lô).
Par *Peuplier* et une fille de Lagopède.

S. r. jusqu'en 1891.
1892 f. b. *Lisette*, par Jupiter III.

3270. **MIGNONNE**, 1/2 s. N. — M. Edouard Lebouvier.
Bb. 1878. — Normandie (Saint-Lô).
Par *Léotard* et une fille de Pédagogue, P. S. A.
Sa grand'mère : par Noteur.
Sa bisaïeule : par Perfection.

S. r. jusqu'en 1887.
1888 m. b. b. *Kazan*, par Dollar (Amérique).
1889 et 1890 s. r.
1891 f. b. *Rapide*, par Graft.
1892 m. b. *Orphelin*, par Graft.

5098. **MIGNONNE**, 1/2 s. N. — M. V. Soudée.
B. 1878. — Normandie (Saint-Lô).
Par *Macouba* et une fille de Quasi.

S. r. jusqu'en 1891.
1892 m. b. b. *Orbat*, par Shamrock, 1/2 s. A.

5099. **MIGNONNE**, 1/2 s. N. — M. de la Valette.
B. 1878. — Normandie (Saint-Lô).
Par *Querry* et une fille de Niger.

S. r. jusqu'en 1891.
1892 m. b. *Querry*, par Estèphe.

26

5100. **MIGNONNE**, 1/2 s. N. — M. F. Guesdon
B. 1879. — Normandie (Saint-Lô).
Par *Félibien* et une fille de Bisson.

S. r. jusqu'en 1891.
1892 f. b. *Rosette*, par Fronton.

5101. **MIGNONNE**, 1/2 s. N. — M. Émmery.
B. 1879. — Calvados (Saint-Lô).
Par *Quémandeur* et une fille de Sancho.

S. r. jusqu'en 1891.
1892 m. b. *Octavo*, par Ibis.

5102. **MIGNONNE**, 1/2 s. N. — M. Arsène Eugène.
B. 1880. — Normandie (Saint-Lô).
Par *Ourson* et une fille de Vernix.

S. r. jusqu'en 1891.
1892 f. b. b. *Cocote*, par Florentino.

5103. **MIGNONNE**, 1/2 s. N. — M. J. Jeanne.
B. 1880. — Normandie (Saint-Lô).
Par *Papillon* et une fille de Vigoureux.

S. r. jusqu'en 1891.
1892 m. b. *Otage*, par Carnavalet.

5104. **MIGNONNE**, 1/2 s. N. — M. Lepetit.
B. 1880. — Normandie (Saint-Lô).
Par *Sérieux* et une fille de Boyard, 1/2 s. R.

S. r. jusqu'en 1891.
1892 m. b. *Oranum*, par Heaume.

5105. **MIGNONNE**, 1/2 s. N. — M. E. Pagny.
B. 1880. — Calvados (Saint-Lô).
Par *Impérial* et *Martine*, par Succès.

S. r. jusqu'en 1887.
1888 f. b. *Bijou*, par Eperlan.
1889 vide.
1890 m. b. *Marceau*, par Eperlan.
1891 vide.

5106. **MIGNONNE**, 1/2 s. N. — M. Julienne.
B. 1880. — Normandie (Saint-Lô).
Par *Santerre* et une fille de Sancho (approuvé).

S. r. jusqu'en 1891.
1892 m. b. *Orient*, par Forbach.

5107. **MIGNONNE**, 1/2 s. N. — M. A. Salmon.
Al. 1881. — Manche (Saint-Lô).
Par *Truchman* et une fille de Désiré.

S. r. jusqu'en 1891.
1892 f. b. *Finette*, par Despote.

5108. **MIGNONNE**, 1/2 s. N. — M. J. Harel.
Bb. 1881. — Normandie (Saint-Lô).
Par *Président* et une fille de Quinine.

S. r. jusqu'en 1891.
1892 m. b. *Obus*, par Dignitaire.

5109. **MIGNONNE**, 1/2 s. N. — M. A. Dufour.
B. 1881. — Normandie (Saint-Lô).
Par *Macouba* et une fille de Sancho.

S. r. jusqu'en 1891.
1892 f. b. *Cocote*, par Forbach.

5110. **MIGNONNE**, 1/2 s. N. — M. A. Beaufils.
B. 1881. — Manche (Saint-Lô).
Par *Mathurin* et une fille de Plagiat.

1885 s. r.
1886 m. b. *Tudieu*, par Tudieu.
1887 m. b. *Roca*, par Tudieu.
1888 f. b. *Pétillante*, par O'Connel.
1889 m. b. *Plaisant*, par O'Connel.
1890 f. b. *Marinette*, par Harfleur.
1891 morte.

5111. **MIGNONNE**, 1/2 s. N. — M. Lepetit.
B. 1881. — Normandie (Saint-Lô).
Par *Newton* et une fille de Luther.

S. r. jusqu'en 1891.
1892 f. b. *Olmeter*, par Domino-Noir.

5112. **MIGNONNE**, 1/2 s. N. — M. Lechevallier.
B. 1881. — Normandie (Saint-Lô).
Par *Schiller* et une fille de Kent.

S. r. jusqu'en 1891.
1892 f. b. *Rapide*, par Domino-Noir.

5113. **MIGNONNE**, 1/2 s. N. — M. J. Chesnel.
Al 1882. — Normandie (Saint-Lô).
Par *Macouba* et une fille de Quasi.
Sa grand'mère : par Géant-des-Batailles, P. S. A.

S. r. jusqu'en 1891.
1892 f. b. *Surprise*, par Dacapo.

5114. **MIGNONNE**, 1/2 s. N. — M. Eugène Le Bouvier.
Al. 1883. — Normandie (Saint-Lô).
Par *Oglio* et une fille d'Ulysse.
Sa grand'mère : par Gil-Blas.

S. r. jusqu'en 1891.
1892 m. al. *Oriental*, par Dollar.

5115. **MIGNONNE**, 1/2 s. N. — M. P. Fevrier.
N. 1884. — Normandie (Saint-Lô).
Par *Aventin* et une fille de Peuplier.
Sa grand'mère : par Gallois.

S. r. jusqu'en 1891.
1892 f. b. *Oranger*, par Header.

5116. **MIGNONNE**, 1/2 s. N. — M. F. Maine.
Al. 1885. — Calvados (Saint-Lô).
Par *Cicéron* et une fille d'Ulysse III.
Sa grand'mère : par Sancho.

1889 f. b. b. *Ragot*, par Phare.
1890 f. b. *Mignonne*, par Phare.
1891 vide.

5117. **MIGNONNE**, 1/2 s. N. — M. Villain.
B. 1885. — Manche (Saint-Lô).
Par *Dagobert* et une fille d'Octavo.
Sa grand'mère : par Asphalte.

1889 m. b. *Epinal*, par Epi.
1890 vide.
1891 f. b. *Léda*, par Hunald.

5118. **MIGNONNE**, 1/2 s. N. — M. Bosquet.
Al. 1886. — Calvados (Saint-Lô).
Par *Archibald* et une fille de Viril.
Sa grand'mère : par Volant.
Sa bisaïeule : par Jambon.
Sa trisaïeule : par Bravo, P. S. A.

1890 m. b. *Mandataire*, par Galant J.
1891 vide.
1892 f. b. *Olive-Jolibois*, par Jolibois.

5119. **MIGNONNE**, 1/2 s. N. — M. Alph. Mariette.
B. 1887. — Manche (Saint-Lô).
Pa. *Washington*, 1/2 s. All., et une fille de Violent.
Sa grand'mère : par Mystérieux.

1891 s. r.
1892 f. b. *Obéissance*, par Judas.

5120. **MIGNONNE**, 1/2 s. N. — M. Le Rossignol.
Al. 1887. — Calvados (Saint-Lô).
Par *Calas* et *Mignonne*, par Aérien.
Sa grand'mère : *Mignonne*, par Reproducteur.

1891 m. n.   , par Ibis.

5121. **MIGNONNE**, 1/2 s. N. — M. A. Jean.
Bb. 1887. — Manche (Saint-Lô).
Par *Aristocrate* et une fille de Lavater.
Sa grand'mère : par Hussein.

1891 m. b.   , par Habéo.
1892 m. b. b. *Ogre*, par Jusant.

5122. **MIGNONNE**, 1/2 s. N. — M. Aug. Lemoussu.
B. 1887. — Normandie (Saint-Lô).
Par *Santerre* et une fille de Solférino.
Sa grand'mère : par Vernix.

1891 s. r.
1892 f. al. *Charmante*, par Jean-Huss.

5123. **MIGNONNE**, 1/2 s. N. — M. Ch. Pàris.
Bb. 1887. — Manche (Saint-Lô).
Par *Virgile* et une fille de Rivoli.
Sa grand'mère : par Laboureur.

5124. **MIGNONNE**, 1/2 s. N. — M. L. Adeline.
B. 1888. — Normandie (Saint-Lô).
Par *Ébéniste* et une fille de Truplu.
Sa grand'mère : par Platon.

1892 m. b. *Oleg*, par Phare.

5125. **MIGNONNE**, 1/2 s. N. — M. C. Martin.
Bb. 1888. — Normandie (Saint-Lô).
Par *Phare* et une fille de Bravo, P. S. A.
Sa grand'mère : par Kapirat.

1892 f. b. *Optique*, par Eperlan.

5126. **MIGNONNE**, 1/2 s. N. — M. François Auguste.
B. 1888. — Normandie (Saint-Lô).
Par *Patrice* et une fille de Caraffa.
Sa grand'mère : par Boyard, 1/2 s. R.

1892 f. b. b. *Folette*, par Bretteur.

5127. **MILANAISE**, 1/2 s. N. — M. Herclat.
B. 1877. — Normandie (Saint-Lô).
Par *Milanais* et une fille de The Heir-of-Linne, P. S. A.

S. r. jusqu'en 1891.
1892 f. b. *Oriflamme*, par Follet.

5128. **MIMOSA**, 1/2 s. N. — M. Capelle.
B. 1890. — Calvados (Le Pin).
Par *Livet* et *Evangeline*, P. S. A., par Perplexe.

5129. **MINA**, 1/2 s. N. — M. A. Corbin.
B. 1880. — Normandie (Saint-Lô).
Par *Tancrède* et une fille de Feu-de-Joie.

S. r. jusqu'en 1891.
1892 f. n. *Oah*, par Jagellon.

5130.   **MINA**, 1/2 s. N. — M. Regnault.
B. 1881. — Normandie (Saint-Lô).
Par *Ourson* et une fille de Macouba.

S. r. jusqu'en 1891.
1892 f. b. *Olga*, par Santerre.

5131.   **MINA**, 1/2 s. N. — M. P. Lengrais,
B. 1887. — Normandie (Saint-Lô).
Par *Union-Jack* et une fille de Josaphat.

Sa grand'mère : par Navigateur.

1891 s. r.
1892 m. n. *Orfila*, par Galant I.

5132.   **MINA**, 1/2 s. N. — M. Roupsard.
B. 1888. — Normandie (Saint-Lô).
Par *Diplomate* et une fille de Bandit.

Sa grand'mère : par Performer, 1/2 s. A.

1892 m. b. *Ouchy*, par Hearty.

5133.   **MINA**, 1/2 s. N. — M. E. Touyon.
B. 1888. — Normandie (Saint-Lô).
Par *Union-Jack* et une fille de Médicis, P. S. A.

Sa grand'mère : par Dragon.

1892 f. b. *Othonne*, par Carnavalet.

5134.   **MINA**, 1/2 s. N. — M. J. Plante.
B. 1888. — Normandie (Saint-Lô).
Par *Shamrock*, 1/2 s. A., et une fille de Lodi.

Sa grand'mère : par Géant-des-Batailles, P. S. A.

1892 f. al. *Ombre*, par Hallali.

5135.   **MINA**, 1/2 s. N. — M. J. Ricard.
B. 1890. — Calvados (Le Pin).
Par *Hardy* et *Nacelle*, par Marignan.

Sa grand'mère : *Espérance*, par Conquérant.
Sa bisaïeule : par Télégraph, P. S. A.

5136. **MINE-D'OR**, 1/2 s. N. — M. A. Lefèvre.
Al. 1868. — Manche (Saint-Lô).
Par *The Heir-of-Linne*, P. S. A., et une fille d'Etendard.

S. r. jusqu'en 1891.
1892 m. al. *Oxalis*, par Fontenay.

5137. **MINERVE**, 1/2 s. N. — M. G. Germond.
Al. 1875. — Normandie (Le Pin).
Par *Gaulois* et *Rosalie*, par Centaure.
Sa grand'mère : par Ratisbonne.

1880 m. al. *Chambertin*, par Niger.
1881 à 1883 s. r.
1884 f. al. *Perce-Neige*, par Zut, P. S. A. Morte.
1885 s. r.
1886 f. b. *Irène*, par Valdempierre.
1887-1888 s. r.
1889 f. al.   , par Zut, P. S. A. Morte.
1890 m. al.   , par Zut, P. S. A.
1891 vide.
1892 f. b. *Oliva*, par Cherbourg.

5138. **MINERVE**, 1/2 s. N. — M. Henry Lasaussaye.
Al. 1875. — Orne (Le Pin).
Par *Niger* et *Branche-d'Or*, par Télégraphe.
Sa grand'mère : par The Norfolk-Phœnomenon, 1/2 s. A.

S. r. jusqu'en 1883.
1884 f. al. *Vénitienne*, par Vouziers.
1885 f. al. *Circassienne*, par Valdempierre. Morte.
1886 f. b. *Isabelle*, par Valdempierre.
1887 m. al. *Kummel*, par Phaéton.
1888 vide.
1889 f. al. *La Vallière*, par Phaéton.
1890 m. al.   , par Phaéton.
1891 a avorté.

5139. **MINERVE**, 1/2 s. N. — M. D. Lindet.
Bb. 1882. — Orne (Le Pin).
Par *Serpolet-Bai* et *Pégriote*, par Elu.
Sa grand'mère : *Frétillon*, par Solide.
Sa bisaïeule : *Pégriote*, par Eylau, P. S. A. A.
Sa trisaïeule : jument arabe, mère de Buci et de Jactator.

1886 f. b. b. *Ingambe*, par Beaugé.
1887 m. b. b. *Jalon*, par Beaugé.

1888 a avorté.
1889 m. b. b.   , par Fier-à-Bras.
1890 vide.
1891 a avorté.
1892 m. b. *Orthez*, par Ilote.

5140.   **MINERVE**, 1/2 s. N. — M. Ch. Hue.
                   Al. 1885. — Manche (Saint-Lô).
            Par *Qui-Vive* et une fille de Roustan.

                Sa grand'mère : par Electeur.

1889 s. r.
1890 f. al. *Iris*, par Franconi.
1891 vide.
1892 f. b. *Dragonne*, par Dacapo.

5141.   **MINERVE**, 1/2 s. N. — M. H. Planquette.
                   B. 1885. — Calvados (Saint-Lô).
        Par *Ministère*, P. S. A., et *Favorite*, par Ribaud.

                Sa grand'mère : par Sancho.

1889 m. b. *Exéat*, par Exéat.
1890 f. b. *Etincelle*, par Exéat.
1891 vide et à la Remonte.

5142.   **MINERVE**, 1/2 s. N. — M. Leneveu.
                   Bb. 1890. — Calvados (Le Pin).
             Par *Tigris* et *Malvina*, par Ignace.

Sa grand'mère : *Rachelle*, par Montaigne.
Sa bisaïeule : par Tarrare, P. S. A.

5143.   **MINETTE**, 1/2 s. N. — M. Dupray-Beuzeville.
                   N. 1881. — Manche (Saint-Lô).
           · Par *Mine-d'Or* et une fille de Turcaret.

1884 m. al.   , par Richard.
1885 f. al. *Flora*, par Richard.
1886 s. r.
1887 f. b. *Margot*, par Bourgmestre.
1888 f. al. *Chérie*, par Bourgmestre.
1889 f. al. *Emilia*, par Bourgmestre.
1890-1891 vide.
1892 m. n. *Oranger*, par Loyal.

5144. **MINETTE**, 1/2 s. N. — M. E. Sanson.
B. 1884. — Calvados (Saint-Lô).
Par *Tigris* et une fille de Bravo, P. S. A.
Sa grand'mère : par Lahore.

1890-1891 vide.

5145. **MINETTE**, 1/2 s. N. — M. B. Osmont.
Bb. 1889. — Manche (Saint-Lô).
Par *Colporteur* et une fille de The Heir-of-Linne, P. S. A.

Sa grand'mère : par The Caster, P. S. A.
Sa bisaïeule : par Milton.
Sa trisaïeule : par Isolier, P. S. A.

5146. **MINKA**, 1/2 s. N. — M. J. Ricard.
B. 1890. — Calvados (Le Pin).
Par *Galant II* et *Mascotte*, par Centaure.
Sa grand'mère : par Pretty-Boy, P. S. A.

5147. **MINUIT**, 1/2 s. N. — M. Al. Jean.
B. 1881. — Manche (Saint-Lô).
Par *Reynolds* et une fille de Lavater.

Sa grand'mère : par Divus.
Sa bisaïeule : par Ballinkeele, P. S. A.
Sa trisaïeule : par Diomède.

S. r. jusqu'en 1889.
1890 m. b. *Malte*, par Kozyr, 1/2 s. R.
1891 m. b. *Nicolaï*, par Kozyr, 1/2 s. R.

5148. **MINUIT**, ex-**POULOTTE**, 1/2 s. N.
M. E. Marie.
N. 1890. — Manche (Le Pin).
Par *Gandin* et *Poulotte*, par Aster, P. S. A.
Sa grand'mère : par Great-Master, 1/2 s. A.

5149. **MIRA**, 1/2 s. N. — M. Debroise.
B. 1879. — Normandie (Saint-Lô).
Par *Octavo* et une fille de Gallois.

S. r. jusqu'en 1891.
1892 f. al. *Bijou*, par Epi.

5150. MIRABELLE, 1/2 s. N. — M. le comte Dauger.
Bb. 1860. — Eure (Le Pin).
Par *Gainsborough*, 1/2 s. A., ou *Brocardo*, P. S. A., et *Miranda*,
par Kelme (approuvé).

1864 m. b. *Montjoie*, par Pledge.
1865 morte.

5151. MIRABELLE, 1/2 s. N. — M. H. Planquette.
Al. 1886. — Calvados (Saint-Lô).
Par *Ministère*, P. S. A., et *Favorite*, par Ribaud.
Sa grand'mère : par Sancho.

1890 a avorté.
1891 m. b.   , par Fontenay.

5152. MIRABELLE, 1/2 s. N. — M. A. Brohier.
B. 1889. — Manche (Saint-Lô).
Par *Fred Archer* et une fille de Lavater.
Sa grand'mère : par Lagopède.

5153. MIRABELLE, 1/2 s. N. — M. H. Lasaussaye.
B. 1890. — Orne (Le Pin).
Par *Havas* et *Grenade*, par Barrabas.
Sa grand'mère : par Norfolk-Trotter, 1/2 s. A.

5154. MIREILLE, 1/2 s. N. — M. Oury.
B. 1888. — Manche (Saint-Lô).
Par *Café* et une fille de Vautrain.
Sa grand'mère : par Guelfe.

5155. MIREILLE, 1/2 s. N. — M. Capelle.
B. 1890. — Calvados (Le Pin).
Par *Hardy* et *Bécassine*, par Conquérant.
Sa grand'mère : *Blonde*, par Sultan.

3248. MISS-ANNETTE, 1/2 s. N. — M. Lebaudy.
B. 1872. — Calvados (Le Pin).
Par *Noteur* et une fille d'Umber.
Sa grand'mère : par Abrantès.
Sa bisaïeule : par Tipple-Cider, P. S. A.
Sa trisaïeule : par Dupleix.

S. r. jusqu'en 1888.
1889 m. b. *Cagny*, par Don-Quichotte (Amérique).
1890-1891 s. r.
1892 f. b. *Obligeance*, par Aramis.

5156. **MISS-BELL**, 1/2 s. N. — M. G. Laveissière.
B. 1886. — Calvados (Le Pin).
Par *Niger* et *La Mascotte*, par Montfort, P. S. A.
Sa grand'mère : par Interprète.

5157. **MISS-BOY**, 1/2 s. N. — M. L. Milet.
B. 1873. — Manche (Saint-Lô).
Par *Pretty-Boy*, P. S. A., et *La Kapirat*, par Kapirat.
Sa grand'mère : par Adolphus, P. S. A.
Sa bisaïeule : par Lionceau.

S. r. jusqu'en 1885.
1886 f. b. b. *Dominante*, par Domino-Noir.
1887 m. b. *Juré*, par Domino-Noir.
1888 m. b.   , par Domino-Noir.
1889-1890 vide.
1891 m. b.   , par Fontenay.

5158. **MISS-BOY**, 1/2 s. N. — M. Desmannetaux.
B. 1876. — Manche (Saint-Lô).
Par *Pretty-Boy*, P. S. A., et une fille de Divus.
Sa grand'mère : par Ravissant.

1881 m. b. *Descartes*, par Reynolds.
1882 s. r.
1883 m. b. b. *Frondeur*, par Lavater.
1884 s. r.
1885 m. b. *Hamlet*, par Lavater.
1886 m. b. b. *Infant*, par Lavater.
1887 f. b. *Junon II*, par Lavater.
1888 s. r.
1889 m. b. *Luxembourg*, par Colporteur.
1890 f. b. b. *Miss-Anna*, par Colporteur.
1891 f. b. *Normande*, par Colporteur.
1892 m. al. *Oppoponax*, par Fontenay.

5159. **MISS-CAMBRONNE**, 1/2 s. N. — M. D. Lindet.
Al. 1885. — Orne (Le Pin).
Par *Cambronne* et *Myosotis*, par Elu.
Sa grand'mère : *Frétillon*, par Solide.
Sa bisaïeule : *Pégriote*, par Eylau, P. S. A. A.
Sa trisaïeule : jument arabe, mère de Buci et de Jactator.

1889 f. b.   , par Élan (approuvé).
1890 f. b.   , par Élan (approuvé).
1891 f. b.   , par Coq-du-Village, P. S. A.
1892 m. b. *Ouest*, par Élan (approuvé).

5160. MISS-HENRIETTE, 1/2 s. N. — M. Desmannetaux.
Al. 1868. — Manche (Saint-Lô).
Par *Égésippe* et une fille de Sir-Henry-Dimsdale, 1/2 s. A.
Sa grand'mère : par Pégase.
Sa bisaïeule : par Boucanier.

1872 m. b. *Queymadéro*, par Lord.
1873 f. al. *Miss-Pâter*, par Pâter.
1874 f. b. *Étoile*, par Pâter.
1875-1876 s. r.
1877 f. b. *Bas-Blancs*, par Newton.
1878 m. al. *Chevreuil*, par Sidi, P. S. Ar. (Italie).
1879-1880 vide.
1881 f. al. *La Manche*, par Gabier, P. S. A.
1882 m. al. *Éclatant*, par Sidi, P. S. Ar. Mort.
1883 f. al. *Fine-Fleur*, par Sidi, P. S. Ar.
1884 s. r.
1885 m. b. *Hoche*, par Attila.
1886 f. b. *Irlande*, par Domino-Noir.
1887 f. b. *Kermesse*, par Domino-Noir (Amérique).
1888 s. r.
1889 f. al. *Lucrèce*, par Fontenay.
1890 f. b. *Murcie*, par Fontenay.
1891 f. b. *Nelly*, par Colporteur.

5161. MISS-LONDON, 1/2 s. N. — M. Céran-Maillard.
Bb. 1879. — Manche (Saint-Lô).
Par *Lavater* et *Cendrillon*, par The Heir-of-Linne, P. S. A.
Sa grand'mère : par Corsair, 1/2 s. A.
Sa bisaïeule : par Labéou.

1885 m. b. b. *Garnement*, par Upas, 1/2 s. N.
1886 s. r.
1887 f. b. *Cendrillon*, par Carnavalet.
1888 s. r.
1889 f. al. *Renauldine*, par Reynolds (Amérique).
1890 m. al. *Magellan*, par Reynolds.
1891 f. b. b. *Nitouche*, par Frondeur.

5162. MISS-LOZENGE, P. S. A. — M. Akerman.
B. 1878. — Manche (Saint-Lô).
Par *Lozenge* et *Miss-Bird*, par Argonaut.

1882 s. r.

1883 vide.
1884 f. b. *Miss-Lozenge*, par Rivoli.
1885 f. b.   , par Alsacien.
1886 à 1892 vide.

5163. MISS-LOZENGE, 1/2 s. N. — M. P. Desmares.
B. 1884. — Manche (Saint-Lô).
Par *Rivoli*, 1/2 s. N., et *Miss-Lozenge*, P. S. A., par Lozenge.

5164. MISS-MARGOT, 1/2 s. N. — M. C. Hervieu.
B. 1874. — Normandie (Le Pin).
Par *Normand* et *Margot*, par Dorus.

Sa grand'mère : par Important.
Sa bisaïeule : par Héliotrope.
Sa trisaïeule : par Royal-George, P. S. A.

1878 vide.
1879 m. b.   , par Hick.
1880 m. b. *Curacao*, par Conquérant.
1881 vide.
1882 f. b. *Rose-et-Blonde*, par Suffolk, P. S. A.
1883 f. b. *Hermine*, par Suffolk. P. S. A.
1884 m. b.   , par Niger.
1885 m. b.   , par Niger.
1886 f. b. *Sorpolette*, par Niger.
1887 vide.
1888 m. b. *Kirikiki*, par Orchid, P. S. A.
1889 vide.
1890 morte.

5165.   MISS-OF-LINNE, P. S. A.
M. de la Gonnivière.
Al. 1867. — Normandie (Saint-Lô).
Par *The Heir-of-Linne* et *Catherina*, par Rambler.

S. r. jusqu'en 1882.
1883 m. b. *Brother-to-Alcala*, par Lavater.
1884 m. b. *Gladiator*, par Lavater.
1885 m. b.   , par Lavater.
1886 à 1889 vide.
1890 f. b.   , par Espoir.
1891 m. b.   , par Espoir.

5166.   MISS-SLOSS, 1/2 s. N. — M. Hubert.
N. 1874. — Normandie (Le Pin).
Par *Elu* et *Victoria*, par Séducteur.

Sa grand'mère : par Thésée.

Sa bisaïeule : par William, P. S. A.
Sa trisaïeule : par Eylau, P. S. A. A.

1878 f. b. b. *Rhéa-Sylvia*, par Quiclet.
1879 m. b. b. *Blokaus*, par Serpolet-Bai.
1880 f. b. b. *Cadijah*, par Quiclet.
1881 m. al.   , par Phaéton. Exporté.
1882 f. al. *Phaétonne*, par Phaéton.
1883 vide.
1884 f. al. *Gitana*, par Phaéton.
1885 vide.
1886 f. al.   , par Gabier, P. S. A.
1887 f. al. *La Juive*, par Gabier, P. S. A.
1888 à 1891 s. r.
1892 m. n. *Ouï-Dire*, par Edimbourg.

5167.   MISS-THE-HEIR-OF-LINNE, 1/2 s. N.

M. J. Milet.

B. 1872. — Manche (Saint-Lô).

Par *The Heir-of-Linne*, P. S. A., et *La Kapirat*, par Kapirat.

Sa grand'mère : par Adolphus, P. S. A.
Sa bisaïeule : par Lionceau.

S. r. jusqu'en 1883.
1884 f. b. *Aurore*, par Lavater.
1885 s. r.
1886 m. b. b. *Iratus*, par Lavater.
1887 m. b. *Kasba*, par Lavater.
1888-1889 s. r.
1890 m. b.   , par Fontenay.
1891 f. b. *Miss-Courcy*, par Fontenay.

5168.   MISS-WILNA, 1/2 s. N. — M. Ch. Marchand.

Al. 1880. — Sarthe (Le Pin).

Par *Phaéton* et *Sultane*, par Gaulois.

Sa grand'mère : par Destin.
Sa bisaïeule : par Tipple-Cider, P. S. A.
Sa trisaïeule : par Xerxès.

1884 vide.
1885 a avorté de deux poulains.
1886 f. al. *Isoète*, par Beaugé. Morte.
1887 vide.
1888 f. b. *Kadéja*, par Elan.
1889 f. b. *Laïs*, par Edimbourg.
1890 f. b.   , par Cicéron II.
1891 f. b. *Naïda*, par Edimbourg.

5169. **MISS-ZÉLIA**, 1/2 s. N. — M. Heuzey.
Al. 1870. — Normandie (Le Pin).
Par *Matchless II* et *Etourdie*, par Pledge.
Sa grand'mère : Bucolique.

1874 s. r.
1875 f. b. *Marietta*, par Organique.
1876 s. r.
1877 f. al. *Glorieuse*, par Gall. Morte.
1878 s. r.
1879 f. b. *Galka*, par Gall.
1880 s. r.
1881 f. b. *Dalilah*, par Blenheim, P. S. A.
1882 m. b. *Escobar*, par Ultimatum.
1883-1884 s. r.
1885 m. b. *Hoche*, par Vésuve. Mort.
1886 f. b. *Illarya*, par Cherbourg.
1887 s. r.
1888 f. b. *Karava*, par Mourle, P. S. A.
1889 s. r.
1890 f. b. *Mirabelle*, par Edimbourg.

5170. **MODESTIE**, 1/2 s. N. — M. A. Hervieu.
B. 1872. — Normandie (Le Pin).
Par *Ignace* et *Margot*, par Dorus.

Sa grand'mère : par Important.
Sa bisaïeule : par Héliotrope.
Sa trisaïeule : par Royal-George, P. S. A.

S. r. jusqu'en 1879.
1880 a avorté.
1881 à 1883 vide.
1884 s. r.
1885 vide.
1886 f. (Père inconnu.)
1887 f. al. *Tapageuse*, par Orchid, P. S. A.
1888 f. al. *Ukraine*, par Orchid, P. S. A.
1889 f. al. *Vagabonde*, par Orchid, P. S. A.
1890 m. al. *Mitschi*, par Orchid, P. S. A.
1891-1892 vide.

5171. **MODESTIE**, 1/2 s. N. — M. A. Duchemin.
B. 1885. — Manche (Saint-Lô).
Par *Aristocrate* et une fille d'Ugolin.

Sa grand'mère : par Paladin, P. S. A.
Sa bisaïeule : par Talleyrand.
Sa trisaïeule : par Eastham, P. S. A.

1889 m. b. *Kars*, par Utrecht.
1890 f. b. *Furette*, par Fontenay.
1891 m. b.   , par Fontenay.

5172.   **MODESTIE**, 1/2 s. N. — M. L. Jean.
Al. 1888. — Manche (Saint-Lô).
Par *Anacharsis*, P. S. A., et *Sultane*, par Ulysse III.
Sa grand'mère : par Navigateur.
Sa bisaïeule : par Electeur.

1892 m. b. *Olris*, par Ray-Grass.

5173. **MOISSONNEUSE**, 1/2 s. N. — M. J. Leblond.
Ro. 1890. — Manche (Saint-Lô).
Par *Colporteur* et *Marquise*, par Saint-Cloud, 1/2 s. N.
Sa grand'mère : par Elu.

5174. **MONDAINE**, 1/2 s. N. — M. Burel-Trancliard.
Aub. 1876. — Normandie (Le Pin).
Par *Y. Quick-Sylver*, 1/2 s. A., et *Frideline*,
par Fidèle-au-Malheur.
Sa grand'mère : *Blondine*, par Bayard.

S. r. jusqu'en 1888.
1889 f. aub. *Lackmé*, par Endormi.
1890 vide.
1891 f. ro. *Nitouche*, par Camembert.

5175. **MON-ESPÉRANCE**, 1/2 s. N. — M. Lavignée.
B. 1890. — Orne (Le Pin).
Par *Cherbourg* et *Fleur-de-Genêt*, par Courtois, P. S. A., ou
Sir-Quid-Pigtail, P. S. A.
Sa grand'mère : par Noteur.
Sa bisaïeule : par Stoker, P. S. A.
Sa trisaïeule : par Aï.

5176. **MON-ESPOIR**, 1/2 s. N. — M. Osmont.
Al. 1870. — Manche (Saint-Lô).
Par *Pretty-Boy*, P. S. A., et une fille de Corsair, 1/2 s. A.
Sa grand'mère : par Lagopède.

S. r. jusqu'en 1886.
1887 f. b. *Vaillante*, par Aristocrate.
1888 à 1892 vide.

5177. MON-ÉTOILE, 1/2 s. N. — M. E. Lecouflet.
B. 1883. — Manche (Saint-Lô).
Par *Ministère*, P. S. A., et *Brunette*, par Ignoré.

Sa grand'mère : *Parfaite*, par Isolier, P. S. A.
Sa bisaïeule : *Parfaite*, par Boucanier.
Sa trisaïeule : *Pégase*, par Pégase.

1887 m. b. *Jaguar*, par Colporteur.
1888 s. r.
1889-1890 vide.
1891 f. al. *Nadia*, par Fontenay.
1892 m. b. *Orateur*, par Colporteur.

5178. MONTAGNE, 1/2 s. N. — M. V. Lemazurier.
Al. 1881. — Manche (Saint-Lô).
Par *Pétrarque* et une fille de Garde-à-Vous.

Sa grand'mère : par Félibien.
Sa bisaïeule : par Androclès.
Sa trisaïeule : par Honorius.

S. r. jusqu'en 1886.
1887 m. b. *Soupeur*, par Thabor.
1888 m. al. *Vainqueur*, par Thabor.
1889 produit mort.
1890 vide.
1891 a avorté.

5179. MOUMOUTE, 1/2 s. N. — M. le B⁰ⁿ Le Couteulx.
Al. 1880. — Manche (Le Pin).
Par *Pretty-Boy*, P. S. A., et *Mazette*, par Hussein.

Sa grand'mère : par Cultivateur (approuvé).

S. r. jusqu'en 1889.
1890 m. al. *Coquelicot*, par Barrabas.
1891 f. al. *Bleuette*, par Chambertin.
1892 m. al. *Vendredi-Saint*, par Chambertin.

5180. MOUTON, 1/2 s. N. — M. P. Rossignol.
Al. 1879. — Normandie (Saint-Lô).
Par *Ribaud* et une fille de Morgan.

S. r. jusqu'en 1891.
1892 m. b. b. *Odessus*, par Phare.

5181.   **MOUTON**, 1/2 s. N. — M. Pigault.
B. 1888. — Normandie (Saint-Lô).
Par *Pénitent* et une fille de Montebello.
Sa grand'mère : par Riga.

1892 m. b. b. *Obscur*, par Ermite.

5182.   **MOUSSELINE**, 1/2 s. N. — M. P. Jean.
B. 1877. — Manche (Saint-Lô).
Par *Fidèle-au-Malheur* et une fille de Va-de-Bon-Cœur.

S. r. jusqu'en 1891.
1892 m. b. *Ormeau*, par Jolibois.

5183.   **MOUVETTE**, 1/2 s. N. — M. L. Artu.
B. 1871. — Manche (Saint-Lô).
Par *Josaphat* et une fille de Kapirat.

5184.   **MOUVETTE**, 1/2 s. N. — M. L. Bonhomme.
B. 1872. — Normandie (Saint-Lô).
Par *Bravo*, P. S. A., et une fille de Pont-d'Or.

S. r. jusqu'en 1891.
1892 f. b. *Rosette*, par Houspignolles.

5185.   **MOUVETTE**, 1/2 s. N. — M. Onfroy.
B. 1874. — Normandie (Saint-Lô).
Par *Pretty-Boy*, P. S. A., et une fille de Lagopède.

S. r. jusqu'en 1891.
1892 m. b. *Orsini*, par Frondeur.

5186.   **MOUVETTE**, 1/2 s. N. — M. Cornavin.
Gr. 1874. — Normandie (Saint-Lô).
Par *Vice-Roi* et une fille de Junior.

S. r. jusqu'en 1891.
1892 m. ro. *Ourvari*, par Café.

5187. MOUVETTE. 1/2 s. N. — M. J.-B. Desquesnes.
B. 1877. — Calvados (Saint-Lô).
Par *Pancrace* et une fille d'Harmonieux.

Sa grand'mère : par Bravo, P. S. A.
Sa bisaïeule : par Priam.

S. r. jusqu'en 1885.
1886 m. b.   . par Alsacien. Mort.
1887 f. al. *Lise*, par Virgile.
1888 f. b. *Parfaite*, par Alsacien.
1889 vide.
1890 m. b. *Mirabeau*, par Virgile.
1891 vide.

5188. **MOUVETTE**, 1/2 s. N. — M. E. Renouf.
Al. 1879. — Manche (Saint-Lô).
Par *Kabin* et une fille de Feu-de-Joie.

Sa grand'mère : par Beaumarchais.

1883 f. al. *Lusette*, par Vanikoro.
1884 m. b. *Ursia*, par Vanikoro.
1885 f. al. *Coquette*, par Vanikoro.
1886 f. al. *Charmante*, par Vanikoro.
1887 m. b. *Succès*, par Vanikoro.
1888 f. b. *Mina*, par Vanikoro.
1889 m. b. *Jarnac*, par Vanikoro.
1890 m. b. *Lodi*, par Espadem.
1891 vide.

5189. **MOUVETTE**, 1/2 s. N. — M. Aug. Jeanne.
B. 1879. — Normandie (Saint-Lô).
Par *Quinte-Curce* et une fille d'Harmonieux IV.

Sa grand'mère : par Camisard.

S. r. jusqu'en 1891.
1892 m. b. *Orembourg*, par Hernandez.

5190. **MOUVETTE**, 1/2 s. N. — M. J. Brotelande.
B. 1880. — Normandie (Saint-Lô).
Par *Pétrarque* et une fille de Garde-à-Vous.

S. r. jusqu'en 1891.
1892 m. b. *Octobre*, par Loyal.

5191. **MOUVETTE**, 1/2 s. N. — M. J. Larue.
B. 1880. — Normandie (Saint-Lô).
Par *Ray-Grass* et une fille de Va-de-Bon-Cœur.

S. r. jusqu'en 1891.
1892 m. b. *Orgas*, par Tempête.

5192. **MOUVETTE**, 1/2 s. N. — M. Piquenot.
B. 1880. — Normandie (Saint-Lô).
Par *Saint-Cloud* et une fille de Séduisant.

S. r. jusqu'en 1891.
1892 m. b. b. *Oswald*, par Farnèse.

5193. **MOUVETTE**, 1/2 s. N. — M. P. Belliard.
B. 1881. — Normandie (Saint-Lô).
Par *Quality* et une fille d'Egésippe.

S. r. jusqu'en 1891.
1892 f. b. *Opportune*, par Fournichon.

5194. **MOUVETTE**, 1/2 s. N. — M. M. Anne.
Gr. 1884. — Normandie (Saint-Lô).
Par *Agenda* et une fille de Cambacérès.
Sa grand'mère : par Impérial.

S. r. jusqu'en 1891.
1892 m. b. b. *Orage*, par Grand-Maître.

5195. **MOUVETTE**, 1/2 s. N. — M. L. Aumont.
N. 1885. — Manche (Saint-Lô).
Par *Black* et une fille de Mercure.
Sa grand'mère : par Pimlico, 1/2 s. A.
Sa bisaïeule : par Hyacinthe.

5196. **MOUVETTE**, 1/2 s. N. — M. P. Sauvage.
B. 1886. — Manche (Saint-Lô).
Par *Banyuls* et une fille de Kapirat.
Sa grand'mère : par Ugolin.
Sa bisaïeule : par Koulikan (approuvé).

1890 m. b. b. *Géranium*, par Géranium.

5197. **MOUVETTE**, 1/2 s. N. — M. P. Dehennot.
B. 1887. — Normandie (Saint-Lô).
Par *Echec* et une fille de Quatre-Cents.
Sa grand'mère : par Kilogramme.

1891 s. r.
1892 m. al. *Onéreux*, par Héritier.

5198. **MOUVETTE**, 1/2 s. N. — M. Michel Bon.
B. 1888. — Normandie (Saint-Lô).
Par *Canut* et une fille de Vanikoro.
Sa grand'mère : par Ivanhoff, P. S. A.

1892 m. b. *Odéon*, par Hearty.

5199. **MOUVETTE**, 1/2 s. N. — M. F. Hardel.
B. 1891. — Manche (Saint-Lô).
Par *Thabor* et une fille de Pétrarque.
Sa grand'mère : par Gouverneur.
Sa bisaïeule : par Félibien.

5200. **MOUZETTE**, 1/2 s. N. — M. Guillot.
B. 1888. — Normandie (Saint-Lô).
Par *Calas* et une fille d'Agnadel.
Sa grand'mère : par Dictateur.

1892 f. b. b. *Olga*, par Dunois.

5201. **MUSCADE**, 1/2 s. N. — M. F. Richer.
Bb. 1887. — Sarthe (Le Pin).
Par *Edimbourg* et *Isabelie*, par Koping.
Sa grand'mère : par Y. Phœnomenon, 1/2 s. A.
Sa bisaïeule : par Voltaire.

1891 m. b. , par Iambe. Mort.
1892 f. b. *Olive*, par Iambe.

5202. **MUSCADE**, 1/2 s. N. — Duc de Narbonne.
Ro. 1887. — Orne (Le Pin).
Par *Phaéton* et *Dulcinée*, par Niger.
Sa grand'mère : *Zygie*, par Sincerity, P. S. A.
Sa bisaïeule : *Préférée*, par Centaure.

Sa trisaïeule : *Hersilie*, par un fils de Wildfire, 1/2 s. A.
Sa quadrisaïeule : *Vésuvienne*, par Faust.
1891 vide.

5203.   MYOSOTIS, 1/2 s. N. — M. D. Lindet.

Al. 1869. — Orne (Le Pin).

Par *Elu* et *Frétillon*, par Solide.

Sa grand'mère : *Pégriote*, par Eylau, P. S. A. A.
Sa bisaïeule : jument arabe, mère de Buci et de Jactator.

1873 m. b. *Racoleur*, par Abrantès.
1874 m. b. *Spectre*, par Abrantès.
1875 à 1884 s. r.
1885 f. al. *Miss-Cambronne*, par Cambronne.
1886 vide.
1887 m. al. *Jactator II*, par Beaugé.
1888 vide.
1889 f. b.   , par Edimbourg.
1890 vide.
1891 a avorté.
1892 f. al. *Osmonde,* par Fuschia.

5204.   MYRTHA, 1/2 s. N. — M. L. Fontaine.

Bb. 1882. — Calvados (Le Pin).

Par *Suffolk*, P. S. A., et une fille de Normand.

Sa grand'mère : par Conquérant.

1886 f. b. *Indiana*, par Phaéton.
1887 vide.
1888 f. b. b.   , par Etendard.
1889 f. b. b. *Lionne*, par Etendard.
1890 morte.

5206.   MYRTO, 1/2 s. N. — Duc de Narbonne.

B. 1887. — Orne (Le Pin).

Par *Uriel* et *Hirondelle*, par Elu.

Sa grand'mère : *Valentine*, par The Flying-Dutchman, P. S. A.
Sa bisaïeule : *Noisette*, par Noteur.
Sa trisaïeule : *Danaïde*, par Brocardo, P. S. A.
Sa quadrisaïeule : *Bergère*, 1/2 s. N., par Dangerous, P. S. A.

1891 vide.

5208.   **N.**, 1/2 s. N. — M. Letréguilly.
B. 1874. — Normandie (Saint-Lô).
Par *Quasi* et une fille d'Urus.

S. r. jusqu'en 1891.
1892. f. b. *Onéreuse*, par Dacapo.

3249.   **N.**, 1/2 s. N. — M. Chandélier.
B. 1884. — Calvados (Le Pin).
Par *Arlequin* et une fille de Kaolin, P. S. A.
Sa grand'mère : par Normand.
Sa bisaïeule : *Perdita*, par Ignace.
Sa trisaïeule : *Petite-de-Mer*, par Usager.

1888. s. r.
1889. m. al. *Emblème*, par Etendard (Amérique).

5209.   **N.**, 1/2 s. N. — M. Duval.
Bb. 1886. — Normandie (Saint-Lô).
Par *Carnavalet* et une fille de J'y-Songerai.
Sa grand-mère : par Kapirat.

1890 et 1891 s. r.
1892 f. b. b. *Yvette*, par Ray-Grass.

5210.   **N.**, 1/2 s. N. — M.-J. Fautrat.
Bb. 1888. — Normandie (Saint-Lô).
Par *Agnadel* et une fille d'Ugolin.
Sa grand'mère : par Lagopède.

1892 f. b. *Olin*, par Quality.

5211.   **N.**, 1/2 s. N. — M. P. Jean.
B. 1888. — Normandie (Saint-Lô).
Par *Exeat* et une fille d'Idoménée.
Sa grand'mère : par Docteur.
Sa bisaïeule : par Karbout.

1892 m. b. *Orkhan*, par Follet.

5212.   **NAC**, 1/2 s. N. — M. Céran-Maillard.
Bb. 1891. — Manche (Saint-Lô).
Par *Frondeur* et *Dominée*, par Domino-Noir.
Sa grand'mère : *Sympathie*, par Ignoré.
Sa bisaïeule : par Kapirat.

5213. **NACELLE**, 1/2 s. N. — M. J. Ricard.
B. 1879. — Calvados (Le Pin).
Par *Marignan* et *Espérance*, par Conquérant.
Sa grand'mère : par Télégraph, 1/2 s. A.

1883-1884 s. r.
1885 f. b.   , par Phaéton.
1886-1887 vide.
1888 m. b. *Kacy*, par Echo. Exporté.
1889 f. b.   , par Favori (approuvé).
1890 f. b. *Mina*, par Hardy.
1891 morte.

5214. **NACELLE**, 1/2 s. N. — M. J. Lemonnier.
Al. 1884. — Orne (Le Pin).
Par *Phaéton* et *Lisbeth*, P. S. A., par Trocadéro.

1888-1889 s. r.
1890 f. b. *Tricoteuse*, par Cicéron II.
1891 m. al. *Hetman*, par Fuschia.
1892 m. b. *Isly*, par Qui-Vive.

5215. **NACELLE**, 1/2 s. N. — M. A. Legallois.
Bb. 1887. — Calvados (Saint-Lô).
Par *Phare* et une fille de Valérien.
Sa grand'mère : par Grandiose.

1891 vide.

5216. **NACELLE**, 1/2 s. N. — M. J. Ricard.
B. 1891. — Calvados (Le Pin).
Par *Etendard* et *Reinette*, par Normand.
Sa grand'mère : *Gitana*, P. S. A., par Ionian.

5217. **NACELLE**, 1/2 s. N. — M. Le Plaisant.
Bb. 1891. — Calvados (Saint-Lô).
Par *Phare* et une fille d'Astyanax.
Sa grand'mère : par Glorieux.
Sa bisaïeule : par Malakoff.
Sa trisaïeule : par Jay.

5218.   **NADÈGE**, P. S. A. — M. Donzel.
Bb. 1873. — Normandie (Saint-Lô).
Par *Vertugadin* et *Miss-Neddy*, par Nuncio.

S. r. jusqu'en 1888.
1889 m. b.   . par Domino-Noir. Mort.

5219.   **NADÈJE**, 1/2 s. N. — M. J. Lemonnier.
Al. 1884. — Orne (Le Pin).
Par *Phaéton* et *Amourette*, P. S. A., par Suzerain.

S. r. jusqu'en 1890.
1891 produit mort.
1892 f. b. *Image*, par Qui-Vive.

5220.   **NADIA**, 1/2 s. N. — M. F. Lebas.
B. 1879. — Manche (Saint-Lô).
Par *Sir-Henry* et *La Blonde*, par Ugolin.
Sa grand'mère : *Blondine*, par Corsair, 1/2 s. A.

S. r. jusqu'en 1888.
1889 f. b. *Lucette*, par Tempête.
1890 vide.
1891 f. b. *Néra*, par Tempête.

5221.   **NADIA**, 1/2 s. N. — M. Lécrivain.
Al. 1888. — Manche (Saint-Lô).
Par *Canut* et *Nadine*, par Stern.
Sa grand'mère : *Irma*, par Schamyl, P. S. A.
Sa bisaïeule : par Kabin.
Sa trisaïeule : par Sir-Henry-Dimsdale, 1/2 s. A.
Sa quadrisaïeule : *Brebis*, par Boucanier.
5e degré : par Pégase.

1892 f. b. *Opale*, par Jagellon.

5222.   **NAIADE**, 1/2 s. N. — M. A. Duchemin.
B. 1891. — Manche (Saint-Lô).
Par *Intrépide* et une fille d'Esbly.
Sa grand'mère : par Sénéchal.
Sa bisaïeule : par Mirliton.
Sa trisaïeule : par Bravo, P. S. A.

5223. **NAMPONNE**, 1/2 s. N. — M. Leroux.
B. 1876. — Normandie (Le Pin).
Par *Nampont* et *Charlotte*, par Bucéphale.

S. r. jusqu'en 1883.
1884 f. al. *Lydie*, par North-Star, 1/2 s. A.
1885 f. al. *Mascotte*, par North-Star, 1/2 s. A.
1886 f. ro. *Nelly*, par Serpolet-Rouan.
1887 f. al. *Cotonnade*, par North-Star, 1/2 s. A.

5224. **NATALIS**, 1/2 s. N. — M. J. Ricard.
Bb. 1891. — Calvados (Le Pin).
Par *Homard* et *Champêtre*, par Lavater.
Sa grand'mère : *The Heir-of-Linne*, par The Heir-of-Linne, P. S. A.
Sa bisaïeule : par Hautain.

5225. **NATTE**, 1/2 s. N. — M. de Tesson de la Mancellière.
Gr. 1881. — Manche (Saint-Lô).
Par *Géant-des-Batailles*, P. S. A., et *Papillon*, par Vernix
(approuvé).
Sa grand'mère : par Négociant.

S. r. jusqu'en 1888.
1889 m. b. *Diamant*, par Dacapo.
1890 m. gr. *Egéon*, par Shamrock, 1/2 s. A.

5226. **NAVARRE**, 1/2 s. N. — Mme de la Ville.
Bb. 1882. — Calvados (Saint-Lô).
Par *Tigris* et *Esméralda*, P. S. A., par Cobnut.

S. r. jusqu'en 1890.
1891 m. al. *Czar*, par Incroyable.
1892 m. b. *Ouragan*, par Qui-Vive.

5227. **NAVARRE**, 1/2 s. N. — M. Bellanger.
B. 1891. — Orne (Le Pin).
Par *Cambronne* et *Florence*, par Quiclet.
Sa grand'mère : *Fulla*, par Abrantès.
Sa bisaïeule : *Séduisante*, par Elu.
Sa trisaïeule : par Séducteur.

5228. **NATHALIE**, 1/2 s. N. — M. A. Hays.
Bb. 1891. — Calvados (Saint-Lô).
Par *Galant II* ou *Fumet* et une fille de Tigris.
Sa grand'mère : par Radeau.

5229.   **NÉGRESSE**, 1/2 s. N. — M. Avoine.
N. 1878. — Normandie (Saint-Lô).
Par *Lavater* et une fille de Colbert, P. S. A.

S. r. jusqu'en 1891.
1892 f. b. *Ovididite*, par Habéo.

5230.   **NÉGRESSE**, 1/2 s. N. — M. J. Léon.
N. 1880. — Calvados (Saint-Lô).
Par *Ribaud* et *L'Étoile*, par Mithridate.

S. r. jusqu'en 1889.
1890 f. b.   , par Express.
1891 s. r.
1892 f. b. *Occitanie*, par Follet.

5231.   **NÉGRESSE**, 1/2 s. N. — M. L. Ygouf.
N. 1881. — Calvados (Saint-Lô).
Par *Ribaud* et *Bérénice*, P. S. A., par Vermouth.

S. r. jusqu'en 1889.
1890 f. al. *Quine*, par Grand-Maître.
1891 f. b. *Rosa*, par Grand-Maître.
1892 f. b. b. *Souris*, par Frondeur.

5232.   **NÉGRESSE**, 1/2 s. N. — M. L. Berthot.
Bb. 1883. — Manche (Saint-Lô).
Par *Sidi*, P. S. Ar., et une fille d'Ussein.
Sa grand'mère : par Sir-Henry-Dimsdale, 1/2 s. A.
Sa bisaïeule : par Pégase.
Sa trisaïeule : par Paternel.

1887-1888 s. r.
1889 m. b. *Fred-Archer*, par Fred-Archer.
1890 m. b. *Fred-Archer*, par Fred-Archer.
1891 m. b.   , par Fred-Archer.

5233.   **NÉGRESSE**, 1/2 s. N. — M. Couprit.
Bb. 1883. — Orne (Le Pin).
Par *Officier* et une fille d'Héliotrope.
Sa grand'mère : par Buci.

1887 à 1890 s. r.
1891 f. b. b. *Sultane*, par Hécla.
1892 f. b. b. *Olga*, par Hécla.

5234. **NÉGRESSE**, 1/2 s. N. — M. J. Ricard.
N. 1891. — Calvados (Le Pin).
Par *Hercule-Normand* et *Satania*, par Acquila.
Sa grand'mère : *Camélia*, par Normand.
Sa bisaïeule : *Vitesse*, par Vladimir.
Sa trisaïeule : par Hospodar.

5235. **NÉGRETTE**, 1/2 s. N. — M. B. Osmont.
N. 1876. — Manche (Saint-Lô).
Par *Ignoré* et une fille de Tamerlan.
Sa grand'mère : par Paternel.
Sa bisaïeule : par Jay.

S. r. jusqu'en 1889.
1890 f. n. *Normande*, par Domino-Noir.
1891 f. b. *La Fleur*, par Ministère, P. S. A.

5236. **NÉGRETTE**, 1/2 s. N. — M. C. Caillemer.
B. 1878. — Normandie (Saint-Lô).
Par *Sir-Edwin-Landsyer*, 1/2 s. A., et une fille de Riga.

S. r. jusqu'en 1891.
1892 m. b. *Observateur*, par Follet.

5237. **NÉGRETTE**, 1/2 s. N. — M. E. Furon.
Bb. 1880. — Normandie (Saint-Lô).
Par *Phare* et une fille d'Egésippe.
Sa grand'mère : par Namur.

S. r. jusqu'en 1891.
1892 m. b. *Oléon*, par Eperlan.

5238. **NÉGRETTE**, 1/2 s. N. — M. P. Lucas.
B. 1886. — Manche (Saint-Lô).
Par *Algérien* (approuvé) et *Olympe*, par Pénitent.
Sa grand'mère : *Coquette*, par Idalis.

1890 f. b. *Pomponette*, par Usuel.
1891 f. al. *Dragonne*, par Usuel.

5239. **NÉGRETTE**, 1/2 s. N. — M. P. Jean.
N. 1891. — Manche (Saint-Lô).
Par *Domino-Noir* et une fille de Fidèle-au-Malheur.
Sa grand'mère : par Va-de-Bon-Cœur.

5240.   **NÉGRO**, 1/2 s. N. — M. F. Noël.
Bb. 1881. — Orne (Saint-Lô).
Par *Norfolk-Héro*, 1/2 s. A., et une fille d'Eclipse.
Sa grand'mère : *Miss-Bell*, 1/2 s. Am., mère de Niger.

1885 s. r.
1886 f. b. b. *Liberté*, par Domino-Noir (Amérique).
1887 f. b. b. *Espérance*, par Domino-Noir.
1888 f. b. b. *Gazelle*, par Domino-Noir.
1889 f. b. b. *Liberté*, par Domino-Noir.
1890 m. b.   , par Espadem.
1891 f. b.   , par Espadem.
1892 f. b. b. *Ovation*, par Espadem.

5241.   **NÉGRO**, 1/2 s. N. — M. A. Laborde.
N. 1888. — Normandie (Saint-Lô).
Par *Bataillon* et une fille de Kabin.
Sa grand'mère : par Schamyl, P. S. A.

1892 m. al. *Orival*, par Jocrisse.

5242.   **NÉGRO**, 1/2 s. N. — M. J. Ferey.
Bb. 1888. — Normandie (Saint-Lô).
Par *Frontignan* et une fille de D'Artagnan.
Sa grand'mère : par Nacqueville.

1892 m. b. b. *Ogman*, par Céladon.

5243.   **NEIGEUSE**, 1/2 s. N. — M. H. Lasaussaye.
Al. 1891. — Normandie (Le Pin).
Par *Echo* et une fille de Barrabas.
Sa grand'mère : par Le Marquis, P. S. A.

5244.   **NELL**, P. S. A. — M. P. Donzel.
N. 1866. — Oise (Le Pin).
Par *Charlatan* et *Bouteille-à-l'Encre*, par Faugh-a-Ballah.

S. r. jusqu'en 1886.
1887 suitée d'un produit de P. S. A.
1888 f. n. *Kyrielle*, par Elan.
1889 m. n. *Le Londel*, par Fanfan.
1890 vide.
1891 f. n. *Néva*, par Ulysse II.

5245. NELLIE, 1/2 s. N. — M. de Tesson de La Mancellière.
Al. 1887. — Manche (Saint-Lô).
Par *Shamrock*, 1/2 s. A., et une fille de Nethou, P. S. A.
Sa grand'mère : par Elu.

1891 vide.
1892 f. b. *Glycine*, par Journalier.

5246. **NELLY**, 1/2 s. N. — M. H. Ygouf.
N. 1879. — Calvados (Saint-Lô).
Par *Ribaud* et *Victoire*, par Conquérant.
Sa grand'mère : par Vice-Roi.
Sa bisaïeule : par Carrossier.
Sa trisaïeule : par Historien.
Sa quadrisaïeule : par Espiègle.

S. r. jusqu'en 1891.
1892 f. b. b.   , par Phare.

5247. **NELLY**, 1/2 s. N. — M. Leroux.
Ro. 1886. — Seine-Inférieure (Le Pin).
Par *Serpolet-Rouan* et *Namponne*, par Nampont.
Sa grand'mère : *Charlotte*, par Bucéphale.

1890 vide.

5248. NELUSKOTE, 1/2 s. N. — M. L. Lepeinteur.
B. 1879. — Normandie (Le Pin).
Par *Nélusko* et *Bichette*, par Ulmaire.

S. r. jusqu'en 1885.
1886 f. b. b. *Bergère*, par Vougeot.
1887 m. b. b. *Mylord*, par Vougeot.

5249. **NÉMÉA**, 1/2 s. N. — M. Ringlet.
Bb. 1869. — Orne (Le Pin).
Par *Noteur* et *Cocotte*, par The Norfolk-Phœnomenon, 1/2 s. A.
Sa grand'mère : *La Poule*, par Décember.

1873 f. b. *Perla*, par Inkermann.
1874 f. b. *Capucine*, par Inkermann.
1875 m. b. *Boineau*, par Vladimir.
1876-1877 vide.
1878 f. b. *Perla*, par Jactator.
1879 f. b. *Capucine*, par Inkermann.
1880-1881 vide.

1882 f. b. *Sornette*, par Saxon.
1883 vide.
1884 f. b. *Muscadine*, par Quiclet.
1885 f. b. *Lisette*, par Noville.
1886 f. al. *Fleur-de-Mai*, par Dampierre.
1887 f. b. b. *Ténébreuse*, par Cherbourg.
1888 vide.
1889 f. b. b. *Violette*, par Uriel.
1890 m. b.   , par Cherbourg. Mort.
1891 m. b. b.   , par Cherbourg.

5250.   **NÉRA**, 1/2 s. N. — M. F. Lebas.
B. 1891. — Manche (Saint-Lô).
Par *Tempête* et *Nadia*, par Sir-Henry.

Sa grand'mère : *La Blonde*, par Ugolin.
Sa bisaïeule : *Blondine*, par Corsair, 1/2 s. A.

5251.   **NÉRÉIDE**, 1/2 s. N. — Duc de Narbonne.
B. 1888. — Orne (Le Pin).
Par *Harpon II* (dépôt de Compiègne), fils d'Uriel, et *Impéria*, par
Normand.

Sa grand'mère : *Célimène*, par Niger.
Sa bisaïeule : *Silésie*, par Brocardo, P. S. A.
Sa trisaïeule : *Tunisienne*, par Performer, 1/2 s. A.

1892 f. b. *Odessa*, par Elan.

5252.   **NÉRINA**, 1/2 s. N. — M. A. Godard.
B. 1889. — Normandie (Saint-Lô).
Par *Epi* et *Chérie*, par Octavo.

Sa grand'mère : *Bijou*, par Quinine.

5253.   **NEUSTRIA**, 1/2 s. N. — M. L. Fontaine.
B. 1890. — Normandie (Le Pin).
Par *Don-Quichotte* et une fille de Soldat.

Sa grand'mère : par Matchless, 1/2 s. A.

5254.   **NÉVA**, 1/2 s. N. — M. Leneveu.
Bb. 1891. — Orne (Le Pin).
Par *Etudiant* et *Rosette*, par Hannon.

Sa grand'mère : par Ovide.

5255.

NÉVA, 1/2 s. N. — M. Collet.
Bb. 1888. — Orne (Le Pin).
Par *Edimbourg* et *Vedette*, par Koping.

Sa grand'mère : *Négresse*, par Thésée.
Sa bisaïeule : par William, P. S. A.
Sa trisaïeule : par Héraclius.
Sa quadrisaïeule : par Sylvio, P. S. A.

5256.

NEWTON, 1/2 s. N. — M. L. Rabé.
B. 1875. — Normandie (Saint-Lô).
Par *Newton* et une fille d'Agenda.

Sa grand'mère : par Ugolin.
Sa bisaïeule : par Electeur.

S. r. jusqu'en 1882.
1883 f. b. *Quality*, par Quality.
1884 à 1891 s. r.
1892 f. b. *Ottomane*, par Jolibois.

5257.

NIC, 1/2 s. N. — M. Céran-Maillard.
Bb. 1891. — Manche (Saint-Lô).
Par *Frondeur* et *Dominée*, par Domino-Noir.

Sa grand'mère : *Sympathie*, par Ignoré.
Sa bisaïeule : par Kapirat.

5258.

NICHETTE, 1/2 s. N. — M. A. Vivier.
B. 1888. — Manche (Saint-Lô).
Par *Gandin* et une fille de Sobriquet.

Sa grand'mère : par Percy (approuvé).

1892 f. b. *Oletta*, par Floridor.

5259.

NIGRA, 1/2 s. N. — M. Goubaux.
N. 1881. — Manche (Saint-Lô).
Par *Idoménée* et *Négresse*, par Ignoré.
Sa grand'mère : par Nemrod.

1885 s. r.
1886 f. b. *Gazelle*, par Spectre.
1887 vide.
1888 f. n. *La Perle*, par Utrecht.
1889 et 1890 vide.
1891 m. b.   , par Fred-Archer.
1892 m. b. *Ovide*, par Fred-Archer.

5260. **NIKELLA**, 1/2 s. N. — Cte de Sainte-Marie.
B. 1887. — Manche (Saint-Lô).
Par *Nickel*. P. S. A., et *Amaranthe*, par Patrice.
Sa grand'mère : *Florence*, par Wild-Bird, P. S. A.
Sa bisaïeule : *Clotilde*, par Ugolin.
Sa trisaïeule : par The Heir-of-Linne, P. S. A.
Sa quadrisaïeule : par Paternel.

1891 f. b. *Nyska*, par Hottentot.

5261. **NINA**, 1/2 s. N. — M. de Parfouru.
Bb. 1881. — Manche (Saint-Lô).
Par *Socrate* et *Lisette*, par Séduisant.
Sa grand'mère : par D'Artagnan.

S. r. jusqu'en 1889.
1890 f. b. b.   , par Farnèse.
1891 m. b.   , par Farnèse.

5262. **NINA**, 1/2 s. N. — M. A. Millot.
N. 1886. — Normandie (Le Pin).
Par *Tigris* et *Diva*, par Normand.
Sa grand'mère : *Miss-Mowbray*, P. S. A.

1890 f. b. *Rafale*, par Gallien.
1891 m. b. *Négus*, par Favori.

5263. **NINA**, 1/2 s. N. — M. H. Maurette.
Bb. 1891. — Manche (Saint-Lô).
Par *Vital* et *Cotte*, par Verni.
Sa grand'mère : par Cultivateur.

5264. **NINETTA**, 1/2 s. N. — M. J. Letellier.
B. 1885. — Manche (Saint-Lô).
Par *Ceinturon* et *Nubienne*, par Wild-Bird, P. S. A.
Sa grand'mère : *Poulette*, par Nonus.

5265. **NINICHE**, 1/2 s. N. — M. H. Cagnard.
B. 1879. — Orne (Le Pin).
Par *Gaulois* ou *Palanquin* et *Fragile*, par Tonnerre-des-Indes,
P. S. A.
Sa grand'mère : par Kramer.
Sa bisaïeule : par Pilote.

1883 f. b. b. *Fleur-de-Neige*, par Quiclet.
1884 vide.
1885 f. b. *Hirondelle*, par Carnaval.
1886 m. b. *Intrépide*, par Uriel.
1887 m. b. *Jupiter*, par Edimbourg.
1888 vide.
1889 f. b. *Légalité*, par Edimbourg.
1890 m. b. *Mars*, par Edimbourg.
1891 a avorté.
1892 f. b. *Opulentia*, par Edimbourg.

5266.

NINICHE, 1/2 s. N. — M. J. Olry.
B. 1891. — Orne (Le Pin).
Par *Havas* et *Chansonnette*, P. S. A., par Milan.

5267.

NINON, 1/2 s. N. — M. Féron.
Al. 1880. — Seine-Inférieure (Le Pin).
Par *Y. Quick-Sylver*, 1/2 s. A., et *Colombine*, par Professeur.

1884 et 1885 s. r.
1886 m. ro. *Inconnu*, par Serpolet-Rouan.
1887 m. al. *Jack*, par Camembert. Mort.
1888 m. b. *Kalouga*, par Camembert.
1889 f. al. *Lactée*, par Beaugé.

5268.

NINON, 1/2 s. N. — M. J. Olry.
B. 1891. — Orne (Le Pin).
Par *Cherbourg* ou *Havas* et *Meadow*, P. S. A., par The Nabob.

5269.

NINON, 1/2 s. N. — M. P. Tesnière.
Al. 1891. — Manche (Le Pin).
Par *Fred-Archer* et *Brebis*, par Sabinus ou Regret (approuvés).
Sa grand'mère : par Dimanche.

5270.

NIOBÉ, 1/2 s. N. — M. J. Lemonnier.
Al. 1884. — Sarthe (Le Pin).
Par *Phaéton* et *Patrie*, par Y. Quick-Sylver, 1/2 s. A.
Sa grand'mère : *Rigolette*, par Bayard.

1888 f. b. b. *Rose-Noire*, par Edimbourg.
1889 f. b. *Soubrette*, par Edimbourg.
1890 vide.
1891 m. al. *Hérode*, par Fuschia.
1892 m. b. *Isabeau*, par Valencourt.

5271. **NIOBÉ**, 1/2 s. N. — Duc de Narbonne.
N. 1888. — Orne (Le Pin).
Par *Cherbourg* et *Tulipe*, par Eclipse.
Sa grand'mère : *Brunette*, par The Norfolk-Phœnomenon, 1/2 s. A.
Sa bisaïeule : par Performer, 1/2 s. A.
Sa trisaïeule : *Zaïre*, par Napoléon, P. S. A. A.

1892 f. b. *Ravigote*, par Dégagé.

5272. **NISKA**, 1/2 s. N. — M. C. Hervieu.
B. 1871. — Calvados (Le Pin).
Par *Ignace* et *Petite-de-Mer*, par Usager.
Sa grand'mère : par Dorus.
Sa bisaïeule : par Introuvable.
Sa trisaïeule : par Royal-George, P. S. A.

1875 s. r.
1876 m. b. *Ukase*, par Normand.
1877 f. b. *Soubrette*, par Hick.
1878 m. b. *Antilop*, par Normand.
1879 f. b. *Turlurette*, par Normand.
1880 f. b. *Adille*, par Normand.
1881 vide.
1882 a avorté.
1883 f. b. *Charbonnette*, par Suffolk, P. S. A.
1884 f. b. *Soubrette*, par Acquila.
1885 m. b. *Hauban*, par Acquila.
1886 f. b. *Riblette*, par Acquila. Morte.
1887 a avorté.
1888 vide.
1889 m. b. *Lagor*, par Orchid, P. S. A.
1890 vide.
1891 m. al.   , par Himalaya. Mort.
1892 f. b. *Ondée*, par James-Watt.

5273. **NISIDA**, P. S. A. — M. P. Raulline.
Bb. 1868. — France (Saint-Lô).
Par *Cagliostro* et *Reine-des-Indes*.

S. r. jusqu'en 1891.
1892 m. n. *Orateur*, par Jockey.

5274. **NITA**, 1/2 s. N. — M. Mann.
Bb. 1869. — Eure (Le Pin).
Par *Ipsilanty* et *Ida*, par Royal-Oak, P. S. A.
Sa grand'mère : *Thérence*, par Turk, 1/2 s. A.
Sa bisaïeule : *Esméralda*, par Sylvio, P. S. A.
Sa trisaïeule : *Mélanie*, 1/2 s. A.

1873 s. r.
1874 m. b. b. *Sobriquet*, par Lavater.
1875 à 1877 s. r.
1878 m. b. *Arcole*, par Quinola.
1879 à 1883 s. r.
1884 m. b. b. *Newmarket*, par Rivoli.
1885 s. r.
1886 m. b. *Impétueux*, par Hippomène, 1/2 s. Big.
1887 f. b.   , par Rivoli.
1888 m. b. b. *Lansquenet*, par Tigris.
1889 m. b. *Sobriquet*, par Hardy.
1890 f. b. *Ida*, par Hardy.

5275. **NITOUCHE**, 1/2 s. N. — M. J. Lemonnier.
B. 1884. — Sarthe (Le Pin).
Par *Phaéton* et *Bluette*, par Patricien, P. S. A.
Sa grand'mère : *Espérance*, par Solide.
Sa bisaïeule : *Mademoiselle-de-Cerisé*, par Utrecht.
Sa trisaïeule : *Unique*, ex-*Hermine*, par Schamyl, P. S. A.
Sa quadrisaïeule : *Californie*.

1888 à 1890 s. r.
1891 f. b. *Havane*, par Aramis.

5276. **NITOUCHE**, 1/2 s. N. — M. Céran-Maillard.
Bb. 1891. — Manche (Saint-Lô).
Par *Frondeur* et *Miss-London*, par Lavater.
Sa grand'mère : *Cendrillon*, par The Heir-of-Linne, P. S. A.
Sa bisaïeule : par Corsair, 1/2 s. A.
Sa trisaïeule : par Labéon.

5277. **NITOUCHE**, 1/2 s. N — M. J. Ricard.
Bb. 1891. — Calvados (Le Pin).
Par *Favori* et *Espérance*, par Valère.
Sa grand'mère : *Tulipe*, par Sillery.
Sa bisaïeule : par Interprète.

5278. **NOBLESSE**, 1/2 s. N. — M. J. Olry.
B. 1885. — Normandie (Le Pin).
Par *Fataliste*, P. S. A., et *Cérès*, par The Norfolk-Phœnomenon,
1/2 s. A.
Sa grand'mère : *Drôlesse*, par Pledge.
Sa bisaïeule : par Dupleix.
Sa trisaïeule : par Pilote.

1889 s. r.
1890-1891 vide.

5279.   **NOÉMIE**, 1/2 s. N. — M. J. Drouin.
B. 1882. — Orne (Le Pin).
Par *Parthénon* et une fille de Sussex-Stag, P. S. A.
Sa grand'mère : par Trouville, P. S. A.
Sa bisaïeule : par Kœnigsberg.
Sa trisaïeule : par Glocester, 1/2 s. A.
Sa quadrisaïeule : par Sylvio, P. S. A.

1886 f. al.   , par Vernet, P. S. A.
1887 vide.
1888 f. b. *Katrina*, par Cherbourg.
1889 m. b.   , par Edimbourg.
1890 f. b. b. *Mantille*, par Edimbourg.
1891 m. b. *Néri*, par Fuschia.
1892 f. b. *Anne-de-Bretagne*, par Fuschia.

5280.   **NOIRMONTE**, 1/2 s. N. — M. D. Bouffard.
Gr. 1881. — Manche (Saint-Lô).
Par *Noirmont* et *Intacte*, par Intact.

1885 vide.
1886 f. gr. *Upsal*, par Upas.
1887 à 1890 vide.
1891 m. gr.   , par Irake.

5281.   **NOISETTE**, 1/2 s. N. — M. P. Tesnière.
Al. 1891. — Manche (Le Pin).
Par *Fontenay* et *Roulette*, par Attila.

Sa grand'mère : par Jackson

5282.   **NOISETTE**, 1/2 s. N. — M. Blondel.
B. 1891. — Seine-Inférieure (Le Pin).
Par *Delaware* et *Zéphir*, par Serpolet-Rouan.

Sa grand'mère : *Julie*, par Eclaireur.
Sa bisaïeule : *Tempête*, par Bucéphale.
Sa trisaïeule : *Joyeuse*.

5283.   **NOMADE**, 1/2 s. N. — M. Ch. Cavey.
B. 1891. — Orne (Le Pin).
Par *Cicéron II* et *La Cochère*, par Sincerity, P. S. A.

Sa grand'mère : *Pastourelle*, par Esculape.
Sa bisaïeule : par Noteur.
Sa trisaïeule : par Sylvio, P. S. A.

5284.   **NONETTE**, 1/2 s. N. — M. Sanson.
B. 1877. — Normandie (Saint-Lô).
Par *Quaker* et une fille de The Heir-of-Linne, P. S. A.

S. r. jusqu'en 1891.
1892 m. al. *Oboch*, par Fontenay.

5285.   **NONETTE**, 1/2 s. N. — M. Le Plaisant.
B. 1880. — Calvados (Saint-Lô).
Par *Templier* et une fille de Solférino.

1884-1885 s. r.
1886 f. b. *Furette*, par Calas.
1887 m. al.   , par Eperlan.
1888 vide.
1889 f. b. b. *Etincelle*, par Eperlan.
1890 f. b. *Furette*, par Eperlan.
1891 m. b. *Nathan*, par Illustre.

5286.   **NORMA**, 1/2 s. N. — M. V. Gillain.
B. 1876. — Normandie (Saint-Lô).
Par *Lans-Born* et une fille de Laboureur.

S. r. jusqu'en 1891.
1892 m. al. *Orphéon*, par Gibraltar.

5287.   **NORMA**, 1/2 s. N. — M. A. Cauchois.
Bb. 1880. — Seine-Inférieure (Le Pin).
Par *Serpolet-Rouan* et *La Brune*, par Zamor.
Sa grand'mère : *Stella*, par un étalon du haras d'Abbeville.

1884 f. b. b. *Favorite*, par Brocoli.
1885 à 1888 vide.
1889 f. al. *Lydie*, par Beaugé.
1890-1891 vide.

5288.   **NORMA**, 1/2 s. N. — M. Lemonnier.
Gr. 1884. — Orne (Le Pin).
Par *Tigris* et *El-Koumri-el-Zafiri*, P. S. Ar.

S. r. jusqu'en 1890.
1891 m. b. *Héros*, par Hardy.

5289.   **NORMA**, 1/2 s. N. — M. P. Gandon.
Al. 1887. — Manche (Saint-Lô).
Par *Nickel*, P. S. A., et *Sérieuse*, par Sérieux.

Sa grand'mère : par Hippocrate.
Sa bisaïeule : par Paternel.

1891 m. al.   , par Ray-Grass.
1892 à la Remonte.

5290.   **NORMANDE**, 1/2 s. N. — M. Ricard.
Bb. 1877. — Calvados (Le Pin).
Par *Normand* et *Bécassine*, par Umber.

Sa grand'mère : par Kléber.
Sa bisaïeule : par Highlander, 1/2 s. A.
Sa trisaïeule : par Eastham, P. S. A.

1880 m. b. b. *Carvalho*, par Rigolo (approuvé).
1881 f. b. *Désirée*, par Noville.
1882 vide.
1883 f. b.   , par Rigolo (approuvé).
1884 m. b. *Galant*, par Bonnaire.
1885 vide.
1886 m. b. *Intact*, par Cambacérès.
1887 m. b. *Jouteur*, par Don-Quichotte (Amérique).
1888 m. b. b. *Konbo*, par Don-Quichotte (Amérique).
1889 f. b. *Lutine*, par Favori (approuvé).
1890 m. b. b. *Médoc*, par Tambour-Battant.
1891 morte.

5291.   **NORMANDE**, 1/2 s. N. — M. Vaultier.
B. 1877. — Manche (Saint-Lô).
Par *Quality* et une fille de Josaphat.

Sa grand'mère : par Urus.

S. r. jusqu'en 1887.
1888 m. b. b. *Solide*, par Diavolo.
1889 m. b. *Leader*, par Germinal.
1890 à 1892 vide.

5292.   **NORMANDE**, 1/2 s. N. — M. Binet.
B. 1877. — Calvados (Saint-Lô).
Par *Noirmont* et une fille de Washington, 1/2 s. All.

S. r. jusqu'en 1891.
1892 f. b. *Ouvre-l'Œil*, par Galant 1.

5293.   **NORMANDE**, 1/2 s. N. — M. Moussard.

B. 1878. — Normandie (Le Pin).

Par *Normand* et *Franconia*, par Bakaloum, P. S. A.

Sa grand'mère : par Xerxès.
Sa bisaïeule : par Kapirat.

S. r. jusqu'en 1885.
1886 f. b. *Irma*, par Valparaiso.
1887 m. b. b.   , par Acquila.
1888 m. b. b.   , par Apis.
1889 f. b. b. *Lina*, par Acquila.
1890 m. b.   , par Acquila.
1891 f. b. *Néva*, par Acquila.

5294.   **NORMANDE**, 1/2 s. N. — M. E. Jouis.

Al. 1878. — Normandie (Le Pin).

Par *Jactator* et *Constantine*, par Buci.

Sa grand'mère : *Fleurie*, par Vicomte.
Sa bisaïeule : *Blonde*, par Képi.

1882 produit mort.
1883 et 1884 vide.
1885 f. al. *Belladone*, par Uriel.
1886 m. b.   , par Noville.
1887 vide.
1888 m. b.   , par Valdempierre (Amérique).
1889 f. al. *Lœtitia*, par Bruce, P. S. A.
1890 m. b.   , par Cherbourg.
1891 m. b.   , par Cherbourg.

5295.   **NORMANDE**, 1/2 s. N. — M. J. Arrondel.

Al. 1880. — Normandie (Saint-Lô).

Par *Macouba* et une fille d'Eminent.

S. r. jusqu'en 1891.
1892 f. al. *Olga*, par Hallali.

5296.   **NORMANDE**, 1/2 s. N. — M. O. Lepailleur.

B. 1881. — Calvados (Saint-Lô).

Par *Normand* et une fille d'Irlandais.

Sa grand'mère : par Abrantès.

S. r. jusqu'en 1887.
1888 m. b. b. *Kléber*, par Cordebugle.
1889 vide.
1890 m. b. *Macouba*, par Estèphe ou Seymour.
1891 f. b. b. *Néva*, par Dunois.

5297. **NORMANDE**, 1/2 s. N. — M. L. Tourainne.
B. 1881. — Manche (Saint-Lô).
Par *Siroc* et une fille de Tempête.
Sa grand'mère : par Paladin, P. S. A.

S. r. jusqu'en 1891.
1892 m. al. *Opposant*, par Quality.

5298. **NORMANDE**, 1/2 s. N. — M. Lecouflet.
B. 1885. — Manche (Saint-Lô).
Par *Colporteur* et *Lisette*, par Noirmont.
Sa grand'mère : *Rappelle*, par Pâter.
Sa bisaïeule : *Lisette*, par Quid-Juris, P. S. A.
Sa trisaïeule : *Bijou*, par Pékin.
Sa quadrisaïeule : *Parfaite*, par Boucanier.

1889-1890 s. r.
1891 f. b. *Niobé*, par Magician, P. S. A.

5299. **NORMANDE**, 1/2 s. N. — M. A. Duchemin.
B. 1886. — Manche (Saint-Lô).
Par *Aristocrate* et une fille de Regnard.
Sa grand'mère : par Séduisant.
Sa bisaïeule : par Riga.

1890 m. b. *Peloton*, par Habeo.
1891 vide.

5300. **NORMANDE**, 1/2 s. N. — M. Jean Victor.
Al. 1888. — Normandie (Saint-Lô).
Par *Santerre* et une fille de Lodi.
Sa grand'mère : par Macouba.

1892 f. al. *Oublieuse*, par Shamrock, 1/2 s. A.

5301. **NORMANDE**, 1/2 s. N. — M. H. Lasaussaye.
B. 1891. — Orne (Le Pin).
Par *Gérardmer* et *Albertine*, par Norfolk-Trotter, 1/2 s. A.
Sa grand'mère : par Valdemar.

5302. **NORMANDIE**, 1/2 s. N. — M. J. Leblond.
B. 1881. — Manche (Saint-Lô).
Par *Kabin* et une fille de Tamerlan.
Sa grand'mère : par Pégase.

S. r. jusqu'en 1889.
1890 m. b. *Maestro*, par Hidalgo.
1891 vide.
1892 f. b. *Olga*, par Esbly.

5303. **NORMANDIE**, 1/2 s. N. — M. Millot.
B. 1886. — Normandie (Le Pin).
Par *Véra-Cruz* et *Hirondelle*, par Normand.
Sa grand'mère : *Bienvenue*, P. S. A.

1890 f. b. *Raine*, par Gallien.

5304. **NORMANDIE**, 1/2 s. N. — M. Noël.
Bb. 1888. — Normandie (Saint-Lô).
Par *Espadem* et une fille de Bataillon.
Sa grand'mère : par Divus.

1892 m. b. b. *Olatriti*, par Harley.

5305. **NOTEUSE**, 1/2 s. N. — M. J.-B. Lecerf.
B. 1880. — Normandie (Saint-Lô).
Par *Volant* et une fille de Castor.

S. r. jusqu'en 1891.
1892 f. b. *Volante*, par Seymour.

5306. **NOVICE**, ex-**NANINE**, 1/2 s. N.
M. Ollivier.
N. 1888. — Orne (Le Pin).
Par *Dictateur* (approuvé) et *Faribole*, par Conquérant.
Sa grand'mère : par Vladimir.
Sa bisaïeule : par Idalis.
Sa trisaïeule : par Brocardo, P. S. A.
Sa quadrisaïeule : par Performer, 1/2 s. A.
5e degré : par Napoléon, P. S. A. A.
6e degré : par Cammerton, P. S. A.
7e degré : par Le Colonel.

1892 vide.

5307. **NOVICE**, 1/2 s. N. — M. Capelle.
B. 1891. — Calvados (Le Pin).
Par *Etendard* et *La Tosca*, par Phaéton.
Sa grand'mère : *Germaine*, par Centaure.
Sa bisaïeule : par Conquérant.

5308. **NOVICE**, 1/2 s. N. — M. A. Leplaisant.
Al. 1891. — Calvados (Saint-Lô).
Par *Hexamètre* et une fille de Mars.
Sa grand'mère : par Corsair, 1/2 s. A.
Sa bisaïeule : par Vautour.

5309. **NOUVELLE-FRANCE**, 1/2 s. N. — Cte de Maleissy.
Al. 1873. — Normandie (Le Pin).
Par *Ugolin* et *Près-de-Terre*, par Etendard.
Sa grand'mère : par Diomède.
Sa bisaïeule : par Martagon.

1877 s. r.
1878 m. b. *Ajaccio*, par L'Incroyable, P. S. A.
1879 à 1887 s. r.
1888 f. b.   , par Cherbourg.

5310. **NOVILLA**, 1/2 s. N. — M. Martinière.
B. 1877. — Calvados (Le Pin).
Par *Noville* et une fille de Shales, 1/2 s. A.
Sa grand'mère : par Bayard.

1881 et 1882 s. r.
1883 f. gr. *Matipha*, par Polkantchick, 1/2 s. R.
1884 m. al. *Garçonnet*, par Valencourt.
1885 à 1888 vide.
1889 m. b. *Marcelay*, par Hardy.
1890 a avorté.
1891 f. b. *Noisette*, par Tigris.

5311. **NUBIENNE**, 1/2 s. N. — M. Céran-Maillard.
B. 1891. — Manche (Saint-Lô).
Par *Fred-Archer* et *Dulcinée*, par Agnadel.
Sa grand'mère : *Clairvoyante*, par J'y-Songerai.
Sa bisaïeule : *Adèle*, par Kapirat.
Sa trisaïeule : *Elise*, par Succès.
Sa quadrisaïeule : *Eliza*, par Corsair, 1/2 s. A.

5312. **NUGGET**, P. S. A. — M. Caresme.
Bb. 1871. — Angleterre (Le Pin).
Par *Marsyas* et *Pearl*, par Alarm.

S. r. jusqu'en 1890.
1891 m. b. *Nijni-Novgorod*, par Dante.

3282. NUIT-DE-MAI, 1/2 s. N. — M. Descours-Desacres.
N. 1891. — Calvados (Le Pin).
Par *Dante* et *Fine-Chartreuse*, P. S. A., par Carrouges.

5313. **NYMPHE**, 1/2 s. N. — M. J. Olry.
B. 1891. — Orne (Le Pin).
Par *Cherbourg* et *Perce-Neige*, P. S. A., par Cymbal.

5314. **OCÉANA**, 1/2 s. N. — M. Millot.
Bb. 1887. — Normandie (Le Pin).
Par *Echo* et *Bienvenue*, P. S. A., par Tamberlick.

1891 f. b. b. *Sauterelle*, par Vampire.
1892 f. b. b. *Thémis*, par Hercule-Normand.

5315. **OCTAVIA**, 1/2 s. A. — Mme Ve Merlin.
B. hors d'âge. — Angleterre (Le Pin).
Jument anglaise importée.

1866 m. b. *Octave*, par Ouvrier.
1867 f. b. b. *L'Abbaye*, par Ouvrier.
1868 m. b. b. *Pourquoi-Pas*, par Y. Quick-Sylver, 1/2 s. A.
1869 f. b. b. *Liberté*, par Y. Quick-Sylver, 1/2 s. A. Morte.
1870 et 1871 vide.
1872 f. b. b. *Indiscrète*, par Y. Quick-Sylver, 1/2 s. A.
1873 à 1876 vide.
1877 m. b. b. *Vif-Argent*, par Y. Quick-Sylver, 1/2 s. A. Mort.
1878 f. b. b. *Fantine*, par Y. Quick-Sylver, 1/2 s. A.
1879 et 1880 vide.
1881 m. b. *Indiscret*, par Le Veinard, P. S. A.
1882 f. b. b. *Joliette*, par Serviteur.
1883 m. b. b. *Khan*, par Serviteur (Belgique).
1884 morte.

5316. **OCTAVIE**, 1/2 s. N. — M. V. Lefrançois.
B. 1884. — Manche (Saint-Lô).
Par *Octavo* et une fille d'Eloi.
Sa grand'mère : par *Lionceau*.

1888 et 1889 s. r.
1890 f. al. *Modestie*, par Fronton.
1891 vide.
1892 m. b. *Octavo*, par Domino.

5317. ODALISQUE, 1/2 s. N. — M. C. Lasaussaye.

Al. 1871. — Orne (Le Pin).

Par *Inkermann* et *Solide*, par Tipple-Cider, P. S. A.

1875 s. r.
1876 f. al. *Pâquerette*, par Niger.
1877 f. b. *Amaranthe*, par Niger.
1878 et 1879 vide.
1880 m. al.   , par Racoleur.
1881 m. al.   , par Racoleur.
1882 vide.
1883 f. al. *Fatma*, par Sir-Quid-Pigtail, P. S. A.
1884 f. al. *Grenade*, par Un.
1885 f. al. *Hédic*, par Un.
1886 vide.
1887 f. al. *Jongleuse*, par Barrabas.
1888 vide.
1889 f. al. *Lynda*, par Fataliste, P. S. A.

5318. ODALISQUE, 1/2 s. N. — M. Leconte.

Bb. 1878. — Orne (Le Pin).

Par *Hidalgo* ou *Racoleur* et *Pauline*, par Tamberlick, P. S. A.

Sa grand'mère : par Paradis.
Sa bisaïeule : par Schamyl, P. S. A.
Sa trisaïeule : par Faliéro.
Sa quadrisaïeule : par Héros.

1882 f. b. *Héloïse*, par Phaéton.
1883 m. b. *Fleuron*, par Phaéton.
1884 vide.
1885 m. b.   , par Quiclet.
1886 f. b. *Irène*, par Gabier, P. S. A.
1887 vide.
1888 f. b. *Odette*, par Le Destrier, P. S. A.
1889 f. b.   , par Boissy, P. S. A.
1890 f. b.   , par Edimbourg.
1891 f. b. *Nathalie*, par Edimbourg.
1892 m. b. b. *Otello*, par Edimbourg.

5319. ODALISQUE, 1/2 s. N. — M. A. Millot.

B. 1887. — Calvados (Le Pin).

Par *Tigris* et *La Casaque*, P. S. A., par Trocadéro.

1891 m. b. *Narguilé*, par Galba.
1892 f. b. *Terpsichore*, par Echo.

5320.

OLGA, 1/2 s. N. — M. C. Castillon.
B. 1870. — Orne (Le Pin).
Par *Abrantès* et *Junon*, par Ecuyer (approuvé).

1874 s. r.
1875 m. b. *Tempête*, par Conquérant.
1876 à 1880 vide.
1881 m. b. *Dacapo*, par Normand.
1882 f. b. *Elisabeth*, par Normand (Amérique).
1883 vide.
1884 f. b. *Germaine*, par Niger (Amérique).
1885 s. r.
1886 f. b. *Iphigénie*, par Acquila (Amérique).
1887 f. b. *Junon*, par Acquila.
1888 morte.

5321.

OLGA, 1/2 s. N. — M. Chalando.
B. 1875. — Normandie (Le Pin).
Par *Conquérant* et *Prétendante*, par Prétender, 1/2 s. A.
Sa grand'mère : par Télégraph, 1/2 s. A.

1879 à 1881 s. r.
1882 m. b. *Esope*, par Interprète (Espagne).
1883 produit mort.
1884 m. b. , par Niger.
1885 f. b. , par Noville.
1886 m. b. , par Un.
1887 f. b. , par Phaéton.
1888 f. b. b. *Siana*, par Jadis.
1889 produit mort.
1890 m. b. , par Havas ou Echo.
1891 m. al. , par Glaneur.

5322.

OLGA, 1/2 s. N. — M. Leseigneur.
B. 1876. — Normandie (Saint-Lô).
Par *Ignoré* et une fille de Victorieux.
Sa grand'mère : par Priam.

S. r. jusqu'en 1891.
1892 f. b. *Octavie*, par Sorcier.

5323.

OLGA, 1/2 s. N. — M. A. Boulmer.
B. 1880. — Manche (Saint-Lô).
Par *Syracuse* et une fille de Mercure.

1884 m. b. *Electeur*, par Quatre-Cents.
1885 m. al. *Introuvable*, par Athos.

1886 m. b. *Athos*, par Athos.
1887 f. al. *Sans-Gêne*, par Vieillot.
1888 m. b. *Kirch*, par Vieillot.
1889 vide.
1890 m. al. *National*, par Vite.
1891 m. b. *Nickel*, par Genêt.
1892 m. al. *Oranger*, par Genêt.

5324.   **OLGA**, 1/2 s. N. — M. J. Drouin.

B. 1882. — Orne (Le Pin).

Par *Quiclet* et *Favorite*, par Elu.

Sa grand'mère : par Séducteur.
Sa bisaïeule : par Kœnigsberg.
Sa trisaïeule : par Sylvio, P. S. A.

1886 s. r.
1887 m. b.   , par Phaéton.
1888 m. al.   , par Cambronne.
1889 m. b.   , par Etudiant.
1890 m. b.   , par Edimbourg.
1891 f. al. *Nadine*, par Fuschia.

5325.   **OLGA**, 1/2 s. N. — M. F. Hennequin.

Al. 1884. — Manche (Saint-Lô).

Par *Alsacien* et une fille de Volant.

Sa grand'mère : par Montmorency.
Sa bisaïeule : par Introuvable.

1888-1889 s. r.
1890 f. b. *Magicienne*, par Esbly.
1891 vide.

5326.   **OLGA**, 1/2 s. N. — M. F. Lefèvre.

Bb. 1888. — Manche (Saint-Lô).

Par *Domino-Noir* et *Olivette*, par Orphée.

Sa grand'mère : *Elisa*, par Corsair, 1/2 s. A.
Sa bisaïeule : *Elise*, par Marcellus, P. S. A.
Sa trisaïeule : *La Panachée*, par D. I. O., P. S. A.
Sa quadrisaïeule : par Matador.
5ᵉ degré : par Sommerset.

1892 m. al. *Orphée*, par Fontenay.

5327.   **OLGA**, 1/2 s. N. — M. P. Jehanne.
Bb. 1889. — Manche (Saint-Lô).
Par *Espoir* et *Cocotte*, par Ramazan (approuvé).

Sa grand'mère : *Fidèle*, par Fidèle-au-Malheur.
Sa bisaïeule : *Mignonne*, par Hélios.

5328.   **OLIVE**, 1/2 s. N. — M. Alfred Trainel.
B. 1885. — Manche (Saint-Lô).
Par *Upas*, 1/2 s. N., et *Olivette*, par Orphée.

Sa grand'mère : par Corsair, 1/2 s. A.
Sa bisaïeule : *Elise*, par Marcellus, P. S. A.
Sa trisaïeule : *La Panachée*, par D. I. O., P. S. A.
Sa quadrisaïeule : par Matador.
5e degré : par Sommerset.

1889 f. al. *Hâtive*, par Ray-Grass.
1890 m. b. *Macron*, par Ray-Grass.
1891-1892 vide.

5329.   **OLIVETTE**, 1/2 s. N. — Mlle J. Bricquebec.
Al. 1879. — Manche (Saint-Lô).
Par *Orphée* et une fille de Corsair, 1/2 s. A.

Sa grand'mère : *Elise*, par Marcellus, P. S. A.
Sa bisaïeule : *La Panachée*, par D. I. O., P. S. A.
Sa trisaïeule : par Matador.
Sa quadrisaïeule : par Sommerset.

1883 s. r.
1884 m. b. *Gagne-Petit*, par Upas.
1885 f. b. *Olive*, par Upas.
1886-1887 vide.
1888 f. b. *Olga*, par Domino-Noir.
1889 m. b.   , par Domino-Noir.
1890 f. b. *Zinah*, par Domino-Noir.
1891-1892 vide.

5330.   **OMPHALE**, 1/2 s. N. — M. Lecomte.
Al. 1885. — Sarthe (Le Pin).
Par *Cambronne* et *Espérance*, par Solide.

Sa grand'mère : *Mademoiselle-de-Cerisé*, par Utrecht.
Sa bisaïeule : *Unique*, ex-*Hermine*, par Schamyl, P. S. A.
Sa trisaïeule : *Californie*, par Hercule, P. S. A.
Sa quadrisaïeule : *La Ragone*.

1889 s. r.
1890 f. b. *Tiretaine*, par Cicéron II.

5331.   **OPALE**, 1/2 s. N. — M. Alb. Jean.
B. 1880. — Manche (Saint-Lô).
Par *Télémaque* et une fille d'Ugolin.
Sa grand'mère : par The Heir-of-Linne, P. S. A.
Sa bisaïeule : par Etendard.
Sa trisaïeule : par Diomède.

1884 m. b. b. *Attila*, par Attila.
1885-1886 vide.
1887 f. b. *Joyeuse*, par Lavater.
1888 vide.
1889 f. al. *Fleur-de-Mai*, par Fontenay.
1890 m. b. *Malplaquet*, par Fontenay.
1891 vide.
1892 m. b. *Osiris*, par Fontenay.

5332.   **OPALE**, 1/2 s. N. — M. L. Ygouf.
Bb. 1888. — Calvados (Saint-Lô).
Par *Acquila* et *Alfane*, par The Heir-of-Linne, P. S. A.
Sa grand'mère : par Lagopède.

5333.   **OPHÉLIE**, 1/2 s. N. — M. Milet.
Bb. 1886. — Normandie (Saint-Lô).
Par *Daphnis* et une fille de Santerre.
Sa grand'mère : par Shamrock, 1/2 s. A.

1890-1891 s. r.
1892 f. al. *Orange*, par Judas.

5334.   **OPTION**, 1/2 s. N. — M. H. Ygouf.
Bb. 1885. — Calvados (Saint-Lô).
Par *Phare* et une fille de Ribaud.
Sa grand'mère : par Historien.
Sa bisaïeule : par Espiègle.

1889 s. r.
1890 produit mort.
1891 f. b. *Narcisse*, par Grand-Maître.
1892 m. b. *Odéon*, par Grand-Maître.

5335. **ORAGEUSE**, 1/2 s. N. — M. B. Osmont.
Bb. 1886. — Manche (Saint-Lô).
Par *Aristocrate* et *Châtaine*, par Gouverneur, 1/2 s. N.
Sa grand'mère : par Isolier, P. S. A.
Sa bisaïeule : par Tic-Tac.

Sa trisaïeule : par The Caster, P. S. A.
Sa quadrisaïeule : par Milton.

1890 s. r.
1891 f. b. b. *Giroflée*, par Ministère, P. S. A.

5336.   **ORANGE**, 1/2 s. N. — M. Guillaumet.
Al. 1880. — Orne (Le Pin).
Par *Idus*, P. S. A., et une fille de Y. Volunteer, 1/2 s. A.

1884 f. n. *Brunette*, par Ulrich II. Morte.
1885 f. b. *Noëe*, par Noville.
1886 f. al. *Orange II*, par Fataliste, P. S. A.
1887 m. al. *Frondeur*, par Uriel.
1888 m. b. *Eclair*, par Valdempierre (Amérique).
1889 f. b.   , par Cherbourg.
1890 f. b. b.   , par Valdempierre.
1891 m. b.   , par Cherbourg.
1892 m. n. *Bayard*, par Valdempierre.

5337.   **ORANGE**, 1/2 s. N. — M. A. Sérée.
Al. 1884. — Calvados (Le Pin).
Par *Ulbach*, 1/2 s. V., et *Cédille*, par Sériosnoy, 1/2 s. R., ou
Tobolsk, 1/2 s. R.

Sa grand'mère : par Va-de-Bon-Cœur.

1888 f. b. *Camélia*. par Héros ou Soldat.
1889 à la Remonte.

5338.   **ORANGE**, 1/2 s. N. — M. D. Carel.
B. 1888. — Manche (Saint-Lô).
Par *Exéat* et *Rapide*, par Egésippe.

Sa grand'mère : par Victorieux.

1892 f. b. *Octavie*, par Fournichon.

5339.   **ORANGE II**, 1/2 s. N. — M. Guillaumet.
Al. 1886. — Orne (Saint-Lô).
Paa *Fataliste*, P. S. A., et *Orange*, par Idus, P. S. A.

Sa grand'mère : par Y. Volunteer, 1/2 s. A.

1890 f. b.   , par Valdempierre.

5340. **ORDONNANCE**, 1/2 s. N. — M. Castel.
Bb. 1872. — Normandie (Le Pin).
Par Y. et une fille de Condé.

1876 m. n. *Uniok*, par Palm.
1877 à 1887 s. r.
1888 m. b. b. *Lutteur*, par Tigris.
1889 m. b. *Intrépide*, par Flibustier.
1890 vide.
1891 f. b. *Nita*, par Barrabas.

5341. **ORGUEILLEUSE**, 1/2 s. N. — M. Dumesnil-Drieu.
B. 1882. — Normandie (Saint-Lô).
Par *Tempête* et une fille de Sinope.
Sa grand'mère : par Adolphus, P. S. A.

S. r. jusqu'en 1891.
1892 m. b. *Ortien*, par Fred-Archer.

5342. **ORGUEILLEUSE**, 1/2 s. N. — M. P. Jean.
B. 1886. — Calvados (Saint-Lô).
Par *Calas* et une fille d'Uzel.
Sa grand'mère : par Urus.
Sa bisaïeule : par Orgueilleux.

1890 s. r.
1891 m. b.   , par Bataillon.
1892 m. al.   , par Franconi.

5343. **ORIENTALE**, 1/2 s. N. — M. Victor Gillain.
Al. 1872. — Manche (Saint-Lô).
Par *The Heir-of-Linne*, P. S. A., et *Jeune-Elisa*, par Etendard.
Sa grand'mère : *Près-de-Terre*, par Sir-Henry-Dimsdale, 1/2 s. A.

1876 m. al.   , par Ugolin.
1877 m. al.   , par Ugolin.
1878 m. al.   , par Ugolin.
1879 f. al. *Près-de-Terre*, par Ugolin.
1880 vide.
1881 m b.   , par Lavater.
1882 vide.
1883 m. b.   , par Lavater.
1884 vide.
1885 f. b. *Fragola*, par Lavater.
1886 vide.
1887 m. b.   , par Domino-Noir.
1888 vide.

1889 m. b.   , par Colporteur.
1890 vide.
1891 m. al.   , par Fontenay.

5344. ORIENTALE, 1/2 s. N. — M. Desmannetaux.
Ro. 1877. — Manche (Le Pin).
Par *Jackson* et une fille d'Hussein.
Sa grand'mère : par Ugolin.
Sa bisaïeule : par Électeur.

1881 f. al. *Marguerite*, par Gabier, P. S. A.
1882 m. ro. *Dauphin*, par Gabier, P. S. A.
1883 f. ro. *Étincelle*, par Ministère, P. S. A.
1884 f. al. *Fleur-de-Mars*, par Quinola.
1885 m. al. *Hier*, par Idoménée.
1886 vide.
1887 f. ro. *Jeanne-d'Arc*, par Domino-Noir.
1888 f. al. *Keste*, par Écarté.
1889 m. b. *Luron*, par Dominant.
1890-1891 vide.
1892 m. n. *Ouragan*, par Harley.

5003. ORPHÉLIE, 1/2 s. N. — M. Allix-Courboy.
B. 1878. — Normandie (Saint-Lô).
Par *Orphée* et *Lady-Quid-Juris*, 1/2 s. N., par Quid-Juris, P. S. A

S. r. jusqu'en 1885.
1886 f. b. *Inconnue*, par Lavater.
1887 à 1891 s. r.
1892 m. b. *Osmar-Pacha*, par Fontenay.

5345. ORPHÉLIE, 1/2 s. N. — M. Louis Alexandre.
Al. 1878. — Manche (Saint-Lô).
Par *Orphée* et une fille d'Auguste, P. S. A.
Sa grand'mère : par Arétin.

S. r. jusqu'en 1888.
1889 m. al. *Léopard*, par Reynolds.
1890 et 1891 vide.

5346. ORPHELINE, 1/2 s. N — M. Ruel.
B. 1876. — Orne (Le Pin).
Par *Élu* ou *Inkermann* et *Cybèle*, par Solide.
Sa grand'mère : par Tipple-Cider, P. S. A.

S. r. jusqu'en 1891.
1892 m. b.   , par Cicéron II.

5347. **ORPHELINE**, 1/2 s. N. — M. Mauger.

B. 1878. — Manche (Saint-Lô).

Par *Orphée* et une fille de Va-de-Bon-Cœur.

S. r. jusqu'en 1891.
1892 f. b. *Ostiglia*, par Siroc.

5348. **ORPHELINE**, 1/2 s. N. — M. A. Lebas.

Al. 1878. — Manche (Saint-Lô).

Par *Orphée* et une fille de Wild-Bird, P. S. A.

S. r. jusqu'en 1885.
1886 f. b. *Isaure*, par Domino-Noir.
1887 f. b. *Jeannette*, par Domino-Noir.
1888 m. al. *Kara-Koul*, par Eole.
1889 f. b. *Lucie*, par Eole.
1890 vide.
1891 f. b. *Némésis*, par Eole.

5349. ORPHELINE, 1/2 s. N. — M. O. Desmannetaux.

B. 1879. — Manche (Saint-Lô).

Par *Orphée* et une fille de Quid-Juris, P. S. A.

Sa grand'mère : par Navigateur.
Sa bisaïeule : par Karbout.

1883 s. r.
1884 m. al. *Farceur*, par Quinola.
1885 f. b. *Bayadère*, par Lavater.
1886 f. b. *Idole*, par Lavater.
1887 vide.
1888 f. b. *Rosière*, par Domino-Noir.
1889 vide.
1890 m. al. *Mars*, par Fontenay.
1891 f. b. *Nancy*, par Fontenay.
1892 f. b. b. *Opale*, par Colporteur.

5350. **ORPHELINE**, 1/2 s. N. — M. A. Yvray.

B. 1880. — Normandie (Saint-Lô).

Par *Orphelin* (approuvé) et une fille de Dragon, P. S. A.

S. r. jusqu'en 1891.
1892 m. b. b. *Orly*, par Phare.

5351.   **ORPHELINE**, 1/2 s. N. — M. J. Eude.
B. 1884. — Manche (Saint-Lô).
Par *Orfila* et *L'Etoile*, par Orphée.
Sa grand'mère : par Auguste, P. S. A.
Sa bisaïeule : par Léotard.

1888 f. b. *Joli-Cœur*, par Ray-Grass.
1889 m. b.   , par Tempête.
1890 vide.
1891 f. b. *Jeune-Espérance*, par Gasparin.

5352.   **ORPHELINE**, 1/2 s. N. — M. Salley.
B. 1886. — Orne (Le Pin).
Par *Cicéron II* et *Lisa*, par Destin.
Sa grand'mère : par Jéricho.
Sa bisaïeule : par Stoker, P. S. A.

1890 m. b.   , par Boissy, P. S. A.

5353.   **ORPHELINE**, 1/2 s. N. — M. F. Lemare.
B. 1887. — Manche (Saint-Lô).
Par *O'Connell* et une fille de Roc.
Sa grand'mère : par Volontaire.

1891 vide.
1892 f. b. *Emigrée*, par Fantôme.

5354.   **OUVRIÈRE**, 1/2 s. N. — M. L. Jean.
Bb. 1887. — Manche (Saint-Lô).
Par *Aristocrate* et une fille de Ray-Grass.
Sa grand'mère : par Jay.
Sa bisaïeule : par Sir-Henry-Dimsdale, 1/2 s. A.

1891 f. b. *Nina*, par Domino-Noir.

5355.   **PAGUENOTTE**, 1/2 s. N. — M. de Chaumont-Quitry.
Ro. 1875. — Eure (Le Pin).
Par *Gall* et une fille de The Norfolk-Phœnomenon, 1/2 s. A.
Sa grand'mère : par Turk, 1/2 s. A.

S. r. jusqu'en 1886.
1887 f. ro. *Jarretière*, par Noville ou Renaissant,

5356. **PALADINE**, 1/2 s. N. — M. L. Gosselin.
B. 1887. — Manche (Saint-Lô).
Par *Orfila* et une fille de Paladin, P. S. A.
Sa grand'mère : par Ugolin.
Sa bisaïeule : par Sinope.
Sa trisaïeule : par Navigateur.

5357. **PALATINE**, 1/2 s. N. — M. Le Coupé.
Al. 1884. — Manche (Saint-Lô).
Par *Palatin*, P. S. A., et une fille de Qui-Perd-Gagne.
Sa grand'mère : par Hélios.

1888 m. al. *Kazan*, par Écarté.
1889 vide.
1890 f. al. *Miss-Archer*, par Fred-Archer.
1891 m. b. *Nageur*, par Fred-Archer.
1892 f. al. *Olivette*, par Fred-Archer.

5358. **PALÈS**, 1/2 s. N. — M. H. Ygouf.
Bb. 1886. — Calvados (Saint-Lô).
Par *Domino-Noir* et une fille de Conquérant.
Sa grand'mère : par Vice-Roi.
Sa bisaïeule : par Carrossier.
Sa trisaïeule : par Historien.
Sa quadrisaïeule : par Espiègle.

1890 vide.
1891 f. b. *Norma*, par Reynolds.
1892 f. b. b.   , par Frondeur.

5359. **PALESTINE**, 1/2 s. N. — M. Moulinet.
Al. 1886. — Orne (Le Pin).
Par *Barrabas* et *Tontine*, par Héliotrope.
Sa grand'mère : par Pledge.

1890 f. b. *Minerve*, par Soldat.
1891 f. b. *Nébuleuse*, par Cherbourg.
1892 m. b. *Mirabeau*, par Valdempierre.

5360. **PALME**, 1/2 s. N. — M. Leheuzey.
Al. 1888. — Normandie (Saint-Lô).
Par *Bretteur* et une fille d'Orphée.
Sa grand'mère : par Va-de-Bon-Cœur.

1892 m. al. *Orémus*, par Forgeur.

5361.   **PALMIRE,** 1/2 s. N. — M. Ch. Rouland.
B. 1880. — Manche (Saint-Lô).
Par *Sérieux* et une fille d'Institut.

S. r. jusqu'en 1891.
1892 m. b. *Orémus*, par Hottentot.

5362.   **PALMIRE,** 1/2 s. N. — M. L. Bitouzé.
Bb. 1887. — Normandie (Saint-Lô).
Par *Carnavalet* et une fille de Lavater.

Sa grand'mère : par Paladin, P. S. A.

1891 s. r.
1892 m. b. *Ombrageux*, par Jolibois.

5363.   **PALMYRE,** 1/2 s. N. — M. Th. Joly.
B. 1888. — Calvados (Le Pin).
Par *Eclaireur* et *Surprenante*, par Unorthodox.

Sa grand'mère : par Libérator.

1892 m. b. *Officier*, par Jemmapes.

5364.   **PALMYRE,** 1/2 s. N. — M. J. Olry.
B. 1888. — Orne (Le Pin).
Par *Jadis* et *Lisette*, par Urimesnil.

Sa grand'mère : *Malvina*, par Buci.
Sa bisaïeule : *Rosine*, par Aï.
Sa trisaïeule : *Coquette*.
Sa quadrisaïeule : par Buffalo.

5365.   **PANDORE,** 1/2 s. N. — M. D. Bouffard.
B. 1881. — Manche (Saint-Lô).
Par *Qui-Vive* et *Noirmonte*, par Noirmont.

Sa grand'mère : *Intacte*, par Intact.

1885 s. r.
1886 m. n.   , par Agnadel.
1887 f. b. *Julia-Domna*, par Agnadel. Morte.
1888 vide.
1889 f. n. *Landrurie*, par Utrecht.
1890 à 1892 vide.

5366.   **PAPILLON**, 1/2 s. N. — M. H. Ameline.
Al. 1879. — Normandie (Saint-Lô).
Par *Silhouette* et une fille de Macouba.

S. r. jusqu'en 1891.
1892 f. al. *Orage*, par Excat.

5367.   **PAPILLON**, 1/2 s. N. — M. Mahieu.
Al. 1879. — Normandie (Saint-Lô).
Par *Victorieux* et une fille d'Orphée.

S. r. jusqu'en 1891.
1892 m. al. *Omer*, par Seymour.

5368.   **PAPILLON**, 1/2 s. N. — M. Guillory.
B. 1879. — Normandie (Saint-Lô).
Par *Montebello* et une fille de Volte-Face.

S. r. jusqu'en 1891.
1892 f. b. *Rigolette*, par Gil-Blas.

5369.   **PAPILLON**, 1/2 s. N. — M. F. Dubois.
B. 1880. — Normandie (Saint-Lô).
Par *Richard* et une fille de Menant.

S. r. jusqu'en 1891.
1892 m. b. b. *Orageux*, par Utrecht, P. S. A.

5370.   **PAPILLON**, 1/2 s. N. — M. J. Cudeloup.
B. 1880. — Normandie (Saint-Lô).
Par *Quitus* et une fille de Pimlico, 1/2 s. A.

S. r. jusqu'en 1891.
1892 m. b. *Odyssée*, par Fabricant.

5371.   **PAPILLON**, 1/2 s. N. — M. P. Blin.
Bb. 1880. — Manche (Saint-Lô).
Par *Quine* (approuvé) et une fille de Gallois (approuvé).

S. r. jusqu'en 1887.
1888 f. b. *Fidèle*, par Agronome.
1889 m. b. *Gabier*, par Gil-Blas.
1890 f. b. *Coquette*, par Gil-Blas.
1891-1892 vide.

5372.   **PAPILLON**, 1/2 s. N. — M. V. Guesdon.
B. 1881. — Manche (Saint-Lô).
Par *Kapirat* (approuvé) et une fille de Montebello.

S. r. jusqu'en 1891.
1892 m. b. *Octodurus II*, par Flambard.

5373.   **PAPILLON**, 1/2 s. N. — M. Leroy.
N. 1884. — Normandie (Saint-Lô).
Par *Union-Jack* et une fille de Jules-César.
Sa grand'mère : par Essence.

S. r. jusqu'en 1891.
1892 f. b. *Opale*, par Archibald.

5374.   **PAPILLON**, 1/2 s. N. — M. H. Tauzé.
B. 1885. — Manche (Saint-Lô).
Par *Ussy* et une fille de Santerre.
Sa grand'mère : par Shamrock, 1/2 s. A.

1889 s. r.
1890 m. al. *Raspail*, par Genêt.
1891 f. b. *Finette*, par Genêt.
1892 m. b. *Bas-Blancs*, par Genêt.

5375.   **PAPILLON**, 1/2 s. N. — M. E. Tesnière.
B. 1887. — Normandie (Saint-Lô).
Par *Dutillet* et une fille d'Urus.
Sa grand'mère : par Orgueilleux.

1891 s. r.
1892 f. b. b. *Obole*, par Jean-Huss.

5376.   **PAPILLON**, 1/2 s. N. — M. de Clamorgan.
B. 1887. — Manche (Saint-Lô).
Par *Dacapo* et une fille de Garibaldi.
Sa grand'mère : par Gladiateur, 1/2 s. N.

5377.   **PAPILLON**, 1/2 s. N. — M. L. Lemasle.
B. 1888. — Normandie (Saint-Lô).
Par *Santerre* et une fille de Richard.
Sa grand'mère : par Vermouth.

1892 f. b. b. *Océanie*, par Hier.

5378. **PAPILLON**, 1/2 s. N. — M. F. Lottin.
Al. 1888. — Calvados (Saint-Lô).
Par *Shamrock*, 1/2 s. A., et *Marinette*, par Ourson.

Sa grand'mère : par Quasi.

1892 m. b. *Coursier*, par Hallali.

5379. **PAQUERETTE**, 1/2 s. N. — M. Th. Joly.
B. 1870. — Calvados (Le Pin).
Par *Umber* ou *Iéna* et *Violette*, par Lucain.

S. r. jusqu'en 1886.
1887 m. b. *Oriental*, par Oriental.
1888 s. r.
1889 m. b. *Lancier*, par Gévaudan.
1890 f. b. *Musette*, par Harold.
1891 m. b. *Narcis*, par Instar ou Harold.
1892 m. b. *Œillet*, par James.

5380. **PAQUERETTE**, 1/2 s. N.
Mme Ve Godichon-Forcinal.
B. 1877. — Normandie (Le Pin).
Par *Quiclet* et *Fidélité*, par Noteur.

Sa grand'mère : par Courtisan.
Sa bisaïeule : par Merlerault, P. S. A.
Sa trisaïeule : par Eylau, P. S. A. A.

1881 f. b. *Fleur-d'Epine*, par Phaéton.
1882 vide.
1883 f. b. *Cérès*, par Phaéton.
1884 f. b. *Capucine*, par Phaéton.
1885 f. b. *Yvès*, par Carnaval.
1886-1887 vide.
1888 f. b. *Julienne*, par Edimbourg.
1889 m. b.   , par Edimbourg.
1890 m. b.   , par Edimbourg.
1891 a avorté.
1892-1893 vide.

3311. **PAQUERETTE**, 1/2 s. N. — M. Denis.
Al. 1881. — Normandie (Le Pin).
Par *Libérator* et une fille de Tay-Mouth, P. S. A.

Sa grand'mère : par Officier.
Sa bisaïeule : par Vladimir.
Sa trisaïeule : par Affidavit, P. S. A.

1885 f. al.   , par Unorthodox.
1886 f. b. b. *Ida*, par Baptiste-Lemore.
1887 f. b. b. *Jeanne-de-Nivelle*, par Baptiste-Lemore.
1888 m. b. *J'Espère*, par Baptiste-Lemore.
1889 m. b.   , par Baptiste-Lemore.
1890 vide.
1891 m. b. *Normand-Hercule*, par Hercule-Normand.

5381.   **PAQUERETTE**, 1/2 s. N. — M. Richer.
B. 1882. — Orne (Le Pin).
Par *Oriental* et *Malvina*, par Buci.

Sa grand'mère : par Aï.

5382.   **PAQUERETTE**, 1/2 s. N. — M. E. Serrey.
B. 1883. — Normandie (Le Pin).
Par *Quiclet* et *Espérance*, par Abrantès.

Sa grand'mère : *Elbonne*, par Solide.
Sa bisaïeule : par Tipple-Cider, P. S. A.

1887 m. b. *Jarnac*, par Fataliste, P. S. A.
1888 m. b. b.   , par Phaéton.
1889 f. b. *Lisette*, par Fier-à-Bras.
1890 m. b.   , par Edimbourg.
1891 f. b. *Noisette*, par Edimbourg.
1892 f. b. *Olga*, par Fuschia.

5383.   **PAQUERETTE**, 1/2 s. N. — M. Ferrand.
Gr. 1884. — Seine-Inférieure (Le Pin).
Par *Serviteur* et *Lisette*, par Quick-Sylver, 1/2 s. A.

Sa grand'mère : par Cédrat.

1888 m. b. *Kébir*, par Montfort, P. S. A.
1889 m. ro. *Lilas*, par Bonnaire.
1890-1891 s. r.
1892 f. p. *Orange*, par Bonnaire.

5384.   **PAQUERETTE**, 1/2 s. N. — M. Guibout.
Al. 1886. — Normandie (Le Pin).
Par *Dampierre* et *Capucine*, par Oriental.

Sa grand'mère : par Vladimir.

1890 s. r.
1891 m. b.   , par Cherbourg. Mort.
1892 f. al. *Orange*, par Fuschia.

5385. PAQUERETTE, 1/2 s. N. — M. A. Auvray.
B. 1886. — Manche (Saint-Lô).
Par *Tempête* et une fille de Page.

Sa grand'mère : par Ray-Grass.
Sa bisaïeule : par Jarnac.
Sa trisaïeule : par Karbout.

1890 vide.
1891 m. b.   , par Franconi.

5386. PAQUERETTE, 1/2 s. N. — M. J. Milet.
B. 1886. (Manche (Saint-Lô).
Par *Lavater* et *Miss-Souvenir*, par Souvenir, P. S. A.

Sa grand'mère : *La Kapiral*, par Kapiral.
Sa bisaïeule : par Adolphus, P. S. A.
Sa trisaïeule : par Lionceau.

1890 s. r.
1891 m. b. *Namur*, par Reynolds.
1892 f. b. *Orphila*, par Jusant.

5387. PAQUERETTE, 1/2 s. N. — Mme Ve H. Rocques.
N. 1888. — Calvados (Le Pin).
Par *Fumet* et une fille de Fitz-Révigny, P. S. A.

Sa grand'mère : par Centaure.

1892 m. b. b. *Morville*, par Joyfull.

5388. PAQUERETTE, 1/2 s. N. — M. Cagniard.
Bb. 1888. — Calvados (Le Pin).
Par *Acquila* et *Célimène*, P. S. A., par Ruy-Blas.

1892 vide.

5389. PAQUERETTE, 1/2 s. N. — M. Leneveu.
Bb. 1888. — Calvados (Le Pin).
Par *Acquila* et *Malvina*, par Ignace.

Sa grand'mère : *Rachelle*, par Montaigne.
Sa bisaïeule : par Tarrare, P. S. A.

1892 m. b. b. *Oby*, par Mourle, P. S. A.

5390. PAQUERETTE, 1/2 s. N. — M. F. Lemasle.
B. 1888. — Normandie (Saint-Lô).
Par *Dacapo* et une fille de Shamrock, 1/2 s. A.

Sa grand'mère : par Lodi.
Sa bisaïeule : par Urus.

1892 m. al. *Orphéon*, par Hallali.

5391. PAQUERETTE, 1/2 s. N. — M. A. Aumont.
Al. 1890. — Normandie (Saint-Lô).
Par *Gil-Blas* et *Bichette*, par Octavo.

Sa grand'mère : par Quinola (approuvé).

5392. PARFAITE, 1/2 s. N. — M. P. Jean.
Al. 1868. — Manche (Saint-Lô).
Par *Unau* et une fille d'Alma.

S. r. jusqu'en 1891.
1892 m. b. *Ondin*, par Domino-Noir.

3234. PARFAITE, 1/2 s. N. — M. J. Lecaudey.
B. 1878. — Normandie (Saint-Lô).
Par *Divus* et une fille de Junior.

Sa grand'mère : par Ballinkeele, P. S. A.

S. r. jusqu'en 1887.
1888 m. b. *Kervela*, par Follet (Amérique).
1889 m. b.   , par Follet.
1890 f. b. *Follette*, par Follet.
1891 morte.

5393. PARFAITE, 1/2 s. N. — M. H. Hairon.
B. 1873. — Normandie (Saint-Lô).
Par *Egésippe* et une fille de Diégo.

S. r. jusqu'en 1891.
1892 m. b. *Obus*, par Fournichon.

5394. PARFAITE, 1/2 s. N. — M. O. de la Bretonnière.
B. 1875. — Manche (Saint-Lô).
Par *Ignoré* et une fille de Sampson, P. S. A.

Sa grand'mère : par Sycomore, P. S. A.

S. r. jusqu'en 1886.
1887 f. b. b. *Ardente*, par Vautrain.
1888 vide.
1889 f. b. *Adalouse*, par Utrecht, P. S. A.
1890 vide.
1891 m. b.   , par Indo-Chine.
1892 f. b. *Gloriole*, par Jolibois.

5395.   **PARFAITE**, 1/2 s. N. — M. L. Doucet.
B. 1875. — Normandie (Saint-Lô).
Par *Memento* et une fille de Paternel.

S. r. jusqu'en 1891.
1892 f. b. b. *Brunette*, par Electro.

4673.   **PARFAITE**, 1/2 s. N. — M. Lecouflet.
B. 1878. — Normandie (Saint-Lô).
Par *Argonaut*, P. S. A., et une fille de Boucanier.
Sa grand'mère : par Pégase.

S. r. jusqu'en 1889.
1890 m. b. *Patriote*, par Follet (Amérique).

5396.   **PARFAITE**, 1/2 s. N. — M. Folliot.
B. 1880. — Manche (Saint-Lô).
Par *Quickly* et une fille de Lucullus.

S. r. jusqu'en 1891.
1892 m. b. *Omission*, par Follet.

5397.   **PARFAITE**, 1/2 s. N. — M. Navet.
B. 1881. — Normandie (Saint-Lô).
Par *L'Incroyable*, P. S. A., et une fille de Villiers.

S. r. jusqu'en 1891.
1892 f. al. *Oseille*, par Haïti.

5398. PARFAITE, 1/2 s. N. — M. Mariette-Boisville.
Al. 1881. — Normandie (Saint-Lô)
Par *Romano* et une fille de Malakoff.

S. r. jusqu'en 1891.
1892 m. al. *Oryx*, par Gibraltar.

5399. **PARFAITE**, 1/2 s. N. — Mme Ve Dumoncel.
B. 1883. — Normandie (Saint-Lô).
Par *Orphée* et une fille de Jambon.
Sa grand'mère : par Bravo, P. S. A.

S. r. jusqu'en 1891.
1892 f. al. *Organe*, par Alsacien.

5400. **PARFAITE**, 1/2 s. N. — Mme Ve Noël.
B. 1887. — Manche (Saint-Lô).
Par *Caprara* et une fille de Nagel.
Sa grand'mère : par Harmonieux.

1891 femelle morte.

5401. **PARFAITE**, 1/2 s. N. — M. Le Goupil.
Al. 1888. — Calvados (Saint-Lô).
Par *Confirmé* et une fille de Platon.
Sa grand'mère : par Gloire.

1892 m. n. *Omont*, par Dollar, 1/2 s. N.

5402. **PARFAITE**, 1/2 s. N. — M. J. Lecaudey.
B. 1888. — Normandie (Saint-Lô).
Par *Défendu* et une fille de Ray-Grass.
Sa grand'mère : par Jarnac.

1892 m. b. b. *Ourson*, par Jusant.

5403. **PARFUMEUSE**, 1/2 s. N. — M. Lemonnier.
B. 1871. — Normandie (Le Pin).
Par *Conquérant* et *Vérité*, par The Nemrod, 1/2 s. A.
Sa grand'mère : *Colombine*, par Dupleix!

1875 m. b. *Tic-Tac*, par Noville.
1876 s. r.
1877 f. b. *Victoria*, par Trésorier.
1878-1879 s. r.
1880 f. b. *Chimère*, par Noville.
1881 à 1884 s. r.
1885 m. b. *Boston*, par Hippomène, 1/2 s. Big. (Amérique).
1886 f. b. *Créole*, par Hippomène, 1/2 s. Big.
1887 f. b. *Diana*, par Valencourt
1888 f. b. *Émigré*, par Valencourt.
1889 m. b. *Frontignan*, par Valencourt.

30

1890 m. b. *Grenadier*, par Hardy.
1891 m. b. *Homère*, par Aramis.
1892 m. b. *Va-Sans-Crainte*, par Aramis.

5404. **PARTIDA**, 1/2 s. N. — M. A. Serée.
Bb. 1880. — Calvados (Le Pin).
Par *Opium* et *Topsé*, par Jactator.
Sa grand'mère : par Trouville, P. S. A.

S. r. jusqu'en 1886.
1887 f. b. *Gazelle*, par Tristan.
1888 m. al. *Kosack II*, par Dante.
1889 m. b. *Lancier*, par Dante.
1890 f. b. *Cigarette*, par Tristan.
1891 f. b. *Rosière*, par Hécla.
1892 f. b. b. *Etafette*, par Hécla.

5405. **PASSAGÈRE**, 1/2 s. N. — M. A.-G. d'Aboville.
Al. 1885. — Calvados (Le Pin).
Par *Niger* et *Passante*, par Normand.
Sa grand'mère : *Topaze*, par Vice-Roi.
Sa bisaïeule : *Etincelle*, par Ukase.
Sa trisaïeule : *Cérito*, par Ramsay, P. S. A.
Sa quadrisaïeule : *L'Alezane*, par Urgent.
5e degré : par Rainbow, P. S. A.

1889 f. b. *Lisette*, par Etendard.
1890 m. b. *Matin*, par Etendard.
1891 f. al. *Novice*, par Etendard.

5406. **PASSANTE**, 1/2 s. N. — M. Barbanchon.
Al. 1875. — Calvados (Le Pin).
Par *Normand* et *Topaze*, par Vice-Roi.
Sa grand'mère : *Etincelle*, par Ukase.
Sa bisaïeule : *Cerito*, par Ramsay, P. S. A.
Sa trisaïeule : *L'Alezane*, par Urgent.
Sa quadrisaïeule : par Rainbow, P. S. A.

1879 s. r.
1880 f. b. b. *Fulmen*, par Mercure.
1881 f. b. *Mademoiselle-de-Brouay*, par Utique.
1882 f. b. *Ravissante*, par Utique.
1883 m. al.   , par Niger. Mort.
1884 s. r.
1885 f. al. *Passagère*, par Niger.
1886-1887 s. r.
1888 f. b. b. *Fulminante*, par Etendard.

5407. PASTILLE, 1/2 s. N. — M. J. Lemonnier.
B. 1886. — Sarthe (Le Pin).
Par *Rivoli* (approuvé) et *Suzon*, par Phaéton.
Sa grand'mère : par Séducteur.
Sa bisaïeule : par Jéricko.
Sa trisaïeule : par Paradox.
Sa quadrisaïeule : par Y. Topper, 1/2 s. A.

1890-1891 s. r.
1892 m. b. b. *Izard*, par Valencourt.

5408. PASTOURELLE, 1/2 s. N. — M. P. Guillot.
B. 1886. — Manche (Saint-Lô).
Par *Domino-Noir* et une fille de Pretty-Boy, P. S. A.
Sa grand'mère : par Gouverneur.

1890 f. al. *Margeolaine*, par Grand-Maître.
1891 m. al. *Nessus*, par Grand-Maître.
1892 m. b. *Oronte*, par Fred-Archer.

5409. PAULINE, 1/2 s. N. — M. J. Germain.
B. 1875. — Normandie (Saint-Lô).
Par *Kabin* et une fille de Victorieux.

S. r. jusqu'en 1891.
1892 f. b. *Octavia*, par Fulminant.

5410. PAULINE, 1/2 s. N. — M. Gousset.
Bb. 1884. — Orne (Le Pin).
Par *Législateur* et une fille d'Hidalgo.
Sa grand'mère : par Héliotrope.
Sa bisaïeule : par Prince.

1888 f. b. b. *Cicéronne*, par Cicéron II.
1889 f. b. *Ténébreuse*, par Cicéron II.
1890 f. b. *Cicéronne II*, par Cicéron II.
1891 f. b. *Neptune*, par Cicéron II.
1892 f. b. *Ozanne*, par Hérode.

5411. PAUVRETTE, P. S. A. — M. Lecaudey.
Al. 1871. — Normandie (Saint-Lô).
Par *The Heir-of-Linne* et *La Fanchonnette*, par Assault
ou Ballinkeele.

S. r. jusqu'en 1880.
1881 m. b.   , par Lavater.

1882 m. b.   , par Lavater.
1883 f. b. *Cotentine*, par Lavater.
1884 vide.
1885 f. b. *Eclatante*, par Lavater.
1886 m. b. *Illico*, par Lavater.
1887 vide.
1888 f. b. *Miss-Pauvrette*, par Lavater.
1889 vide.
1890 produit mort.
1891 vide.
1892 f. b. *Lurette*, par Espoir.

5412.   **PAYSANNE**, 1/2 s. N. — M. Donzel.
B. 1887. — Normandie (Le Pin).
Par *Vengeur* et *Etourdie*, par Hippomène, 1/2 s. Big., ou Trésorier.

Sa grand'mère : *Officieuse*, par Conquérant.
Sa bisaïeule : *Lady-Crampton*, 1/2 s. A.

Passée dans la Région de l'Est.

5413.   **PAYSANNE**, 1/2 s. N. — M. A. Godard.
B. 1887. — Manche (Saint-Lô).
Par *Agronome* et *Chérie*, par Octavo.

Sa grand'mère : *Bijou*, par Quinine.

1891 f. b. *Truffe*, par Florentino.

5414.   **PÉGRIOTE**, 1/2 s. N. — M. D. Lindet.
B. 1873. — Orne (Le Pin).
Par *Elu* et *Frétillon*, par Solide.

Sa grand'mère : *Pégriote*, par Eylau, P. S. A. A.
Sa bisaïeule : jument arabe, mère de Buci et de Jactator.

1877 à 1879 s. r.
1880 f. b. *Eva*, par Phaéton.
1881 f. b. b. *Frétillon*, par Serpolet-Bai.
1882 f. b. *Minerve*, par Serpolet-Bai.
1883-1884-1885 vide.
1886 f. b. *Impatiente*, par Cherbourg.
1887 f. al. *Judith*, par Phaéton.
1888 vide.
1889 f. b.   , par Edimbourg.
1890 f. b.   , par Edimbourg.
1891 m. b.   , par Edimbourg.
1892 f. b. *Orobe*, par Edimbourg.

5415. **PÉLAGIE**, 1/2 s. N. — M. L. Binet.
B. 1885. — Calvados (Saint-Lô).
Par *Auteuil* et une fille de Salin.
Sa grand'mère : par Léotard.

1889-1890 s. r.
1891 f. b.   , par Graft.

5416. **PERCE-NEIGE**, 1/2 s. N. — M. Germond.
Al. 1884. — Normandie (Le Pin).
Par *Zut*, P. S. A., et *Minerve*, par Gaulois.
Sa grand'mère : *Rozalie*, par Centaure.
Sa bisaïeule : par Ratisbonne.

1888 s. r.
1889 f. b. *Lira*, par Cherbourg.
1890 f. b. *Maud*, par Cherbourg.
1891 morte.

5417. **PERDRIX**, 1/2 s. N. — M. F. Duvard.
B. 1875. — Normandie (Saint-Lô).
Par *Guelfe* et une fille de Pont-d'Or.

S. r. jusqu'en 1891.
1892 m. al. *L'Ami*, par Ebéniste.

5418. **PERDRIX**, 1/2 s. N. — M. C. Lecouvey.
Bb. 1878. — Normandie (Saint-Lô).
Par *Platon* et une fille de Bravo, P. S. A.

S. r. jusqu'en 1891.
1892 m. b. b. *Occident*, par Joyau.

5419. **PERDRIX**, 1/2 s. N. — M. P. Dauvin.
Al. 1880. — Normandie (Saint-Lô).
Par *Trajan* et une fille de Hunter.

S. r. jusqu'en 1891.
1892 f. b. *Lisette*, par Forgeur.

5420. **PERDRIX**, 1/2 s. N. — M. V. Letellier.
Bb. 1881. — Manche (Saint-Lô).
Par *Orme* et une fille de Quine.

S. r. jusqu'en 1891.
1892 m. b. b. *Orageux*, par Harfleur.

5421.   **PERDRIX**, 1/2 s. N. — M. T. Quesnel.
Al. 1886. — Manche (Saint-Lô).
Par *Tudieu* et une fille de Richard.

Sa grand'mère : par Président.

1890 f. b. *Brillantine*, par Censeur.
1891 m. b.   , par Hun.

5422. PERDRIX, 1/2 s. N. — M. Delongraye-Montier.
Al. 1887. — Normandie (Saint-Lô).
Par *Volte-Face* et une fille de Garibaldi II.

Sa grand'mère : par Georges.

1891 s. r.
1892 m. b. *Jacquemart*, par Fabricant.

5423.   **PERDRIX**, 1/2 s. N. — M. L. Aumont.
Bb. 1887. — Manche (Saint-Lô).
Par *Aventin* et une fille de Faucon.

Sa grand'mère : par Mercure.
Sa bisaïeule : par Pimlico, 1/2 s. A.
Sa trisaïeule : par Hyacinthe.

5424.   **PERDRIX**, 1/2 s. N. — M. E. Pâris.
B. 1888. — Manche (Saint-Lô).
Par *Alpaga* et une fille de Surveillant.

Sa grand'mère : par Bandit.

1892 m. b. *Oberstein*, par Bataclan IV.

5425.   **PERFECTION**, 1/2 s. N.
M. O. de la Bretonnière.
Bb. 1874. — Manche (Saint-Lô).
Par *Ignoré* et une fille de Perfection.

S. r. jusqu'en 1886.
1887 f. b. *Capricieuse*, par Vautrain.
1888 s. r.
1889 m. b. b. *Poseur*, par Colporteur.
1890 m. b. b. *Coq*, par Fournichon.
1891 vide.

5426.   **PERLAT,** 1/2 s. N. — M. Ringlet.
B. 1885. — Orne (Le Pin).
Par *Quiclet* et une fille de Jactator.

Sa grand'mère : par Noteur.
Sa bisaïeule : par The Norfolk-Phœnomenon, 1/2 s. A.

1889-1890 s. r.
1891 f. al. *Hélène*, par Oriental.
1892 f. b. *Ombrelle*, par Uzos.

5427.   **PERLETTE,** 1/2 s. N. — M. E. Gamare.
Bb. 1871. — Normandie (Le Pin).
Par *Conquérant* et *Yelva*, par The Norfolk-Phœnomenon, 1/2 s. A.
Sa grand'mère : *Nanette*, par Black-Jack, 1/2 s. A.

1875 à 1877 s. r.
1878 m. b. *Colibri*, par Blenheim, P. S. A.
1879 f. b. b.   , par Noville. Morte.
1880 m. n. *Edimbourg*, par Noville.
1881 à 1883 vide.
1884 m. n. *Gallien*, par Noville.
1885 m. b. b. *Hermit*, par Tigris.
1886 m. b. b. *Perletto*, par Tigris.
1887 f. b. b. *Laurencia*, par Tigris.
1888 f. b. b. *La Juive*, par Tigris.
1889 f. b. b. *Lutine*, par Hardy.
1890 f. b. b. *Martinette*, par Hardy.
1891 vide.

5428.   **PERLETTE,** 1/2 s. N. — M. Bézière.
B. 1881. — Normandie (Le Pin).
Par *Stade* et une fille de Bakaloum, P. S. A.
Sa grand'mère : par Xerxès.

1885-1886 s. r.
1887 f. b. *Etincelle*, par Valparaiso.
1888 f. b. *Favorite*, par Favori.
1889 f. b. *Divette*, par Favori.
1890 f. b. *Fauvette*, par Acquila.
1891 m. b.   , par Acquila.
1892 f. b. *Orangère*, par Acquila.

5429.   **PERLETTE,** 1/2 s. N. — M. E. Sohier.
Bb. 1885. — Manche (Saint-Lô).
Par *Upas*, 1/2 s. N., et une fille de Lavater.

Sa grand'mère : par Kent.
Sa bisaïeule : par Eylau, P. S. A. A.

Sa trisaïeule : par Quandros.
Sa quadrisaïeule : par Don-Quichotte, P. S. A. A.

1889 m. b. *Lorrain*, par Fred-Archer.
1890 vide.
1891 f. b. b. *Chère-Belle*, par Fred-Archer.
1892 m. b. *Opium*, par Fred-Archer.

5430.   **PERNETTE**, 1/2 s. N. — M. P. Jean.
Bb. 1890. — Manche (Saint-Lô).
Par *Follet* et une fille de Diavolo.

Sa grand'mère : par Normand.

5431.   **PERPETUA**, 1/2 s. V. — M. Dantan.
Al. 1874. — Vendée (Le Pin).
Par *Kapirat* et une fille de John-Bull.

Sa grand'mère : par Molière, 1/2 s. V.

S. r. jusqu'en 1885.
1886 m. al. *Idéal*, par Le Képi, P. S. A.
1887 s. r.
1888 f. al. *Flachette*, par Le Képi, P. S. A.
1889 m. al. *Insulaire*, par Le Képi, P. S. A.
1890 produit mort.
1891 f. aub. *King*, par Etranger.
1892 m. al. *Ouragan*, par Etranger.

5432.   **PERVENCHE**, 1/2 s. N. — M. Bunot.
Al. 1880. — Normandie (Le Pin).
Par *Régénérateur* et *Rebecca*, par Villiers.

1884 m. b. *Quotiès*, par Quotiès.
1885-1886 s. r.
1887 m. al. *Minautaure*, par Minotaure.
1888 m. b. *Besneray*, par Strelitz, P. S. A.
1889 m. al. *Fricotin*, par Strelitz, P. S. A.
1890 vide.
1891 a avorté.

5433.   **PERVENCHE**, 1/2 s. N. — M. J. Olry.
N. 1883. — Normandie (Le Pin).
Par *Valdempierre* et *Cornélie*, par Niger.

Sa grand'mère : *Drôlesse*, par Pledge.
Sa bisaïeule : par Duploix.
Sa trisaïeule : par Pilote.
Sa quadrisaïeule : par Bacha, P. S. Ar.

5e degré : par Glorieux.
6e degré : par King-Pepin.

1887 vide.
1888 f. b. b. *Laïs*, par Élan.
1889 m. b. *Lonchamps*, par Fra-Diavolo, P. S. A.
1890 m. b. *Mousquetaire*, par Fra-Diavolo, P. S. A.
1891 vide.

5434. **PERVENCHE**, 1/2 s. N. — M. J. Lemonnier.
Bb. 1886. — Sarthe (Le Pin).
Par *Lavater* et *Ethel-Maries*, ex-*Cochade*, P. S. A.,
par Prince-Charlie.

1890 s. r.
1891 vide.

5435. **PERVENCHE**, 1/2 s. N. — M. C. Duchemin.
Bb. 1888. — Normandie (Saint-Lô).
Par *Colporteur* et une fille d'Agnadel.
Sa grand'mère : par Kabin.

1892 f. n.   , par Domino-Noir.

5436. **PHARETTE**, 1/2 s. N. — M. C. Martin.
B. 1882. — Normandie (Saint-Lô).
Par *Phare* et une fille de Dragon.
Sa grand'mère : par Licteur.

S. r. jusqu'en 1891.
1892 f. b. b. *Option*, par Grand-Maître.

5437. **PHARSALE**, 1/2 s. N. — M. F. Voisin.
Bb. 1887. — Manche (Saint-Lô).
Par *Pompée*, P. S. A., et *Badinguette*, par Boyard, 1/2 s. R.
Sa grand'mère : *Lisette*, par Idoménée.

1891 vide.
1892 m. b. *Fabert*, par Forban.

5438. **PICCIOLA**, 1/2 s. N. — M. de Foucault.
Bb. 1875. — Manche (Le Pin).
Par *J'y-Songerai* et *Jeune-Elisa*, par Kapirat.
Sa grand'mère : *Elisa*, par Corsair, 1/2 s. A.
Sa bisaïeule : par Marcellus, P. S. A.
Sa trisaïeule : par D. I. O., P. S. A.

1879 à 1881 s. r.
1882 m. b. *Chasseur*, par Quadruple.
1883 m. b.   , par Quadruple. Mort.

5439.   **PICHENETTE**, 1/2 s. N. — M. Le Bourg.
Ro. 1872. — Calvados (Le Pin).
Par *Conquérant* et une jument anglaise importée.

1876-1877 s. r.
1878 f. ro. *Alerte*, par Affidavit, P. S. A.
1879 à 1881 s. r.
1882 f. ro. *Ecossaise*, par Normand.
1883 s. r.
1884 f. ro. *Gavotte*, par Valencourt.
1885-1886 s. r.
1887 f. al.   , par Echo.
1888 f. al.   , par Réussi, P. S. A.
1889 f. b.   , par Galba.
1890 f. gr. *Moscovite*, par Galba.

5440.   **PICHENETTE**, 1/2 s. N. — M. J. Saint-Requier.
B. 1877. — Seine-Inférieure (Le Pin).
Par *Président* et une fille de Séducteur.

1881-1882 s. r.
1883 f. b. *Friponne*, par Unicolore.
1884 f. b. *Gommeuse*, par Unicolore.
1885 f. b. *Houri*, par Unicolore.
1886 à 1888 vide.
1889 f. ro. *Kermesse*, par Eclaireur.
1890 f. ro. *Milady*, par Eclaireur.
1891 f. ro. *Niniche*, par Eclaireur.
1892 m. b. b. *Oscar*, par Elsky.

5441.   **PIERRETTE**, 1/2 s. N. — M. J. Letellier.
B. 1883. — Manche (Saint-Lô).
Par *Patrice* et *Nubienne*, par Wild-Bird, P. S. A.

Sa grand'mère : *Poulette*, par Nonus.

1887 s. r.
1888 m. b. *Roland*, par Volte-Face.
1889 f. b. *Bagatelle*, par Nickel, P. S. A.
1890 m. b. *Sans-Souci*, par Floridor.
1891 f. b. *Javotte*, par Hottentot.
1892 m. b. *Marabout*, par Jarnac.

5442. **PIGTALINE**, 1/2 s. N. — **M.** Bertheaume.
Al. 1881. — Normandie (Le Pin).
Par *Sir-Quid-Pigtail*, P. S. A., et *Fernande*, par Taconnet.

Sa grand'mère : *Fernande*, par Centaure.
Sa bisaïeule : *Paquita*, par Junot.
Sa trisaïeule : *Orange*, par D. I. O., P. S. A.

1885-1886 s. r.
1887 m. b.   , par Jadis.
1888 f. b. *Cora*, par Jadis.
1889 vide.
1890 f. b. *Mireille*, par Echo.
1891 vide.

5443. **PILOTTE**, 1/2 s. N. — M. Nativel.
B. 1881. — Normandie (Saint-Lô).
Par *Quiproquo* et une fille de Bisson.

S. r. jusqu'en 1891.
1892 m. b. *Orsini*, par Gamélia.

5444. **PILOTTE**, 1/2 s. N. — M. J. Blouet.
N. 1889. — Manche (Saint-Lô).
Par *Ceinturon* et *Sérieuse*, par Bijou (approuvé).

Sa grand'mère : *Madelon*, par Quinine.
Sa bisaïeule : *Cadette*, par Lahore.
Sa trisaïeule : par Gall.

5445. **PIMPANTE**, 1/2 s. N. — M. B. Hamel.
Al. 1887. — Normandie (Saint-Lô).
Par *Orphée* et une fille de Quarteron.
Sa grand'mère : par Bravo, P. S. A.

1891 s. r.
1892 f. b. *Odette*, par Esbly.

5446. **PIMPANTE**, 1/2 s. N. — M. A. Duchemin.
B. 1889. — Manche (Saint-Lô).
Par *Bataillon* et une fille d'Ivanhoff, P. S. A.

Sa grand'mère : par Paternel.
Sa bisaïeule : par Sir-Henry-Dimsdale. 1/2 s. A.
Sa trisaïeule : par Boucanier.
Sa quadrisaïeule : par Pégase.

5447.   **PINGLETTE**, 1/2 s. N. — M. Durand.
B. 1887. — Calvados (Le Pin).
Par *Ultimatum* et *Minute*, par Hannon.

Sa grand'mère : *Mignonne*, par Enragé.
Sa bisaïeule : *Réséda*.

1891 vide.
1892 f. b. *Polka*, par Cabanis.

5448.   **PLAISANTE**, 1/2 s. N. — M. E. Dupont.
B. 1877. — Manche (Saint-Lô).
Par *Mercure* et une fille de Nectar.

Sa grand'mère : par Gomaire.

1881 f. al. *Douce*, par Vite.
1882 m. b. *Vermouth*, par Vite.
1883 s. r.
1884 m. b. *Bas-Blancs*, par Vite.
1885-1886 s. r.
1887 f. b. *Sonnante*, par Vite.
1888 s. r.
1889 f. b. *Fringante*, par Vite.
1890 s. r.
1891 f. b. *Gérante*, par Genêt.

5449.   **PLAISANTE**, 1/2 s. N. — M. L. Lorault.
B. 1881. — Normandie (Saint-Lô).
Par *Menant* et une fille de Roustan.

S. r. jusqu'en 1891.
1892 m. b. *Oublié*, par Funambule.

5450.   **PLAISANTE**, 1/2 s. N. — M. A. Gâté.
N. 1882. — Normandie (Saint-Lô).
Par *Volte-Face* et une fille de Noyau.

Sa grand'mère : par Ourson.

S. r. jusqu'en 1891.
1892 f. al. *La Douce*, par Avignon.

5451. PLAISANTERIE, 1/2 s. N. — M. A. Jehanne.
B. 1888. — Manche (Saint-Lô).
Par *Eole* et une fille de Pigeon-Vole, P. S. A.
Sa grand'mère : par Labéon.

5452.   **POLINE**, 1/2 s. N. — M. Lechevallier.
Bb. 1880. — Normandie (Saint-Lô).
Par *Percy* et une fille de Lahore.

S. r. jusqu'en 1891.
1892 f. b. b. *Sérieuse*, par Sérieux.

3316.   **POLKA**, 1/2 s. N. — M. de Fallières.
Ro. 1889. — Orne (Le Pin).
Par *Etranger* et *La Poule*, par Westminster.

Sa grand'mère : par Nacot.

5453.   **POLKA**, 1/2 s. N. — M. L. Rabé.
Al. 1871. — Normandie (Saint-Lô).
Par *Torticolis*, P. S. A., et une fille de Dictateur

S. r. jusqu'en 1891.
1892 f. b. *Marianne*, par Colporteur.

5454.   **POLKA**, 1/2 s. N. — M. Falaize.
Al. 1876. — Calvados (Le Pin).
Par *Jactator* et une fille de Coleraine, 1/2 s. A.
Sa grand'mère : par Voltigeur.

1880 f. al. *Coquette*, par Renémesnil.
1881 m. b. *Quadrille*, par Renémesnil.
1882 f. b. b. *Cantinière*, par Soldat. Morte.
1883 m. b. *Coquet*, par Noville.
1884 f. b. *Volante*, par Tigris.
1885 m. b. *Vol-au-Vent*, par Unorthodox.
1886 m. al. *Sans-Peur*, par Libérator.
1887 f. al. *Cantinière*, par Soldat.
1888 m. b. b. *Voltigeur*, par Niger.
1889 m. b. *Sans-Gêne*, par Don-Quichotte.
1890 m. b. *Glorieux*, par Fier-à-Bras.
1891 m. b. *Trouveras-Tu*, par Fier-à-Bras.
1892 f. b.   , par Fumet.

5455.   **POLKA**, 1/2 s. N. — M. Baudouin.
B. 1878. — Normandie (Le Pin).
Par *Kilomètre* et *Friboise*, par Centaure.

Sa grand'mère : par Jactator.
Sa bisaïeule : par Libérator.

S. r. jusqu'en 1885.
1886 m. b. *Inaudi-Jacques*, par Acquila.

1887 s. r.
1888 m. b. *Pas-de-Chance*, par Acquila. Mort.
1889 f. b. *Rosabelle*, par Saint-Rigomer.
1890 f. n. *Mona*, par Acquila.
1891 m. b. *Nessus*, par Acquila.
1892 m. n. *Oyestreham*, par Acquila.

5456. **POLKA**, 1/2 s. N. — Mme Ve Ch. Blaizot.
Bb. 1887. — Normandie (Saint-Lô).
Par *Colporteur* et une fille d'Ignoré.
Sa grand'mère : par Fire-Away, 1/2 s. A.

1891 s. r.
1892 m. b. b. *Overbury*, par Domino-Noir.

5457. **POLKA**, 1/2 s. N. — M. L. Letourneur.
Al. 1889. — Manche (Saint-Lô).
Par *Avignon* et une fille d'Ussy.
Sa grand'mère : par Hélios.
Sa bisaïeule : par Garus (approuvé).

5458. **POLKANTSCHA**, 1/2 s. Russe. — M. Lanfray.
Gr. 1877. — Russie (Le Pin).
Par *Domaschny*, 1/2 s. R., et *Lioubouschka*, par Prigojay.
Sa grand'mère : *Lobatchka*, par Polkan VI.
Sa bisaïeule : *Loubezny*, par Polkan V.
Sa trisaïeule : *Woronikha*, par Polkan III.
Sa quadrisaïeule : *Zabawnaya*.

S. r. jusqu'en 1884.
1885 m. b. *Hue*, par Général-Grant, 1/2 s. Am.
1886-1887 vide.
1888 f. gr. *Kioup*, par Serpolet-Rouan.
1889 f. gr. *Lola*, par Serpolet-Rouan.
1890-1891 vide.
1892 m. b. *Observateur*, par Galba.

5459. **POMPONE**, 1/2 s. N. — M. Lebreton.
Al. 1884. — Manche (Saint-Lô).
Par *Récif* et une fille de Macouba.
Sa grand'mère : par Hélios.
Sa bisaïeule : par Succès.

1888 m. b. *Charmant*, par Funambule.
1889 f. b. *Désirée*, par Funambule.
1890 m. al. *L'Ami*, par Trajan.
1891 à la Remonte.

5460. **POMPONETTE**, 1/2 s. N. — M. Lefilliàtre.

Al. 1879. — Manche (Saint-Lô).

Par *Shamrock*, 1/2 s. A., et une fille de Macouba.

Sa grand'mère : par Hélios.

Sa bisaïeule : par Succès.

S. r. jusqu'en 1887.
1888 m. b. b. *Képi*, par Utrecht.
1889 m. b. b. *Luron*, par Utrecht. Mort.
1890 m. al. *Mercure*, par Tourville. Mort.
1891 f. b.   , par Farnèse.
1892 f. b. *Octavie*, par Farnèse.

5461. **POMPONETTE**, 1/2 s. N. — M. L. Lesieur.

B. 1886. — Manche (Saint-Lô).

Par *Tropique* et une fille de Vignoble.

Sa grand'mère : par Adolpho.

1890 f. b. *Serpolette*, par Diptère.

5462. **POMPONETTE**, 1/2 s. N. — M. F. Ruault.

Al. 1888. — Normandie (Saint-Lô).

Par *Shamrock*, 1/2 s. A., et une fille de Macouba.

Sa grand'mère : par Succès.

1892 f. al. *Silvanis*, par Hallali.

5463. **POUCAIN**, 1/2 s. N. — M. A. Leveillé.

B. 1881. — Manche (Saint-Lô).

Par *Pénitent* et une fille de Quinola (approuvé).

S. r. jusqu'en 1887.
1888 m. b. *Papillon*, par Agronome.
1889 m. b. *Coquet*, par Agronome.
1890 f. b. *Bichette*, par Gil-Blas.

5464. **POULE**, 1/2 s. N. — M. A. Rands.

B. 1878. — Calvados (Saint-Lô).

Par *Dartos* et une fille de Volta.

S. r. jusqu'en 1891.
1892 m. b. *Oraison*, par Cavalieri, 1/2 s. V.

5465.   POULE-D'OR, 1/2 s. N. — M. J. Lécrivain.
Al. 1889. — Manche (Saint-Lô).
Par *Canut* et *Nadine*, par Stern.

Sa grand'mère : *Irma*, par Schamyl, P. S. A.
Sa bisaïeule : par Kabin.
Sa trisaïeule : *Henriette*, par Sir-Henry-Dimsdale, 1/2 s. A.
Sa quadrisaïeule : *Brebis*, par Boucanier.
5me degré : par Pégase.

5466.   POULETTE, 1/2 s. N. — Mme Ve Samson.
B. 1878. — Normandie (Saint-Lô).
Par *Quotient* et une fille d'Ursin.

S. r. jusqu'en 1891.
1892 m. b. *Oacapa*, par Ministère, P. S. A.

5467.   POULETTE, 1/2 s. N. — M. J. Raulline.
B. 1881. — Normandie (Saint-Lô).
Par *Mine-d'Or* et une fille de Courcy.

S. r. jusqu'en 1891.
1892 m. b. b. *Ohio*, par Loyal.

5468.   POULETTE, 1/2 s. N. — M. Leloup.
Al. 1881. — Normandie (Saint-Lô).
Par *Institut* et une fille de Pompier.

S. r. jusqu'en 1891.
1892 m. al. *Ortillon*, par Graft.

5469.   POULETTE, 1/2 s. N. — M. A. Villedieu.
Al. 1885. — Manche (Saint-Lô).
Par *Mine-d'Or* et une fille de Garde-à-Vous.
Sa grand'mère : par Félibien.

1889 f. al. *Fauvette*, par Pétrarque.
1890 f. al. *Rosette*, par Pétrarque.
1891 à la Remonte.

5470.   POULETTE, 1/2 s. N. — M. Galuski.
B. 1886. — Manche (Saint-Lô).
Par *Bégonia* et *Bijou*, par Schah.

Sa grand'mère : par Aster, P. S. A.
Sa bisaïeule : par Daniel, fils de Daniel.

1889 f. b. *Coquette*, par Carrier.
1890 f. b. *Coureuse*, par Pompée, P. S. A.
1891 m. b. *Mélicerte*, par Fanfan.

5471.   **POULETTE**, 1/2 s. N. — M. Gaillard.
B. 1887. — Manche (Saint-Lô).
Par *Vol-au-Vent* et une fille de Volcan.
Sa grand'mère : par Pont-d'Or.

1891 s. r.
1892 m. b. *Olivet*, par Hurrah.

5472.   **POULETTE**, 1/2 s. N. — Mme Ve Fromond.
B. 1887. — Normandie (Saint-Lô).
Par *Cormoran* et une fille de J'y-Songerai.
Sa grand'mère : par Uzel.

1891 s. r.
1892 m. b. *Opsopocus*, par Espoir.

5473.   **POULETTE**, 1/2 s. N. — MM. J. et F. Lecaudey.
B. 1888. — Manche (Saint-Lô).
Par *Lavater* et une fille de Gibert, P. S. A.
Sa grand'mère : par Unau.
Sa bisaïeule : par Edgard.

1892 f. b. b. *Oracle*, par Fontenay.

5474.   **POULO**, 1/2 s. N. — M. Ch. Leduc.
B. 1882. — Manche (Saint-Lô).
Par *Virgile* et une fille de Bravo, P. S. A.
Sa grand'mère : par Novi.

1886 m. al. *Blond*, par Nagel.
1887 vide.
1888 f. b. *Esbly*, par Esbly.
1889 m. b. *Dispos*, par Sénéchal.
1890 m. b. *Félibien*, par Hidalgo.
1891 m. b. *Néron*, par Esbly.
1892 f. b. *Ophélie*, par Esbly.

5475.   **POULOT**, 1/2 s. N. — M. P. Margueritte.
B. 1869. — Manche (Saint-Lô).
Par *Dagobert* (approuvé) et une fille de Violent.

S. r. jusqu'en 1891.
1892 m. al. *Odoacre*, par Sérieux.

31

5476.   **POULOT**, 1/2 s. N. — M. A. Jeanne.
AI. 1876. — Normandie (Saint-Lô).
Par *Garde-à-Vous* et une fille de Gazeley, 1/2 s. A.
Sa grand-mère : par Thierceville.

S. r. jusqu'en 1891.
1892 m. b. *Phare*, par Phare.

5477.   **POULOT**, 1/2 s. N. — M. J.-B. Pasturel.
B. 1877. — Manche (Saint-Lô).
Par *Violent* et une fille d'Otage.

S. r. jusqu'en 1891.
1892 m. b. *Défendu*, par Défendu.

5478.   **POULOT**, 1/2 s. N. — M. Legignan.
B. 1878. — Normandie (Saint-Lô).
Par *Va-de-Bon-Cœur* et une fille de Marcelet.

S. r. jusqu'en 1891.
1892 m. b. b. *Ortok*, par Ray-Grass.

5479.   **POULOT**, 1/2 s. N. — M. Savare.
B. 1880. — Manche (Saint-Lô).
Par *Mathurin* et une fille de Caraffa.

S. r. jusqu'en 1891.
1892 m. b. *Bijou*, par Défendu.

5480.   **POULOT**, 1/2 s. N. — M. Clément.
AI. 1880. — Normandie (Saint-Lô).
Par *Ravenshoë*, P. S. A., et une fille de Hunter.

S. r. jusqu'en 1891.
1892 f. ro. *Orma*, par Raming.

5481.   **POULOT**, 1/2 s. N. — M. Lecanu.
B. 1886. — Manche (Saint-Lô).
Par *Druidique* et une fille de Pétrarque.
Sa grand'mère : par Jair.

1890 m. al.   , par Gerson.
1891 m. al. *Camude*, par Electro.
1892 m. al. *Omagh*, par Electro.

5482. **POULOT**, 1/2 s. N. — M. Lemperière.
B. 1887. — Normandie (Saint-Lô).
Par *Dunois* et une fille de Quémandeur.

Sa grand'mère : par Mystérieux.

1891 s. r.
1892 f. b. *Olinda*, par Calas.

5483. **POULOT**, 1/2 s. N. — M. Crosville.
Bb. 1888. — Normandie (Saint-Lô).
Par *Phare* et une fille de Valérien.

Sa grand'mère : par Mithridate.

1892 m. b. *Ollers*, par Inconstant.

5484. **POUPINE**, 1/2 s. N. — M. J.-B. Lepertel.
N. 1874. — Normandie (Saint-Lô).
Par *Ourson* et une fille de Garibaldi.

S. r. jusqu'en 1891.
1892 m. b. *Oskol*, par Austral.

5485. **POUSSIN**, 1/2 s. N. — M. A. Guilmin.
Al. 1884. — Manche (Saint-Lô).
Par *Altaï* et *Talpa*, par Garibaldi ou Succès.

Sa grand'mère : *Petite*, par Camisard.

1888 vide.
1889 f. al. *Petite*, par Austral.
1890 f. al. *Junon*, par Austral.
1891-1892 vide.

5486. **PRÉFÉRÉE**, 1/2 s. N. — M. Maudelonde.
B. 1880. — Normandie (Le Pin).
Par *Palm* et une fille de Mazeppa.

S. r. jusqu'en 1887.
1888 f. b. *Surprise*, par Réussi, P. S. A.
1889 m. b.   , par Coq-à-l'Ane.
1890 f. b. *Printanière*, par Coq-à-l'Ane.
1891 m. b.   , par Dampierre. Mort.

5487. PRÉFÉRENCE, 1/2 s. N. — M. C. Castillon.
B. 1872. — Normandie (Le Pin).
Par *Y.* et *Gertrude*, par Bassompierre.

1876-1877 s. r.
1878 m. b. *Attila*, par Normand.
1879 vide.
1880 m. b. *César*, par Normand (Suisse).
1881 m. b. *Déluge*, par Normand (Amérique).
1882 f. b. *Emeraude*, par Normand.
1883 m. b. *Fanfan-la-Tulipe*, par Normand.
1884 vide.
1885-1886 s. r.
1887 m. b. *Janville*, par Valparaiso (Amérique).
1888 f. b. *Kalouga*, par Acquila.
1889 f. b. *Lackmé*, par Acquila.
1890 f. b. *Myrielle*, par Hardy. Morte.
1891 f. b. *Mademoiselle-de-Troarn*, par Tigris.

5488. PRÈS-DE-TERRE, 1/2 s. N. — M. V. Gillain.
Al. 1879. — Manche (Saint-Lô).
Par *Ugolin* et *Orientale*, par The Heir-of-Linne, P. S. A.
Sa grand'mère : *Jeune-Elisa*, par Etendard.
Sa bisaïeule : *Près-de-Terre*, par Sir-Henry-Dimsdale, 1/2 s. A.

1883 m. al. *Fridolin*, par Quinola.
1884 à 1886 produits morts.
1887-1888 vide.
1889 f. b. *Liberté*, par Espoir.
1890 m. b.   , par Gasparin.
1891 m. b.   , par Espoir.

5489. PRIMEROLLE, P. S. A. — M. Delettrez.
B. 1879. — Manche (Saint-Lô).
Par *Saint-Cyr* et *Péripétie*, par Sting.

S. r. jusqu'en 1891.
1892 m. b. *Marquis*, par Espadem.

5490. PRINCESSE, 1/2 s. N. — M. F. Marion.
Bb. 1878. — Manche (Saint-Lô).
Par *Nicanor* et une fille de William, P. S. A.

1882 à 1884 s. r.
1885 m. b. *Jupin*, par Raming.
1886 f. b. b. *Marquise*, par Raming.
1887 f. b. *Soumise*, par Phare.
1888 vide.

1889 m. b. *Minor*, par Raming.
1890 m. b. *Mercredi*, par Raming.
1891 produit mort.
1892 vide.

5491. **PRINCESSE**, 1/2 s. N. — M. Godard.
B. 1888. — Calvados (Saint-Lô).
Par *Pompée*, P. S. A., et une fille d'Oriental.
Sa grand'mère : par Louviers.

1892 m. b. *Favori*, par Baladeur.

5492. **PRINTANIÈRE**, 1/2 s. N. — M. Serrey.
Al. 1882. — Orne (Le Pin).
Par *Vermouth*, P. S. A., et *Trompeuse*, 1/2 s. N., par Fitz-
Pantaloon, P. S. A.
Sa grand'mère : par Séducteur.

1886 m. al. *Ivan*, par Beaugé.
1887 vide.
1888 m. b. *Kilomètre*, par Cherbourg.
1889 m. b. *Laborieux*, par Edimbourg.
1890 m. b.   , par Edimbourg.
1891 m. b. *Nougat*, par Edimbourg.
1892 m. b. *Orne*, par Edimbourg.

5493. **PROVENÇALE**, P. S. A. — M. Houyvé.
B. 1879. — France (Saint-Lô).
Par *Sir-John* et *Arlésienne*, par Dollar.

S. r. jusqu'en 1889.
1890-1891 a avorté.
1892 f. b. b. *Bishra*, par Espadem.

5494. **PRUDENTE**, ex-**BRUNETTE**, P. S. A.
M. Guillerme.
B. 1874. — France (Saint-Lô).
Par *Le-Petit-Caporal* et *Preude*.

S. r. jusqu'en 1886.
1887 m. b. *Jeudi*, par Lavater.
1888 vide.
1889 suitée d'un produit de P. S. A.
1890 m. b. *Marcellus*, par Colporteur.
1891 f. al. *Ninon-de-Lenclos*, par Fontenay.
1892 f. b. *Ouvrière*, par Colporteur.

5495. **PUISSANTE**, 1/2 s. N. — M. Duchemin.
B. 1888. — Normandie (Saint-Lô).
Par *Écarté* et une fille d'Idoménée.
Sa grand'mère : par Kabin.

1892 f. b. *Optique*, par Jusant.

5496. **QUALITY**, 1/2 s. N. — M. Leurouilly.
Bb. 1879. — Manche (Saint-Lô).
Par *Quality* et une fille d'Ignoré.
Sa grand'mère : par Pâter.
Sa bisaïeule : par Lagopède.

1883-1884 s. r.
1885 f. b. b. *Carnavalette*, par Carnavalet.
1886 s. r.
1887 f. b. morte.
1888 vide.
1889 f. b. *Edilsonne*, par Fred-Archer.
1890 vide.
1891 f. b. *Fanny*, par Fred-Archer.
1892 f. b. b. *Niobé*, par Fontenay.

5497. **QUALITY**, 1/2 s. N. — M. L. Rabé.
B. 1883. — Manche (Saint-Lô).
Par *Quality* et *Newtone*, par Newton.
Sa grand'mère : *Agenda*, par Agenda.
Sa bisaïeule : *Ugoline*, par Ugolin.
Sa trisaïeule : par Électeur.

1887 s. r.
1888 m. b. *Colporteur*, par Colporteur. Mort.
1889 m. b. *Gibraltar*, par Gibraltar.
1890 m. b. *Gibraltar*, par Gibraltar.
1891 f. al. *Gibraltar*, par Gibraltar.
1892 m. al. *Œil-de-Serpent*, par Gibraltar.

5498. **QUARANTAINE**, 1/2 s. N. — M. J. Lemonnier.
B. 1887. — Sarthe (Le Pin).
Par *Cherbourg* et *Jeanne-Elisa*, par Kapirat.
Sa grand'mère : *Elisa*, par Corsair, 1/2 s. A.
Sa bisaïeule : par Marcellus, P. S. A.
Sa trisaïeule : par D. I. O., P. S. A.

5205. **QUARANTAINE**, 1/2 s. N. — M. L. Jean.
B. 1889. — Calvados (Saint-Lô).
Par *Domino-Noir* et *Madeleine*, par Rigolo.

Sa grand'mère : par Vingt-Mars.
Sa bisaïeule : par Agenda.

5499. **QUARTERONNE II**, 1/2 s. N. — M. Gamare.
N. 1879. — Normandie (Le Pin).
Par *Normand* ou *Noville* et *Quarteronne*, par Lavater.

Sa grand'mère : par Crocus.
Sa bisaïeule : *Hécate*, par Matchless, 1/2 s. A.
Sa trisaïeule : par The Norfolk-Phœnomenon, 1/2 s. A.

1883 à 1885 s. r.
1886 m. b. *Saint-Mélaine*, par Valencourt.
1887 vide.
1888 f. b. b. *Lauretta*, par Dictateur.
1889 vide.
1890 m. b. *Samson*, par Hardy.
1891 vide.

5500. **QUEEN**, 1/2 s. N. — M. A. Forcinal.
Al. 1868. — Normandie (Le Pin).
Par *Éclipse* (par Performer) et *Miss-Bell*, jument américaine,
mère de Niger.

S. r. jusqu'en 1880.
1881 f. al. *Dorée*, par Braconnier, P. S. A.
1882-1883 s. r.
1884 f. al. *Gracieuse*, par Un.
1885 vide.
1886 f. al.   , par Courtois.
1887 m. n.   , par Valdempierre.
1888 f. b.   , par Jadis.
1889 vide.
1890 f. al.   , par Echo.

5501. **QUIA**, 1/2 s. N. — M. Valette.
Al. 1883. — Calvados (Le Pin).
Par *Libérator* et *Estafine*, par Estafette.

Sa grand'mère : par Quia.

1887 f. al.   , par Unorthodox.
1888 à 1891 vide.
1892 m. al. *Libérator*. par Fumet.

5502.   **QUICK**, 1/2 s. N. — M. H. Maurette.
Bb. 1886. — Manche (Saint-Lô).
Par *Vautrain* et *Bergère*, par Vert-Galant.

Sa grand'mère : par Victorieux.

1890 s r.
1891 f. n. *Nanette*, par Betting.
1892 m. n. *Oui-Da*, par Betting.

5503.   **QUICKLY**, 1/2 s. N. — M. Lechevallier.
B. 1882. — Normandie (Saint-Lô).
Par *Quickly* et une fille de Volant.

Sa grand'mère : par Guillaume-le-Conquérant.

S. r. jusqu'en 1891.
1892 f. b. b. *Gitana*, par Colporteur.

5504.   **RACHEL**, 1/2 s. N. — M. L. Guérard.
B. 1875. — Normandie (Le Pin).
Par *Irlandais* et *L'Étoile*, par Esculape.

Sa grand'mère : par Galba.

1879 m. al.   , par Raifort.
1880 f. al. *Rigolette*, par Tamberlick, P. S. A.
1881 m. al.   , par Tay-Mouth, P. S. A.
1882 vide.
1883 m. b.   , par Acquila.
1884 f. b. *Giselle*, par Acquila.
1885 f. b.   , par Acquila. Morte.
1886 m. b. *Irlandais*, par Acquila.
1887 vide.
1888 m. al.   , par Stade.
1889 f. b. *L'Étoile*, par Stade.
1890 vide.
1891 produit mort.

5505.   **RACHEL**, 1/2 s. N. — M. J.-B. Viel.
Al. 1878. — Normandie (Saint-Lô).
Par *Égésippe* et une fille de Dimanche.

S. r. jusqu'en 1891.
1892 m. b. *Orphée*, par Fournichon.

5506. **RACHEL**, 1/2 s. N. — M. Lechevallier.
Al. 1886. — Normandie (Saint-Lô).
Par *Ange* et une fille de Scapin.
Sa grand'mère : par Egésippe.

1890-1891 s. r.
1892 f. b. b. *Mascotte*, par Habéo.

5507. **RACQUETTE**, 1/2 s. N. — M. A. Benoist.
Al. 1885. — Manche (Saint-Lô).
Par *Viril* et *Bluette*, par Volant.
Sa grand'mère : par Jambon.
Sa bisaïeule : par Bravo, P. S. A.

5508. **RAGOT**, 1/2 s. N. — Mme Ve Drieut.
B. 1885. — Manche (Saint-Lô).
Par *Sérieux* et une fille de Patrice.
Sa grand'mère : par Hippocrate.
Sa bisaïeule : par Paternel.

5509. **RAGOT**, 1/2 s. N. — M. F.-A. Le Plaisant.
B. 1885. — Calvados (Saint-Lô).
Par *Astyanax* et une fille de Glorieux.
Sa grand'mère : par Malakoff.
Sa bisaïeule : par Jay.

1889 s. r.
1890 m. b. *Motus*, par Phare.
1891 f. b. *Nacelle*, par Phare.
1892 m. b. *Olga*, par Phare.

5510. **RAGOT**, 1/2 s. N. — M. B. Marie.
B. 1888. — Normandie (Saint-Lô).
Par *Divorçons* et une fille d'Ugolin II.
Sa grand'mère : par Faust, 1/2 s. R.

1892 f. b. *Ochette*, par Hottentot.

5511. **RAGUETTE**, 1/2 s. N. — M. J. Victor.
N. 1873. — Normandie (Saint-Lô).
Par *Hunter* et une fille d'Orgueilleux.

S. r. jusqu'en 1891.
1892 f. b. *Orpheline*, par Descartes.

5512. **RAISSA**, 1/2 s. N. — M. le Cte d'Auray.
B. 1885. — Manche (Saint-Lô).
Par *Jackson* et *Filante*, par Ultra.
Sa grand'mère : par Ray-Grass.

1889 m. b. *Jasmin*, par Franconi. Mort.
1890 a avorté.
1891 vide.

5513. **RAN-JA-I-MÉ**, 1/2 s. N. — M. Hubert.
B. 1877. — Normandie (Le Pin).
Par *Kaolin*, P. S. A. et une fille de Gaulois.
Sa grand'mère : par Tamberlick, P. S. A.
Sa bisaïeule, 1/2 s. N. : par Schamyl, P. S. A.

1881 m. b.   , par Quiclet. Exporté.
1882 m. b.   , par Serpolet-Bai.
1883 f. b. *Faustine*, par Serpolet-Bai.

5514. **RAPIDE**, 1/2 s. N. — M. Poisson.
B. 1869. — Normandie (Saint-Lô).
Par *Alma* et une fille de Paddy.

S. r. jusqu'en 1891.
1892 f. b. *Outreuse*, par Ministère, P. S. A.

5515. **RAPIDE**, 1/2 s. N. — M. Lecacheux.
B. 1873. — Normandie (Saint-Lô).
Par *Egésippe* et une fille de Jay.

S. r. jusqu'en 1891.
1892 m. b. *Obédience*, par Infidèle.

5516. **RAPIDE**, 1/2 s. N. — M. P. Larose.
B. 1873. — Manche (Saint-Lô).
Par *Hussein* et une fille de Divus.

S. r. jusqu'en 1887.
1888 f. b. *Follette*, par Follet.
1889 f. b. *Polka*, par Follet.
1890 vide.
1891 m. b. *Néron*, par Habéo.
1892 m. n. *Estafette*, par Domino-Noir.

5517.   **RAPIDE**, 1/2 s. N. — M. Marcel Marie.
Al. 1874. — Normandie (Saint-Lô).
Par *Idoménée* et une fille d'Ugolin.

S. r. jusqu'en 1891.
1892 m. b. *Obéron*, par Follet.

5518.   **RAPIDE**, 1/2 s. N. — M. J. Mauger.
B. 1875. — Manche (Saint-Lô).
Par *Ignoré* et une fille de Daniel.

S. r. jusqu'en 1891.
1892 m. b. *Offekerque*, par Frondeur.

3590.   **RAPIDE**, 1/2 s. N. — M. Carré.
B. 1875. — Manche (Saint-Lô).
Par *Gouverneur* et une fille de Pâter.
Sa grand'mère : par Marco-Spada.

S. r. jusqu'en 1891.
1892 m. b. *Rapid*, par Gamelia (Amérique).

5519.   **RAPIDE**, 1/2 s. N. — M. L. Gancel.
B. 1875. — Normandie (Saint-Lô).
Par *J'y-Songerai* et une fille de Sinope.

S. r. jusqu'en 1891.
1892 m. b. *Offenbach*, par Fred-Archer.

5520.   **RAPIDE**, 1/2 s. N. — M. J. Commençal.
B. 1875. — Normandie (Saint-Lô).
Par *Lord* et une fille de Léotard.

S. r. jusqu'en 1891.
1892 m. b. *Ober*, par Joinville II.

5521.   **RAPIDE**, 1/2 s. N. — M. V. Gillain.
Al. 1875. — Manche Saint-Lô).
Par *Ugolin* et *Sérieuse*, par Prétender, 1/2 s. A.

1879 s. r.
1880 f. al.   , par Wild-Bird, P. S. A.
1881 f. ro. *Castillanne*, par Idoménée.
1882 f. ro. *Castille*, par Page.
1883 m. ro.   , par Page.

1884 m. ro.   , par Page.
1885 vide.
1886 m. ro.   , par Page.
1887 f. b. *Mercédès*, par Banyuls.
1888 f. ro. *Carmen*, par Frisson.
1889 vide.
1890 m. al.   , par Gasparin.
1891 f. n. *Nativa*, par Franconi.
1892 f. al. *Œillette*, par Gibraltar.

5522.　　　**RAPIDE**, 1/2 s. N. — M. Lemarquand.
　　　　　B. 1875. — Normandie (Saint-Lô).
　　　Par *Egésippe* et une fille de Black.

S. r. jusqu'en 1891.
1892 m. b. b. *Ontario*, par Frondeur.

5523.　　　**RAPIDE**, 1/2 s. N. — M. Lepoittevin.
　　　　　Gr. 1876. — Normandie (Saint-Lô).
　　　Par *Newton* et une fille de Violent.

S. r. jusqu'en 1891.
1892 f. gr. *Oderic*, par Jusant.

5524.　　　**RAPIDE**, 1/2 s. N. — M. Carel.
　　　　　B. 1878. — Normandie (Saint-Lô).
　　　Par *Egésippe* et une fille de Victorieux.

S. r. jusqu'en 1885.
1886 f. al. *Sarah*, par Contrôleur.
1887 s. r.
1888 f. b. *Orange*, par Excat.
1889-1890-1891 s. r.
1892 f. b. *Orageuse*, par Colporteur.

5525.　　　**RAPIDE**, 1/2 s. N. — M. Langlois.
　　　　　B. 1878. — Normandie (Saint-Lô).
　　　Par *Glorieux* et une fille de Navigateur.

S. r. jusqu'en 1891.
1892 f. b. b. *Olga*, par Dunois.

5526.　　　**RAPIDE**, 1/2 s. N. — Mme Ve Léridez.
　　　　　B. 1879. — Normandie (Saint-Lô).
　　　Par *Quotient* et une fille de Dimanche.

S. r. jusqu'en 1891.
1892 m. al. *Oh-là*, par Socrate.

5527. **RAPIDE**, 1/2 s. N. — M. J. Mouchel.
B. 1880. — Normandie (Saint-Lô).
Par *Regret* et une fille de Jay.

S. r. jusqu'en 1891.
1892 m. b. *Olivarus*, par Quality.

5528. **RAPIDE**, 1/2 s. N. — M. T. Lesieur.
B. 1880. — Normandie (Saint-Lô).
Par *Milanais* et une fille de Jules-César.

S. r. jusqu'en 1891.
1892 f. b. *Sarah*, par Gibraltar.

5529. **RAPIDE**, 1/2 s. N — M. E. Duchemin.
B. 1881. — Normandie (Saint-Lô).
Par *Brodick*, P. S. A., et une fille d'Ignoré.

S. r. jusqu'en 1891.
1892 m. b. b. *Ohlau*, par Fournichon.

5530. **RAPIDE**, 1/2 s. N. — M. Maillard.
N. 1881. — Normandie (Saint-Lô).
Par *Pompier* et une fille d'Institut.

S. r. jusqu'en 1891.
1892 f. b. *Onctuosité*, par Dollar.

5531. **RAPIDE**, 1/2 s. N. — M. Defaudais.
N. 1882. — Normandie (Saint-Lô).
Par *Phare* et une fille d'Azof, 1/2 s. R.
Sa grand'mère : par Violent.

S. r. jusqu'en 1891.
1892 f. b. b. *Olonge*, par Clodomir.

5532. **RAPIDE**, 1/2 s. N. — M. A. Jeanne.
B. 1882. — Calvados (Saint-Lô).
Par *Pancrace* et une fille de Séduisant.
Sa grand'mère : par Priam.

S. r. jusqu'en 1891.
1892 m. b. *Orival*, par Raming.

5533. **RAPIDE**, 1/2 s. N. — M. Durand.
Gr. 1884. — Normandie (Saint-Lô).
Par *Beauseigneur* et une fille de Léotard.
Sa grand'mère : par Ursin.

S. r. jusqu'en 1891.
1892 f. gr. *Océania*, par Graft.

3595. **RAPIDE**, 1/2 s. N. — M. J.-B. Guillot.
Bb. 1884. — Calvados (Saint-Lô).
Par *Léotard* et *Rapide*, par Rostrum.
Sa grand'mère : par Mithridate.

S. r. jusqu'en 1891.
1892 f. al. *Ogresse*, par Graft.

5534. **RAPIDE**, 1/2 s. N. — M. A. Bienvenu.
B. 1885. — Manche (Saint-Lô).
Par *Courtomer* et *Lisa*, par Sénéchal.
Sa grand'mère : par Mirliton.
Sa bisaïeule : par Bravo.
Sa trisaïeule : par Camisard.

1889 m. b.   , par Alsacien.
1890 m. b. b.   , par Caprara.
1891 m. b. *Neptune*, par Caprara.

5535. **RAPIDE**, 1/2 s. N. — M. Balmont.
Al. 1885. — Normandie (Saint-Lô).
Par *Cicéron* et une fille de Riga.
Sa grand'mère : par Don-Quichotte, P. S. A. A.

1889 à 1891 s. r.
1892 m. al. *Otharis*, par Hexamètre.

5536. **RAPIDE**, 1/2 s. N. — M. F. Le Neveu.
B. 1885. — Calvados (Saint-Lô).
Par *Cicéron* et une fille de Dragon, P. S. A.
Sa grand'mère : par Succès.
Sa bisaïeule : par Navigateur.
Sa trisaïeule : par Snap, 1/2 s. A.

1889 f. b. *Sérieuse*, par Grand-Maître.
1890 m. b. *Modèle*, par Grand-Maître.
1891 m. b. *Nathan*, par Grand-Maître.
1892 m. b. *Ovide*, par Grand-Maître.

5537. **RAPIDE**, 1/2 s. N. — M. G. Houllegatte.
Al. 1885. — Manche (Saint-Lô).
Par *Canut* et *Pervenche*, par Stern.

Sa grand'mère : *Matifa*, par Ivanhoff, P. S. A.
Sa bisaïeule : *Charmante*, par Tamerlan.
Sa trisaïeule : *Lisette*.

1889 m. b. *Nanquin*, par Espadem.
1890 vide.
1891 m. b. b. *Colporteur*, par Colporteur.

5538. **RAPIDE**, 1/2 s. N. — M. A. Hamel.
B. 1886. — Normandie (Saint-Lô).
Par *Alsacien* et une fille de Gloire.

Sa grand'mère : par Ivanhoff, P. S. A.

1890-1891 s. r.
1892 m. b. *Omer-Pacha*, par Esbly.

5539. **RAPIDE**, 1/2 s. N. — M. A. Fremy.
B. 1887. — Normandie (Saint-Lô).
Par *Dominant* et une fille d'Ignoré.

Sa grand'mère : par Egésippe.

1891 s. r.
1892 m. b. b. *Oltis*, par Quality.

5540. **RAPIDE**, 1/2 s. N. — M. Sohier.
Al. 1887. — Manche (Saint-Lô).
Par *Ecarté* et une fille de Mine-d'Or.

Sa grand'mère : par Kabin.
Sa bisaïeule : par Vandermulin, P. S. A.
Sa trisaïeule : par Inkermann.

5541. **RAPIDE**, 1/2 s. N. — M. Morice.
B. 1887. — Manche (Saint-Lô).
Par *Serviteur* et une fille de Dragon, P. S. A.

Sa grand'mère : par Succès.
Sa bisaïeule : par Kapirat.

1891 f. b. *Rapide*, par Dollar.

5542.   **RAPIDE**, 1/2 s. N. — M. François Maine.
Al. 1887. — Calvados (Saint-Lô).
Par *Utique* et une fille de Valérien.
Sa grand'mère : par Rostrum.
Sa bisaïeule : par Glorieux.
Sa trisaïeule : par Navigateur.
Sa quadrisaïeule : par Don-Quichotte, P. S. A. A.
5e degré : par Hœmus, P. S. A.

5543.   **RAPIDE**, 1/2 s. N. — M. Houllegatte.
Gr. 1888. — Normandie (Saint-Lô).
Par *Canut* et une fille de Schamyl, P. S. A.
Sa grand'mère : par Lucullus.

1892 f. b. *Olga*, par Fulminant.

5544.   **RAPIDE**, 1/2 s. N. — M. Fiquet.
B. 1888. — Normandie (Saint-Lô).
Par *Fournichon* et une fille de Vital.
Sa grand'mère : par Jackson.

1892 f. b. *Orange*, par Ham, P. S. A.

5545.   **RAPIDE**, 1/2 s. N. — M. Milet.
B. 1888. — Normandie (Saint-Lô).
Par *Farnborough* et une fille d'Agnadel.
Sa grand'mère : par Dimanche.

1892 m. b. *Oberlin*, par Follet.

5546.   **RAPIDE**, 1/2 s. N. — M. A. Marié.
Bb. 1888. — Normandie (Saint-Lô).
Par *Fournichon* et une fille de Reynolds.
Sa grand'mère : par Gabier, P. S. A.

1892 m. b. *Ouvrier*, par Quality.

5547.   **RASE-TOUT**, 1/2 s. N. — M. P. Larose.
B. 1886. — Manche (Saint-Lô).
Par *Upas*, 1/2 s. N., et une fille de Jackson.
Sa grand'mère : par Lavater.

1890 f. b.   , par Follet.
1891 m. b.   , par Follet.
1892 m. b. *Oliban*, par Follet.

5548. **RAVAGE**, 1/2 s. N. — M. A. Hervieu.
Aub. 1877. — Normandie (Le Pin).
Par *Torrent*, P. S. A., et *La Tempête*, par Ignace.

Sa grand'mère : par Nestor.
Sa bisaïeule : par Prosélyte.
Sa trisaïeule : par Or.
Sa quadrisaïeule : par The Juggler, P. S. A.

1881 f. b.
1882 f. b.   , par Extase. Morte.
1883 m. al.   , par Normand.
1884 m. aub.   , par Niger. (Italie.)
1885 f. b.   , par Vidi.
1886 f. b.   , par Vidi. Morte.
1887 m. aub. *John-Bull*, par Vidi.
1888 f. al. *Héloïse*, par Delaware.
1889 f. aub. *Vendetta*, par Étendard.
1890 m. b. *Mouchique*, par Étendard.
1891 produit mort.
1892 m. b. *Ouragan*, par Jeumont.

5549. **RAVISSANTE**, 1/2 s. N. — M. A. Legallois.
Bb. 1885. — Orne (Saint-Lô).
Par *Ximénès* et une fille de Hannon.

Sa grand'mère : par Ovide.

1889 f. n. *Finlande*, par Phare.
1890 f. b. *Capucine*, par Phare.
1891 m. b.   , par Phare.

5550. **RÉBECKA**, 1/2 s. N. — M. Cavey.
Al. 1880. — Orne (Le Pin).
Par *Oriental* et *Juliette*, par Centaure.

Sa grand'mère : *Lisa*, par Idalis ou Thorigny.
Sa bisaïeule : *Danaé*, présumée P. S. A.

1884 s. r.
1885 f. al. *Hortensia*, par Un.

5551. **RÉBLOT**, 1/2 s. N. — M. P. Le François.
N. 1871. — Normandie (Saint-Lô).
Par *Brochet* et une fille de Volta.

S. r. jusqu'en 1891.
1892 m. al. *Oboch*, par Illustre.

5552. **RÉBLOT**, 1/2 s. N. — M. L. Rossignol.
B. 1877. — Normandie (Saint-Lô).
Par *Palm* et une fille de Prétender, 1/2 s. A.
Sa grand'mère : par Sultan.

S. **r.** jusqu'en 1891.
1892 { m. b. *Oranger*, par Calas.
{ m. b. *Olivier*, par Calas.

5553. **RÉBLOT**, 1/2 s. N. — M. Lepage.
B. 1879. — Normandie (Saint-Lô).
Par *Orphelin* et une fille de Niger.

S. r. jusqu'en 1891.
1892 f. b. *Obésité*, par Ibis.

5554. **RÉBLOT**, 1/2 s. N. — M. F. Maine.
Al. 1888. — Calvados (Saint-Lô).
Par *Utique* et une fille de Valérien.
Sa grand'mère : par Rostrum.
Sa bisaïeule : par Glorieux.
Sa trisaïeule : par Navigateur.
Sa quadrisaïeule : par Don-Quichotte, P. S. A. A.
5e degré : par Hœmus, P. S. A.

1892 f. b. *Odyssée*, par Phare.

5555. **RÉGINE**, 1/2 s. N. — MM. J. et F. Lecaudey.
B. 1887. — Manche (Saint-Lô).
Par *Lavater* et *Marguerite*, P. S. A., par Le Sarrazin.

1891 s. r.
1892 m. b. *Organique*, par Colporteur.

5556. **REGRETTÉE**, 1/2 s. N. — M. Oury.
Bb. 1879. — Normandie (Saint-Lô).
Par *Conquérant* et une fille de Tamberlick, P. S. A.

S. r. jusqu'en 1891.
1892 m. b. b. *Oural*, par Espadem.

5557. **REINE-DES-PRÉS**, 1/2 s. N. — M. Ch. Gamas.
B. 1878. — Manche (Saint-Lô).
Par *Lavater* et une fille de The Heir-of-Linne, P. S. A.
Sa grand'mère : par Bamboula.

1882 s. r.
1883 f. b. *Gambade*, par Upas.
1884 à 1887 s. r.
1888 f. n. *La Mosquée*, par Carnavalet.
1889 s. r.
1890 m. al. *Mirabeau*, par Reynolds.
1891 vide.

5558.　**RÉJANE**, 1/2 s. N. — M. A. Pierre.
Al. 1884. — Calvados (Le Pin).
Par *Niger* et *Angèle*, P. S. A., par Atlas.

1888 m. n. *Kléber*, par Apis (Amérique).
1889 m. b. *Linois*, par Etendard.
1890 f. al. *Lorraine*, par Etendard.
1891 f. al. *Alsace*, par Etendard. Morte.
1892 f. al. *Topaze*, par Galant II.

5559.　**RENÉE**, 1/2 s. N. — M. Grenier.
B. 1880. — Normandie (Le Pin).
Par *Renémesnil* et *Tontine*, P. S. A., par Brindisi.

1884 f. b. *Reine*, par Noville.
1885 f. b. *Elène*, par Unorthodox.

5560.　**RENOMMÉE**, 1/2 s. N. — M. Beaudouin.
Al. 1874. — Eure (Le Pin).
Par *Carrouges*, P. S. A., et *Fanny*, par The Norfolk-Phœnomenon,
1/2 s. A.

Sa grand'mère : par Turk, 1/2 s. A.

1878 s. r.
1879 f. al. *Ballade*, par Buci.
1880 s. r.
1881 f. b. *Diva*, par Gall.
1882 f. b. *Emira*, par Ultimatum.

5561.　**RENOMMÉE**, 1/2 s. N. — M. Dudezert.
B. 1886. — Manche (Saint-Lô).
Par *Domino-Noir* et une fille de Regnard.

Sa grand'mère : par The Heir-of-Linne, P. S. A.

1890 et 1891 s. r.
1892 f. b. b. *Othella*, par Valencourt.

5562. **REQUINE**, 1/2 s. N. — M. A. Brée.
Al. 1878. — Normandie (Saint-Lô).
Par *Requin* et une fille de Victorieux.

S. r. jusqu'en 1891.
1892 m. al. *Or-Bruni*, par Calambac.

5563. **RÉSÉDA**, 1/2 s. N. — Mme Ve Godichon-Forcinal.
N. 1883. — Normandie (Le Pin).
Par *Usquebac* et *Sans-Tache*, par Serpolet-Bai.

Sa grand'mère : par Marx, 1/2 s. R.
Sa bisaïeule : par The Norfolk-Phœnomenon, 1/2 s. A.
Sa trisaïeule : par Voltaire.

1887 f. n.   , par Edimbourg.
1888-1889 s. r.
1890 m. n.   , par Edimbourg.

5564. **RÉSIDE**, 1/2 s. N. — M. D. Goulet.
B. 1876. — Manche (Saint-Lô).
Par *Va-de-Bon-Cœur* et une fille de Faust, 1/2 s. R.

Sa grand'mère : par Papillon.
Sa bisaïeule : par Violent.

S. r. jusqu'en 1886.
1887 f. b. *Soumise*, par Serviteur.
1888 m. b. *Souverain*, par Glorieux.
1889 f. b. *Lisbonne*, par Glorieux.
1890 f. b. *Morphine*, par Hottentot.
1891 produit mort.
1892 m. b. *Odorant*, par Hottentot.

5565. **RÉUSSITE**, P. S. A. — M. Luce.
B. 1883. — France (Saint-Lô).
Par *Verdun* et *Réclame*, par Vermouth.

S. r. jusqu'en 1890.
1891 f. b. *Normandie*, par Fred-Archer.

5566. **RÊVEUSE**, 1/2 s. N. — M. J. Leblond.
Bb. 1888. — Manche (Saint-Lô).
Par *Lavater* et *Mine-d'Or*, par The Heir-of-Linne. 1/2 s. A.

Sa grand'mère : par Étendard.

5567. RHÉA-SYLVIA, 1/2 s. N. — M. Hubert.
Bb. 1878. — Normandie (Le Pin).
Par *Quiclet* et *Miss-Sloss*, par Élu.

Sa grand'mère : *Victoria*, par Séducteur.
Sa bisaïeule : par Thésée.
Sa trisaïeule : par William, P. S. A.
Sa quadrisaïeule : par Eylau, P. S. A. A.

1882 f. b. *Malvina*, par Serpolet-Bai.
1883 m. n. *Fanfan*, par Serpolet-Bai.

5568. RHÉE, 1/2 s. N. — M. L. Samson.
Bb. 1876. — Normandie (Le Pin).
Par *Lilas* et *Ouvrière*, par Ouvrier.

Sa grand'mère : par Professeur.

S. r. jusqu'en 1889.
1890 m. b. b. *Muscadin*, par Havas.
1891 m. b. b. *Nougat*, par Cicéron II.

5569. RIBETTE, 1/2 s. N. — M. P. Palos.
N. 1879. — Normandie (Saint-Lô).
Par *Ribaud* et une fille d'Impérial.

Sa grand'mère : par Racine.

S. r. jusqu'en 1891.
1892 m. b. b. *Ormesson*, par Phare.

5570. RIBLETTE, 1/2 s. N. — M. C. Hervieu.
B. 1886. — Normandie (Le Pin).
Par *Acquila* et *Nisha*, par Ignace.

Sa grand'mère : par Usager.
Sa bisaïeule : par Dorus.
Sa trisaïeule : par Introuvable.

1890 m. b. *Marly*, par Etendard. Mort.
1891 morte.

5571. RIGOLETTE, 1/2 s. N. — M. A. Hervieu.
B. 1852. — Normandie (Le Pin).
Par *Nestor* et *La Charmante*, par Prosélyte.

Sa grand'mère : par Or.
Sa bisaïeule : par The Juggler, P. S. A.

1855 f. b.   , par Québec.
1856 vide.
1857 f. b.   , par Séduisant.
1858 m. b.   , par Québec.
1859-1860 vide.
1861 f. b.   , par Québec.
1862 f. al.   , par Québec.
1863 f. b.   , par Usager.
1864 vide.
1865 m. b.   , par Conquérant. Mort.
1866 m. b.   , par Pâter.
1867 f. b.   , par Eclipse.
1868-1869 vide.
1870 m. al. *Oiseau*, par Ignace.
1871 f. al. *Mademoiselle-de-Varaville*, par Ignace.
1872 vide.
1873 f. al. *La Tempête*, par Ignace.
1874 f. b. *Ma-Cousine*, par Ignace.
1875-1876 vide.
1877 f. b. *Rosalba*, par Ignace.
1878 m. al.   , par Hick.

5572.   **RIGOLETTE**, 1/2 s. N. — M. B. Osmont.
Al. 1870. — Manche (Saint-Lô).
Par *Pâter* et une fille de Samman, P. S. Ar.

Sa grand'mère : par The Caster, P. S. A.
Sa bisaïeule : par Milton.

S. r. jusqu'en 1888.
1889 f. al. *La Cigale*, par Gibraltar.
1890 vide.
1891 f. b. *Gazelle*, par Frondeur.
1892 f. b. *The Caster*, par Frondeur.

5573.   **RIGOLETTE**, 1/2 s. N. — M. Luce.
Al. 1873. — Manche (Saint-Lô).
Par *Kilogramme* et une fille de Lionceau.

S. r. jusqu'en 1887.
1888 f. b. *Pervenche*, par Fontainebleau.
1889 à 1891 vide.
1892 f. b. *Olivette*, par Frondeur.

5574.   **RIGOLETTE**, 1/2 s. N. — M. V. Lechaptois.
Al. 1878. — Manche (Saint-Lô).
Par *Lionceau II* (approuvé) et *Rose*, par Solférino (approuvé).

Sa grand'mère : *Cocotte*, par Fiorenzo.

1882 m. n. *Eurybate*, par Sobriquet.
1883 s. r.
1884 f. b. *Gazelle*, par Sobriquet.
1885 m. b. *Hector*, par Sobriquet (Amérique).
1886 m. al. *Indiscret*, par Trajan.
1887 s. r.
1888 m. n. *Kléber*, par Rollon.
1889 s. r.
1890 m. b. *Myosotis*, par Galant I.
1891 vide.
1892 m. n. *Odéon*, par Harley.

5575. **RIGOLETTE IV**, 1/2 s. N. — M. L. Fontaine.
B. 1879. — Orne (Le Pin).
Par *Conquérant* et *Rigolette III*, par Coleraine, 1/2 s. A.

S. r. jusqu'en 1888.
1889 m. b.   , par Etendard.
1890 vide.
1891 m. al. *Nativa*, par Etendard.

5576. **RIGOLETTE**, 1/2 s. N. — M. Adeline.
B. 1881. — Calvados (Saint-Lô).
Par *Orfila*, et une fille de Seymour.

S. r. jusqu'en 1891.
1892 f. b. *Miss-Ibis*, par Ibis.

5577. **RIGOLETTE**, 1/2 s. N. — M. J.-L. Pézeril.
B. 1882. — Manche (Saint-Lô).
Par *Socrate* et une fille de Paladin, P. S. A.

Sa grand'mère : par Kabin.

S. r. jusqu'en 1888.
1889 f. b. *Vigoureuse*, par Dollar.
1890 m. b. *Jaquot*, par Dollar.

5578. **RIGOLETTE**, 1/2 s. N. — M. F. Hardel.
N. 1883. — Manche (Saint-Lô).
Par *Mine-d'Or* et une fille de Pâter.

Sa grand'mère : par Victorieux.
Sa bisaïeule : par Isolier, P. S. A.
Sa trisaïeule : par Paternel.
Sa quadrisaïeule : par Tic-Tac.

1887 m. al.   , par Défendu.
1888 et 1889 s. r.
1890 m. b. *Mandrin*, par Colporteur.
1891 m. n. *Noirmoutier*, par Colporteur.
1892 vide.

5579. **RIGOLETTE**, 1/2 s. N. — M. J. Grongnet.
B. 1883. — Seine-Inférieure (Le Pin).
Par *Trun* et une fille de Bayard (approuvé).
Sa grand'mère : par Performer, 1/2 s. A.

1887 f. b.   , par Coudray.
1888 m. n.   , par Duroc.
1889 et 1890 suitée de produits de trait.
1891 f. b. *Nébuleuse*, par Camembert. Morte.
1892 f. al. *Opportune*, par Camembert.

5580. **RIGOLETTE**, 1/2 s. N. — M. Foubert.
Bb. 1884. — Manche (Saint-Lô).
Par *Argollo* et une fille d'Octavo.

Sa grand'mère : par Quinola (approuvé).
Sa bisaïeule : par Faucon.

1888 m. b. *Argollo*, par Agronôme.
1889 vide.
1890 f. b. b. *Florentine*, par Florentino.
1891 en Espagne.

5581. **RIGOLETTE**, 1/2 s. N. — M. Ch. Truffant.
B. 1884. — Manche (Saint-Lô).
Par *Vautrain* et une fille d'El-Ghor, P. S. Ar.
Sa grand'mère : par Dictateur.

S. r. jusqu'en 1890.
1891 m. b.   , par Sorcier.

5582. **RIGOLETTE**, 1/2 s. N. — M. Hutrel.
B. 1887. — Calvados (Le Pin).
Par *Union-Jack* et *Coquette*, par Jules-César.
Sa grand'mère : par Josaphat.
Sa bisaïeule : *Mina*, par Dragon, P. S. A.

1891 vide.
1892 f. al. *Mina*, par Julien.

5583. RIGOLETTE, 1/2 s. N. — M. J. Adam.
B. 1888. — Calvados (Saint-Lô).
Par *Octavo* et une fille de Racan.

Sa grand'mère : par Josaphat.

1892 m. b. *Franconi*, par Clodomir.

5584. RIGOLETTE, 1/2 s. N. — M. E. Ouvry.
Al. 1888. — Seine-Inférieure (Le Pin).
Par *North-Star*, 1/2 s. A., et *Espérance*, par Sir-Quid-Pigtail,
P. S. A.

Sa grand'mère : par Olivarius.

1892 f. al. *Manola*, par Bonnaire.

5585. RIGOLEUSE, 1/2 s. N. — M. Douesnel.
Bb. 1881. — Normandie (Le Pin).
Par *Rigolo* (approuvé), par Pretty-Boy, et *Sylvia*, par Kilomètre.

Sa grand'mère : *Bruyère*, par Succès.
Sa bisaïeule : *Lady-Pierce*, jument américaine.

S. r. jusqu'en 1886.
1887 f. b.   , par Espoir.
1888 à 1891 vide.

5586. RISETTE, 1/2 s. N. — M. Aubert.
B. 1880. — Normandie (Saint-Lô).
Par *Nadar* et une fille d'Imposteur.

S. r. jusqu'en 1891.
1892 m. al. *Oscar*, par Sorcier.

5587. RISQUETTE, 1/2 s. N. — M. P. Merlin.
Bb. 1869. — Normandie (Le Pin).
Par *Ipsilanty* ou *Crocus* et *Candelaria*, 1/2 s. A. (Importée),
mère de Lavater.

S. r. jusqu'en 1879.
1880 m. b. b. *Habile*, par Seul.
1881 f. b. b. *Illusion*, par Seul.
1882 à 1885 s. r.
1886 m. b. b. *Novice*, par Serviteur.

5588. RITOURNELLE, 1/2 s. N. — M. E. Sohier.
Bb. 1887. — Manche (Saint-Lô).
Par *Lavater* et *Pastourelle*, P. S. A., par Pace.

1891 m. b. *Normal*, par Fred-Archer.
1892 m. b. *Optimiste*, par Fred-Archer.

5589. RONFLEUSE, 1/2 s. N. — M. L. Huault.
B. 1888. — Manche (Saint-Lô).
Par *Trajan* et une fille de Santerre.

Sa grand'mère : par Macouba.
Sa bisaïeule : par Roustan.

1892 m. b. b. *Oder*, par Saint-Mélaine.

5590. ROSA, 1/2 s. N. — M. A. Duchemin.
Bb. 1887. — Calvados (Saint-Lô).
Par *Bataillon* et une fille de Muphti (approuvé).

Sa grand'mère : par Kilomètre.
Sa bisaïeule : jument de P. S. A.

1891 produit mort.
1892 à la Remonte.

5591. ROSALBA, 1/2 s. N. — M. A. Hervieu.
B. 1877. — Normandie (Le Pin).
Par *Ignace* et *Rigolette*, par Nestor.

Sa grand'mère : par Prosélyte.
Sa bisaïeule : par Or.
Sa trisaïeule : par The-Juggler, P. S. A.

S. r. jusqu'en 1885.
1886 f. al. *Sans-Tache*, par Delaware (Suisse).
1887 m. al. *Jean-Bart*, par Delaware.
1888 vide.
1889 f. b. *Vedette*, par Orchid, P. S. A.
1890 m. al. *Maleck*, par Gaveston.
1891 m. b. *Nachtel*, par Gaveston.
1892 m. b. *Orgelet*, par Jeumont.

5592. ROSALIE, 1/2 s. N. — M. L. Trainel.
B. 1879. — Manche (Saint-Lô).
Par *Ray-Grass* et une fille d'Orageux.

Sa grand'mère : par Ugolin.
Sa bisaïeule : par Sinope.

S. r. jusqu'en 1889.
1890 m. n. *Montluc*, par Hexamètre.
1891 vide.
1892 f. n. *Octavie*, par Hexamètre.

5593. **ROSAMONDE**, 1/2 s. N. — M. Lallouet.
B. 1878. — Normandie (Le Pin).
Par *Quiclet* et *Alphérie*, par Fitz-Pantaloon, P. S. A.

Sa grand'mère : *Ida II*, par William, P. S. A.
Sa bisaïeule : *Ida*, par Basly.
Sa trisaïeule : par Impérieux. (V. *Hallencourt*, t. I.)

1882 s. r.
1883 m. b. *Fontenay*, par Serpolet-Bai.
1884 f. b. *Giselle*, par Phaéton.
1885 f. b. *Hermine*, par Beaugé. Morte.
1886 m. b. *Intrigant*, par Cherbourg.
1887 à 1889 vide.
1890 m. b. b. *Navigateur*, par Cherbourg.
1891 m. b. *Manchester*, par Cherbourg.
1892 m. b. *Odéon*, par Cherbourg.

5594. **ROSE**, 1/2 s. N. — M. Jacques Marie.
Bb. 1877. — Normandie (Saint-Lô).
Par *Quiproquo* et une fille de Volta.

S. r. jusqu'en 1891.
1892 f. b. b. *Onction*, par Bretteur.

5595. **ROSE**, 1/2 s. N. — M. E. Gaillard.
Bb. 1884. — Normandie (Saint-Lô).
Par *Agenda* et une fille de Sauteur.
Sa grand'mère : par Violent.

S. r. jusqu'en 1891.
1892 m. b. b. *Rigolo*, par Quintus.

5596. **ROSE**, 1/2 s. N. — MM. Noël frères.
B. 1888. — Normandie (Saint-Lô).
Par *Frondeur* et une fille de Tancrède.

Sa grand'mère : par Beaumanoir.
Sa bisaïeule : par Talleyrand.

1892 m. b. b.   , par Hearty.

5597. **ROSE-BLACK**, 1/2 s. N. — M. H. Sasle.
Bb. 1881. — Calvados (Le Pin).
Par *Extase* et *Rose-Mousse*, par Normand.
Sa grand'mère : par Éclipse.
Sa bisaïeule : par Performer, 1/2 s. A.
Sa trisaïeule : *Léda*, par Tigris, P. S. A.

5598. **ROSE-ET-BLONDE**, 1/2 s. N. — M. A. Hervieu.
B. 1882. — Normandie (Le Pin).
Par *Suffolk*, P. S. A., et *Miss-Margot*, par Normand.
Sa grand'mère : *Margot*, par Dorus.
Sa bisaïeule : par Important.
Sa trisaïeule : par Héliotrope.
Sa quadrisaïeule : par Royal-George, P. S. A.

1886 s. r.
1887 m. b.   , par Ediger. Mort.
1888 m. b. *Kabrion*, par Ediger.
1889 f. b. *Vengeresse*, par Etendard.
1890 f. b. *Wysena*, par Etendard.
1891 m. b. *Naxos*, par Himalaya.

5599. **ROSE-DU-MONT**, 1/2 s. N. — M. J. Leblond.
B. 1887. — Manche (Saint-Lô).
Par *Lavater* et *Miss-Trop-Chou*, par The Heir-of-Linne, P. S. A.
Sa grand'mère : par Sinope.

1891-1892 vide.

5600. **ROSE-POMPON**, 1/2 s. N. — M. A. Hervieu.
B. 1864. — Normandie (Le Pin).
Par *Brocardo*, P. S. A., et *Clémentine*, par Thésée.
Sa grand'mère : par Séduisant.
Sa bisaïeule : par Nestor.
Sa trisaïeule : par Prosélyte.
Sa quadrisaïeule : par The Juggler, P. S. A.

1868 f. b.   , par Henriot.
1869 vide.
1870 m. b. b. *Master-Pitt*, par Henriot.
1871 f. b. *Pomponnette*, par Ignace.
1872 f. al. *Quaffer*, par Ignace.
1873 f. al. *Patricienne*, par Ignace.
1874 m. al. *Saint-Lô*, par Ignace.
1875 vide.
1876 f. al. *Rose-de-Roé*, par Ignace.
1877 à 1879 produits morts.

1880 vide.
1881 a avorté.
1882 à 1885 vide.
1886 m. al. *Impatient*, par Delaware.
1887-1888 vide.
1889 f. al. *Valseuse*, par Delaware.
1890 vide.

5601. **ROSE-POMPON**, 1/2 s. N. — M. Le Comte.

B. 1873. — Eure (Le Pin).

Par *Sincerity*, P. S. A., et *Notre-Dame*, par Ipsilanty.

Sa grand'mère : *Xilia*, par Gainsborough.
Sa bisaïeule : *Impétueuse*, par L'Invincible, P. S. A.
Sa trisaïeule : *Mélanie*.

1877 s. r.
1878 m. b. *Héros*, par Conquérant.
1879 m. b. *Ivan*, par Phaéton.
1880 m. al. *Courtomer*, ex-*Javelot*, par Phaéton.
1881 f. b. *Kermesse*, par Phaéton.
1882 vide.
1883 m. b. *Meursault*, par Phaéton.
1884 deux poulains morts.
1885 m. b. *Onyx*, par Upas (Belgique).
1886 m. b. *Philis*, par Upas (Belgique).
1887-1888 s. r.
1889 f. b. *Sornette*, par Cicéron II.
1890 m. al. *Touche-à-Tout*, par Fuschia.

5602. **ROSETTE**, 1/2 s. N. — M. Al. Langlois.

B. 1869. — Manche (Saint-Lô).

Par *Paladin*, P. S. A., et une fille de Beaumanoir.

S. r. jusqu'en 1891.
1892 m. n. *Officiel*, par Céladon.

5603. **ROSETTE**, 1/2 s. N — M. de Trainel.

B. 1869. — Normandie (Saint-Lô).

Par *Agenda* et une fille d'Alexander.

Sa grand'mère : par Electeur.

S. r. jusqu'en 1891.
1892 m. b. *Officier*, par Extra.

5604.   **ROSETTE**, 1/2 s. N. — M. J. Huet.
B. 1870. — Manche (Saint-Lô).
Par *Jocelyn* (approuvé) et une fille de Kapirat.

S. r. jusqu'en 1891.
1892 m. b. *Orgon*, par Ilot.

5605.   **ROSETTE**, 1/2 s. N. — M. L. Trainel.
B. 1871. — Manche (Saint-Lô).
Par *Ugolin* et une fille de Sinope.

S. r. jusqu'en 1885.
1886 f. b. *Julie*, par Diavolo.
1887 vide.
1888 f. b. *Marianne*, par Frisson.
1889 s. r.
1890 produit mort.
1891 vide.

3250.   **ROSETTE**, 1/2 s. N. — M. Pagny.
Gr. 1872. — Manche (Saint-Lô).
Par *Félibien* et une fille d'Alma.
Sa grand'mère : par Quality.
Sa bisaïeule : par Ugolin.
Sa trisaïeule : par Uzel.

S. r. jusqu'en 1886.
1887 f. b.   , par Tempête.
1888 vide.
1889 m. b. *Léotard*, par Tempête (Amérique).
1890 f. gr.   , par Tempête.
1891 morte.

5606.   **ROSETTE**, 1/2 s. N. — Mme Ve Fromond.
N. 1874. — Normandie (Saint-Lô).
Par *J'y-Songerai* et une fille d'Uzel.

S. r. jusqu'en 1891.
1892 f. b. b. *Poulette*, par Milan II, P. S. A.

5607.   **ROSETTE**, 1/2 s. N. — M. Leveziel.
B. 1875. — Normandie (Saint-Lô).
Par *Marco-Spada* et une fille de Lothaire.

S. r. jusqu'en 1891.
1892 f. b. *Ohio*, par Fournichon.

5608. **ROSETTE**, 1/2 s. N. — M. J.-F. Groult.
B. 1876. — Normandie (Saint-Lô).
Par *Laboureur* et une fille de Priam.

S. r. jusqu'en 1891.
1892 f. b. *Orchidée*, par Caprara.

5609. **ROSETTE**, 1/2 s. N. — M. Lamache.
B. 1876. — Normandie (Saint-Lô).
Par *Invariable* et une fille de Paternel.

S. r. jusqu'en 1891.
1892 m. b. *Octobre*, par Dominant.

5610. **ROSETTE**, 1/2 s. N. — M. Drouin.
B. 1877. — Normandie (Saint-Lô).
Par *Villiers* et une fille de Daniel.

S. r. jusqu'en 1891.
1892 m. b. *Oldenburger*, par Fournichon.

5611. **ROSETTE**, 1/2 s. N. — M. L. Enault.
B. 1877. — Normandie (Saint-Lô).
Par *Intact* et une fille de Fulbert.

S. r. jusqu'en 1891.
1892 m. b. *Oiselier*, par Jocrisse.

5612. **ROSETTE**, 1/2 s. N. — M. J. Ribouet.
B. 1877. — Normandie (Saint-Lô).
Par *Hussein* et une fille de Ballinkeele, P. S. A.

S. r. jusqu'en 1891.
1892 m. b. *Trompeur*, par Loyal.

5613. **ROSETTE**, 1/2 s. N. — M. D. Huc.
B. 1878. — Normandie (Saint-Lô).
Par *Lavater* et une fille de Lagopède.

S. r. jusqu'en 1891.
1892 f. b. *Oriflamme*, par Joinville.

5614. **ROSETTE**, 1/2 s. N. — M. A. Lécuyer.
Bb. 1878. — Normandie (Saint-Lô).
Par *Marco-Spada* et une fille de Bravo, P. S. A.

S. r. jusqu'en 1891.
1892 m. b. *Onéa*, par Gasparin.

5615. **ROSETTE**, 1/2 s. N. — M. A. Folliot.
Al. 1878. — Normandie (Saint-Lô).
Par *Oranger* et une fille de Victorieux.

S. r. jusqu'en 1891.
1892 m. b. *Omnibus*, par Fulminant.

5616. **ROSETTE**, 1/2 s. N. — M. A. Desquesnes.
B. 1878. — Normandie (Saint-Lô).
Par *Victorieux* et une fille de Memento.

S. r. jusqu'en 1891.
1892 m. b. *Orphila*, par Le Dard, P. S. A.

5617. **ROSETTE**, 1/2 s. N. — M. Barbey.
B. 1878. — Normandie (Saint-Lô).
Par *Jarnac* et une fille de Va-de-Bon-Cœur.

S. r. jusqu'en 1891.
1892 m. b. b. *Oldham*, par Tempête.

5618. **ROSETTE**, 1/2 s. N. — M. Mouillard.
B. 1879. — Normandie (Saint-Lô).
Par *Otage* et une fille de Nicias.
Sa grand'mère : par Solvable.

S. r. jusqu'en 1891.
1892 m. b. *Otage*, par Valentino.

5619. **ROSETTE**, 1/2 s. N. — M. Bachelet.
B. 1879. — Normandie (Saint-Lô).
Par *Newton* et une fille de Kent.

S. r. jusqu'en 1891.
1892 m. b. *Omer*, par Habéo.

5620, **ROSETTE**, 1/2 s. N. — M. E. Simon.
B. 1879. — Manche (Saint-Lô).
Par *Nadar* et une fille de Pékin.

S. r. jusqu'en 1891.
1892 m. n. *Osman*, par Bataillon.

5621. **ROSETTE**, 1/2 s. N. — M. D. Desmonts.
B. 1879. — Manche (Saint-Lô).
Par *Mirliton* et une fille de Violent.

S. r. jusqu'en 1891.
1892 m. b. *Œdipe*, par Nickel, P. S. A.

5622. **ROSETTE**, 1/2 s. N. — M. Lebaron.
B. 1879. — Normandie (Saint-Lô).
Par *Quitri* et une fille de Victorieux.

S. r. jusqu'en 1891.
1892 m. b. *Odryse*, par Fulminant.

5623. **ROSETTE**, 1/2 s. N. — M. P. Coquière.
B. 1879. — Normandie (Saint-Lô).
Par *Robert* (approuvé) et une fille d'Eloi.

S. r. jusqu'en 1891.
1892 f. b. *Marguerite*, par Thabor.

5624. **ROSETTE**, 1/2 s. N. — Mme Ve Lecaudey.
B. 1879. — Normandie (Saint-Lô).
Par *Lavater* et une fille de Lagopède.

S. r. jusqu'en 1891.
1892 f. b. *Olette*, par Ministère, P. S. A.

5625. **ROSETTE**, 1/2 s. N. — M. Chitel.
Bb. 1880. — Normandie (Saint-Lô).
Par *Harmonieux IV* et une fille de D'Artagnan.

S. r. jusqu'en 1891.
1892 m. b. *Onias*, par Jaconas.

33

5626.   **ROSETTE**, 1/2 s. N. — M. A. Paris.
Bb. 1880. — Normandie (Saint-Lô).
Par *Platon* et une fille de Castor.

S. r. jusqu'en 1891.
1892 m. b. b. *Omer-Pacha*, par Esbly.

5627.   **ROSETTE II**. 1/2 s. N. — M. Osmont.
Al. 1880. — Manche (Saint-Lô).
Par *Gabier*, P. S. A., et une fille de Victorieux.

Sa grand'mère : par Paternel.

S. r. jusqu'en 1888.
1889 f. b. *Marquise*, par Fontenay.
1890 vide.
1891 m. b.   , par Fontenay.
1892 f. al. *Joyeuse*, par Fontenay.

5628.   **ROSETTE**, 1/2 s. N. — M. Lamoureux.
B. 1881. — Normandie (Saint-Lô).
Par *Orfila* et une fille de Torticolis, P. S. A.

S. r. jusqu'en 1891.
1892 m. b. *Orgon*, par Dollar.

5629.   **ROSETTE**. 1/2 s. N. — M. E. Groult.
B. 1881. — Manche (Saint-Lô).
Par *Pricknailler II* et *Bijou*, par Guelfe (approuvé).

1884 m. b.   , par Bosphore.
1885 m. b.   , par Bosphore.
1886 m. b.   , par Bosphore.
1887 m. b.   , par Caprara.
1888 f. b.   , par Caprara.
1889 vide.
1890 f. b.   , par Caprara.
1891 f. b. par Caprara.

5630.   **ROSETTE**, 1/2 s. N. — M. Lescigneur.
B. 1881. — Normandie (Saint-Lô).
Par *Quimperlé* et une fille de La Douceur.

Sa grand'mère : par Quinine.

S. r. jusqu'en 1891.
1892 m. b. *Olio*, par Sorcier.

5631. **ROSETTE**, 1/2 s. N. — M. L. Hamel.
B. 1881. — Normandie (Saint-Lô).
Par *Intact* et une fille de Tamerlan.

S. r. jusqu'en 1891.
1892 m. b. *Olybrius*, par Farnèse.

5632. **ROSETTE**, 1/2 s. N. — M. Vendel-Vital.
Al. 1883. — Normandie (Le Pin).
Par *Saint-Rigomer* et *Lucie*, par Vicomte.

Sa grand'mère : *Rosette*, par Idalis.

1887 f. b. *Pâquerette*, par Marignan.
1888 vide.
1889 m. b. *Léonidas*, par Valdempierre.
1890 m. n. *Mineur*, par Valdempierre.
1891 f. al. *Rosita*, par Hospodar.

5633. **ROSETTE**, 1/2 s. N. — M. Viel.
B. 1883. — Manche (Saint-Lô).
Par *Télémaque* et une fille d'Auguste, P. S. A.

Sa grand'mère : par Douglas.

1887-1888 s. r.
1889 m. b. *Lamplugh*, par Fred-Archer.
1890-1891 vide.
1892 m. b. *Oui-dà*, par Domino-Noir ou Fred-Archer.

3262. **ROSETTE**, 1/2 s. N. — Mme Vo Dujardin.
B. 1883. — Manche (Saint-Lô).
Par *Vitrier* et une fille d'Ignoré.

Sa grand'mère : par Egésippe.
Sa bisaïeule : par Lagopède.
Sa trisaïeule : par Lahore.

1887-1888 s. r.
1889 m. b. *Licteur*, par Tempête (Amérique).
1890 s. r.
1891 m. b.   , par Tempête. Castré.

5634. **ROSETTE**, 1/2 s. N. — M. L. Digne.
Al. 1884. — Manche (Saint-Lô).
Par *Mine-d'Or* et une fille de Garde-à-Vous.

Sa grand'mère : par Félibien.

1888 s. r.
1889 f. b. *Coquette*, par Thabor.
1890 m. al.   , par Thabor.

5635.   **ROSETTE**, 1/2 s. N. — M. Lefillâtre.
B. 1884. — Manche (Saint-Lô).
Par *Romano* et *Bijou*, par Kent.

Sa grand'mère : par Harmonieux.

1888 s. r.
1889 f. b. *Bijou*, par Diplomate.
1890 f. b. *Madeleine*, par Tourville.
1891 vide.

5636.   **ROSETTE**, 1/2 s. N. — M. D. Barbenchon.
B. 1885. — Normandie (Saint-Lô).
Par *Nadar* (1413) et une fille d'Oranger.

Sa grand'mère : par Arétin.

1889-1890-1891 s. r.
1892 m. b. *Oriental*, par Connétable.

5637.   **ROSETTE**, 1/2 s. N. — M. E. Duchemin.
Bb. 1885. — Manche (Saint-Lô).
Par *Colporteur* et une fille de Teinturier.

Sa grand'mère : par Uzel.
Sa bisaïeule : par Gouverneur.
Sa trisaïeule : par Corsair, 1/2 s. A.
Sa quadrisaïeule : par Don-Quichotte, P. S. A. A.

1889 f. b. b. *Espérance*, par Fontenay.
1890 m. b. b. *Mars*, par Fontenay.
1891 vide.
1892 à la Remonte.

5638.   **ROSETTE**, 1/2 s. N. — M. Després.
B. 1885. — Normandie (Saint-Lô).
Par *Auteuil* et une fille d'Orfila.

Sa grand'mère : par Léotard.

S. r. jusqu'en 1891.
1892 f. b. *Joviale*, par Graft.

5639. **ROSETTE**, 1/2 s. N. — M. Alcindor Brohier.
B. 1886. — Manche (Saint-Lô).
Par *Vanikoro* et une fille d'Oranger.

Sa grand'mère : par Questionneur.

1890 m. b.   , par Canut.
1891 m. b.   , par Follet.

5640. **ROSETTE**, 1/2 s. N. — M. B. Noël.
B. 1886. — Manche (Saint-Lô).
Par *Aristocrate* et une fille de Newton.

Sa grand'mère : par Divus.
Sa bisaïeule : par Lagopède.
Sa trisaïeule : par Jay.

1890 m. b.   , par Bataillon.
1891 m. b.   , par Fred-Archer.

5641. **ROSETTE**, 1/2 s. N. — M. V. Balmont.
B. 1887. — Manche (Saint-Lô).
Par *Espoir* et une fille de Page.

Sa grand'mère : par Lord.
Sa bisaïeule : par Ugolin.
Sa trisaïeule : par Sinope.

5642. **ROSETTE**, 1/2 s. N. — M. Philippe Jean.
B. 1887. — Normandie (Saint-Lô).
Par *Défendu* et une fille de Ray-Grass.

Sa grand'mère : par Dimanche.

1891 s. r.
1892 m. b. *Otfrid*, par Gasparin.

5643. **ROSETTE**, 1/2 s. N. — M. Letréguilly.
Al. 1888. — Normandie (Saint-Lô).
Par *Bâtonnier* et une fille de Lionceau.

Sa grand'mère : par Saint-Pois.

1892 m. b. *Orannais*, par Dacapo.

5644. **ROSETTE**, 1/2 s. N. — M. P. James.
B. 1888. — Normandie (Saint-Lô).
Par *Canut* et une fille de Stern.
Sa grand'mère : par Tancrède.

1892 f. al. *Odalisque*, par Electro.

5646. **ROSETTE**, 1/2 s. N. — M. G. Yver.
B. 1888. — Normandie (Saint-Lô).
Par *Eson* et une fille de Jarnac.
Sa grand'mère : par Ugolin.

1892 m. n. *Oripeau*, par Milan II, P. S. A.

5647. **ROSIÈRE**, 1/2 s. N. — M. Lallouet.
Gr. 1872. — Normandie (Le Pin).
Par *Condé* et *Fortunée*, par The Norfolk-Phœnomenon, 1/2 s. A.
Sa grand'mère : par Kramer.
Sa bisaïeule : par Doyen.
Sa trisaïeule : par D. I. O., P. S. A.
Sa quadrisaïeule : par King.

1876-1877 s. r.
1878 f. gr. *Alicante*, par Marx, 1/2 s. R.
1879-1880 vide.
1881 m. n. *Dancourt*, par Serpolet-Bai (Espagne).
1882 m. b. *Elan*, par Serpolet-Bai.
1883 vide.
1884 f. gr. *Glaneuse*, par Dictateur.
1885 f. b. *Harmonie*, par Beaugé.
1886 f. gr. *Isaura*, par Beaugé.
1887 f. gr. *Javeline II*, par Cherbourg.
1888   *Kilia*, par Cherbourg.
1889 vide.
1890 f. gr. *Mirliflore*, par Cherbourg.
1891 s. r.
1892 f. n. *Ouvrière*, par Cherbourg.

5648. **ROSIÈRE**, 1/2 s. N. — M. Valdampierre.
B. 1873. — Orne (Le Pin).
Par *Conquérant* et *Papillote*, par Perruquier.
Sa grand'mère : par Succès.
Sa bisaïeule : Jument anglaise.

1877 m. b. *Valdempierre*, par Normand.
1878 vide.
1879 f. b. *Arlette*, par Normand.

1880 m. b. *Dur-à-Cuir*, par Normand.
1881 à 1887 vide.
1888 f. b. b. *Sans-Tache*, par Acquila.
1889 f. b. *Lutteuse*, par Tigris.
1890 f. b. *Merveilleuse*, par Hardy.
1891 f. b. *Nathalie*, par Hardy.

5649. **ROSITA**, 1/2 s. N. — M. Céran-Maillard.
Bb. 1887. — Manche (Saint-Lô).
Par *Domino-Noir* et *Sympathie*, par Ignoré.
Sa grand'mère : par Kapirat.

1891 vide.

5650. **ROULOT**, 1/2 s. N. — M. V. Brohier.
B. 1873. — Normandie (Saint-Lô).
Par *Jean-Bart* et une fille de Sancho.

S. r. jusqu'en 1891.
1892 f. b. b. *Ondulée*, par Dollar.

3236. **ROULOT**, 1/2 s. N. — M. Bellehache.
B. 1879. — Normandie (Saint-Lô).
Par *Dimanche* et une fille de Marco-Spada.
Sa grand'mère : par Glorieux.

S. r. jusqu'en 1888.
1889 m. n. *Fits-Graft*, par Graft (Amérique).
1890-1891 vide.
1892 m. b. b. *Ochosias*, par Graft.

5645. **ROULOT**, 1/2 s. N. — M. Barette.
N. 1888. — Normandie (Saint-Lô).
Par *Calas* et une fille de Rostrum.
Sa grand'mère : par Négro.

1892 f. b. *Orvette*, par Dunois.

5651. **RUSTIQUE**, 1/2 s. N. — M. A. Mouchel.
B. 1880. — Normandie (Saint-Lô).
Par *Egésippe* et une fille de Lans-Born.

S. r. jusqu'en 1891.
1892 m. b. *Orval*, par Quality.

5652. ROYALE-NORMANDE, 1/2 s. N. — M. A. Léguillon.
Bb. 1877. — Normandie (Le Pin).
Par *Normand* et *Jeanneton*, P. S. A., par Auguste.

1881 s. r.
1882 f. b. *Balzamine*, par Tigris.
1883 à 1885 vide.
1886 f. b. *Idole*, par Tigris.
1887 f. b. *Java*, par Tigris.
1888 m. b. *Kossut*, par Tigris.
1889 m. al.   , par Galba.
1890 vide.
1891 s. r.
1892 f. n. *Opiniâtre*, par Tigris.

5653.   ROZETTE, 1/2 s. N. — M. P. Gilles.
B. 1884. — Manche (Saint-Lô).
Par *Spectre* et une fille de Luther.
Sa grand'mère : par Egésippe.
Sa bisaïeule : par Kapirat.

1888 m. n. *Kabile*, par Eson.
1889 m. b. *Lancelot*, par Sérieux.
1890 m. b. *Mably*, par Ray-Grass. Mort.
1891 vide.

5654.   SAGESSE, P. S. A. — M. Brière.
Bb. 1882. — Orne (Le Pin).
Par *Trombone* et *Sauterelle*, par Malton.

S. r. jusqu'en 1890.
1891 m. b. b. *Floréal*.
1892 f. b. b. *Judith*, par Juin.

5655.   SANS-GÊNE, 1/2 s. N. — M. Léguillon.
B. 1874. — Normandie (Le Pin).
Par *Conquérant* et une fille de Carignan.
Sa grand'mère : par Ganymède.

1878-1879 s. r.
1880 f. b.   , par Noville.
1881 s. r.
1882 m. b. *Casidy*, par Noville.
1883 s. r.
1884 f. b. *Gaillarde*, par Valencourt ou Adonias (approuvé).
1885 m. n. *Hocquincourt*, par Tigris.
1886 s. r.

1887 f. b. *Jappette*, par Coq-à-l'Ane.
1888 m. b. *Kapilat*, par Coq-à-l'Ane.
1889 f. b. *Lisieux*, par Coq-à-l'Ane.
1890 f. b. *Kaoline*, par Coq-à-l'Ane.
1891 f. b. *Neddy*, par Homard.
1892 f. b. b. *Orchidée*, par Qui-Vive.

5656. **SANS-GÊNE**, 1/2 s. N. — M. Lechevalier.
Al. 1881. — Manche (Saint-Lô).
Par *Shamrock*, 1/2 s. A., et une fille de Vermouth (approuvé).

S. r. jusqu'en 1891.
1892 m. b. b. *Orateur*, par Favori.

5657. **SANS-GÊNE**, 1/2 s. N. — M. A. Bellier.
Al. 1883. — Manche (Le Pin).
Par *Santerre* et *Florina*, par Lodi.
Sa grand'mère : *Orgueilleuse*, par Castor.
Sa bisaïeule : par Orgueilleux.

S. r. jusqu'en 1890.
1891 m. al. *Falaise*, par Niger.
1892 f. al. *Passerose*, par Niger.

5658. **SANS-GÊNE**, 1/2 s. N. — M. A. Boulmer.
Al. 1887. — Manche (Saint-Lô).
Par *Vieillot* et une fille de Syriacuse.
Sa grand'mère : par Mercure.

1891 m. al. *Noceur*, par Genêt.
1892 m. b. b. *Oscar*, par Genêt.

5659. **SANS-GÊNE**, 1/2 s. N. — M. V. Herbert.
B. 1888. — Normandie (Saint-Lô).
Par *Shamrock*, 1/2 s. A., et une fille de Macouba.
Sa grand'mère : par Roustan (approuvé).

1892 f. n. *Orientale*, par Jean-Huss.

5660. **SANS-PAREILLE**, 1/2 s. N. — M. Gilles.
B. 1888. — Normandie (Saint-Lô).
Par *Bataclan IV* et une fille de Phare.
Sa grand'mère : par Unau.

1892 f. b. b. *Oriflamme*, par Jarnac.

5661.   SANS-TACHE, 1/2 s. N. — M. L. Gancel.
B. 1880. — Manche (Saint-Lô).
Par *Ugolin* et une fille de Sinope.
Sa grand'mère : par Navigateur.

S. r. jusqu'en 1886.
1887 m. b.   , par Espoir.
1888 f. al.   , par Ray-Grass.
1889-1890 vide.
1891 f. al.   , par Franconi.
1892 f. b. *Oressa*, par Espoir.

5662.   SANS-TACHE, 1/2 s. N. — M. B. Pagny.
Bb. 1886. — Manche (Saint-Lô).
Par *Banyuls* et *Sérieuse*, par Ugolin.
Sa grand'mère : par Auguste, P. S. A.
Sa bisaïeule : par Ravissant.

1890 vide.
1891 f. b. b. *Nageuse*, par Franconi.
1892 f. b. b. *Orageuse*, par Jouteur.

5663.   SANS-TACHE, 1/2 s. N. — M. Bochain.
Al. 1887. — Manche (Saint-Lô).
Par *Défendu* et une fille d'Ugolin.
Sa grand'mère : par Pledge.
Sa bisaïeule : jument de P. S. A.

1891 m. al.   , par Franconi.

5664.   SANS-TACHE, 1/2 s. N. — M. Léon Jean.
Bb. 1887. — Manche (Saint-Lô):
Par *Écarté* et *Manche*, par Régnard.
Sa grand'mère : par The Heir-of-Linne, P. S. A.
Sa bisaïeule : par Etendard.
Sa trisaïeule : par Diomède.

1891 f. b. *Navette*, par Habéo.

5665.   SANS-TACHE, 1/2 s. N. — M. Ch. Alexandre.
B. 1887. — Normandie (Saint-Lô).
Par *Lavater* et une fille de Pretty-Boy, P. S. A.
Sa grand'mère : par Giboyer.

1891 s. r.
1892 f. b. *Séduisante*, par Frondeur.

5666. SANS-TACHE, 1/2 s. N. — M. Valdampierre.

N. 1888. — Calvados (Le Pin).

Par *Acquila* et *Rosière*, par Conquérant.

Sa grand'mère : *Papillote*, par Perruquier.
Sa bisaïeule : par Succès.
Sa trisaïeule : Jument anglaise.

1892 f. b. b. *Pouliche*. par Homard.

5667. **SAPHO**, 1/2 s. N. — M. Hatin.

B. 1885. — Manche (Saint-Lô).

Par *Algésiras* et une fille de Quickly.

Sa grand'mère : par Beaumanoir (approuvé).
Sa bisaïeule : par Voltaire.

1889 f. b. *Filante*, par Alpaga.
1890 f. b. *Volante*, par Alpaga.

5668. **SARAH**, 1/2 s. N. — M. A. Orange.

B. 1867. — Manche (Saint-Lô).

Par *Faucon* et une fille de Borisow.

Sa grand'mère : par Électeur.

S. r. jusqu'en 1875.
1876 f. b. *Vigilante*, par Hélios.
1877 à 1879 vide.
1880 m. b. *Volcan*, par Lodi.
1881 m. b.   , par Lodi.
1882 f. b. *Menante*, par Shamrock, 1/2 s. A.
1883 m. b. *Oscar*, par Shamrock, 1/2 s. A.
1884 vide.
1885 f. b. *Harmonie*, par Trajan.
1886 vide.
1887 m. b. *Juron*, par Trajan.
1888 m. b. *Kléber*, par Trajan.
1889-1890 vide.
1891 m. b. *Nuage*, par Vert-Galant.

5669. **SARAH**, 1/2 s. N. — M. V. Gillain.

B. 1869. — Normandie (Saint-Lô).

Par *Holback* et une fille de Don-Quichotte, P. S. A. A.

S. r. jusqu'en 1887.
1888 m. b. *King*, par Domino-Noir.
1889 f. b. *Guirlande*, par Domino-Noir.
1890 vide.
1891 f. b. *Marquise*, par Colporteur.
1892 f. b. *Olivette*, par Colporteur.

5670.   **SARAH**, 1/2 s. N. — M. L. Le Bourg.
Bb. 1877. — Normandie (Le Pin).
Par *Conquérant* et *Georgette*, par J'y-Songerai.

Sa grand'mère : par Y.

1881-1882 s. r.
1883 f. b. *Good-Night*, par Valencourt.
1884-1885 s. r.
1886 f. b.   , par Réussi, P. S. A.
1887 vide.
1888 f. b.   ·   , par Réussi, P. S. A. (Amérique).
1889 f. b.   , par Réussi, P. S. A. Morte.
1890 m. b.   , par Galba.
1891 s. r.
1892 m. b. *Ontario*, par Echo.

5671.   **SARAH**, 1/2 s. N. — M. F. Godard.
Al. 1886. — Calvados (Saint-Lô).
Par *Baladeur* et une fille d'Oriental.

Sa grand'mère : par Louviers.

1890-1891 s. r.
1892 f. b. *Bichette*, par Quintus.

5672.   **SARAH**, 1/2 s. N. — M. D. Carel.
Al. 1886. — Manche (Saint-Lô).
Par *Contrôleur* et *Rapide*, par Egésippe.

Sa grand'mère : par Victorieux.

1890-1891 s. r.
1892 m. b. *Oudinot*, par Frondeur.

5673.   **SARAH**, 1/2 s. N. — M. Céran-Maillard.
Bb. 1887. — Manche (Saint-Lô).
Par *Agnadel* et *Danseuse*, par Hussein.
Sa grand'mère : *Négresse*, par Ursin.
Sa bisaïeule : *Négresse*, par Eylau, P. S. A. A.

1891-1892 vide.

5674.   **SARAH**, 1/2 s. N. — M. André.
Al. 1888. — Manche (Saint-Lô).
Par *Exéat* et *Camélia*, par Banyuls.

Sa grand'mère : par Holback.
Sa bisaïeule : par Don-Quichotte, P. S. A. A.

5675. **SAUVAGE**, 1/2 s. N. — M. O. Desmannetaux.
Al. 1870. — Normandie (Saint-Lô).
Par *Pater* et une fille d'Egésippe.
Sa grand'mère : par Sir-Henry-Dimsdale, 1/2 s. A.

S. r. jusqu'en 1891.
1892 m. al. *Otten*, par Jusant.

5676. **SAUVAGE**, 1/2 s. N. — M. Lecointre.
B. 1877. — Normandie (Saint-Lô).
Par *Partisan* et une fille de Va-de-Bon-Cœur.

S. r. jusqu'en 1891.
1892 f. b. *Orchidée*, par Espoir.

5677. **SAUVAGE**, 1/2 s. N. — M. A. Raynel.
B. 1881. — Manche (Saint-Lô).
Par *Ignoré* et une fille de Pretty-Boy, P. S. A.
Sa grand'mère : par Lagopède.

S. r. jusqu'en 1888.
1889 m. b.   , par Sorcier.
1890 vide.
1891 m. al.   , par Sorcier.
1892 vide.

5678. **SAUVAGE**, 1/2 s. N. — M. A. Duchemin.
Ro. 1886. — Manche (Saint-Lô).
Par *Aristocrate* et une fille de Jackson.
Sa grand'mère : par Kapirat.
Sa bisaïeule : par Riga.

1890 f. ro. *Pistache*, par Habéo.
1891 m. b.   , par Follet.

5679. **SAVED-FROM-DEATH**, 1/2 s. N. — M. Lecoq.
Bb. 1883. — Manche (Saint-Lô).
Par *Lavater* et *Charmeuse*, par L'Incroyable, P. S. A.
Sa grand'mère : par Luther.
Sa bisaïeule : par The Heir-of-Linne, P. S. A.

1887 s. r.
1888 f. b. b.   , par Colporteur.
1889 f. b. b.   , par Colporteur.
1890 f. b.   , par Fred-Archer.
1891 vide.

5680. **SÉDUISANTE**, 1/2 s. N. — M. Lethiers.
Gr. 1868. — Normandie (Le Pin).
Par *Tonnerre-des-Indes*, P. S. A., et *Pomponia*, par Sylvio, P. S. A.
Sa grand'mère : *Fiction*, par Aï.
Sa bisaïeule : *Paméla*, par D. I. O., P. S. A.
Sa trisaïeule : *La Bachate*, par Bacha, P. S. Ar.
Sa quadrisaïeule : *Émilie* (jument des Deux-Ponts, née en 1800,
amenée en France par Napoléon lors de l'invasion d'Allemagne).

1872 s. r.
1873 f. gr. *Yole*, par Taconnet.
1874 s. r.
1875 m. al. *Amirale*, par Denemark, 1/2 s. A.
1876-1877 s. r.
1878 f. gr. *Dryade*, par Marx, 1/2 s. R.
1879 f. al. *Euterpe*, par Jactator.
1880-1881 s. r.
1882 m. al. *Hydromel*, par Sir-Quid-Pigtail, P. S. A.
1883 à 1885 s. r.
1886 m. b.   , par Courtois, P. S. A. (Amérique).
1887 f. al. *Martinguale*, par Fataliste, P. S. A.
1888 s. r.
1889 f. gr. *Liliane*, par Cherbourg.
1890 morte.

5681. **SÉDUISANTE**, 1/2 s. N. — M. Monnier-Céneri.
B. 1869. — Normandie (Le Pin).
Par *Taconnet* et *Séduisante*, par Séducteur.
Sa grand'mère : par Voltaire.
Sa bisaïeule : par Décember.

S. r. jusqu'en 1884.
1885 m. b.   , par Valdempierre.
1886 f. b.   , par Un.
1887 f. b.   , par Valdempierre.
1888 m. b.   , par Uriel.
1889 vide.
1890 f. b.   , par Gérardmer.
1891 m. b.   , par Gérardmer.

5682. **SÉDUISANTE**, 1/2 s. N. — M. C. Castillon.
B. 1874. — Orne (Le Pin).
Par *Esculape* et une fille d'Abrantès.
Sa grand'mère : par Barylon.

1878 à 1881 s. r.
1882 f. b. *Étincelle*, par Normand.
1883 s. r.
1884 f. b. *Geneviève*, par Acquila.

1885 produit mort.
1886 f. b. *Isaure*, par Valparaiso.
1887 f. b. *Jenny*, par Valparaiso.
1888 m. b. *Knox*, par Acquila.
1889 f. b. *Lutèce*, par Tigris.
1890 m. b. *Microbe*, par Tigris.
1891 vide.
1892 m. b.   , par Harold.

5683. **SÉDUISANTE**, 1/2 s. N. — M. Th. Joly.
B. 1879. — Calvados (Le Pin).
Par *Raifort* et *Séduisante*, par Irlandais.
Sa grand'mère : par Umber.
Sa bisaïeule : par Wanderer, 1/2 s. A.

1883-1884 s. r.
1885 f. al. *Jacqueline*, par Jactator.
1886 f. al. *Jeannette*, par Jactator.
1887 f. al. *Gazelle*, par Jactator.
1888 f. b. *Jarnicoton*, par Dictateur.
1889 f. b. *Etincelle*, par Etendard.
1890 f. b. *Margot*, par Etendard.
1891 m. b. *Nestor*, par Etendard.
1892 m. b. *Original*, par Homard.

5684. **SÉDUISANTE**, 1/2 s. N. — M. Samson.
Bb. 1880. — Orne (Le Pin).
Par *Palanquin* ou *Tributaire* et *Malvina*, par Buci.
Sa grand'mère : par Aï.

1884 m. b. b. *Grand-Papa*, par Barrabas.
1885 à 1890 s. r.
1891 m. b. b. *Nougaret*, par Cicéron II.
1892 m. b. b. *Omer*, par Cherbourg.

5685. **SÉDUISANTE**, 1/2 s. N. — M. Méry-Samson.
B. 1881. — Normandie (Le Pin).
Par *Palm* et *Impatiente*, par Denmark, 1/2 s. A.
Sa grand'mère : par Séducteur.

1885 f. al. *Régénérée*, par Régénérateur.
1886 m. b. *Bonnaire*, par Bonnaire (Amérique).
1887 f. al. *Madelaine*, par Bonnaire.
1888 f. b. *Thérésa*, par Y. Kapiral.
1889 vide.
1890 m. b. *Moricaud*, par Héros.
1891 f. n. *Noire*, par Homard.
1892 m. n. *Ouvrier*, par Dante.

5686. **SÉDUISANTE**, 1/2 s. N. — M. J. Caligny.
B. 1882. — Normandie (Le Pin).
Par *Tug* et une fille de Législateur.

Sa grand'mère : par Loustic.
Sa bisaïeule : par Désiré.

1886 f. b. *Vigoureuse*, par Tristan.
1887 à 1889 vide.
1890 f. n. *Ébène*, par Dante.

5687. **SÉDUISANTE**, 1/2 s. N. — M. Tostain.
Al. 1887. — Manche (Saint-Lô).
Par *Ermite* et une fille de Dragon, P. S. A.
Sa grand'mère : par Newmarket.

5688. **SÉDUISANTE**, 1/2 s. N. — M. Descours-Desacres.
B. 1888. — Eure (Le Pin).
Par *Ullao* et *Pallas*, par Mazeppa.
Sa grand'mère : par Denmark, 1/2 s. A.

5689. **SÉMIRAMIS**, 1/2 s. N. — M. Magloire-Poullain.
Bb. 1879. — Orne (Le Pin).
Par *Hannon* et *Alma*, par Élu.
Sa grand'mère : par Sérénader, 1/2 s. A.

1883 m. b. b.   , par Serpolet-Bai.
1884 f. b. b. *Black-Bess*, par Alaric.
1885 m. b. b.   , par Ximénès.
1886 vide.
1887 m. b. b.   , par Ximénès.
1888 f. b. *Kiss-Me*, par Phaéton.
1889 vide.
1890 f. b. b. *Messagère*, par Cicéron II.
1891 s. r.
1892 f. b. b. *Oliva*, par Fuschia.

5690. **SERBIA**, 1/2 s. N. — M. F. Petit.
B. 1876. — Normandie (Le Pin).
Par *Marignan* et *La Poule*, par Knout.
Sa grand'mère : par Emule.

1879 m. b. b. *Black*, par Ximénès.
1880 f. b. b.   , par Ximénès.
1881 vide.
1882 m. al.   , par Tristan.

1883 m. b. b.   , par Tristan.
1884 f. b.   , par Tristan (Amérique).
1885 vide.
1886 produit mort.
1887 m. b.   , par Y. Kapirat.
1888 m. b.   , par The Condor, P. S. A.
1889 m. b. *Lauriston*, par Phaéton.
1890 m. b. *Masséna*, par Edimbourg.
1891 f. b. *Ninon-de-Lenclos*, par Edimbourg.
1892 m. b. *Olympien*, par Jactator II.

5691.

SÉRIEUSE, 1/2 s. N. — M. Gouesmel.
Al. 1879. — Normandie (Saint-Lô).
Par *Quality* et une fille d'Ignoré.

S. r. jusqu'en 1891.
1892 m. b. *Ourville*, par Ibis.

5692.

SÉRIEUSE, 1/2 s. N. — M. P. Gandon.
Al. 1879. — Manche (Saint-Lô).
Par *Sérieux* et une fille d'Hippocrate.
Sa grand'mère : par Paternel.

1883 m. al. *Robert*, par Patrice.
1884-1885 s. r.
1886 f. al. *Bijou*, par Clair-de-Lune.
1887 f. al. *Norma*, par Nickel, P. S. A.
1888 f. al. *Glorieuse*, par Glorieux.
1889 m. al. *Glorieux*, par Glorieux.
1890 f. al. *Lisette*, par Hottentot.
1891 f. al. *Franconie*, par Franconi.
1892 f. b. b. *Oasis*, par Jarnac.

5693.

SÉRIEUSE, 1/2 s. N. — M. P. Cœuret.
B. 1881. — Normandie (Le Pin).
Par *Marignan* et *Cantatrice*, par Élu.
Sa grand'mère : *Reine-des-Prés*, par Séducteur.
Sa bisaïeule : par Tipple-Cider, P. S. A.

1885 f. b. *Camélia*, par Cambronne.
1886 f. b. *Ida*, par Beaugé.
1887 m. b.   , par Beaugé.
1888 m. b.   , par Étudiant.
1889 vide.
1890 f. b. *Mélodie*, par Fuschia.
1891 m. b.   , par Étudiant.
1892 s. r.
1893 m. b.   , par Réussi, P. S. A.

5694. **SÉRIEUSE**, 1/2 s. N. — M. Pagny.
B. 1881. — Manche (Saint-Lô).
Par *Ugolin* et une fille d'Auguste, P. S. A.
Sa grand'mère : par Ravissant.

1885 f. b. *Héroïne*, par Banyuls (Maroc).
1886 f. b. *Sans-Tache*, par Banyuls.
1887-1888 vide.
1889 f. b. *Bon-Espoir*, par Espoir.
1890 f. b. *Espérance*, par Espoir.
1891 morte.

5695. **SÉRIEUSE**, 1/2 s. N. — M. J. Blouet.
Bb. 1883. — Normandie (Saint-Lô).
Par *Bijou* (approuvé) et *Madelon*, par Quinine.
Sa grand'mère : *Cadette*, par Lahore.
Sa bisaïeule : par Gall.

1887 s. r.
1888 f. b. b. *Marotte*, par Fronsac.
1889 f. n. *Pilotte*, par Ceinturon.
1890 f. n. *Cadette*, par Ceinturon.
1891 a avorté.

5696. **SÉRIEUSE**, 1/2 s. N. — M. L. Auvray.
B. 1886. — Manche (Saint-Lô).
Par *Sérieux* et une fille de Faust, 1/2 s. R.
Sa grand'mère : par Lahore.

1890 f. b. *Gaudine*, par Gaudin.
1891 vide.

5697. **SÉRIEUSE**, 1/2 s. N. — M. P. Margueritte.
Al. 1887. — Manche (Saint-Lô).
Par *Sérieux* et une fille de Dagobert (approuvé).
Sa grand'mère : par Violent.
Sa bisaïeule : par Ugolin.

1891 f. al. *Clara*, par Hottentot.

5698. **SERPOLETTE**, 1/2 s. N. — M. Desgenetais.
Bb. 1881. — Orne (Le Pin).
Par *Serpolet-Bai* et *Négresse*, par Normand.
Sa grand'mère : par The Norfolk-Phœnomenon, 1/2 s. A.
Sa bisaïeule : Jument anglaise.

1885-1886 s. r.
1887 m. ro. *Jouteur*, par Serpolet-Rouan.
1888 f. b. *Lahore*, par Phaéton.
1889 m. b. *Laghouat*, par Hippomène, 1/2 s. Big.
1890 m. b. *Muscadin*, par Phaéton.
1891 m. b. b. *Nabab*, par Phaéton.
1892 m. b. *Parbleu*, par Phaéton.

5699. **SERPOLETTE**, 1/2 s. N. — M. A. Moinet.
Bb. 1881. — Sarthe (Le Pin).
Par *Serpolet-Bai* et une fille de The Norfolk-Phœnomenon, 1/2 s. A.

Sa grand'mère : par Prince.

1885 f. b. *Olga*, par Parthenon ou Ximénès.
1886 vide.
1887 m. b.
1888 f. b.   , par Beaugé.
1889-1890 vide.   , par Beaugé.
1891 f. b.   , par Intriguant.
1892 m. n. *Ornano*, par Qu'y-Met-On.

5700. **SERPOLETTE**, 1/2 s. N. — M. E. Varneville.
Ro. 1884. — Seine-Inférieure (Le Pin).
Par *Serpolet-Rouan* et *La Brune*, par Zamor (approuvé).

Sa grand'mère : *Stella*, par un étalon de P. S. A.
du Haras d'Abbeville

1888 s. r.
1889 f. aub. *Linska*, par Beaugé.
1890 f. ro. *Marquise*, par Niger.
1891 m. ro. *Nougat*, par Hardy.

5701. **SERPOLETTE II**, 1/2 s. N. — M. Cavey aîné.
N. 1881. — Orne (Le Pin).
Par *Serpolet-Bai* et *Victorieuse*, par Kilomètre.

Sa grand'mère : *Pastourelle*, par Esculape.
Sa bisaïeule : par Noteur.
Sa trisaïeule : par Sylvio, P. S. A.

1885 s. r.
1886 m. n. *Interroi*, par Valencourt.
1887 vide.
1888 m. b. *Kapirat III*, par Phaéton.
1889 vide.
1890 f. b. b. *Moscova*, par Fuschia.
1891 m. b. *Napoléon*, par Phaéton.
1892 f. b. b. *Opportune*, par Phaéton.

5702. **SEYMOURETTE**, 1/2 s. N. — Mme Ve Morin.
B. 1887. — Calvados (Saint-Lô).
Par *Seymour* et une fille de Renold (approuvé).
Sa grand'mère : par Niger (approuvé).

1891 s. r.
1892 m. b. *Francisque*, par Quintus.

5703. **SHAMERELLE**, 1/2 s. N. — M. F. Lemasle.
B. 1886. — Normandie (Saint-Lô).
Par *Shamrock*, 1/2 s. A., et une fille de Lodi.
Sa grand'mère : par Urus.

1890-1891 s. r.
1892 f. al. *Rachel*, par Santerre.

5704. **SIBYLLE**, 1/2 s. N. — Mme Ve Godichon-Forcinal.
B. 1879. — Normandie (Le Pin).
Par *Quiclet* et une fille de Gall ou Oméga.
Sa grand'mère : par Inkermann.
Sa bisaïeule : par Tamberlick, P. S. A.
Sa bisaïeule : par The Norfolk-Phœnomenon, 1/2 s. A.

1883-1884 s. r.
1885 f. al.   , par Beaugé.
1886 f. al.   , par Beaugé.
1887 vide.
1888 m. b. b.   , par Edimbourg.
1889 f. al.   , par Boissy, P. S. A.
1890 f. n.   , par Edimbourg.
1891 f. b.   , par Edimbourg.
1892 f. b.   , par Edimbourg.

5705.   **SIDI**, 1/2 s. N. — M. Potier.
Al. 1881. — Manche (Saint-Lô).
Par *Sidi*, P. S. Ar., et une fille de Y. Red-Deer.

S. r. jusqu'en 1891.
1892 f. b. *Ombric*, par Domino-Noir.

5706. **SILENCIEUSE**, 1/2 s. N. — M. F. Marion.
B. 1886. — Calvados (Saint-Lô).
Par *Phare* et une fille d'Uzerche.
Sa grand'mère : par Holback.
Sa bisaïeule : par Don-Quichotte.

1890-1891 s. r.
1892 f. b. *Soumise*, par Raming.

5707.

SILHOUETTE, 1/2 s. N. — Cte Dauger.

B. 1874. — Normandie (Le Pin).

Par *Lavater* et *Tontine*, par Séducteur ou Cycolpe.

Sa grand'mère : *Mademoiselle-de-Viroflay*, P. S. A.

1878 m. b. *Avocat*, par Buci. Mort au lait.
1879 m. b. *Bucéphale*, par Buci.

5708.

SIRÈNE, 1/2 s. N. — M. Castel.

Al. 1874. — Orne (Le Pin).

Par *Tamberlich*, P. S. A., et *Miss*, par Rapide.

Sa grand'mère : jument anglaise.

1878 s. r.
1879 vide.
1880 f. al. *Catherine*, par Élu.
1881 à 1884 vide.
1885 f. al. *Hécube*, par Stade.
1886 m. al. *Icare*, par Oriental.
1887 m. b.   , par Valparaiso (Amérique).
1888 f. b.   , par Acquila. Morte.
1889 f. b.   , par Favori.

5709.

SIRENNE, 1/2 s. N. — M. Guilbert.

Al. 1880. — Manche (Saint-Lô).

Par *Glorieux* et *Mignonne*, par Sackos (approuvé).

Sa grand'mère : *Malborough*, par Dragon, 1/2 s. N.
Sa bisaïeule : par Grosley.
Sa trisaïeule : par Quandros.

5710.

SIROG, 1/2 s. N. — M. E. Perrotte.

Bb. 1880. — Normandie (Saint-Lô).

Par *Siroc* et une fille de Riga.

S. r. jusqu'en 1891.
1892 m. b. *Occidental*, par Jouteur.

5711.

SOLIDE, 1/2 s. N. — M. Resteux.

B. 1882. — Normandie (Saint-Lô).

Par *Shamrock*, 1/2 s. A., et une fille de Madère.

Sa grand'mère : par Quasi.

S. r. jusqu'en 1891.
1892 f. b. *Omniade*, par Dacapo.

5712.   **SOLIDE**, 1/2 s. N. — M. J.-B. Lenrouilly.
B. 1888. — Manche (Saint-Lô).
Par *Agnadel* et *Elise*, par Quality.

Sa grand'mère : *Coquette*, par Ignoré.
Sa bisaïeule : *Bijou*, par Pâter.
Sa trisaïeule : *Grelot*, par Lagopède.

5713.   **SOPHIE**, 1/2 s. N. — M. Leveziel.
B. 1860. — Normandie (Saint-Lô).
Par *Dimanche* et une fille de Lothaire.

S. r. jusqu'en 1891.
1892 f. b. *Oise*, par Fournichon.

5714.   **SOPHIE**, 1/2 s. N. — M. Auvray.
B. 1872. — Normandie (Saint-Lô).
Par *Edgard* et une fille de Baron-Knight, 1/2 s. A.

S. r. jusqu'en 1891.
1892 m. b. b. *Oursin*, par Milan II, P. S. A.

5715.   **SOPHIE**, 1/2 s. N. — M. Letellier.
B. 1874. — Normandie (Saint-Lô).
Par *Egésippe* et une fille d'Electeur.

S. r. jusqu'en 1891.
1892 f. b. *Olette*, par Quality.

5716.   **SOPHIE**, 1/2 s. N. — M. Aug. Bienvenu.
B. 1874. — Manche (Saint-Lô).
Par *Mirliton* et une fille de Bravo, P. S. A.

Sa grand'mère : par Camisard.

S. r. jusqu'en 1886.
1887 m. b. *Inconnu*, par Alsacien.
1888 f. b. *Castille*, par Alsacien.
1889 f. b. *Favorite*, par Alsacien.
1890 f. b. *Fleur-des-Loges*, par Alsacien.
1891 f. b. *Nymphe*, par Alsacien.
1892 m. b. *Olibrius*, par Alsacien.

5717. **SOPHIE**, 1/2 s. N. — M. Dufresne.
B. 1878. — Normandie (Saint-Lô).
Par *Nadar* et une fille de Daniel.

S. r. jusqu'en 1891.
1892 m. b. *Olmeto*, par Fournichon.

5718. **SOPHIE**, 1/2 s. N. — M. L. Guérard.
B. 1881. — Normandie (Saint-Lô).
Par *Oranger* et une fille de Questionneur.

S. r. jusqu'en 1891.
1892 f. n. *Olvaï*, par Jagellon.

5719. **SOPHIE**, 1/2 s. N. — M. G. Aumont.
B. 1881. — Normandie (Saint-Lô).
Par *Truchman* et une fille d'Ourson.

S. r. jusqu'en 1891.
1892 m. b. *Original*, par Utrecht, P. S. A.

5720. **SOPHIE**, 1/2 s. N. — M. Lefillâtre.
B. 1890. — Manche (Saint-Lô).
Par *Farnèse* et *Castille*, par Célèbre.

Sa grand'mère : par Shamrock, 1/2 s. A.

5721. **SOUBRETTE**, 1/2 s. N. — M. J. Drouin.
B. 1882. — Orne (Le Pin).
Par *Vichnou*, P. S. A., et *Miss-Carlotta*, par Séducteur.

Sa grand'mère : par Kœnigsberg.
Sa bisaïeule : par Glocester. 1/2 s. A.
Sa trisaïeule : par Sylvio, P. S. A.

1886 f. al. *Indienne*, par Beaugé.
1887 vide.
1888 m. b.   , par Edimbourg. Mort.
1889 vide.
1890 f. b. *Mandarine*, par Edimbourg.
1891 m. b.   , par Fuschia.

5722. **SOUBRETTE**, 1/2 s. N. — M. Liégeard.
B. 1884. — Seine-Inférieure (Le Pin).
Par *Serviteur* (approuvé) et *Marquise*, par Trotten-Rattler, 1/2 s. A

Sa grand'mère : *Brunette*, par Ouvrier.

5723.   **SOUMISE**, 1/2 s. N.

M. Le Prévost de la Moissonnière.

B. 1881. — Seine-Inférieure (Le Pin).

Par *Le Veinard*, P. S. A., et *République*, par Quick-Sylver, 1/2 s. A.

Sa grand'mère : *Rigolette*.

S. r. jusqu'en 1891.
1892 vide.

5724.   **SOUMISE**, 1/2 s. N. — M. D. Goulet.

B. 1887. — Manche (Saint-Lô).

Par *Serviteur* et *Réside*, par Va-de-Bon-Cœur.

Sa grand'mère : par Faust, 1/2 s. R.
Sa bisaïeule : par Papillon.
Sa trisaïeule : par Violent.

5725.   **SOUMISE**, 1/2 s. N. — M. Jean Victor.

B. 1888. — Normandie (Saint-Lô).

Par *Shamrock*, 1/2 s. A., et une fille de Richard.

Sa grand'mère : par Quasi.

1892 f. al. *Olympiade*, par Jubé.

5726.   **SOUMISE**, 1/2 s. N. — M. Lebreton.

B. 1888. — Normandie (Saint-Lô).

Par *Trajan* et une fille de Menant.

Sa grand'mère : par Lodi.

1892 m. b. b. *L'Avenir*, par Saint-Mélaine.

5727.   **SOUMISE**, 1/2 s. N. — M. P. Luce.

Bb. 1888. — Manche (Saint-Lô).

Par *Agnadel* et *Volante*, par Séduisant.

Sa grand'mère : *Bougie*, par Riga.
Sa bisaïeule : *Bijou*.

1892 m. al. *O'Connel*, par Dominant.

5728.   **SOUMISE**, 1/2 s. N. — M. F. Marion.

B. 1888. — Manche (Saint-Lô).

Par *Phare* et une fille de Nicanor.

Sa grand'mère : par William, P. S. A.

5729. **SOURCE**, 1/2 s. N. — M. H. Ygouf.
Al. 1887. — Manche (Saint-Lô).
Par *Reynolds* et une fille de Lavater.

Sa grand'mère : par The Heir-of-Linne, P. S. A.

1891 s. r.
1892 m. b. b. *Opéra*, par Fontenay.

5730. **SOUVENIR**, 1/2 s. N. — M. L. Bertot.
Bb. 1879. — Manche (Saint-Lô).
Par *Souvenir*, P. S. A., et une fille d'Hussein.

Sa grand'mère : par Sir-Henry-Dimsdale, 1/2 s. A.
Sa bisaïeule : par Pégase.
Sa trisaïeule : par Paternel.

1883 s. r.
1884 m. b. b. *Frontignan*, par Lavater.
1885 f. b. b. *Gaieté*, par Lavater. Morte.
1886 m. b. b. *Lavater*, par Lavater.
1887 m. b. b. *Lavater*, par Lavater.
1888 m. b. b. *Lavater*, par Lavater.
1889 m. b. b. *Frondeur*, par Frondeur.
1890 f. b. b. *Dominante*, par Domino-Noir.

5731. **SPÉRANZA**, 1/2 s. N. — M. Allix Courboy-Léonor.
B. 1887. — Manche (Saint-Lô).
Par *Espoir* et une fille de Qui-Vive.

Sa grand'mère : par Nemrod.

1891 m. b.   , par Ray-Grass.
1892 à la Remonte.

5732. **STAFETTE**, 1/2 s. N. — M. A. Gallet.
Bb. 1888. — Normandie (Saint-Lô).
Par *Union-Jack* et une fille de Josaphat.

Sa grand'mère : par Hercule.

1892 f. b. *Oriflamme*, par Galant I.

5733. **STELLA**, P. S. A. — M. A. Lécuyer.
B. 1877. — Manche (Saint-Lô).
Par *Montfort* et *La Romaine*, ex-*Marie-Louise*, par Affidavit.

S. r. jusqu'en 1884.

1885 f. b.   , par Lavater.
1886 f. b.   , par Lavater.
1887 vide.
1888 m. b.   , par Lavater.
1889 vide.
1890 m. b.   , par Fred-Archer.
1891 m. al. *Nicaise*, par Fontenay.
1892 m. b. *Odin*, par Fontenay.

5734.   **STELLA**, 1/2 s. N. — M. de Marseul.
N. 1880. — Calvados (Saint-Lô).
Par *Washington*, 1/2 s. All., et une fille de Niger.

S. r. jusqu'en 1888.
1889 m. b. *Tribly*. par Triumvir.
1890 vide.

5735.   **STELLA**, 1/2 s. N. — M. Salley.
B. 1881. — Orne (Le Pin).
Par *Niger* et *Elégante*, par Gall.

Sa grand'mère : par Jéricko.
Sa bisaïeule : par Stoker, P. S. A.

1885 f. b.   , par Ximénès.
1886 vide.
1887 f. b. *Jeannette*, par Edimbourg.
1888 vide.
1889 f. b.   , par Edimbourg.
1890 m. b.   , par Edimbourg.
1891 m. b.   , par Intriguant.

5736.   **STELLA**, 1/2 s. N. — M. V. Gillain.
Al. 1887. — Manche (Saint-Lô).
Par *Défendu* et une fille d'Uzerche.

Sa grand'mère : par Ugolin.
Sa bisaïeule : par Pledge.
Sa trisaïeule : jument de P. S. A.

5737.   **STELLA**, 1/2 s. N. — M. Aug. Aumont.
Al. 1890. — Manche (Saint-Lô).
Par *Gil-Blas* et *Coquette*, par Delille.

Sa grand'mère : par Octavo.

5738. **STOKINGS**, 1/2 s. N. — M. F. Lemasle.
B. 1882. — Normandie (Saint-Lô).
Par *Shamrock*, 1/2 s. A., et une fille de Lodi.
Sa grand'mère : par Urus.

S. r. jusqu'en 1891.
1892 m. b. *Odéon*, par Dacapo.

5739. **STRAZÉÉDE**, 1/2 s. N. — M. Leconte.
Al. 1873. — Orne (Le Pin).
Par *Trouville*, P. S. A., et *Julia*, par Inkermann.
Sa grand'mère : par Dictateur.

S. r. jusqu'en 1881.
1882 m. b. *Ecot*, par Usquebac.
1883 m. b.   , par Usquebac.
1884 vide.
1885 f. al.   , par Calchas.
1886 f. ro.   , par Carnaval.
1887 vide.
1888 m. b. *Kolivan*, par Usquebac.
1889 vide.
1890 m. al.   , par Gastadour.
1891 vide.

5740. **SUBLIME**, 1/2 s. N. — M. L. Marie.
Bb. 1880. — Normandie (Saint-Lô).
Par *Sublime* et une fille de Riga.

S. r. jusqu'en 1891.
1892 f. b. *Belle-Quand-Même*, par Magician, P. S. A.

5741. **SULTANE**, 1/2 s. N. — M. Marchand.
Al. 1872. — Sarthe (Le Pin).
Par *Gaulois* et *Brillante*, par Destin.

Sa grand'mère : par Tipple-Cider, P. S. A.
Sa bisaïeule : par Xerxès.

1876 f. b. *Séduisante*, par Gall.
1877 vide.
1878 f. b. *Thérésa*, par Quiclet.
1879 m. b.   , par Phaéton.
1880 f. al. *Miss-Wilna*, par Phaéton.
1881 f. al. *Esméralda*, par Phaéton.
1882 vide.
1883 a avorté de deux poulains.
1884 f. b.   , par Quiclet.

1885 m. b.   , par Carnaval.
1886 a avorté.
1887 f. al. *Jaseuse*, par Beaugé.
1888 a avorté.
1889 vide.
1890 f. b. *Mélisse*, par Edimbourg ou Cicéron II.
1891 vide.

5742.   **SULTANE**, 1/2 s. N. — M. P. Pacary.

Al. 1886. — Manche (Saint-Lô).

Par *Dollar*, 1/2 s. N., et une fille de Phare.

Sa grand'mère : par Ugolin.
Sa bisaïeule : par Mystérieux.

1890 m. b. b. *Tic-Tac*, par Hottentot.
1891 f. b. *Rapide*, par Hottentot.
1892 à la Remonte.

5743.   **SULTANE**, 1/2 s. N. — M. F.-A. Le Plaisant.

Bb. 1888. — Calvados (Saint-Lô).

Par *Phare* et une fille de Glorieux.

Sa grand'mère : par Malakoff.
Sa bisaïeule : par Jay.

5744.   **SULTANE**, 1/2 s. N. — M. Macé.

B. 1888. — Calvados (Le Pin).

Par *Stade* et une fille de Washington, 1/2 s. All.

Sa grand'mère : par Bel-Espoir.

1892 m. b. *Orphée*, par Gérardmer.
1893 f. al. *Pardi-Non*, par Echo.

5745.   **SULTANNE**, 1/2 s. N. — M. Dignet.

N. 1876. — Normandie (Saint-Lô).

Par *Luther* et une fille de Régulier.

S. r. jusqu'en 1891.
1892 m. b. *Roland*, par Café.

5746.   **SULTANNE**, 1/2 s. N.
M. du Homme de Chassilly.
Al. 1885. — Normandie (Saint-Lô).
Par *Santerre* et une fille de Macouba.

Sa grand'mère : par Menant.

S. r. jusqu'en 1891.
1892 m. b. *Sultan*, par Dacapo.

5747.   **SULTANNE**, 1/2 s. N. — M. Lecoufflet.
B. 1887. — Normandie (Saint-Lô).
Par *Écarté* et une fille d'Ignoré.

Sa grand'mère : par Isolier, P. S. A.

1891 s. r.
1892 f. b. *Ondine*, par Magician, P. S. A.

5748.   **SUPERBE**, 1/2 s. N. — M. Leheuzey.
B. 1886. — Normandie (Saint-Lô).
Par *Usuel* et une fille de Vital.

Sa grand'mère : par Gouverneur.

1890-1891 s. r.
1892 m. b. b. *Ottma*, par Importun.

5749.   **SURPRENANTE**, 1/2 s. N. — M. O. Lepailleur.
B. 1876. — Calvados (Saint-Lô).
Par *Panique* ou *Preux* et une fille de Lucain.

Sa grand'mère : par Prétender, 1/2 s. A.

1880 m. b. *Cordebugle*, par Tourville.
1881 m. al. *Dimanche*, par Seymour.
1882 vide.
1883 f. b. *Frigolette*, par Tourville.
1884 f. al. *Belle-de-Nuit*, par Seymour.
1885-1886 vide.
1887 m. b. *Jasmin*, par Seymour.
1888 vide.
1889 f. al. *Follette*, par Cafarelli.
1890 vide.
1891 produit mort.
1892 vide.

5750.   **SURPRISE,** 1/2 s. N. — M. J. Lebas.
B. 1871. — Normandie (Saint-Lô).
Par *Kapirat* et une fille d'Ugolin.

S. r. jusqu'en 1891.
1892 m. b. *Oberhausen*, par Fontenay.

5751.   **SURPRISE,** 1/2 s. N. — M. J. Brehier.
Al. 1879. — Manche (Saint-Lô).
Par *Lodi* et *Pervenche*, par Washington, 1/2 s. All.

Sa grand'mère : par The Norfolk-Phœnomenon, 1/2 s. A.

S. r. jusqu'en 1888.
1889 m. al. *Sapristi*, par Etain, P. S. A.
1890 vide.

5752.   **SURPRISE,** 1/2 s. N. — M. Léon Lepeinteur.
Al. 1881. — Normandie (Le Pin).
Par *Nelusko* et *La Poule*, par Ulmaire ou Bayard.

1885 s. r.
1886 f. al. *Fleur-de-Mai*, par Parthénon.
1887 f. al. *Farceuse*, par Parthénon.
1888 f. al. *Cigarette*, par Vougeot.
1889 m. b. *Papillon*, par Vougeot.
1890 vide.
1891 f. al. *Fleur-de-Mai*, par Vougeot.
1892 m. b. *Lance-à-Mort*, par Vougeot.

5753.   **SURPRISE,** 1/2 s. N. — M. G. Germond.
Bb. 1886. — Normandie (Le Pin).
Par *Quiclet* et *Anna*, par Centaure.

Sa grand'mère : par Brocardo, P. S. A.

1890 f. n. *Mina*, par Cicéron II.
1891 m. b.   , par Gastadour. Mort.
1892 f. b. *Odette*, par Edimbourg.

5754.   **SURPRISE,** 1/2 s. N. — M. J.-L. Pezeril.
Al. 1888. — Normandie (Saint-Lô).
Par *Dollar*, 1/2 s. N., et une fille de J'y-Songerai.

Sa grand'mère : par Douglas.

5755. **SURPRISE**, 1/2 s. N. — M. Gloria.
Al. 1888. — Normandie (Saint-Lô).
Par *Funambule* et une fille de Santerre.
Sa grand'mère : par Marengo, 1/2 s. N.

1892 m. al. *Ouvrier*, par Hallali.

5756. **SUSAN**, P. S. A. — M. Donzel.
B. 1879. — Angleterre (importée en 1882) (Le Pin).
Par *Soucar* et *Country-Girl*, par Anglo-Saxon.

1883-1884 s. r.
1885 f. b. *Goëlette*, par Vengeur.
1886 vide.
1887 f. b. *Suzon*, par Vengeur.
1888 vide.
1889 f. b. *Lison*, par Cherbourg.
1890 f. b. *Mistigri*, par Un.
1891 vide.
1892 m. b. *Onyx*, par Tigris.

5757. **SUZETTE**, 1/2 s. N. — M. E. Michel.
B. 1880. — Calvados (Saint-Lô).
Par *Phare* et une fille de Glorieux.

S. r. jusqu'en 1891.
1892 m. al. *Omnium*, par Grec.

5758. **SUZETTE**, 1/2 s. N. — M. L. Samson.
Bb. 1876. — Normandie (Le Pin).
Par *Palm* et une fille de Conquérant.

S. r. jusqu'en 1887.
1888 m. b. b. *Kilt*, par Jadis.
1889 vide.
1890 m. b. b. *Mandarin*, par Gérardmer.
1891 f. b. *Rainette*, par Gérardmer.
1892 f. b. *Orange*, par Jacob.

5759. **SUZETTE**, 1/2 s. N. — M. V. Gillain.
B. 1888. — Manche (Saint-Lô).
Par *Espoir* et *Folie-Bergère*, par Niger.
Sa grand'mère : *Harriet*, P. S. A., par Charlatan.

5760.   **SUZON**, 1/2 s. N. — M. J. Lemonnier.
B. 1879. — Orne (Le Pin).
Par *Phaéton* et *Lisette*, par Séducteur.
Sa grand'mère : par Jéricko.
Sa bisaïeule : par Paradox, P. S. A.
Sa trisaïeule : par Y. Topper, 1/2 s. A.

1883-1884 s. r.
1885 m. b. b. *Obéron*, par Rivoli (Amérique).
1886 f. b. *Pastille*, par Tigris.
1887 m. b. *Qui-Vive*, par Tigris.
1888-1889 vide.
1890 f. b. *Tirelire*, par Edimbourg.
1891 produit mort.

5761.   **SUZON**, 1/2 s. N. — M. Donzel.
B. 1887. — Normandie (Le Pin).
Par *Vengeur* et *Susan*, P. S. A., par Soucar.

1891 f. b. *Nadine*, par International.

5762.   **SYLPHIDE**, 1/2 s. N. — M. Léguillon.
B. 1871. — Normandie (Le Pin).
Par *Conquérant* et une fille de Valdémar.

Sa grand'mère : par Brocardo, P. S. A.

1875-1876 s. r.
1877 f. b. *Madame-Angot*, par Noville.
1878 f. al. *Fernande*, par Affidavit, P. S. A.
1879 vide.
1880 f. b. *Croisette*, par Noville.
1881 vide.
1882 f. b. *Ecossaise*, par Hippomène, 1/2 s. Big.
1883 m. b. *Hocco*, par Upas. Mort.
1884 m. b.   , par Niger.
1885-1886 vide.
1887 m. al.   , par Réussi, P. S. A.
1888 m. al.   , par Echo.
1889 vide.
1890 f. b. *Morainville*, par Hardy.

5763.   **SYLVIA**, 1/2 s. N. — M. Lemonnier.
Al. 1871. — Normandie (Le Pin).
Par *Conquérant* et *Fridoline*, par Schamyl, P. S. A.

Sa grand'mère : *Marquise*.

S. r. jusqu'en 1878.
1879 f. al. *Bavaroise*, par Niger.

1880 à 1882 vide.
1883 f. b. *Fidès*, par Hippomène, 1/2 s. Big. (Amérique).
1884 m. al. *Aramis*, par Hippomène, 1/2 s. Big.
1885 f. al. *Bayadère*, par Hippomène, 1/2 s. Big.
1886-1887 vide.
1888 f. al. *Étoile-Filante*, par Valencourt.
1889 vide.
1890 m. b. *Gladiateur*, par Cherbourg.
1891 m. b.　　　　, par Valencourt. Mort.

5764.　　**SYLVIA**, 1/2 s. N. — M. Douesnel.
Bb. 1874. — Normandie (Le Pin).
Par *Kilomètre* et *Bruyère*, par Succès.
Sa grand'mère : *Lady-Pierce*, jument américaine.

S. r. jusqu'en 1880.
1881 f. b. *Rigoleuse*, par Rigolo.
1882 vide.
1883 f. gr. *Finlande II*, par Polkantckick, 1/2 s. R.
1884 m. b. b. *Gordon*, par Noville.
1885-1886 vide.
1887 m. b.　　　　, par Cherbourg.
1888 m. b. b.　　　　, par Cherbourg.
1889 f. b.　　　　, par Edimbourg.
1890 f. b.　　　　, par Edimbourg.
1891 f. b.　　　　, par Edimbourg.

5765.　　**SYLVIE**, 1/2 s. N. — M. Méry-Samson.
Al. 1884. — Calvados (Le Pin).
Par *Valencourt* et une fille de Denmark, 1/2 s. A.
Sa grand'mère : par Séducteur.

1888 f. a. *Thérence*, par Valencourt.
1889 vide.
1890 m. b. *Matador*, par Hardy.
1891 vide.
1892 m. al. *Ouest*, par Dante.

5766.　　**SYMPATHIE**, 1/2 s. N. — M. Céran-Maillard.
Bb. 1876. — Manche (Saint-Lô).
Par *Ignoré* et une fille de Kapirat.

1880 m. b. b.　　　　, par Qu'en-Pensez-Vous.
1881 m. b. b.　　　　, par Qu'en-Pensez-Vous.
1882 m. b. b.　　　　, par Qu'en-Pensez-Vous.
1883 m. b. b.　　　　, par Aristocrate.
1884 f. b. b.　　　　, par Idoménée.
1885 m. b. b.　　　　, par Domino-Noir.

35

1886 f. b. b. *Dominée*, par Domino-Noir.
1887 f. b. b. *Rosita*, par Domino-Noir.
1888 m. b. b.　　　　, par Domino-Noir.
1889 vide.
1890 m. b. b.　　　　, par Domino-Noir.
1891 vide.
1892 m. b. b. *Offenbach*, par Domino-Noir.

5767.　　**TALMA**, 1/2 s. N. — M. L. Pignol.
B. 1880. — Normandie (Saint-Lô).
Par *Romano* et une fille de Lothaire.

S. r. jusqu'en 1891.
1892 f. b. *Olerie*, par Goudron.

5768.　　**TALPA**, 1/2 s. N. — M. A. Guillemin.
Al. 1872. — Manche (Saint-Lô).
Par *Garibaldi* ou *Succès* et *Petite*, par Camisard.

1876-1877 s. r.
1878 m. al.　　　　, par Milord.
1879 vide.
1880 f. al.　　　　, par Béranger.
1881 f. al.　　　　, par Béranger.
1882 m. al.　　　　, par Ourson.
1883 m. al. *Alta*, par Altaï.
1884 f. al. *Poussin*, par Altaï.
1885 vide.
1886 m. al. *Robin*, par Oranger.
1887 à 1889 vide.
1890 f. al. *Talpa II*, par Etain, P. S. A.
1891 morte.

5769.　　**TAMBERLICK**, 1/2 s. N. — M. Gosselin.
Al. 1873. — Normandie (Saint-Lô).
Par *Tamberlick*, P. S. A., et une fille d'Inkermann.

S. r. jusqu'en 1891.
1892 f. b. *Orbiquette*, par Ministère, P. S. A.

5770.　　**TAMISIENNE**, 1/2 s. N. — Cte Dauger.
B. 1858. — Orne (Le Pin).
Par *Thésée* et une fille de Chesterfield-Junior, P. S. A.

S. r. jusqu'en 1867.
1868 m. b. *Mirliflor*, par The Norfolk-Phœnomenon, 1/2 s. A., ou
Bassompierre.
1869 f. b. b. *Tarentule*, par Ipsilanty ou Crocus.

1870 f. n. *Tartine*, par Matchless, 1/2 s. A.
1871 f. b. *Guirlande*, par Y.
1872 m. b. *Qui-Vive*, par Lavater.
1873 m. b. *Rossignol*, par Lavater.

5771.   TAPAGEUSE, 1/2 s. N. — M. A. Hervieu.
Al. 1887. — Normandie (Le Pin).
Par *Orchid*, P. S. A., et *Modestie*, par Ignace.
Sa grand'mère : *Margot*, par Dorus.
Sa bisaïeule : par Important.
Sa trisaïeule : par Héliotrope.
Sa quadrisaïeule : par Royal-George, P. S. A.

1891 f. al. *Yseult*, par Etendard.

5772.   TAQUINE, 1/2 s. N. — M. Méry-Samson.
B. 1888. — Calvados (Le Pin).
Par *Ullao* et *Charmeuse*, par Nomen.
Sa grand'mère : par The Norfolk-Phœnomenon, 1/2 s. A.

1892 m. b. *Octave*, par Echo.

5773.   TARLATANE, 1/2 s. N. — Bon M. Gérard.
B. 1878. — Calvados (Saint-Lô).
Par *Dragon*, P. S. A., et *Agitation*, 1/2 s. N., par Sultan, P. S. Ar.
S. r. jusqu'en 1891.
1892 m. b. *Olivar*, par Cambyse, P. S. A.

5774.   TARTINE, 1/2 s. N. — Cte Dauger.
N. 1870. — Eure (Le Pin).
Par *Matchless*, 1/2 s. A., et *Tunisienne*, par Thésée.
Sa grand'mère : par Chesterfield-Junior, P. S. A.

1874 f. n. *Saccade*, par Lavater.
1875 m. n. *Tilbury*, par Kilomètre.
1876 f. n. *Unité*, par Clear-The-Way, 1/2 s. A.

5775.   TATIHOU, 1/2 s. N. — M. F. Noël.
B. 1887. — Manche (Saint-Lô).
Par *Aristocrate* et une fille de Newton.
Sa grand'mère : par Divus.
Sa bisaïeule : par Lagopède.
Sa trisaïeule : par Jay.

1891 f. b.   , par Espadem.

5776. **TEMPÊTE**, 1/2 s. N. — M. A. Anquetin.
Al. 1871. — Eure (Le Pin).
Par *Gall* et une fille de Bayard.
Sa grand'mère : *Coquette*.

S. r. jusqu'en 1882.
1883 m. b. *Eole*, par Vice-Consul.
1884 s. r.
1885 f. b. *Turbulente*, par Vice-Consul.
1886 m. b. *L'Eclair*, par Brandon.
1887 m. al. *Coquet*, par Brandon.
1888 m. al. *Tonnerre*, par Brandon.
1889 f. al. *Impétueuse*, par Brandon.
1890 m. al. *Galant*, par Chambertin.
1891 m. b. *Elégant*, par Défenseur.
1892 m. al. *Mousquetaire*, par Livet.

5777. **TEMPÊTE**, 1/2 s. N. — Comte Dauger.
Bb. 1872. — Eure (Le Pin).
Par *Y* et *Tontine*, par Séducteur ou Cyclope.
Sa grand'mère : *Mademoiselle-de-Viroflay*, P. S. A.

1876 f. ro. *Ursule*, par Clear-The-Way 1/2 s. A.

5778. **TÉNÈBRE**, 1/2 s. N. — M. Louis Legret.
N. 1888 — Manche (Saint-Lô).
Par *Colporteur* et *Négresse*, par Télémaque.
Sa grand'mère : par Lavater.

1892 m. b. b. *Olibrius*, par Frondeur.

5779. **TÉNÈBRE**, 1/2 s. N. — M. B. Osmont.
Bb. 1889 — Manche (Saint-Lô).
Par *Fontenay* et une fille de Nicanor.
Sa grand'mère : *La Vallée*, P. S. A., par Argonaut.

5780. **TÉNÉBREUSE**, 1/2 s. N. — M. Ringlet.
N. 1887 — Orne (Le Pin).
Par *Cherbourg* et une fille de Noteur.
Sa grand'mère : par The Norfolk-Phœnomenon, 1/2 s. A.

5781. TÉNÉBREUSE, 1/2 s. N. — M. A. Gastebled.
Bb. 1887. — Normandie (Saint-Lô).
Par *Trajan* et une fille de Valérien.

Sa grand'mère : par Ribaud.
Sa bisaïeule par Gotha.

1891 s. r.
1892 f. al. *Nez-Blanc*, par Vert-Galant.

5782. TÉNÉBREUSE, 1/2 s. N. — M. Gohier.
N. 1888. — Orne (Le Pin).
Par *Cicéron II* et *Belle-de-Nuit*, par Ventre-Saint-Gris, P. S. A.

Sa grand'mère : *La Biche*, par Schamyl, 1/2 s. L.

1892 n. b.   , par Ilote.

5783. TERRIBLE, 1/2 s. N. — M. Brière.
B. 1877. — Orne (Le Pin).
Par *Oméga* et *Rosette*, par Y.-Monarque, P. S. A.

1881 à 1890 s. r.
1891 f. b. *Gambade*, par Juin.
1892 m. b. *Gambade*, par Juin.

5784. TÊTE-DE-LINOTTE, 1/2 s. N. — M. L. Desgenetais.
B. 1885. — Calvados (Le Pin).
Par *Tigris* et *Fior-d'Alisa*, par Conquérant.

Sa grand'mère : par Général.

1889 s. r.
1890 f. b. *Merveilleuse*, par Hippomène, 1/2 s. Big.
1891 m. b. *Nadir*, par Valencourt.

5785. THALIE, 1/2 s. N. — M. Cavey aîné.
N. 1875. — Calvados (Le Pin).
Par *Noville* et *Fior-d'Alisa*, par Conquérant.

Sa grand'mère : par Général.

1879 à 1881 s. r.
1882 m. b.   , par Lord-Penzance, 1/2 s. A.
1883 s. r.
1884 m. b. b.   , par Hippomène, 1/2 s. Big.
1885 s. r.
1886 f. b. *Impérieuse*, par Cherbourg.
1887-1888 s. r.

1889 f. n. *Libertine*, par Phaéton.
1890 a avorté.
1891 f. b. *National*, par Phaéton.

5786. THE HEIR-OF-LINNE, 1/2 s. N. — M. Milet.
B. 1870. — Normandie (Saint-Lô).
Par *The Heir-of-Linne*, P. S. A., et une fille de Kapirat.

S. r. jusqu'en 1891.
1892 m. b. *Occasion*, par Reynolds.

5787. THÉO, 1/2 s. N. — M. F. Hennequin.
Bb. 1882. — Manche (Saint-Lô).
Par *Fantoche* et une fille d'Esculape.

Sa grand'mère : par Abrantès.

1886-1887 s. r.
1888 f. b. b. *Soubrette*, par Fanion.
1889 f. al. *Camériste*, par Fanion.
1890-1891 vide.

5788. THÉRENCE, 1/2 s. N. — M. Tocque.
B. 1875. — Normandie (Le Pin).
Par *Kilomètre* et *Gazelle*, par Bayard ou Bassompierre.
Sa grand'mère : Y. *Baronness*, ex-*Uranie*, P. S. A., par The Baron.

1879 m. b. b. *Brocardo*, par Noville.
1880 m. b. *Cicéron*, par Buci.
1881 s. r.
1882 f. al. *Eva*, par Niger.
1883 s. r.
1884 f. al. *Gazelle II*, par Niger. Morte.
1885 m. b. b. *Hidalgo*, par Niger. Mort.
1886-1887 vide.
1888 m. b. *Képi*, par Flibustier.
1889 f. al. *Léa*, par Flibustier.
1890 vide.
1891 f. n. *Nina*, par Télémaque.
1892 f. n. *Orangeade*, par Juvigny.

5789. THÉRENCE, 1/2 s. N. — M. Lecoupeur.
Al. 1888. — Calvados (Le Pin).
Par Y. *Kapirat* et *Sylvie*, par Valencourt.

Sa grand'mère : *Séduisante*, par Denmark, 1/2 s. A.
Sa bisaïeule : par Séducteur.

5790.   **THÉRÉSA**, 1/2 s. N. — M. Deprepetit.
B. 1878. — Normandie (Le Pin).
Par *Hannon* et *Gazelle*, par Elu.
Sa grand'mère : par Eylau, P. S. A. A.

1882 s. r.
1883 f. b. *Fille-Normande*, par Normand.
1884 s. r.
1885 f. b. *Hébé*, par Valdempierre.
1886 m. b. b. *Indien*, par Cherbourg.
1887 s. r.
1888 f. b. *Kindness*, par Jadis.
1889 s. r.
1890 f. b. *Minerve*, par Cherbourg.
1891 m. b. *Néron*, par Cherbourg.
1892 f. b. *Ordonnance*, par Havas.

5791.   **THÉRÉSA**, 1/2 s. N. — M. Valle.
Bb. 1880. — Normandie (Le Pin).
Par *Remouleur* et *Navarine*, par Navarin.

1884 f. b. b. *Innocente*, par Black-Prince.

5792.   **THÉRÈSE**, 1/2 s. N. — M. G. Buisson.
N. 1886. — Normandie (Le Pin).
Par *Dictateur* et *Lucrèce*, par Thésée ou The Norfolk-Phœnomenon,
1/2 s. A.

Sa grand'mère : par Centaure.
Sa bisaïeule : par Umber.
Sa trisaïeule : par Dupleix.
Sa quadrisaïeule : par Pilote.
5e degré : par Bacha, P. S. Ar.
6e degré : par Glorieux.
7e degré : par King-Pépin, P. S. A.

1890 f. b.   , par Havas.
1891 vide.

5793.   **THÉSÉA I**, 1/2 s. N. — M. du Bouillonney.
B. 1881. — Orne (Le Pin).
Par *Phaéton* et *Elisa*, par Faust, P. S. A.
Sa grand'mère : par Centaure.
Sa bisaïeule : par Thésée.

1885 f. b. *Hardie*, par Lavater.
1886 m. b.   , par Cicéron II.
1887 s. r.
1888 f. b. *Kyrielle*, par Cherbourg.

5794. THÉSÉA II. ex-MIRZA, 1/2 s. N. — M. Cavey aîné.
B. 1882. — Orne (Le Pin).
Par Phaëton et Elisa, par Faust, P. S. A.
Sa grand'mère : par Centaure.
Sa bisaïeule : par Thésée.

1886-1887 s. r.
1888 f. b. Kalouga, par Cherbourg.
1889 f. b.   , par Cherbourg. Morte.
1890 f. b.   , par Cherbourg.
1891 m. b.   , par Cherbourg. Mort.

5795. THIERCE, 1/2 s. N. — M. F. Lecanu.
B. 1888. — Normandie (Saint-Lô).
Par Espadem et une fille d'Ivanhoff, P. S. A.
Sa grand'mère : par Victorieux.

1892 m. al. Occident, par Ray-Grass.

5796. TIMBALE, P. S. A. — M. Bouju.
B. 1882. — Marne (Le Pin).
Par Paladin et Terreur, par Muscovite.

5797. TIRELIRE. 1/2 s. N. — MM. Marie frères.
B. 1875. — Manche (Le Pin).
Par Estafette et Espérance, par The Cossack, P. S. A.
Sa grand'mère : par Herschell.

S. r. jusqu'en 1888.
1889 m. b. Libertin, par Eclaireur.

5798. TIRELIRE, 1/2 s. N. — M. Léguillon.
B. 1876. — Normandie (Le Pin).
Par Noville et une fille de Brogardo, P. S. A.

1880-1881 s. r.
1882 m. b.   , par Nomen.
1883 à 1885 s. r.
1886 f. al.   , par Cambacérès.
1887 à 1889 s. r.
1890 f. b. Mirza, par Dampierre.
1891 f. n. Nenni, par Incendiaire.
1892 m. b. Opticien, par Echo.

5799. **TONTINE**, 1/2 s. N. — Cte Dauger.
Al. 1863. — Calvados (Le Pin).
Par *Séducteur* ou *Cyclope* et *Mademoiselle-de-Viroflay*, P. S. A.

1867-1868 s. r.
1869 f. al. *Collinette*, par Trocadéro (approuvé).
1870 f. al. *Tulipe*, par Ventre-Saint-Gris, P. S. A.
1871 f. b. *Tourelle*, par Crocus.
1872 f. b. b. *Tempête*, par Y.
1873 m. b. b. *Rouge-Gorge*, par Lavater.
1874 f. b. *Silhouette*, par Lavater.
1875 f. b. b. *Torpille*, par Kilomètre.
1876 f. al. *Béatrix*, ex-*Utopie*, par Niger.
1877 m. b. *Vis-à-Vis*, par Gall.
1878 m. al. *Abricot*, par Gall (Amérique).
1879 m. b. *Bernay*, par Gall.
1880 f. b. *Comtesse*, par Gall.
1881 f. al. *Duchesse*, par Buci.
1882 m. b. *Evreux*, par Ultimatum.
1883 m. b. *Flambant*, par Ultimatum.
1884 m. al. *Bon-Espoir*, par Drummond, P. S. A.
1885 m. al. mort.
1886 morte.

5800. **TONTINE**, P. S. A. — M. Besnard.
Al. 1874. — France (Le Pin).
Par *Brindisi* et *Victorine*, par Volcano.

1878 s. r.
1879 m. b.   , par Renaissant.
1880 f. b. *Renée*, par Renémesnil.
1881 m. b.   , par Brocoli.
1882 m. b. *Epinal II*, par Tigris.
1883 m. b. *Fétiche II*, par Tigris.
1884 f. b. *Novice*, par Noville.
1885 f. b. *Fatma*, par Uriel.
1886 vide.
1887-1888 suitée de produits de P. S. A.
1889 morte.

5801. **TOPAZE**, 1/2 s. N. — M. Deprepetit.
Al. 1878. — Orne (Le Pin).
Par *Phaéton* et une fille de Solide.
Sa grand'mère par Tipple-Cider, P. S. A.

1882 m. b. *Epaminondas*, par Marignan.
1883 m. ro. *Fiston*, par Clear-The-Way, 1/2 s. A.
1884 f. b. *Gallia*, par Dictateur.
1885 f. b. *Haydée*, par Valdempierre.

1886 m. b.   , par Valdempierre.
1887 m. b.   , par Valdempierre.
1888 m. b. *Kina*, par Cicéron II.
1889 morte.

5802.   **TORPILLE**, 1/2 s. N. — Cte Dauger.
Bb. 1875. — Eure (Le Pin).
Par *Kilomètre* et *Tontine*, par Séducteur ou Cyclope.
Sa grand'mère : *Mademoiselle-de-Viroflay*, P. S. A.

1879 s. r.
1880 f. al. *Colère*, par Buci.
1881 m. b. b. *Dodo*, par Blenheim, P. S. A.

5803. **TORPILLE**, 1/2 s. N. — M. O. de la Bretonnière.
B. 1888. — Manche (Saint-Lô).
Par *Darnétal* et une fille de Quickly.

Sa grand'mère : par Harmonieux.

5804. **TOUJOURS-PRÊTE**, 1/2 s. N. — M. Bimont.
N. 1868. — Normandie (Le Pin).
Par *Ouvrier* et une fille de Professeur.

1872 à 1875 s. r.
1876 f. ro. *Isly*, par Quick-Sylver, 1/2 s. A.
1877 f. b. *Hulote*, par Quick-Sylver, 1/2 s. A.
1878 f. al. *Metella*, par Quick-Sylver, 1/2 s. A.
1879 à 1885 s. r.
1886 m. ro. *Baladin*, par Serpolet-Rouan.
1887 à 1890 vide.

5805. **TRAIN-POSTE**, 1/2 s. N. — M. E. Gamare.
N. 1875. — Normandie (Le Pin).
Par *Noville* et *Yelva*, par The Norfolk-Phœnomenon, 1/2 s. A.

Sa grand'mère : *Nanette*, par Black-Jack, 1/2 s. A.
Sa bisaïeule : *Martinette*.
Sa trisaïeule : 1/2 s. A.

1879 à 1881 s. r.
1882 f. gr. *Etoile-Filante*, par Polkantchick, 1/2 s. R. Morte.
1883 m. gr. *Forgeron*, par Polkantchick, 1/2 s. R.
1884 vide.
1885 produit mort.
1886 m. b. b. *Le Rapide*, par Dictateur.
1887 vide.
1888 produit mort.
1889 vide.

1890 m. n. *Bariolet*, par Hardy.
1891 m. n. *Gondolier*, par Galba.
1892 m. n.   , par Juvigny.

5806.   TRANQUILLE, 1/2 s. N. — M. F. Dujardin.
B. 1876. — Normandie (Saint-Lô).
Par *Kent* et une fille d'Ugolin.

S. r. jusqu'en 1891.
1892 m. b. *Ormoy*, par Espoir.

5807.   TRANQUILLE, 1/2 s. N. — M. Lecaudey.
Al. 1878. — Manche (Saint-Lô).
Par *Newton* et une fille d'Agenda.

Sa grand'mère : par Royal-Quand-Même, P. S. A.

S. r. jusqu'en 1891.
1892 m. b. *Oiseleur*, par Follet.

5808.   TRANQUILLE, 1/2 s. N. — M. J.-M. Lemaître.
B. 1884. — Calvados (Saint-Lô).
Par *Ballon*, P. S. A., et une fille de Gotha.

Sa grand'mère : par Navigateur.

1887 m. b.   , par Cicéron.
1888 m. b.   , par Valentino.
1889 m. b. b. *Job*, par Ermite.
1890-1891 vide.
1892 m. b. b. *Othon*, par Jarnac.

5809.   TRAVAILLEUSE, 1/2 s. N. — M. C. Forcinal.
B. 1875. — Normandie (Le Pin).
Par *Marx*, 1/2 s. R., et *Miss-Bell*, jument américaine,
mère de Niger.

1879 s. r.
1880 f. b. *Cérès*, par Serpolet-Bai.
1881 m. b. *Défenseur*, par Serpolet-Bai.
1882 m. b. *Éperlan*, par Serpolet-Bai.
1883 vide.
1884 m. al. *Grippe-Sous*, par Sir-Quid-Pigtail, P. S. A.
1885 f. n. *Hachette-Jeanne*, par Dictateur.
1886 m. n. *International*, par Cherbourg.
1887 f. b. *Jeanne-Hachette*, par Phaéton.
1888 m. b. *Koran*, par Phaéton (Belgique).

1889 f. b. *La Senelle*, par Phaéton.
1890 vide.
1891 f. n. *Ninon-de-Lenclos*, par Cherbourg ou Glaneur.
1892 m. n. *Ouest*, par Cherbourg ou James-Watt.

5810. TRICOTEUSE, 1/2 s. N. — M. Abel Bassigny.
B. 1885. — Normandie (Le Pin).
Par *Phaéton* et *Emilienne*, par Montfort, P. S. A.

Sa grand'mère : par Noteur.

5811. TROMPETTE, 1/2 s. N. — M. A. Lenoir.
B. 1879. — Normandie (Saint-Lô).
Par *Ramazan* et une fille de Quasi.

S. r. jusqu'en 1891.
1892 m. b. *Orphéon*, par Gerroyeur.

5812. TROMPETTE, 1/2 s. N. — M. Lemazurier.
Al. 1887. — Normandie (Saint-Lô).
Par *Défendu* et une fille de Mine-d'Or.

Sa grand'mère : par Garde-à-Vous.
Sa bisaïeule : par Androclès.

1891 s. r.
1892 m. b. *Incompris*, par Loyal.

5813. TROMPETTE, 1/2 s. N. — M. L. Trainel.
B. 1888. — Normandie (Saint-Lô).
Par *Espoir* et une fille d'Orphée.

Sa grand'mère : par Radical.

1892 m. b. *Ouistiti*, par Joinville.

5814. TROMPEUSE, 1/2 s. N. — M. Lemazurier.
Al. 1886. — Manche (Saint-Lô).
Par *Défendu* et une fille de Mine-d'Or.

Sa grand'mère : par Garde-à-Vous.
Sa bisaïeule : par Félibien.
Sa trisaïeule : par Honorius.

1890 vide.
1891 m. b. *Incompris*, par Loyal.

3238.   **TULIPE**, P. S. A. — M. de la Ville.
B. 1867. — Eure (Saint-Lô).
Par *Monarque* et *Magenta*, par Fitz-Gladiator.

S. r. jusqu'en 1887.
1888 m. b. ch. Karl, par Flic-Flac (Amérique).
1889 s. r.
1890 morte.

5815.   **TULIPE**, 1/2 s. N. — M. le duc de Narbonne.
Bb. 1869. — Orne (Le Pin).
Par *Eclipse* et *Brunette*, par The Norfolk-Phœnomenon, 1/2 s. A.

Sa grand'mère : *Tamisienne*, par Performer, 1/2 s. A.
Sa bisaïeule : *Zaïre*, par Napoléon. P. S. A. A.
Sa trisaïeule : *La Cammerton*, par Cammerton, P. S. A.
Sa quadrisaïeule : par Colonel.

1873 m. b. *Yorik*, par Centaure.
1874 m. b. *Zadir*, par Centaure.
1875 f. b. *Active*, par Denmark, 1/2 s. A.
1876 vide.
1877 f. b. *Charmante*, par Ignace.
1878 m. b. *Docteur*, par Conquérant.
1879 f. b. *Espingole*, par Marx, 1/2 s. R.
1880 m. b. *Carnavalet*, ex-*Forban*, par Conquérant.
1881 f. b. *Gambade*, par Phaéton.
1882 m. b. *Harpon*, par Uriel.
1883 m. b.   , par Eden, P. S. Ar.
1884 m. b. *Jongleur*, par Dictateur.
1885 m. b. *Karloman*, par Dictateur.
1886 f. b. *Limonade*, par Dictateur.
1887 f. b. *Mirabelle*, par Uriel.
1888 f. n. *Niobé*, par Cherbourg.
1889 a avorté.
1890 f. b. *Pandora*, par Dégagé.
1891 m. n. *Quintal*, par Phaéton.
1892 vide.

5816.   **TULIPE**, 1/2 s. N. — M. L. Le Bourg.
Al. 1875. — Calvados (Le Pin).
Par *Libérator* et *Fortuna*, P. S. A., par Tonnerre-des-Indes.

S. r. jusqu'en 1889.
1890 f. b. *Merveille*, par Favori.
1891 f. b. *Niniche*, par Favori.
1892 m. al. *O'Connor*, par Echo.

5817.   **TULIPE**, 1/2 s. N. — M. Bonami.
B. 1887. — Calvados (Le Pin).
Par *Ulbach*, 1/2 s. V., et une fille de Sérieux.
Sa grand'mère : par Elu.
Sa bisaïeule : par Danseur.

1891 f. b. *Jacqueline*, par Saint-Rigomer.
1892 vide.

5818.   **TULIPE**, 1/2 s. N. — M. Cagniard.
B. 1888. — Calvados (Le Pin).
Par *Baptiste-Lemore* et une fille de Revigny, P. S. A.
Sa grand'mère : par Jactator.

1892 m. b. *Osage*, par Homard.

5819. TURBULENTE, 1/2 s. N. — M. A. Anquetin.
B. 1885. — Eure (Le Pin).
Par *Vice-Consul* et *Tempête*, par Gall.

Sa grand'mère : *Jeannette*, par Bayard.
Sa bisaïeule : *Coquette*.

1889 m. b. *Dictateur*, par Chamberlin.
1890 m. b. *Rapide*, par Seul.
1891 m. b. *Souvenir*, par Brandon.

5820. TURLURETTE, 1/2 s. N. — M. C. Hervieu.
B. 1879. — Calvados (Le Pin).
Par *Normand* et *Niska*, par Ignace.

Sa grand'mère : par Usager.
Sa bisaïeule : par Dorus.

1883-1884 s. r.
1885 m. b. b. *Harley*, par Phaéton.
1886 f. b. *Indiana*, par Phaéton.
1887 vide.
1888-1889 a avorté.
1890 f. b. *Murcie*, par Acquila.
1891 m. b. *Narsis*, par Phaéton.
1892 f. b. *Œillade*, par Phaéton.

5821.   **TURLURETTE**, 1/2 s. N. — M. Samson.
B. 1882. — Normandie (Le Pin).
Par *Uriel* et *Odette*, par Y.

Sa grand'mère : *Thérence*, par The-Nemrod, 1/2 s. A.

1886 s. r.
1887 m. b. *Jongleur*, par Valdempierre.
1888 f. b. *Lutine*, par Cherbourg.
1889 vide.
1890 f. b. *Mascotte*, par Havas.
1891 vide.

5822. **TURQUOISE**, 1/2 s. N. — M. C. Castillon.
B. 1875. — Manche (Le Pin).
Par *Milanais* et *Bon-Espoir*, par The Heir-of-Linne, P. S. A.
Sa grand'mère : par Kapirat.

1879-1880 s. r.
1881 f. b. b. *Déesse*, par Normand (Amérique).
1882-1883 vide.
1884 m. b. *Gamin*, par Niger (Amérique).
1885 f. b.   , par Tigris.
1886 m. b. *Ibis*, par Acquila (Amérique)
1887 f. b. *Jeanneton*, par Acquila.
1888 f. b. *Kantara*, par Acquila.
1889 f. b. *Lucrèce*, par Tigris.
1890 f. b. *Miss*, par Tigris.
1891 vide.

5823. **TYROLIENNE**, 1/2 s. N. — M. Hennequin.
Al. 1882. — Calvados (Saint-Lô).
Par *Montfort*, P. S. A., et une fille de Normand.
Sa grand'mère : par Ignace.

1886 s. r.
1887 m. al.   , par Alsacien.
1888 m. al.   , par Alsacien.

5824. **TYROLIENNE**, 1/2 s. N. — M. P. Hallais.
Al. 1888. — Manche (Saint-Lô).
Par *Trajan* et une fille de Producteur.
Sa grand'mère : par Fontenay.

1892 f. b. *Orpheline*, par Qui-Vive.

5825. **UGOLINE**, 1/2 s. N. — M. L. Trainel.
B. 1873. — Normandie (Saint-Lô).
Par *Ugolin* et une fille de Nemrod.

S. r. jusqu'en 1883.
1884-1885 vide,
1886 m. b. *Intrépide*, par Reynolds.

1887 à 1889 vide.
1890 f. b. *Cocotte*, par Ray-Grass.
1891 m. b. *Négrier*, par Reynolds ou Fontenay.
1892 f. b. *Originale*, par Harley.

5826. **UGOLINE**. 1/2 s. N. — M. L. Gosselin.
Al. 1874. — Manche (Saint-Lô).
Par *Ugolin* et une fille de Quaker, P. S. A.
Sa grand'mère : par Navigateur.

S. r. jusqu'en 1886.
1887 f. al. *Charlotte*, par Dollar.
1888 vide.
1889 f. b. *Rosette*, par Ray-Grass.
1890-1891 vide.

5827. **UGOLINE**, 1/2 s. N. — M. Bitouzé.
Al. 1876. — Manche (Saint-Lô).
Par *Ugolin* et *Paladine*, par Paladin, P. S. A.
Sa grand'mère : *Volante*, par Talleyrand.

1880 à 1882 s. r.
1883 m. al. *Fanion*, par Ministère. P. S. A.
1884 f. b. *Libertine*, par Aristocrate.
1885 f. b. *Malvina*, par Aristocrate.
1886 m. b. *Aristocrate*, par Aristocrate.
1887 m. b. *Vautrain*, par Vautrain.
1888 vide.
1889 f. b. *Follette*, par Follet.
1890 m. b. *Colporteur*, par Colporteur.
1891 m. b. *Colporteur*, par Colporteur.
1892 f. b. b. *Ombrelle*, par Colporteur.

5828. **UGOLINE**, 1/2 s. N. — M. Gosselin.
B. 1878. — Normandie (Saint-Lô).
Par *Ugolin* et une fille de Belzebuth.
Sa grand'mère : par Lahore.

S. r. jusqu'en 1891.
1892 m. b. *Ours-Brun*, par Ray-Grass.

5829. **UGOLINE**, 1/2 s. N. — M. Alexandre Auvray.
Bb. 1890. — Manche (Saint-Lô).
Par *Eson* et une fille d'Ugolin.
Sa grand'mère : par Rivoli.

5830.   **UGOLINNE**, 1/2 s. N. — M. L. Hardy.
B. 1879. — Normandie (Saint-Lô).
Par *Orphée* et une fille de Quid-Juris, P. S. A.

Sa grand'mère : par Navigateur.

S. r. jusqu'en 1891.
1892 f. al. *Capucine*, par Shamrock, 1/2 s. A.

5831.   **ULTIMA**, 1/2 s. N. — Cte Dauger.
Ro. 1876. — Eure (Le Pin).
Par *Clear-The-Way*, 1/2 s. A., et *Corbeille*, par Matchless, 1/2 s. A

Sa grand'mère : par The Norfolk-Phœnomenon, 1/2 s. A.
Sa bisaïeule : par L'Invincible, P. S. A.

1880 s. r.
1881 m. b. b. *Dameret*, par Héliotrope.

5832.   **URANIE**, 1/2 s. N. — M. C. Forcinal.
N. 1876. — Normandie (Le Pin).
Par *Niger* et *Dame-de-Cœur*, par Wildfire, 1/2 s. A.

Sa grand'mère : par Friedland, P. S. A.

1880-1881 s. r.
1882 f. b. *Émeraude*, par Uriel.
1883 m. n.   , par Phaéton. Mort.
1884 f. al. *Grenade*, par Phaéton.
1885 vide.
1886 f. n. *Indiana*, par Cherbourg.
1887 m. b. *Jason*, par Cherbourg.
1888 f. b. *Kalouga*, par Fataliste, P. S. A.
1889 vide.
1890 f. b. *Manchette*, par Havas.
1891 vide.
1892 f. n. *Océanie*, par Krakatoa, P. S. A.

3592.   **URBINE**, 1/2 s. N. — M. Bouquerel.
Al. 1882. — Calvados (Le Pin).
Par *Racoleur* et une fille d'Ulmaire.

Sa grand'mère : par Tipple-Cider, P. S. A.

S. r. jusqu'en 1889.
1890 m. al. *Urbin*, par Saint-Rigomer (Amérique).

5833.   **URSELINE**, 1/2 s. N. — M. F. Retour.
B. 1880. — Calvados (Le Pin).
Par *Pharaon* et une fille d'Esculape.

S. r. jusqu'en 1890.
1891 f. b. *Niniche*, par International.
1892 f. b. *Odette*, par Cicéron II.

5834.   **URSULE**, 1/2 s. N. — Cte Dauger.
Ro. 1876. — Eure (Le Pin).
Par *Clear-The-Way*, 1/2 s. A., et *Tempête*, par Y.
Sa grand'mère : *Tontine*, par Séducteur ou Cyclope.
Sa bisaïeule : *Mademoiselle-de-Viroflay*, P. S. A., par Brimstone.

1880 m. b. b. *Capitaine*, par Honnon.
1881 m. al. *Dada*, par Buci.

5835.   **UZEL**, 1/2 s. N. — M. E. Guesnon.
Al. 1880. — Normandie (Saint-Lô).
Par *Orphée* et une fille de Marco-Spada.

S. r. jusqu'en 1891.
1892 f. b. *Oiseau*, par Hurrah.

5836. VA-DE-BON-CŒUR, 1/2 s. N. — M. Gastebled.
B. 1873. — Manche (Saint-Lô).
Par *Hunter* et une fille d'Eminent.
Sa grand'mère : par Passe-Partout.
Sa bisaïeule : par Orgueilleux.

S. r. jusqu'en 1880.
1881 m. b. *Divan*, par Trajan.
1882 à 1885 s. r.
1886 m. b. *Iroquois*, par Trajan.
1887 m. n. *Jean-Huss*, ex-*Justin*, par Trajan.
1888 f. n. *Voyageuse*, par Trajan.
1889 f. n. *Plaisante*, par Trajan.
1890 vide.
1891 m. b. *National*, par Trajan.
1892 f. b. *Va-de-Bon-Cœur II*, par Saint-Mélaine.

5837.   **VALIDÉ**, P. S. A. — M. le duc de Vicence.
B. 1876. — Seine-et-Oise (Saint-Lô).
Par *Pompier* et *Wichsbury*.

S. r. jusqu'en 1889.
1890-1891 vide.
1892 m. al. *Osiris*, par Dux.

5838. **VALLÉE-D'AUGE**, 1/2 s. N. — M. Gamare.
B. 1868. — Normandie (Le Pin).
Par *Fire-Away*, 1/2 s. A., et *Vallée-d'Auge*, par Antinoüs.
Sa grand'mère : par Impérial.
Sa bisaïeule : par Voltaire.

1872 m. b. b. *Revolver*, par Conquérant.
1873 f. b. *Noville*, par Noville.
1874 m. b. b.   , par Noville.
1875 m. b.   , par Noville.
1876 m. b. *Drôle-de-Type*, par Noville.
1877 m. b.   , par Noville.
1878 à 1882 s. r.
1883 f. b. *Ulrich II*, par Ulrich II.
1884 s. r.
1885 produit mort.
1886 m. b. b. *Tigris*, par Tigris.
1887 m. b. *Echo*, par Echo.
1888 m. b. *Tigris*, par Tigris.
1889 m. b. *Gallien*, par Gallien.
1890 f. b. *Manille*, par Gallien.
1891 f. b. *Cancale*, par Gallien.
1892 passée dans la région bretonne.

5839. **VALENTINE**, 1/2 s. N. — M. L. Samson.
B. 1877. — Normandie (Le Pin).
Par *Koping* et *Fleur-de-Genêt*, par Solide.
Sa grand'mère : par Tipple-Cider, P. S. A.

S. r. jusqu'en 1889.
1880 m. b. b. *Monarque*, par Havas.

5840. **VALENTINE**, 1/2 s. N. — M. J. Thibout.
B. 1888. — Calvados (Saint-Lô).
Par *Valentino* et une fille de Sir-Edwin-Landsyer, 1/2 s. A.
Sa grand'mère : par Sharavogue, P. S. A.

5841. **VALÉRIE**, 1/2 s. N. — M. Aug. Quetier.
Bb. 1888. — Manche (Saint-Lô).
Par *Utrecht* et une fille de Kabin.
Sa grand'mère : par Aretin (approuvé).

5842. **VANOZZA**, 1/2 s. N. — M. P. Ecalard.
Al. 1877. — Normandie (Le Pin).
Par *Affidavit*, P. S. A., et une fille de Gaulois.
Sa grand'mère : par Sultan.

S. r. jusqu'en 1889.
1890 f. n. *Bride-Abattue*, par Coq-à-l'Ane.
1891 vide.

5843.   **VEDETTE**, 1/2 s. N. — M. Collet.
B. 1877. — Orne (Le Pin).
Par *Koping* et *Négresse*, par Thésée.

Sa grand-mère : par William, P. S. A.
Sa bisaïeule : par Héraclius.
Sa trisaïeule : par Sylvio, P. S. A.

1881 s. r.
1882 f. b. *Escapade*, par Quiclet.
1883 à 1885 s. r.
1886 m. b.   , par Beaugé. Mort.
1887 m. al.   , par Beaugé.
1888 f. b. b. *Néva*, par Edimbourg.
1889 m. b.   , par Edimbourg.
1890 f. al. *Majestueuse*, par Etudiant.
1891 m. al.   , par Cambronne.

5844.   **VENDETTA**, 1/2 s. N. — M. A. Hervieu.
Ro. 1889. — Normandie (Le Pin).
Par *Etendard* et *Ravage*, par Torrent, P. S. A.

Sa grand'mère : *La Tempête*, par Ignace. (Voir : *Ravage*.)

1892 f. ro. *Oubliée*, par Jeumont.

5845.   **VENGEANCE**, 1/2 s. N. — M. J. Sohier.
Al. 1886. — Manche (Saint-Lô).
Par *Déluré* et une fille de Merry-Leggs, 1/2 s. A.

Sa grand'mère : par Quo-Usque.

1890 m. b. b. *Melun*, par Espoir.
1891 f. al. *Ignorée*, par Inaudi-Jacques.

5846.   **VÉNITIENNE**, 1/2 s. N. — M. Guillaumet.
Al. 1882. — Normandie (Le Pin).
Par *Uriel* et *Vénitienne*, par Vicomte ou Clear-The-Way, 1/2 s. A.

Sa grand'mère : par Buci.

1886 m. al.   , par Fataliste, P. S. A.
1887 f. b. *Coquette*, par Quiclet,
1888 m. b. *Eclat*, par Valdempierre (Amérique).
1889 f. b.   , par Cherbourg.

5847. **VÉNITIENNE**, 1/2 s. N. — M. Lasaussaye.
Al. 1884. — Orne (Le Pin).
Par *Vouziers* et *Minerve*, par Niger.

Sa grand'mère : par Télégraph, 1/2 s. A.
Sa bisaïeule : par The Norfolk-Phœnomenon, 1/2 s. A.
Sa trisaïeule : par Thésée.

1888 f. al. *Kermesse*, par Barrabas.
1889 m. al.   , par Gérardmer.

5848. **VERDURE**, 1/2 s. N. — M. Valette.
B. 1888. — Calvados (Le Pin).
Par *Verdun*, P. S. A., et *Estafine*, par Estafette.

Sa grand'mère : par Qnia.

1892 vide.

5849. **VERVEINE**, 1/2 s. N. — M. Martinière.
B. 1875. — Normandie (Le Pin).
Par *Noville* et *Vilna*, par Y.

Sa grand'mère : *Victoire*, par un P. S. A.
Sa bisaïeule : jument de chasse.

S. r. jusqu'en 1882.
1883 m. b. *Fred-Archer*, par Normand.

5850. **VERVEINE**, 1/2 s. N. — M. Fleury.
B. 1877. — Sarthe (Le Pin).
Par *Phaéton* et *Brillante*, par Abrantès.

Sa grand'mère : par Tipple-Cider, P. S. A.
Sa bisaïeule : par Eylau, P. S. A. A.

S. r. jusqu'en 1885.
1886 f. al. *Verveine II*, par Un.
1887 f. b. *Jacinthe*, par Edimbourg.
1888 f. b. *Léontine*, par Edimbourg.
1889 m. n. *Léopard*, par Edimbourg.
1890 m. b. *Marengo*, par Edimbourg.
1891 morte en mettant bas.

5851. **VERVEINE**, 1/2 s. N. — M. E. Pichard.
N. 1884. — Normandie (Le Pin).
Par *Strélitz*, P. S. A., et *Marjolaine*, par Normand.

Sa grand'mère : par Conquérant.

1888 f. b.   , par Don-Quichotte. Morte.
1889 vide.
1890 f. b. *Mirabelle,* par Don-Quichotte.

5852. **VERVEINE,** 1/2 s. N. — M. H. Lasaussaye.
B. 1888. — Orne (Le Pin).
Par *Barrabas* et une fille de Sobriquet.

Sa grand'mère : par Josaphat.

1892 f. al. *Orange,* par Krakatoa, P. S. A.

5853. **VICTORIA,** 1/2 s. N. — M. Cl. Bérot.
Al. 1878. — Manche (Saint-Lô).
Par *Pretty-Boy,* P. S. A., et une fille d'Egésippe.

Sa grand'mère : par Lagopède.

1882 f. al. *Virgule,* par Idoménée.
1883 à 1885 vide.
1886 f. b. *Inconnue,* par Aristocrate.
1887 f. b. *Jeanne-d'Arc,* par Aristocrate.
1888 vide.
1889 m. al. *Lincoln,* par Fontenay.
1890 vide.
1891 f. b. *Marseillaise,* par Colporteur.
1892 f. b. b. *Odette,* par Colporteur.

5854. **VICTORIA,** 1/2 s. N. — M. Lefranc.
B. 1884. — Calvados (Le Pin).
Par *Norfolk-Trotter,* 1/2 s. A., et une fille de Crocus.

Sa grand'mère : par Jugurtha.

1888 vide.
1889 m. b. *Y,* par Coq-à-l'Ane.
1890 m. n. *Espoir,* par Coq-à-l'Ane.
1891 m. b.   , par Coq-à-l'Ane.
1892 f. n. *Jilda,* par Homard.

5855. **VICTORIEUSE,** 1/2 s. N. — Mme Ve P. Merlin.
Bb. 1864. — Normandie (Saint-Lô).
Par *Bayard* et une jument de P. S. A.

1868 à 1870 s. r.
1871 f. ro. *Bertha,* par Y. Quick-Sylver, 1/2 s. A.
1872 f. ro. *Imprévue,* par Y. Quick-Sylver, 1/2 s. A.
1873 m. b. b. *Anicroche,* par Y. Quick-Sylver, 1/2 s. A. Mort.
1874 m. b. b. *Serviteur,* par Y. Quick-Sylver. 1/2 s. A., ou
     Normand.

1875 vide.
1876 f. ro. *Déluré*, par Y. Quick-Sylver, 1/2 s. A.
1877 m. b. b. *Vigilant*, par Y. Quick-Sylver, 1/2 s. A. Mort.
1878 morte.

5856. **VICTORIEUSE**, 1/2 s. N. — M. Cavey aîné.
Bb. 1872. — Orne (Le Pin).
Par *Kilomètre* et *Pastourelle*, par Esculape.
Sa grand'mère : par Noteur.
Sa bisaïeule : par Sylvio, P. S. A.

1876 f. n. *La Victoire*, par Marx, 1/2 s. R.
1877 m. n.   . par Marx, 1/2 s. R.
1878 f. b. b. *Girofla*, par Marx, 1/2 s. R.
1879 vide.
1880 m. b. *César-Bai*, par Serpolet-Bai.
1881 f. n. *Serpolette II*, par Serpolet-Bai.
1882 vide.
1883 f. n. *Flore*, par Phaéton.
1884 m. b.   , par Dictateur. Mort.
1885 f. n. *Fille-des-Lirâtres*, par Noville.
1886 f. b. *Impétueuse*, par Cherbourg.
1887-1888 vide.
1889 produit mort.
1890 vide.
1891 f. b. *Noisette*, par Phaéton.

5857. **VICTORIEUSE**, 1/2 s. N.
M. A. Le Chevallier.
B. 1890. — Manche (Saint-Lô).
- Par *Goudron* et *Cocotte*, par Victorieux.
Sa grand'mère : par Eclair.

5858. **VICTORINE**, 1/2 s. N. — M. Méry-Samson.
Al. 1885. — Normandie (Le Pin).
Par *Vico* et une fille de Shales, 1/2 s. A.
Sa grand'mère : par Bayard.

1889 m. al.   , par Y. Kapiral.

5859. **VIGIE**, 1/2 s. N. — M. C. Bérot.
Al. 1880. — Manche.
Par *Gabier*, P. S. A., et une fille d'Egésippe.
Sa grand'mère : par Lagopéde.

1884 m. b. *Gil-Blas*, par Lavater.
1885 f. b. *Héroïne*, par Lavater.
1886 f. b. *Idée*, par Lavater (Amérique).
1887-1888 vide.
1889 f. al. *Liane*, par Font-nay.
1890 vide.
1891 m. b. b. *Nizam*, par Colporteur.

5860. **VIGILANTE**, 1/2 s. N — M. L. Aumont.
B. 1883. — Manche (Saint-Lô).

Par *Faucon* et une fille de Mercure.

Sa grand'mère : par Pimlico, 1/2 s. A.
Sa bisaïeule : par Hyacinthe.

1887 f. b. *Perdrix*, par Aventin.

5861. **VIGILANTE**, 1/2 s. N. — M. L. Lebouvier.
Al. 1884. — Normandie (Saint-Lô).

Par *Beauseigneur* et une fille de Léotard.

Sa grand'mère : par Lucullus.

S. r. jusqu'en 1891.
1892 f. al. *Ombrelle*, par Graft.

5862. **VIGILENTE**, 1/2 s. N. — M. Cacquevel.
Al. 1886. — Normandie (Saint-Lô).

Par *Trajan* et une fille de Truchman.

Sa grand'mère : par Faucon.

1890-1891 s. r.
1892 f. al. *Orpheline*, par Saint-Mélaine.

5863. **VIGILANTE**, 1/2 s. N. — M. L. Datin.
B. 1887. — Normandie (Saint-Lô).

Par *Dacapo* et une fille de Pradier.

Sa grand'mère : par Quasi.

1891 s. r.
1892 f. b. *Plaisante*, par Hallali.

5864. **VIGILANTE**, 1/2 s. N. — M. L. Le Gallois.
N. 1887. — Calvados (Saint-Lô).
Par *Bataclan IV* et une fille de Richard.

Sa grand'mère : par Gotha.

1891 f. b.   , par Phare.
1892 f. n. *Oïka*, par Phare.

5865. **VIGILANTE**, 1/2 s. N. — M. A. Héon.
Ro. 1888. — Normandie (Saint-Lô).
Par *Funambule* et une fille de Menant.

Sa grand'mère : par Hunter.

1892 f. ro. *Orgueilleuse*, par Vert-Galant.

5866. **VIGUEUR**, 1/2 s. N. — M. Michel François.
B. 1885. — Manche (Saint-Lô).
Par *Vanikoro* et *Rosette*, par Victorieux.
Sa grand'mère : *Brebis*, par Y. Performer, 1/2 s. A.
Sa bisaïeule : *Sophie*, par Hunter.
Sa trisaïeule : *Margot*, par Pont-d'Or (approuvé).

1889 s. r.
1890 m. al.   , par Camut.
1891 m. b.   , par Camut.

5867. **VINAIGRETTE**, 1/2 s. N. — M. A. Porin.
Al. 1880. — Calvados (Le Pin).
Par *Soldat* et une fille de Lodi.

Sa grand'mère : par Madère.

1884 à 1890 s. r.
1891 m. b. b. *Normandy*, par Hercule-Normand.
1892 f. b. b. *Olga*, par Hercule-Normand.

5868. **VINCENNES**, 1/2 s. N. — M. H. Monfray.
Al. 1882 — Calvados (Le Pin).
Par *Camembert*, P. S. A., et *Glorieuse*, par Régénérateur.

Sa grand'mère : par Nélusko.

5869.   **VIOLETTE**, 1/2 s. N. — M. Grégoire.
Bb. 1863. — Normandie (Le Pin).
Par *Centaure* et *Visitandine*, par Sylvio, P. S. A.

Sa grand'mère : par Xerxès.
Sa bisaïeule : par Dangerous, P. S. A.
Sa trisaïeule : par Eastham, P. S. A.

S. r. jusqu'en 1872.
1873 m. b. *Rosny*, par Sincérity, P. S. A.
1874 à 1878 s. r.
1879 f. b. *Visitandine II*, par Affidavit, P. S. A.
1880 à 1884 s. r.
1885 f. b. b. *Violette*, par Fataliste, P. S. A.
1886 à 1888 s. r.
1889 f. b. b.   , par Cherbourg.
1890 f. b. b.   , par Cherbourg.

5870.   **VIOLETTE**, 1/2 s. N. — M. L. Fontaine.
B. 1876. — Calvados (Le Pin).
Par *Centaure* et *Eglantine*, par Prétender, 1/2 s. A.

Sa grand'mère, par Lully, P. S. A.
Sa bisaïeule : par Buci.

S. r. jusqu'en 1889.
1890 f. b. b. *Méduse*, par Acquila.

5871.   **VIOLETTE**, 1/2 s. N. — M. Tribout.
Al. 1875. — Normandie (Le Pin).
Par *Un* et *Adolphuse*, par Urus.

Sa grand'mère : par Adophus, P. S. A.

S. r. jusqu'en 1888.
1889 f. b. *Lentille*, par Cicéron II.
1890 vide.
1891 à la Remonte.

5872.   **VIOLETTE**, 1/2 s. N. — M. Guillaumet.
B. 1886. — Orne (Le Pin).
Par *Quielet* et *L'Amie*, par Marignan.

Sa grand'mère : par Elu.
Sa bisaïeule : par Mastrillo, P. S. A.

1890 m. n. *Victorieux*, par Glaneur.
1891 f. b. b. *Java*, par Valdempierre.
1892 f. b. b. *Espérance*, par Valdempierre.

5873.   **VIOLETTE**, 1/2 s. N. — M. J. Chesnel.
B. 1886. — Normandie (Le Pin).
Par *Cherbourg* et *Lisette*, par Parthénon.

Sa grand'mère : par Kilomètre.
Sa bisaïeule : *Coquette*, par Centaure.
Sa trisaïeule : Tipple-Cider, P. S. A.

1890 s. r.
1891 m. b. b.   , par Edimbourg.

5874.   **VIRAGO**, 1/2 s. N. — M. Luce.
Bb. 1885. — Manche (Saint-Lô).
Par *Lavater* et une fille de The Heir-of-Linne, P. S. A.

Sa grand'mère : par Giboyer.
Sa bisaïeule : par Carnassier.

1889-1890 produits morts.
1891 m. b.   , par Fred-Archer.

5875.   **VIRAGO II**, 1/2 s. N. — M. Capelle.
B. 1881. — Calvados (Le Pin).
Par *Normand* et *Bécassine*, par Conquérant.

Sa grand'mère : *Blonde*, par Sultan.

1885 s. r.
1886 m. al.   , par Phaéton.
1887 m. al.   , par Tigris.
1888 f. b.   , par Valencourt.
1889 vide.
1890 deux produits morts.
1891 m. b.   , par Coq-à-l'Ane.
1892 f. al. *Opale*, par Aramis.

5876.   **VIRGINIE**, 1/2 s. N. — M. H. Leplat.
Bb. 1873. — Calvados (Saint-Lô).
Par *Conquérant* et *Dame-de-Pique*, par The Norfolk-
Phœnomenon, 1/2 s. A.

Sa grand'mère : par Tipple-Cider, P. S. A.

S. r. jusqu'en 1888.
1889 f. b. b. *Cagnotte*, par Galba.
1890 m. b. b. *Mandarin*, par Dacapo.
1891 f. b. *Dame-de-Pique*, par Saint-Mélaine.

5877. **VIRGINIE**, 1/2 s. N. — M. Sédille.
B. 1882. — Normandie (Le Pin).
Par *Oméga* et *Mon-Espérance*, par Gabier, P. S. A.
Sa grand'mère : par Estafette.

1886 s. r.
1887 m. b. *Joyeux*, par Cherbourg.
1888 vide.
1889 m. b.   , par Cherbourg.
1890 vide.
1891 m. b.   , par Havas.

5878. **VIRGULE**, 1/2 s. N. — M. O. Desmannelaux.
N. 1879. — Manche (Saint-Lô).
Par *Lavater* et une fille de Mathurin.
Sa grand'mère : par Sackos (approuvé).
Sa bisaïeule : par Lahore.

1883 s. r.
1884 m. b. *Guerrier*, par Upas (Amérique).
1885 m. b. *Hérisson*, par Upas.
1886 f. al. *Infidèle*, par Reynolds.
1887 m. al. *Jupiter*, par Reynolds.
1888 vide.
1889 f. b. b. *Lurette*, par Colporteur.
1890 morte.

5879. **VIRGULE**, 1/2 s. N. — M. Gidon.
Al. 1882. — Manche (Saint-Lô).
Par *Idoménée* et *Victoria*, par Pretty-Boy, P. S. A.
Sa grand'mère : par Egésippe.
Sa bisaïeule : par Lagopède.

1886 m. b. *Ingénu*, par Domino-Noir.
1887 vide.
1888 f. b. *Killerine*, par Domino-Noir.
1889 vide.
1890 m. b. *Magicien*, par Frondeur.
1891 m. b. *Nadir*, par Frondeur.
1892 m. al. *Olivier*, par Frondeur.

5880. **VIRTUOSE**, 1/2 s. N. — M. A. Coulombe.
B. 1877. — Normandie (Le Pin).
Par *Niger* et *Orange*, par Conquérant.
Sa grand'mère : par The Nemrod, 1/2 s. A.

— 573 —

1881 s. r.
1882 m. b. *Esope*, par Rivoli.
1883 f. b. *Fleuriste*, par Hippomène, 1/2 s. Big. (Amérique).
1884 f. b. *Amourette*, par Hippomène, 1/2 s. Big. (Amérique).
1885 f. b. *Brioche*, par Hippomène, 1/2 s. Big.
1886 vide.
1887 m. b. *Desaix*, par Rivoli.
1888 m. b. b. *Epernay*, par Dictateur.
1889 m. b. *Frascati*, par Brutus.
1890 f. b. *Galère*, par Brutus.

5881. **VISITANDINE II**, 1/2 s. N. — M. Grégoire.

B. 1879. — Orne (Le Pin).

Par *Affidavit*, P. S. A., et *Violette*, par Centaure.

Sa grand'mère : *Visitandine*, par Sylvio, P. S. A.
Sa bisaïeule : par Xerxès.
Sa trisaïeule : par Dangerous, P. S. A.
Sa quadrisaïeule : par Eastham, P. S. A.

S. r. jusqu'en 1887.
1888 f. n.   , par Cicéron II.
1889 f. b.   •   , par Cicéron II.
1890 m. b. b.   , par Cicéron II.
1891 f. al.   , par Fuschia.
1892 f. b. b.   , par Cherbourg.

5882. **VITESSE**, 1/2 s. N. — M. Jean Gâté.

Al. 1885. — Manche (Saint-Lô).

Par *Vite* et une fille de Trouvère.

Sa grand'mère : par Gomaire.

1889 m. al. *Lozange*, par Genêt.
1890 m. al. *Kirch*, par Genêt.

5883. **VOILETTE**, 1/2 s. N. — M. Grégoire.

Bb. 1885. — Orne (Le Pin).

Par *Fataliste*, P. S. A., et *Violette*, par Centaure.

Sa grand'mère : *Visitandine*, par Sylvio, P. S. A.
Sa bisaïeule : par Xerxès.
Sa trisaïeule : par Dangerous. P. S. A.
Sa quadrisaïeule : par Eastham, P. S. A.

1889 m. b. b.   , par Cherbourg.
1890 m. b.   , par Cherbourg.

5884. **VOLAGE**, 1/2 s. N. — M. F. Blier.
B. 1888. — Manche (Saint-Lô).
Par *Fabricant* et une fille de Shamrock, 1/2 s. A.
Sa grand'mère : par Succès.

1892 m. b. *Osis*, par Hallali.

5885. **VOLANTE**, 1/2 s. N. — M. A. Duchemin.
B. 1871. — Manche (Saint-Lô).
Par *Volant* et une fille de Qui-Perd-Gagne.
Sa grand'mère : par Camisard.

S. r. jusqu'en 1880.
1881 f. b. *Miss-Reynolds*, par Reynolds.
1882-1883 vide.
1884 f. b. *Voltige*, par Reynolds.
1885 à 1888 vide.
1889 m. b. *Macaron*, par Reynolds.
1890 vide.
1891 m. b.   , par Domino-Noir.

5886. **VOLANTE**, 1/2 s. N. — M. Roumy.
Bb. 1871. — Normandie (Saint-Lô).
Par *Beaumanoir* et une fille de Volant.

S. r. jusqu'en 1891.
1892 m. b. *Oriental*, par Gibraltar.

5887. **VOLANTE**, 1/2 s. N. — M. A. Mouchel.
N. 1873. — Normandie (Saint-Lô).
Par *Argonaut*, P. S. A., et une fille de Carnassier.

S. r. jusqu'en 1891.
1892 m. n. *Orléansville*, par Fournichon.

5888. **VOLANTE**, 1/2 s. N. — Mme Ve C. Blaizot.
B. 1874. — Manche (Saint-Lô).
Par *Nicanor* et *Sophie*, par Fire-Away, 1/2 s. A.

1878 f. b. *Volante*, par Regnard.
1879 à 1882 vide.
1883 m. b. *Fulminant*, par Quality.
1884 à 1888 vide.
1889 m. b. b. *Colporteur*, par Colporteur.
1890 f. b. b. *Brunette*, par Fournichon.
1891 f. b. *Malvina*, par Colporteur.
1892 f. al. *Volante*, par Jolibois.

5889.   **VOLANTE**, 1/2 s. N. — M. Ch. Legoupil.
B. 1875. — Normandie (Saint-Lô).
Par *Ignoré* et une fille d'Egésippe.

S. r. jusqu'en 1891.
1892 f. b. *Onéreuse*, par Magician, P. S. A.

5890.   **VOLANTE**, 1/2 s. N. — M. Ismaël Bosquet.
Al. 1882. — Manche (Saint-Lô).
Par *Viril* et *Bluette*, par Volant.
Sa grand'mère : par Jambon.
Sa bisaïeule : par Bravo, P. S. A.

1886 f. al. *Mignonne*, par Archibald.
1887 m. b. b. *Jupiter*, par Union-Jack.
1888 f. al. *Cabille*, par Courtomer.
1889 vide.
1890 f. b. *Mirabelle*, par Galant I.
1891 f. al.   , par Courtomer.

5891.   **VOLANTE**, 1/2 s. N. — M. Jean Victor.
Al. 1884. — Normandie (Saint-Lô).
Par *Lodi* et une fille de Macouba.
Sa grand'mère : par Eminent.

S. r. jusqu'en 1891.
1892 f. b. *Ouvrière*, par Dacapo.

5892.   **VOLANTE**, 1/2 s. N. — M. P. Larose.
B. 1886. — Manche (Saint-Lô).
Par *Ministère*, P. S. A. et une fille de Lavater.
Sa grand'mère : par Ravissant.

5893.   **VOLANTE**, 1/2 s. N. — M. J. Quétier.
B. 1888. — Manche (Saint-Lô).
Par *Mercredi*, P. S. A. (approuvé), et une fille de Vimoutiers
(approuvé).

Sa grand'mère : par Hercule.

5894.   **VOLLANTE**, 1/2 s. N. — M. E. Leboucher.
Bb. 1886. — Manche (Saint-Lô).
Par *Ussel* et une fille de Phare.

Sa grand'mère : par Ugolin.
Sa bisaïeule : par Mystérieux.

1890 m. b. *Cache-Cache*, par Hottentot.
1891 f. b. *Léda*, par Inaudi-Jacques.
1892 m. n. *Négro*, par Loyal.

5895. **VOLTA**, 1/2 s. N. — M. Raoul Duval.
Al. 1872. — Eure (Le Pin).
Par *Trocadéro* (par Idalis) et *La Biche*, par Wanderer, 1/2 s. A.

S. r. jusqu'en 1885.
1886 produit mort.
1887 vide.
1888 m. b. *Kochlani*, par Hippomène, 1/2 s. Big.
1889 a avorté.
1890 f. al. *Reine-Mabb*, par Hippomène, 1/2 s. Big.
1891 f. b. *Normande*, par Noville.

5896. **VOLTA**, 1/2 s. N. — M. A. Legranché.
Al. 1888. — Manche (Saint-Lô).
Par *Canut* et une fille d'Ignoré.
Sa grand'mère : par Ramsay, P. S. A.

1892 f. n. *Oriflamme*, par Ray-Grass.

5897. **VOLTAIRIENNE**, 1/2 s. N. — M. C. Monnier.
B. 1875. — Normandie (Le Pin).
Par *Hidalgo* et *Admirable*, par Esculape.

Sa grand'mère : par Taconnet.
Sa bisaïeule : par Séducteur.
Sa trisaïeule : par Voltaire.
Sa quadrisaïeule : par December.

S. r. jusqu'en 1884.
1885 m. b. *Holbach*, par Barrabas.
1886 m. b.   , par Barrabas.
1887 m. b.   , par Barrabas.
1888 m. b.   , par Vampire.
1889 m. n.   , par Echo.
1890 f. b.   , par Echo.
1891 morte en mettant bas.

5898. **VOLTE-FACE**, 1/2 s. N. — M. de Pontgibaud.
Al. 1877. — Eure (Le Pin).
Par *Ignace* et *Bonne-Aventure*, par Plutus, P. S. A.

Sa grand'mère : par Bayard.

1881 f. b. *Déesse*, par Gall.
1882 m. b. *Etrier*, par Ultimatum.

1883 m. b. *Féodal*, par Ultimatum.
1884 f. al. *Galante*, par Talma ou Ultimatum.
1885 m. b. b. *Ourvoir*, par Vésuve.
1886 vide.
1887 m. b. *Jabot*, par Noville.
1888 vide.
1889 m. b. *Lieuvain*, par Apis.
1890 f. b. *Apia*, par Apis.
1891 f. b. *Réséda*, par Colporteur.

5899. **VOLTIGEUSE**, 1/2 s. N. — M. Fleury.
Al. 1876. — Orne (Le Pin).
Par *Parthénon* ou *Gall* et *Belle-de-Jour*, par Inkermann.

Sa grand'mère : par Tipple-Cider, P. S. A.
Sa bisaïeule : par Eylau, P. S. A. A.

1880 f. b. *Espérance*, par Phaéton.
1881 f. b. *Brillante*, par Quiclet. Morte.
1882 m. b. , par Serpolet-Bai.
1883 m. al. *Flibustier*, par Phaéton.
1884 f. al. *Gamine*, par Phaéton.
1885 f. al. *Hermine*, par Beaugé. Morte.
1886 f. al. *Imprudente*, par Beaugé.
1887 f. al. *Jardinière*, par Beaugé.
1888 m. al. *Kiblat*, par Beaugé.
1889 m. al. *Lilas*, par Phaéton.
1890 f. al. *Minute*, par Phaéton.
1891 f. al. *Nacelle*, par Phaéton ou Cambronne.
1892 f. b. *Orgueilleuse*, par Edimbourg.

5900. **VOLUPIA**, 1/2 s. N. — M. E. Foulon.
B. 1877. — Orne (Le Pin).
Par *Nolleval* et *Serinette*, par Destin.

Sa grand'mère : *Jubine*, par The Nemrod, 1/2 s. A.

S. r. jusqu'en 1883.
1884 m. b. *Gaillard*, par Uriel (Amérique).
1885 m. n. *Hector*, par Un (Amérique).
1886 vide.
1887 m. b. *Jouteur*, par Uriel.
1888 m. al. *Kochlani*, par Phaéton.

5901. **VOLUPTÉ**, 1/2 s. N. — M. A. Forcinal.
Bb. 1877. — Normandie (Le Pin).
Par *Niger* et *Hermine*, par Eclipse.

Sa grand'mère : par Wild-Fire, 1/2 s. A.
Sa bisaïeule : par Massoud, P. S. Ar.

S. r. jusqu'en 1886.
1887 f. n. *Jeanne-d'Arc*, par Cherbourg.
1888 f. b.   , par Cherbourg.
1889 m. b. b.   , par Cherbourg.
1890 m. b. b.   , par Usquebac.

5902.   **VORONA**, 1/2 s. — M. J. Ricard.
N. 1880. — Loiret (Le Pin).
Par *Lorky* (Trotteur Orloff du Haras de Toulinof, (Russie)
et *Atlassnaya*, par Voron.

Sa grand'mère : *Tchervonnoya* (Importée).

1884 s. r.
1885 m. n. *Gloria*, par Adonias (approuvé).
1886 f. b. b. *Hélène*, par Tigris.
1887 vide.
1888 f. n. *Kermesse*, par Favori (approuvé) (Etats-Unis).
1889-1890 vide.
1891 m. n. *Newski*, par Kozyr, 1/2 s. R.

5903.   **VOYAGEUSE**, 1/2 s. N. — M. A. Vaultier.
B. 1887. — Normandie (Saint-Lô).
Par *Glorieux* et une fille de Dragon, P. S. A.

Sa grand'mère : par Succès.

1891 s. r.
1892 f. b. *Olinda*, par Phare.

5904.   **VOYAGEUSE**, 1/2 s. N. — M. A. Gastebled.
N. 1888. — Normandie (Saint-Lô).
Par *Trajan* et *Va-de-Bon-Cœur*, par Hunter.

Sa grand'mère : par Eminent.
Sa bisaïeule : par Orgueilleux.
Sa trisaïeule : par Passe-Partout.

1892 f. n. *Trompeuse*, par Jasmin IV.

5905.   **VOYAGEUSE**, 1/2 s. N. — M. A. Saint-Laurent.
B. 1888. — Normandie (Saint-Lô).
Par *Anacharsis*, P. S. A., et une fille de Phare.

Sa grand'mère : par Ribaud.

1892 m. n. *Orphée*, par Illustre.

5906.   **WESTNITZA**, 1/2 s. R. — Duc de Vicence.
Gr. 1880. — Russie (Saint-Lô).
Par *Nepobediny*, 1/2 s. R., et *Westnitza*, 1/2 s. R.

S. r. jusqu'en 1891.
1892 m. b.   , par Dux.

5907.   **X.**, 1/2 s. N. — M. Amiard.
Gr. 1876. — Normandie (Saint-Lô).
Par *Montebello* et une fille de Quinine.

S. r. jusqu'en 1891.
1892 f. b. *Gretchen*, par Jeudi.

5908.   **YOLE**, 1/2 s. N. — M. Lafosse.
Gr. 1873. — Normandie (Le Pin).
Par *Taconnet* et *Séduisante*, par Tonnerre-des-Indes, P. S. A.
Sa grand'mère : par Sylvio, P. S. A.
Sa bisaïeule : par Aï.
Sa trisaïeule : par D. I. O., P. S. A.
Sa quadrisaïeule : par Bacha, P. S. Ar.

S. r. jusqu'en 1883.
1884 f. gr. *Gazelle*, par Uriel.
1885 m. b.   , par Ximénès.
1886 m. b.   , par Cicéron II. Mort.
1887 m. gr.   , par Edimbourg.
1888 vide.
1889 produit mort.

5910.   **YPHTIMÉE**, 1/2 s. N. — M. L. Moget.
Al. 1873. — Normandie (Le Pin).
Par *Faust*, P. S. A., et *Bichonne*, par The Norfolk-Phœnomenon
1/2 s. A.

Sa grand'mère : par Napoléon, P. S. A.

S. r. jusqu'en 1885.
1886 m. b. *Ilion*, par Voilà ou Renémesnil.
1887 f. al. *Joyeuse*, par Kapirat.
1888 vide.
1889 m. b. *Liancourt*, par Valdempierre.
1890 f. b. *Marie-Jolie*, par Valdempierre.
1891 f. b.   , par Valdempierre.

5911. YVÈS, 1/2 s. N. — Mme Ve Godichon-Forcinal.
B. 1885. — Normandie (Le Pin).
Par *Carnaval* et une fille de Quiclet.

Sa grand'mère : par Noteur.
Sa bisaïeule : par Courtisan.
Sa trisaïeule : par Merlerault, P. S. A.

1889 m. b.   , par Edimbourg. Mort.
1890 m. b.   , par Edimbourg.
1891 m. b.   , par Edimbourg. Mort.
1892 f. b.   , par Edimbourg.

5912. ZAINE, 1/2 s. N. — M. G. Cabourg.
Bf. 1871. — Normandie (Le Pin).
Par *Conquérant* et *Atalante*, par Carignan.

Sa grand'mère : par Egrillard.

S. r. jusqu'en 1878.
1879 m. n. *Baptiste-Lemoïe*, par Niger.
1880 m. b. b. *Colporteur*, par Normand.
1881 m. a. b. *Drôle-de-Corps*, par Niger.
1882 à 1884 vide.
1885 produit mort.
1886 f. al. *Ida*, par Valencourt.
1887 f. al. *Joliette*, par Valencourt.
1888 f. al. *Sans-Nom*, par Phaéton. Morte.
1889-1890 vide.
1891 morte.

5913. ZÉLÉE, 1/2 s. N. — M. V. Gillain.
Bb. 1876. — Manche (Saint-Lô).
Par *Ugolin* et *La Zélée*, P. S. A., par Allez-y-Gaiement.

1879 vide.
1880 m. b.   , par Régnard.
1881 vide.
1882 m. b.   , par Lavater.
1883 f. b. *Madeleine*, par Lavater.
1884 m. b.   , par Lavater.
1885 m. b.   , par Upas.
1886 f. b. *Alba*, par Upas.
1887 m. b.   , par Lavater.
1888 m. b.   , par Lavater.
1889 m. b.   , par Colporteur.
1890 m. b.   , par Colporteur.
1891 m. b.   , par Colporteur.
1892 f. b. b. *Odalisque*, par Colporteur.

5914.   **ZÉPHYR**, 1/2 s. N. — M. P. Blondel.
Ro. 1885. — Seine-Inférieure (Le Pin).
Par *Serpolet-Rouan* et *Julie*, par Eclaireur (approuvé).
Sa grand'mère : *Tempête*, par Bucéphale.

1888 f. ro. *Vaillante*, par North-Star, 1/2 s. A.
1889 vide.
1890 f. ro. *Messagère*, par Niger.
1891 f. b. *Noisette*, par Delaware.
1892 m. aub. *Olivier*, par Delaware.

5915.   **ZOË**, 1/2 s. N. — M. Ch. Noyer.
B. 1879. — Normandie (Le Pin).
Par *Saint-Rigomer* et une fille d'Elu.
Sa grand'mère : par Trouville, P. S. A.

S. r. jusqu'en 1889.
1890 f. b.   , par Gastadour.
1891 a avorté.
1892 f. b. *Olinda*, par Edimbourg.

TABLE ALPHABÉTIQUE

[illegible]

TABLE ALPHABETIQUE

A

C

D

F

G

H

J

K

Pages.

Pages.

Pages.

M

N

O

P

Q

R

S

T

U

V

W

X

Y

Z

ADDENDA ET ERRATA

I

ADDENDA ET ERRATA

Concernant les Étalons mentionnés dans le premier Volume
de la Section Normande.

1° ADDENDA

5917. — ALTAÏ (approuvé).
Par *Glorieux* et une fille d'Unau.

5918. — LUSTUCRU (approuvé). — M. Fougeron.
B. 1849. — Seine-Inférieure.

5919. — MARX, 1/2 s. R. (approuvé). — M. C. Forcinal.
N. 1867. — Russie.

5920. — PLAGIAT, 1/2 s. N. (approuvé). — M. Pacary.
B. 1856. — Normandie.
Par *Lahore* et une fille de Mystérieux.
Saint-Lô : 1860-1875.

5921. — PROFESSEUR, 1/2 s. N. — H. N.
B. 1849. — Normandie.
Par *Performer*, 1/2 s. A. et une 1/2 s. N.
Seine-Inférieure.

5922. — PROFESSEUR II, 1/2 s. N. (approuvé).
M. Taillefesse.
B. 1860. — Seine-Inférieure.
Par *Professeur* et une 1/2 s. N.
Le Pin : 1865-1878.

5923. — **PROSÉLYTE**, 1/2 s. A (importé).
Grand-père maternel de Dorus.

5924. — **QUOTIENT**, 1/2 s. N. (approuvé). — M. Le Sénéchal.
B. 1872. — Normandie.
Par *Ignoré* et une fille de Riga.
Saint-Lô : 1877-1879.

5925. — **RIGOLO**, 1/2 s. N. (approuvé). — M. Balvay.
Al. 1868. — Normandie.
Par *Pretty-Boy*, P. S. A.
Normandie : 1872-1882.

5926. — **VILLIERS**, 1/2 s. N. (approuvé). — MM. Lebas et Buhot.
B. 1863. — Normandie.
Par *Ugolin* et une fille de Koulikan.
Saint-Lô : 1867-1880.

2° ERRATA

Page 33. — **ATTILA**. — N° **93**
Au lieu de Référence, lire *Préférence*.

Page 57. — **CORDEBUGLE**. — N° **288**.
Au lieu d'une fille de Panique ou Preux, lire *Panique ou Kent*.

Page 70. — **DIVUS**. — N° **397**.
Au lieu d'Électrique, 1/2 s. N., lire *Électrique, P. S. A.*

Page 122. — **HAMON**. — N° **836**.
Au lieu de Hamon, lire *Hannon*.

Page 157. — **JENNER**. — Nos **1134** et **3231** (approuvé).
M. de la Ville.
B. 1887. — Normandie.
Lire : par *Dunois*, 1/2 s. N., et *Fileuse*, par Le Dard, P. S. A.
Sa grand'mère : par Mupti, 1/2 s. N.
Sa bisaïeule : par Bravo, P. S. A.
Sa trisaïeule : par Corsair, 1/2 s. A.
1891 Saint-Lô.
1892 en Amérique.

Page 216. — **QUÉBEC**. — No **1646**.

Au lieu de Ganimède, lire par *Ganymède*.

Page 251. — **TEMPLIER**. — No **1949**.

Au lieu de 1880, lire *Saint-Lô : 1879 à 1890*.

Page 252. — **THABOR**. — No **1954**.

Lire : *depuis 1879*.

Page 256. — **TROCADÉRO**. — No **1991**.

Lire : par *Idalis* et une 1/2 s. N., par Voltaire.

Page 285. — **Y**. — No **2225**.

Lire : *Le Pin : 1862-1863. — M. Castillon : 1864. — Marquis de Croix : 1865 à 1871.*

Page 398. — **SOUVENIR**. — No **3139**.

Lire : *1875-1883.*

II

ADDENDA ET ERRATA

Concernant la liste des Poulinières.

1° ADDENDA

3478. — BIENFAISANTE, ex-MOUVETTE. — Page 49.

1892 m. b. *Orloff*, par Ray-Grass.

4956. — AGENDA, 1/2 s. N. — M. Rabé.
B. 1869. — Manche (Saint-Lô).
Par *Agenda* et une fille d'Ugolin.

Sa grand'mère : par Electeur.

1873-1874 s. r.
1875 f. b. *Newton*, par Newton.
1876 à 1886 s. r.
1887 f. b. *Agnadel*, par Agnadel.
1888 m. b.   , par Agnadel.
1889 m. b. b. *Lowe*, par Agnadel (Amérique).
1890 vide.
1891 morte.

4669. — FINETTE, 1/2 s. N. — M. Féron.
Bb. 1885. — Normandie (Saint-Lô).
Par *Alsacien* et une fille d'Harmonieux.

Sa grand'mère : par Bravo, P. S. A.

1889 s. r.
1890 m. b. b. *Flambant*, par Virgile (Amérique).

2° ERRATA

Page 20. — **AGNADEL.**
Au lieu de 1886, lire *1887*, et voir les Addenda II.

Page 34. — **BAVAROISE.** — N° **3387**.
Au lieu de Bavaroise, par Niger et Sylvia, par Schamyl, lire *Bavaroise,*
par Niger et Sylvia, par Conquérant.

Sa grand'mère : *Fridoline*, par Schamyl, P. S. A.
Sa bisaïeule : *Marquise*.

Page 50. — **BIJOU**. — N° **3459**.
Au lieu de lire deux fois l'origine, ajouter :
B. 1871. — Normandie (Saint-Lô).

Page 74. — **BRUNETTE.**
Au lieu de N° **5373**, lire N° **3573**.

Page 75. **BRUNETTE.** — N° **3574**.
Au lieu de Sultane, lire *Sultanne*.

Page 96. — **CENTAURÉE.** — N° **3680**.
Au lieu de Dandola, lire *Dandolo*.

Page 104. — **CHARMEUSE.** — N° **3711**.
Au lieu de Taquini, lire *Taquine*.

Page 122. — **CONQUÊTE.** — N° **3803**.
Au lieu de Grippe-Sous, lire *Grippe-Sou*.

Page 170. — **ESPÉRANCE.** — N° **4025**.
Au lieu d'une fille d'Urs, lire *une fille d'Urus*.

Page 173. — **ESPÉRANCE.** — N° **4039**.
Au lieu de Corisandre, par Élu, lire *Corisande, par Élu*.

Page 173. — **ESPÉRANCE.** — N° **4040**.
Au lieu de sa bisaïeule : par Inkermann, lire par *Victorieux*.

Page 178. — **ÉTOILE-FILANTE.** — N° **4063**.
Au lieu de Karthoumm, lire *Karthoum*.

Page 185. — **FATHMA.** — N° **4082**.
Lire : et une fille de Normand.
Sa grand'mère : par The Heir-of-Linne.

Page 246. — **HARDIE**. — N° **4343**.
Au lieu de Théréza 1, lire *Lavater et Théséa I*.

Page 248. — **HÉBÉ III**. — N° **4351**.
Au lieu de Hébé III, 1885, lire *Hébé II, 1886*.

Page 262. — **IMPÉRIA**. — N° **4413**.
Au lieu de Néréide, par Harpagon, lire *par Harpon II, fils d'Uriel*
(Dépôt de Compiègne).

Page 274. — **ISABELLE**. — N° **4468**.
Au lieu de Musquade, lire *Muscade*.

Page 287. — **JONQUILLE**. — N° **4533**.
Au lieu de et Eclipse, lire *par Dictateur et Tontine, par Eclipse*.
Page 371. — N° **4963**.
Au lieu de Zélie, lire *Zélée*.

Page 408. — **MINERVE**. — N° **5138**.
Au lieu de Télégraphe, lire *Télégraph*.

Page 417. — **MOISSONNEUSE**. — N° **5173**.

Lire : Sa grand'mère : par Quasi.
Sa bisaïeule : par Elu.

Page 427. — N° **5224**.
Au lieu de Natalis, lire *Natalie*.

Page 562. — **URSULE**. — N° **5834**.
Au lieu de Honnon, lire *Hannon*.

Page 570. — **VIOLETTE**. — N° **5871**.
Au lieu de 1875, lire *1885*.

Page 580. — **ZAINE**. — N° **5912**.
Au lieu de produit mort, lire 1885 m. b. b. *Hidalgo*, par Valencourt.

TABLE (Page XXVI).

Espérance, par Quintus et Mignonne.
Au lieu de N° 3436, lire N° 6436.

6160. — Paris, Imprimerie J. Kugelmann, 42, rue de la Grange-Batelière.

www.ingramcontent.com/pod-product-compliance
Ingram Content Group UK Ltd.
Pitfield, Milton Keynes, MK11 3LW, UK
UKHW022321090726
13658UKWH00001B/7